普通高等院校电工电子基础系列教材

电工电子技术基础

主 编 李建军　田　梅　程　娟
副主编 李爱勤　胡君杰
　　　　邵　帅　胡　杨

北京理工大学出版社
BEIJING INSTITUTE OF TECHNOLOGY PRESS

内 容 简 介

本书以坚持培养"原理指导下的操作与维修技能"为目的,以"技能培养求精,理论服务技能"为主线,理论本着"够用、管用、实用"的原则,以"实践驱动理论,理论实践融合"为特点,分成电路分析基础、正弦交流电路、电磁器件与控制、模拟电子电路、数字电子电路五大知识单元,共 10 章内容。每章在内容的编排上以实践任务驱动为主线,首先提出实践任务,然后学习与实践任务相关的理论知识,最后理论与实践结合完成实践任务来组织理论和实践内容,使学生能够在"学中做,做中学"的过程中,实现对理论知识的理解和对实践技能的训练。

本书内容详略得当,概念清晰,注重实践,难易适中,可作为普通高等院校、高职高专、高级技工学校电类或非电类专业的教材使用,也可供相关工程人员及电工电子技术爱好者自学使用。

图书在版编目（C I P）数据

电工电子技术基础 / 李建军,田梅,程娟主编. --
北京:北京理工大学出版社,2022.7(2022.8 重印)
　　ISBN 978-7-5763-1462-5

　　Ⅰ.①电…　Ⅱ.①李…②田…③程…　Ⅲ.①电工技
术-高等学校-教材②电子技术-高等学校-教材　Ⅳ.
①TM②TN

　　中国版本图书馆 CIP 数据核字(2022)第 117590 号

出版发行 / 北京理工大学出版社有限责任公司
社　　址 / 北京市海淀区中关村南大街 5 号
邮　　编 / 100081
电　　话 / (010) 68914775 (总编室)
　　　　　　 (010) 82562903 (教材售后服务热线)
　　　　　　 (010) 68944723 (其他图书服务热线)
网　　址 / http://www.bitpress.com.cn
经　　销 / 全国各地新华书店
印　　刷 / 涿州市新华印刷有限公司
开　　本 / 787 毫米×1092 毫米　1/16
印　　张 / 21　　　　　　　　　　　　　　　责任编辑 / 王梦春
字　　数 / 493 千字　　　　　　　　　　　　文案编辑 / 杜　枝
版　　次 / 2022 年 7 月第 1 版　2022 年 8 月第 2 次印刷　责任校对 / 刘亚男
定　　价 / 48.00 元　　　　　　　　　　　　责任印制 / 李志强

图书出现印装质量问题,请拨打售后服务热线,本社负责调换

前　言

FOREWORD

　　"电工电子技术基础"是解放军信息工程学院士官电类专业培养目标中一个重要的能力单元，具有较强的理论性、实践性，是面向实际应用的一门必修专业基础课。它的主要任务是为学员后续学习专业课程打好电工电子技术的理论基础，并使学员通过该课程的学习训练具备一定的实践技能和职业素养，为维护维修武器装备打下必要的理论和技能基础。

　　"聚焦打赢，为战育人，全面提高士官综合职业技能素养"是士官职业教育的重要培养目标。为实现这一目标，编写本书的指导思想是：既要满足士官人才培养目标和教学大纲的要求，为培养电类专业士官人才的基本素质提供坚实的基础理论知识；又要适应当前深化士官教学改革的新形势，以培养应用型技能人才为出发点，使教材的结构形式、知识内容更贴近一线单位士官岗位职业技能的培养，更能满足当前一线单位对应用型技能士官人才的需求。

　　因此，我们改革了传统教材的编写形式，坚持"工作原理指导下的操作与维修技能训练"培养模式，以"技能培养求精，理论服务技能"为主线，理论本着"够用、管用、实用"的原则，以"实践驱动理论，理论实践高度融合"为特点，采用全新的结构形式，把全书分成电路分析基础、正弦交流电路、电磁器件与控制、模拟电子电路、数字电子电路五大知识单元。为了提高学员学习本课程的兴趣，在每个知识单元内容的编排上以实践任务驱动为主线，首先提出本单元的具体实践任务，然后学习完成实践任务需要的理论知识，最后理论与实践结合完成实践任务来组织知识内容和技能训练。根据"电工电子技术基础"课程实践性强的特点，首先以和岗位任职及生产生活结合紧密的综合性、趣味性、实用性强的实践任务为切入点，提高学生理论知识学习的兴趣与动力；再以实践任务为引领完成相关理论知识的学习与储备；最后通过理论与实践结合完成实践任务，使学员的理论知识得到强化、提升，各项实践技能得以训练，从而具备良好的职业素养。本书以具体实践任务为载体，把理论知识学习和实践技能训练有机结合在一起，使理论和实践高度融合，形成一个相互促进的有机整体和完整的知识结构。

　　全书内容简明、概念清晰、条理清楚、插图规范，适合开展士官教学。每个单元均配有具体的实践任务、适量思考题及习题，供学员完成实践练习和巩固知识。

本书第 1、2 章由李建军编写，第 3、4 章由李爱勤编写，第 5、6、7 章由田梅编写，第 8 章由胡君杰编写，第 9、10 章由程娟编写，部分绘图由邵帅、胡杨完成。李建军、田梅、程娟任主编，负责全书的组织、修改和统稿工作。本书在编写时，参考了许多文献资料，得到很多启发，在此向参考文献的作者表示衷心感谢。

由于时间仓促和编者水平有限，书中不妥之处在所难免，欢迎广大读者提出宝贵意见，以便修改。

编　者

2022 年 3 月

目　录

CONTENTS

第1章　电路分析基础

电路是电工技术和电子技术的载体，电工技术和电子技术的发展都会在电路中得到体现，电路是电工电子技术研究分析的主要对象。本章主要学习电路的基本概念、基本定律和基本分析方法，这些内容是电工电子技术课程的重要理论基础。本章主要从完成相应工程实践任务的角度对电路的基本物理量、电路元件、电路模型、电路状态、电气设备的额定值及电路的基本定律、定理等问题进行深入阐述与教学，要求学员在掌握理解相关电路理论知识的基础上，能够运用电路理论及分析方法分析解决相关实际电路的问题，并为后续各章的学习打好基础。

1.1　实践任务

任务：MF-47 型指针式万用表的装配、调试与维修

万用表是电路分析、调试、检测、维修常用的主要仪表，其测量电路的工作原理综合了许多电路分析的定律与定理，万用表测量电路的故障检测也需要用电路分析的理论知识去分析判断。为了提高学员的学习兴趣，拓展强化学员的理论知识，加强学员电路分析理论综合应用的工程实践技能，本章把 MF-47 型指针式万用表的装配、调试与维修作为驱动电路理论知识学习的实践任务。

1. MF-47 型指针式万用表测量电路原理图

MF-47 型指针式万用表的电路原理图如图 1.1-1 所示。

2. 实践任务内容

（1）通过本章的学习，能够正确运用所学电路理论知识分析 MF-47 型指针式万用表不同测量电路的工作原理；

（2）对照原理图和 PCB 板图，完成 MF-47 型指针式万用表的焊接、装配与调试；

（3）在理解 MF-47 型指针式万用表组成结构和工作原理的基础上，能够应用电路分析定理、定律完成指针式万用表的常见故障分析、判断与维修。

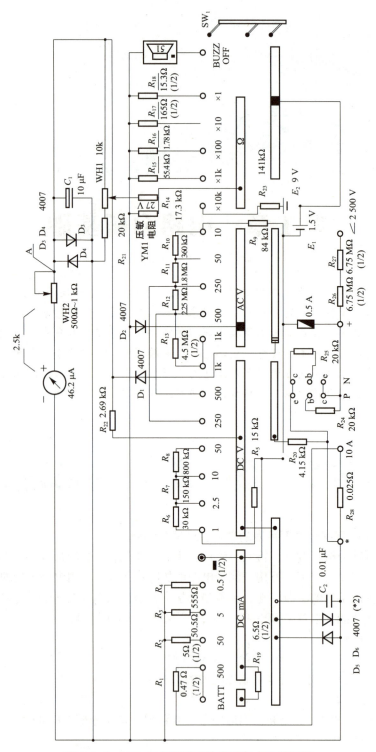

图 1.1-1　MF-47 型指针式万用表的电路原理图

1.2 电路分析的基础知识

1.2.1 电路的概念及组成

电路是电流流经的通路，它是为了满足某种需要和实现某种功能，把某些电气设备或电路器件按照一定方式连接起来组成的网络。

1. 电路的功能与组成

实际电路的种类繁多，形式结构也多种多样，不同的电路具有不同的功能和作用，根据电路的应用不同，我们将电路及其功能归纳为两大类：一是电力系统领域应用的强电电路，二是电子技术领域应用的弱电电路。

强电电路的主要功能是实现电能的生产、传输、分配与转换，一般由发电机、变压器、开关、电动机等电气设备连接而成。电力系统示意图如图 1.2-1 所示。

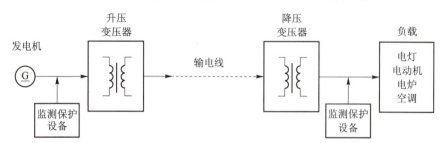

图 1.2-1　电力系统示意图

发电机是电源，它是把其他形式的能转换成电能的设备。电灯、电动机、空调等是负载，是消耗电能的设备，它们把电能转换为其他形式的能，如光能、热能、机械能等。变压器、输电线及控制设备是连接电源和负载的中间环节，起传输、分配电能的作用。强电电路的主要特征是电源输出波形频率低、波形单一、功率很大，一般为几十千瓦到兆瓦级。

弱电电路的主要功能是实现对各种电信号的处理、传输与存储，如音频功率放大电路。扩音机电路示意图如图 1.2-2 所示。

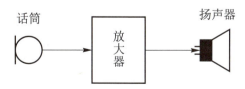

图 1.2-2　扩音机电路示意图

在这里话筒把声音物理信号转换成电信号，即把声能转换为电能，称为信号源，由于该电信号微弱，需经中间环节放大器放大后，再经电路传递到喇叭推动喇叭发声，喇叭在此是电路的负载，它把电信号的能量转换成声能。弱电电路的主要特征是信号源输出的波形复杂、频率高、功率小，一般为毫瓦级或瓦级。

综上所述，电路主要由电源、负载和中间环节三部分组成。

（1）电源：产生电能的设备，向电路提供电能，是推动电路工作的能量来源。负责把其他形式的能转化为电能，如发电机、信号源、电池等。

（2）负载：消耗电能的设备，负责把电能转换成其他形式的能量，如电灯、喇叭、电炉、电动机、空调等。

（3）中间环节：电源和负载之间的连接部分，主要起传输、变换、控制、处理电能的作用，如变压器、传输导线、信号放大电路、控制电路及设备等。

无论是强电电路还是弱电电路，电路中的电源或信号源称为电路的激励，是推动电路工作的能量来源；激励在电路各部分产生的电压、电流称为响应。电路分析就是在已知电路结构及器件参数的情况下，根据实际电路的电路模型，计算分析激励与响应之间的关系。

2. 理想电路元件与电路模型

1）理想电路元件

实际电路由于在功能和结构方面各不相同，都是由一些起不同作用的实际电路部件及器件组成的，如发电机、电动机、电炉、电灯、空调、电感等，它们的物理电磁特性多元而复杂，对实际电路的分析计算往往非常烦琐困难。为了简化对实际电路的分析和计算，常将实际电路部件及器件理想化（模型化）处理，即在一定条件下考虑其主要物理电磁特性，忽略其次要特性，用理想电路元件及其组合来表示其主要物理电磁特性，这一过程就是对实际电路部件及器件的模型化（理想化）处理，从而得到实际电路部件及器件的模型。

组成实际电路器件模型的理想电路元件是指其物理电磁特性单一，且可用数学表达式精确描述的器件，简称电路元件。理想电路元件主要有无源电路元件和有源电路元件两种，理想无源电路元件有电阻元件、电感元件、电容元件，这些理想无源电路元件的电压、电流关系通常满足齐次性与叠加性，故称其为线性元件；理想有源电路元件有理想电压源、理想电流源。它们的电路图符号如图 1.2-3 所示。

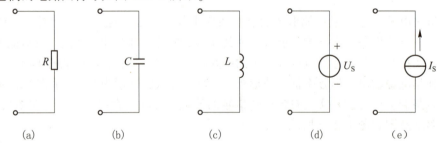

图 1.2-3　理想电路元件

(a) 电阻元件；(b) 电容元件；(c) 电感元件；(d) 电压源；(e) 电流源

理想电阻元件：是对电路元件耗能这一物理特性的理想化抽象，所谓耗能，是指器件把电能转换成其他形式的能，且这一过程是不逆的，如电路中的负载。

理想电感元件：是对电路元件把电能转换成磁场能储存起来这一物理特性的理想化抽象。

理想电容元件：是对电路元件把电能转换成电场能储存起来这一物理特性的理想化抽象。

理想电压源：简称电压源，是对以电压方式向电路供电的实际电源的理想化抽象，电压源输出的电压值恒定，输出的电流值由与它连接的外电路决定。

理想电流源：简称电流源，是对以电流方式向电路供电的实际电源的理想化抽象，电流源输出的电流值恒定，输出的电压值由与它连接的外电路决定。

2）常用实际电路元件的模型

实际耗能负载模型：电路中耗能的器件主要是负载，常见的负载有白炽灯、日光灯和电动机等，白炽灯的主要特性是耗能，把电能转换为光能，其模型可用一个理想电阻器件表示；而日光灯和电动机是感性负载，除了耗能外，还具有电感特性，其模型需用一个电阻器件 R 和一个电感器件的组合 L 来表示，如图 1.2-4（a）所示。

实际电感模型：实际电感器件是由漆包线绕制而成的线圈，除了具有电感的特性外，还具有一定的电阻，故其电路模型可用一个电感元件 L 和一个电阻元件 r 的串联组合来表示，如图 1.2-4（b）所示。

实际电容模型：实际电容器件是由两个电极板和绝缘介质构成的，由于绝缘介质不够理想，存在一定的漏电流，故其电路模型可用一个电容器件 C 和电阻元件 R 的并联组合来表示，如图 1.2-4（c）所示。

实际电压源模型：由于实际电压源具有一定的内部电阻即电源内阻 R_S，在其向电路提供电能时，其内阻 R_S 也会分压而消耗部分电能，故其电路模型可用一个理想电压源 U_S 和电源内阻 R_S 串联组合来表示，如图 1.2-4（d）所示。当电压源内阻 R_S 很小可近似短路时，实际电压源就可当作理想电压源看待。

实际电流源模型：由于实际电流源具有一定的内部电阻即电源内阻 R_S，在其向电路提供电能时，其内阻 R_S 也会分流而消耗部分电能，故其电路模型可用一个理想电流源 I_S 和电源内阻 R_S 并联组合来表示，如图 1.2-4（e）所示。当电流源内阻 R_S 很大可近似开路时，实际电流源就可当作理想电流源看待。

3）电路模型

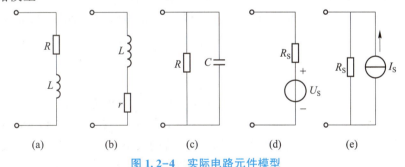

(a)　　　(b)　　　(c)　　　(d)　　　(e)

图 1.2-4　实际电路元件模型

（a）实际耗能负载模型；（b）实际电感模型；（c）实际电容模型；（d）实际电压源模型；（e）实际电流源模型

为了简化并降低实际电路分析计算的难度，电路分析中常将组成实际电路的部件及器件模型化处理，用理想元件及其组合来替代实际电路部件及器件得到的电路就是实际电路的电路模型。

电路分析的对象是电路模型，而不是实际电路。一般情况下电路模型的构成及复杂程度取决于电路分析的精度要求。

电路图就是把电路模型中的理想电路元件用国家标准规定的电路符号表示得到的图，它是电路分析的语言。

图 1.2-5（a）所示实际手电筒电路的电路模型如图 1.2-5（b）所示。其中电池是电源，将化学能转化为电能，用电压源 U_S 和内阻 R_S 两个理想元件的串联组合表示；灯泡是消耗电能的负载，用理想电路元件电阻 R 表示；连接电池和灯泡的开关 S 和金属导线为中间环节，由于它们的电阻很小，可忽略不计，看作电阻为零的理想开关和理想导线。

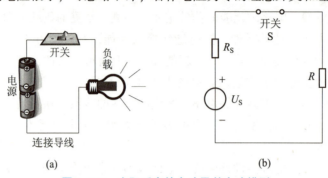

图 1.2-5　实际手电筒电路及其电路模型
（a）实际手电筒电路；（b）电路模型

1.2.2　电路的基本物理量及其参考方向

电路是为了满足某种需要和实现某种功能，由电源、中间环节及负载构成的一个电流流经的通路。对一个实际电路分析过程，就是根据电路模型分析计算激励与响应之间的关系，即电源与电路各部分电压、电流之间的关系。电压、电流、电位、功率等是电路分析中经常分析计算的基本物理量，学习电路分析理论之前，对这些基本物理量有一个清楚的认识是很有必要的。

1. 电流

物理学中定义，自由电荷在电场作用下做定向移动形成电流。

电流是一个既有大小又有方向的物理量。通常将正电荷定向移动的方向定义为电流的方向，电流的大小用电流强度来描述，电流强度定义为单位时间内流过导体横截面电荷量的多少，其表达式为；

$$i = \mathrm{d}q/\mathrm{d}t \qquad\qquad (1.2\text{-}1)$$

式中，电量 q 的单位是库伦（C），时间 t 的单位是秒（s），电流 i 的单位是安培（A）。

在电力系统的强电电路中，某些电流可高达几千安培，而在电子技术的弱电电路中电流往往很小，仅为几千分之几安培，为了方便表示电流的大小，电流的单位除了安培之外，还有毫安（mA）、微安（μA）、纳安（nA）等，各单位之间的换算关系为：

$$1\ \mathrm{A} = 10^3\ \mathrm{mA},\ 1\ \mathrm{mA} = 10^3\ \mathrm{\mu A},\ 1\ \mathrm{\mu A} = 10^3\ \mathrm{nA}$$

一般情况下，电流的大小和方向都随时间变化的电流称为交变电流，交变电流用小写英文字母 i 表示。如果电流的大小和方向不随时间变化，即式（1.2-1）中的 $\mathrm{d}q/\mathrm{d}t$ 是一个常数，则这种电流称为恒定电流，简称直流，直流用大写英文字母 I 表示，其表达式为：

$$I = \frac{Q}{t}$$

按照惯例，在电学中把不随时间变化的恒定电量或参量用大写字母表示，如直流电压和直流电流分别用 U 和 I 表示；把随时间变化的电量或参量用小写字母表示，如交变电压和交

变电流分别用 u 和 i 表示。

2. 电压、电动势

物理学中规定，电场力把单位正电荷从 a 点移动到 b 点所做的功，定义为 a、b 两点之间的电压，电压的大小反映了电路中电场力做功的本领，也反映了电荷在电场中电势能即电位的变化。

电压和电流一样也是一个既有大小又有方向的物理量，其大小表达式为：

$$u_{ab} = dw_{ab}/dq \qquad (1.2-2)$$

式中，电功 w 的单位是焦耳（J），电量 q 的单位是库伦（C），电压 u 的单位为伏特（V）。

电压也可以用电位差表示，电路中任意两点之间的电位差就是这两点之间的电压，即 $u_{ab} = v_a - v_b$，v_a、v_b 是电路中 a、b 两点的电位。

电工学规定电压的实际方向由高电位的"+"端指向低电位的"-"端，即电位降低的方向。

一般情况下，电压的大小和方向都随时间变化的电压称为交变电压，交变电压用小写英文字母 u_{ab} 表示。如果电压的大小和方向不随时间变化，则这种电压称为直流电压，直流电压用大写英文字母 U_{ab} 表示，其表达式为：

$$U_{ab} = W_{ab}/Q \text{ 或 } U_{ab} = V_a - V_b \qquad (1.2-3)$$

式中，V_a、V_b 是电路中 a、b 两点的直流电位。

强电领域中的电压通常用伏和千伏表示，弱电领域中的电压常用伏、毫伏和微伏表示，各单位间的换算关系为：

$$1 \text{ kV} = 10^3 \text{ V}, \quad 1 \text{ V} = 10^3 \text{ mV}, \quad 1 \text{ mV} = 10^3 \text{ } \mu\text{V}$$

电动势是反映电源把其他形式的能转化成电能本领的物理量，就是电源将单位正电荷从电源的负极（低电位）经电源内部移动到电源正极（高电位），克服电场力所做的功，即电源力所做的功。电动势使电源两端产生电压，通常用大写英文字母 E 表示，单位与电压相同，都是伏特（V），通常规定电动势的实际方向由电源的负极（低电位）指向电源的正极（高电位）。

3. 电位及参考点的选择

像重力场中物体的势能一样，电位就是电荷在电场中某点所具有的电势能，在数值上等于电场力将单位正电荷从该点移动到参考点所做的功。根据定义可知，如果假设参考点的电势能为零即电位为零，电路中某点的电位就等于该点与参考点之间的电压，而电路中任意两点的电压就是这两点之间的电位差。

如电路中任意 a、b 两点之间的电压为：

$$U_{ab} = V_a - V_b \qquad (1.2-4)$$

在式（1.2-4）中，若选择 b 点为参考点，则 $V_b = 0$，$V_a = U_{ab}$；若选择 a 点为参考点，则 $V_a = 0$，$V_b = -U_{ab}$。

从上面的讨论可以看出，参考点选择不同，电路中各点电位就不同。只有当参考点选定后，电路中各点的电位才有确定数值，即电位的高低与参考点的选择有关。但是不管参考点如何选择，任意两点间的电压是不变的，与参考点的选择无关。

参考点就像人们以海平面作为衡量地理位置所处高度的参考平面一样，在计算电路各点的电位时，也必须选定电路中某一点作为参考点，并规定该点的电位为零，即参考点就是零电位点，在电路图中参考点用接地符号"⊥"表示。在电力工程中规定大地为零电位参考点，在电子电路中则选择若干导线连接的公共点或机壳作为参考点，通常电路中公共点与机壳相连并"接地"，因此参考点也称接地点。在电路分析中，计算电位需要参考点，参考点的选择是任意的，但一经选定，各点电位的计算即以参考点为准。参考点发生变化时，各点电位也随之改变，即电位随参考点的选择不同而异，但任意两点间的电位差即电压不变。

对照电位与电压的定义，不难理解电路中任意一点的电位就是该点与参考点之间的电压，而电路中任意两点之间的电压则等于这两点的电位之差，所以计算电位的方法和计算电压的方法相同。只是计算电位时零电位参考点处用符号"⊥"表示。

在电子电路中，电源的一端通常是接地的，为了作图方便，习惯上常常不画电源，而是在电源非接地端标出电源极性及电位值即可。放大电路直流通路如图 1.2-6 所示。

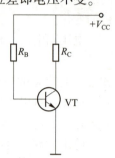

图 1.2-6 放大电路直流通路

4. 电压、电流的参考方向及关联参考方向

在分析简单的直流电路时，可以从电源给定的正负极判断电流、电压的实际方向。然而，在分析和计算交流电路和较为复杂的直流电路时，往往很难事先判断电路中各处的电压、电流的实际方向和真实极性，造成在对电路列写电压、电流方程式时，无法确定各电压、电流在方程式中的正负号。为了解决这一难题，电工学中通常采用参考方向的方法，即在待分析的电流模型图中预先假定出电路各支路电流或各元件两端电压的方向和极性，这个假定的方向和极性称为电压、电流的参考方向。

电路中电流参考方向的表示方法有两种，如图 1.2-7 所示。一种是在电路中用实线箭头即箭标表示；另一种是用有双下标的英文字母 I_{ab} 或 i_{ab} 表示，如 I_{ab} 表示电流从 a 点流向 b 点。

电路中 a、b 两点间电压参考方向的表示方法有三种，如图 1.2-8 所示。一是用实线箭头即箭标表示，箭标方向即电压降方向；二是用"+""−"表示，"+"表示高电位一端，"−"表示低电位一端；三是用有双下标的英文字母 U_{ab} 或 u_{ab} 表示电压参考方向由 a 指向 b。

电压、电流的参考方向选定后，依据参考方向，可以方便地确定各电压、电流在电路方程中的正负号。

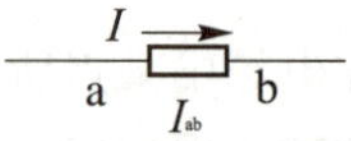

图 1.2-7 电流的参考方向 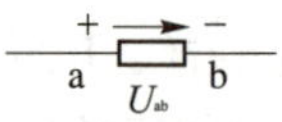 图 1.2-8 电压的参考方向

原则上参考方向可以任意假定，因此参考方向不一定与各电流、电压的实际方向相符，但这并不影响我们分析求解电路的结果。依据电路图上标出的电压、电流参考方向，列出相关的电路方程式对电路进行分析、计算，如果计算结果为正值，表明选定的参考方向与实际方向相同；若计算结果为负值，则表示电路图上假设的参考方向与其实际方向相反，这是计算分析电路的一条基本原则。

注意：只有在电压、电流的参考方向选定后，电路方程式中各物理量的正负取值才有意义。

因此电压、电流参考方向的作用有两个，一是便于列出电路分析的电压、电流方程；二是根据电路分析计算结果，借助参考方向便于确定各电压、电流的实际方向。

如在图 1.2-7、图 1.2-8 所示的电路中，电压、电流的参考方向已经标出，若电路计算结果 I_{ab} = 5 A，U_{ab} = −10 V，电流为正值说明电流的实际方向与图中参考方向相同，电压为负值则说明电压的实际方向与图中参考方向相反。

在电路分析中，对某个元件或某段电路上的电压参考方向和电流参考方向可以独立地任意选定。在实际运用中，为了计算方便，减小出错概率，常将电流参考方向与电压参考方向的选定关联起来考虑。如果图中元件是一个耗能元件，常把电流的参考方向和电压的参考方向设为一致，即电流的参考方向由高电位流向低电位沿电位降低的参考方向取向称为关联参考方向；如果图中元件是一个电源器件，则常把电流的参考方向和电压的参考方向设为相反，即电流的参考方向由低电位流向高电位沿电位升高的方向取向称为非关联参考方向。这种约定比较自然、合理，因为电路中耗能器件的实际电压、电流通常一致，为关联参考方向；电路中电源器件的实际电压、电流方向通常相反，为非关联参考方向。

需要注意的是，当电压、电流为关联参考方向时，应用欧姆定律公式和功率计算公式时右边均取正号；当电压、电流为非关联参考方向时，应用欧姆定律公式和功率计算公式时右边需加一个负号。

如图 1.2-9（a）中，电压、电流的参考方向为关联参考方向，说明我们把图中的元件 A 视为耗能负载；图 1.2-9（b）中电压、电流的参考方向为非关联参考方向，说明我们把图中的元件 B 视为电源器件。

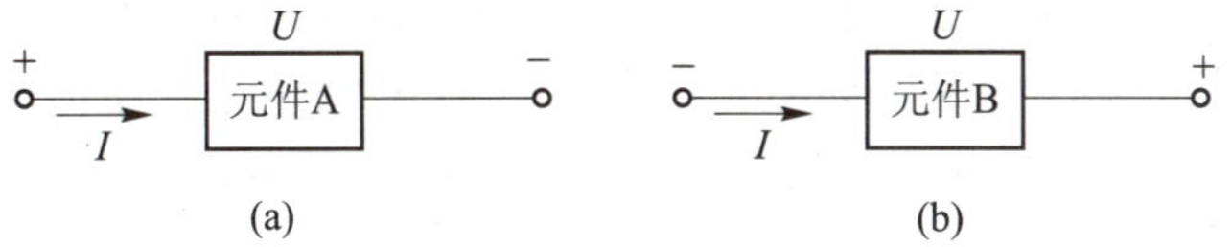

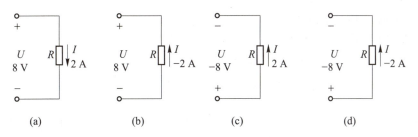

图 1.2-9　电压、电流参考方向

（a）关联参考方向；（b）非关联参考方向

【例1.1】应用欧姆定律对图 1.2-10 所示电路中的电阻器件列出式子，并求出电阻 R 的阻值。

| (a) | (b) | (c) | (d) |

电路图：
- (a) $U = 8\,\text{V}$，R，$I = 2\,\text{A}$
- (b) $U = 8\,\text{V}$，R，$I = -2\,\text{A}$
- (c) $U = -8\,\text{V}$，R，$I = 2\,\text{A}$
- (d) $U = -8\,\text{V}$，R，$I = -2\,\text{A}$

图 1.2-10　例 1.1 图

（a）电路一；（b）电路二（c）电路三；（d）电路四

解：流过电阻 R 的电流 I 与电阻两端的电压 U 成正比，与电阻 R 成反比，这就是欧姆定律。应用欧姆定律列式时，要注意电阻元件电压、电流的参考方向，当电压、电流为关联参考方向时，则有

$$I = \frac{U}{R}$$

当电压、电流的方向为非关联参考方向时，则有

$$I = -\frac{U}{R}$$

由此可得：图 1.2-10（a）$R = \dfrac{U}{I} = \dfrac{8}{2} = 4$（$\Omega$）

图 1.2-10（b）$R = -\dfrac{U}{I} = -\dfrac{8}{-2} = 4$（$\Omega$）

图 1.2-10（c）$R = -\dfrac{U}{I} = -\dfrac{-8}{2} = 4$（$\Omega$）

图 1.2-10（d）$R = \dfrac{U}{I} = \dfrac{-8}{-2} = 4$（$\Omega$）

注意： 欧姆定律式子前面的正负号表示电压、电流是否为关联参考方向；电压值、电流值的正负号则表示电压、电流实际方向和参考方向的关系。

5. 电功、电功率和效率

1）电功 W

电路是电流流经的通路。电流流经电路时，必然伴随着电荷电势能的变化即能量转化的过程，这个过程就是电流做功的过程。当电流由高电位流向低电位时，电场力做功，电荷的电势能降低，电能转化为其他形式的能；当电流由低电位流向高电位时，电源力克服电场力做功，其他形式的能转化为电能。这一能量转化的规模大小可以用电功 W 来表示。

根据电压的定义可知，如果电场力把电荷量为 Q 的电荷从电路的一点移动到另一点，且两点间的电压差为 U，则电场力做的功 $W = UQ$，根据电流强度的定义可知 $Q = It$，于是可得到电功的计算公式：

$$W = UIt \qquad\qquad (1.2-5)$$

在式（1.2-5）中，电压 U 的单位取伏特（V），电流 I 的单位取安培（A），时间 t 的单位取秒（s）时，电功 W 的单位为焦耳（J）。该计算公式表示如果一段电路两端的电压为 U，流经的电流为 I，则在单位时间 t 内，该段电路消耗的电能即电功为 UIt，时间 t 越长，消耗的电能就越多，电功也越大。

电功的大小可以用电度表来计量，其国际单位为焦耳（J），但在电力工程中常用的单位为度即千瓦时（$kW \cdot h$），与焦耳的换算关系为：

$$1 \, kW \cdot h \,（度）= 3.6 \times 10^6 \, J \,（焦耳）$$

2）电功率 P

为了衡量电路中能量转换的快慢，电工学中引入电功率 P 来表示单位时间内电路或电气设备能量转换的规模大小，即单位时间内电流所做的功。根据电功率的定义，由式（1.2-5）可得电功率 P 的表达式为：

$$P = \frac{W}{t} = \frac{UIt}{t} = UI \qquad\qquad (1.2-6)$$

在式（1.2-6）中，当电压 U 的单位取伏特（V），电流 I 的单位取安培（A）时，电功率 P 的单位为瓦特（W），除了瓦特外，电功率常用的单位还有千瓦（kW）。日常生活中各类用电器铭牌上标示的电功率 P 的瓦特数，就是表征用电器将电能转化成其他形式能量本领大小的参数。

在应用功率公式时应注意，当电压、电流的方向设为关联参考方向时 $P = UI$，当电压、电流的方向设为非关联参考方向时，功率计算公式前应加负号，$P = -UI$。如果功率 P 计算结果为正，说明该器件为耗能器件，是从电路中吸收电能的；如果功率 P 计算结果为负，说明该器件为电源器件，是向电路提供电能的。

3）效率 η

电路在转换和输送电能的过程中由于存在各种损耗，因此电路输出到负载上的输出功率总是小于电源提供的输入功率。在电力工程中，常把电路的输出功率与输入功率比值的百分数称为效率，即：

$$\eta = \frac{P_出}{P_入} \times 100\% = \frac{P_出}{P_出 + \Delta P} \times 100\% \tag{1.2-7}$$

式中，ΔP 表示用电器或电路内部的损耗功率。用电器设备上标示的能效标识即表征用电器能量转化效率的高低。

6. 电气设备的额定电压、额定电流及额定功率

为保证电路中的电气设备正常安全工作，电路中的发电机、电动机、空调、灯泡等电气设备的电压、电流及功率都有一个额定值，分别称为电气设备的额定电压、额定电流和额定功率，分别用 U_N、I_N、P_N 表示。额定值是制造厂家为了使电气设备能在给定的工作条件下正常安全运行而规定的正常容许值。电气设备或元器件的额定值常标在铭牌上或写在说明书中。例如，电灯上标的"220 V　40 W"，就是灯泡的额定电压和额定功率。

由于受外界各种因素的影响，通常电气设备使用时的电压、电流及功率的实际值不一定等于它们的额定值，这是一个很重要的概念。额定功率是电气设备在额定电压和额定电流下产生的功率，实际功率是电气设备在实际电压和实际电流下产生的功率。例如，额定值为"220 V　40 W"的灯泡，表示灯泡两端加 220 V 电压时，其电功率为 40 W；如果灯泡两端的实际电压为 110 V，此时灯泡上消耗的实际功率只有 10 W。

另一个原因是输出电压一定的电源，其输出的功率和电流由电源的负载大小决定，就是说负载需要多少功率和电流，电源就输出多少，所以电源通常不一定工作在额定工作状态，但电源输出的实际电流和功率值不应超过额定值。电动机实际工作时也同电源一样，实际消耗的功率和电流也取决于其转轴上所带的机械负载大小，通常其实际的驱动电流和消耗功率小于额定值。

7. 电路中电压、电流的测量

电压、电流是电路分析中的基本物理量，计算分析电功、电功率及效率时都要用到。通常获得某段电路的电压值及电流值主要有两种方法，一种是通过电路分析计算得到，另一种是通过电压表和电流表直接测量得到。

用理想电压表测量某段电路的电压时，需将电压表并接在该段电路两端，并要求理想电压表输入电阻无穷大（内阻 $R_i = \infty$），在测量电压时没有电流流过电压表，对测量电路不产生任何影响。但实际电压表都有几十兆或上百兆欧姆的输入电阻，或多或少都存在一定的电流流过，对被测电路产生一定的影响，从而产生电压测量误差。

用理想电流表测量电路中某段电路的电流时，需将电流表串接在该段电路中，并要求理想电流表的输入电阻为零（内阻 $R_i = 0$），串联在电路中测量电流时电流表本身没有电压，对测量电路不产生任何影响。但实际电流表的输入电阻不为零，都有几欧姆的输入电阻，会产生一定的电压，对被测电路产生一定的影响，从而产生电流测量误差。

图 1.2-11 说明了仪表内阻对测量结果的影响。图 1.2-11（a）为理想电压表和实际电压表的电路模型；图 1.2-11（b）为用实际电压表测量电阻 R_1 两端电压的电路模型；图 1.2-11（c）为理想电流表和实际电流表的电路模型；图 1.2-11（d）为用实际电流表测量流过

电阻 R_1 电流的电路模型。图示说明，在实际测量中，仪表的内阻成为电路的一部分，测量中误差的大小取决于被测电路电阻与仪表内阻连接后，仪表内阻对电路的影响程度。

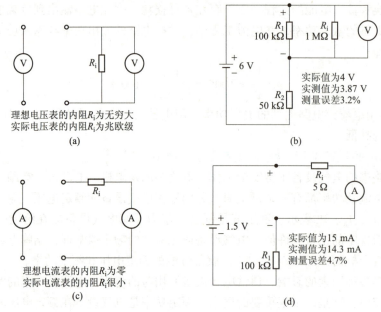

理想电压表的内阻 R_i 为无穷大
实际电压表的内阻 R_i 为兆欧级

(a)

实际值为 4 V
实测值为 3.87 V
测量误差 3.2%

(b)

理想电流表的内阻 R_i 为零
实际电流表的内阻 R_i 很小

(c)

实际值为 15 mA
实测值为 14.3 mA
测量误差 4.7%

(d)

图 1.2–11　仪表内阻对电压、电流测量结果的影响

（a）理想电压表和实际电压表的电路模型；（b）用实际电压表测量电路 R_1 两端电压的电路模型；
（c）理想电流表和实际电流表的电路模型；（d）用实际电流表测量流过电阻 R_1 电流的电路模型

1.2.3　电路的三种状态

电路由电源、负载和中间环节三部分组成。由于实际电源不是理想电源，具有一定的内阻，实际电压源电路模型如图 1.2–12 所示，电压源的电动势 $E = U_S$，R_S 为电压源内阻。电路工作时，对电压源来说有三种情况：有载、开路和短路。

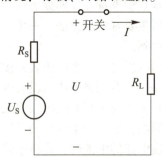

图 1.2–12　实际电压源电路模型

1. 有载状态

当开关闭合时，电压源与负载通过中间环节构成闭合回路，电路中有电流流经负载，电源处于有载工作状态。有载状态下，主要有以下几个问题需要讨论。

1）电源的外特性

由于实际电压源有一定内阻，在有载状态下，根据欧姆定律，电路中电源输出的电流 I

和负载两端的电压，即电压源输出端电压 U 分别为

$$I=\frac{U_S}{R_S+R_L}, \qquad U=IR_L \Rightarrow U=U_S-IR_S \qquad (1.2-8)$$

由式（1.2-8）可知，电压源输出的端电压 U 等于电源电压 U_S 减去电流 I 流过电源内阻 R_S 产生的压降 IR_S。电路中电流 I 越大，电源内阻 R_S 上的压降也越大，电源输出电压 U 将随着 I 的增大而降低，电源输出端电压 U 与输出电流 I 之间的这种关系，称为电源的外特性，如图 1.2-13 所示，其斜率与电源内阻 R_S 有关。

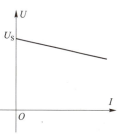

图 1.2-13　电压源伏安特性

我们总希望电压源的输出电压稳定，即电压源的外特性曲线尽可能趋于平直。显然要想使电压源输出电压稳定，就要尽量减小电压源的内阻，当电压源内阻 $R_S \ll R_L$ 时，有 $U \approx U_S$。该式表明电源内阻 R_S 很小时，电压源输出电压 U 稳定，随输出电流 I 的变化可忽略，电压源的带负载能力强。因此，为了提高电压源的负载能力，通常实际电压源的内阻 R_S 都是非常小的。

2）电源功率的分配

在电路中电源是向电路提供电能输出电功率的，而负载 R_L 和电源内阻 R_S 是消耗电能吸收电功率，根据功率守恒这一自然界普遍遵守的定律，电源提供的电功率就等于负载和电源内阻消耗的电功率，即：

$$IU_S=IU+I^2R_S \Rightarrow P_E=P+\Delta P \qquad (1.2-9)$$

在式（1.2-9）中，$P_E=IU_S$ 是电压源向电路提供的功率；$\Delta P=I^2R_S$ 是电压源内阻 R_S 消耗的功率；$P=IU$ 是负载 R_L 消耗的功率，即电压源输出的功率。

任何一个实际电源由于内阻的存在，其向电路提供的功率总是有限的。在电路中负载 R_L 是把电能转化为其他形式能的电气设备，在不超出电气设备额定功率的前提下，我们希望电源提供的功率消耗在负载的越多越好。那么，在什么条件下，负载才能从电源处获得最大功率呢？这是我们在工程实践中，特别是在弱电电路即电子线路中经常要考虑的问题。下面我们从负载消耗的功率 $P=IU$ 出发来讨论这个问题。由图 1.2-12 所示，电路模型和欧姆定律可得：

$$P=IU=I^2R_L=\left(\frac{U_S}{R_S+R_L}\right)^2 R_L=\frac{U_S^2 R_L}{(R_S+R_L)^2} \qquad (1.2-10)$$

为了便于讨论，式（1.2-10）可转化为：

$$P=\frac{U_S^2}{4R_S+\dfrac{(R_S-R_L)^2}{R_L}} \qquad (1.2-11)$$

对于一个实际电压源来说，其电压源电压 U_S 和内阻 R_S 是不能改变的。因此，分子固定不变，要想使负载上消耗的功率 P 最大，就必须使式（1.2-11）的分母项最小。通过分析式（1.2-11）不难发现，当 $R_L=R_S$ 时，分母第二项为零，此时分母最小为 $4R_S$，负载上获得的功率最大。通常我们把这种情况称为功率匹配。

结论：在电路中当负载电阻等于电源内阻时，负载上获得的功率最大。

负载上的最大功率用 P_{max} 表示，其表达式为：

$$P_{\max} = \frac{U_S^2}{4R_S} \qquad (1.2\text{-}12)$$

由图 1.2-12 不难发现，当负载获得最大输出功率时，电源内阻也消耗同样多的功率，即电源效率只有 50%，这种情况在强电电路中是绝对不允许的。但对于电子技术中的微弱信号放大电路，信号源的效率不是考虑的主要问题，如何让负载上获得最大输出功率，实现功率增益最大化，才是人们所期望和关注的焦点。

2. 开路状态

如图 1.2-12 所示，当电路中的开关断开时，负载未与电源接通形成电流通路，电路中电流为零，电压源处于开路（空载）状态。开路时，外电路的电阻无穷大，电路中电流为零，电压源内阻上没有压降，此时电压源的端电压 U（开路电压或空载电压）等于电压源的电动势 $U = E = U_S$，电压源不输出电能。电源开路的特征为 $I = 0$，$U = U_S$，$P = 0$，$\Delta P = 0$，$P_E = 0$。

3. 短路状态

短路是由于某种原因导致电源的两端被短接在了一起，俗称电源短路，如图 1.2-14 所示。电压源短路时，电源的外电路电阻等于零，电流不再流经负载，电压源输出的电流仅由电压源内阻决定，此电流称为电压源短路电流 I_D。由于电压源内阻很小，短路电流将很大，此时电压源产生的电能全部被电源内阻所消耗，电压源输出的电流及功率远大于其额定值，将导致烧毁电源及导线的严重后果。

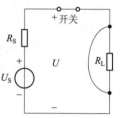

图 1.2-14　电源短路

电压源短路的特征为：

$$U = 0 \quad I_D = U_S/R_S \quad P_E = \Delta P = I_D^2 R_S \quad P = 0$$

电源短路是一种严重的事故，会导致电路损坏的严重后果，应尽力避免发生。为防止电源短路情况发生，一般在电路中接入熔断器或其他自动保护装置，一旦发生短路，能迅速切断故障电路，保护电路，避免遭受更大的损坏。

【例 1.2】在图 1.2-15 所示的串联电路中，列出了电路的三种情况，求每种情况下电路中的电流大小；并判断在哪种情况下，1 A 熔断器能够熔断，起到保护电源免遭损坏的作用？

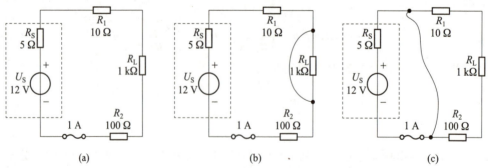

(a)　　　　　　　　　　(b)　　　　　　　　　　(c)

图 1.2-15　电路正常、局部短路和电源短路状态

(a) 正常；(b) 局部短路；(c) 电源短路

解：根据欧姆定律可得：

（1）电路正常时：$I = \dfrac{U_S}{R_S + R_1 + R_L + R_2} \approx 11 \text{ mA}$

（2）局部短路时：$I = \dfrac{U_{\text{S}}}{R_{\text{S}} + R_1 + R_2} \approx 100 \text{ mA}$

（3）电源短路时：$I = \dfrac{U_{\text{S}}}{R_{\text{S}}} \approx 2.4 \text{ mA}$。此时熔断层熔断，保护电源免遭损坏。

【思考题】

1. 电路由哪几部分组成？

2. 电路主要分为哪两类？它们的主要功能如何？

3. 电路常用的理想元件有哪些？电路模型是由什么元件组成的？

4. 电路分析的对象是什么？

5. 电压和电位两者之间有哪些相同与不同之处？

6. 在电路分析中，电压、电流为什么要引入参考方向？分析结果为正或为负时参考方向和实际方向的关系如何？

1.3　电路元件及其伏安特性

1.3.1　电阻元件

电荷在导体中做定向移动形成电流时会受到一定阻力，反映导体对电流阻碍作用的物理参数称为电阻，常用英文字母 R 表示，单位为欧姆（Ω）。在电路模型中，电阻元件是经理想化抽象后，代表具有消耗电能这一电特性的理想电路元件，具有阻碍电流流动的作用。

电阻元件的外部特性可用电阻两端的电压 U 与流过电阻的电流 I 的关系来描述，这种关系称为电阻元件伏安特性。

1. 电阻元件的伏安关系——欧姆定律

电阻的电压与电流之间的关系是德国物理学家乔治·西蒙·欧姆于 1826 年发现的，为纪念欧姆对科学的贡献，将电阻的伏安关系用欧姆定律命名。欧姆定律指出在同一电路中，通过某段导体的电流跟这段导体两端的电压成正比，跟这段导体的电阻成反比。欧姆定律是电路分析中最基本、最重要的定律之一，可用电阻的电压、电流代数关系式及电阻的伏安特性曲线来描述。电阻的伏安特性曲线如图 1.3-1 所示，欧姆定律的代数关系式为：

$$I = \frac{U}{R}, \qquad U = IR, \qquad R = \frac{U}{I}$$

由电阻元件的伏安关系可知，在温度一定时，其伏安特性曲线是经过原点的一条直线，电压、电流的关系满足齐次性和叠加性，直线的斜率即电阻的阻值，不随外界因素的变化而变化，且电阻上的电压、电流任意时刻都存在即时对应关系，所以电阻器件不仅是一个线性器件，也是一个即时元件。

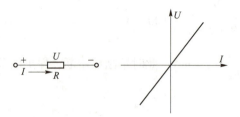

图 1.3-1　电阻的伏安特性曲线

对电阻应用欧姆定律时，需注意以下两点：

（1）电阻上电压和电流的实际方向总是一致的，一般将两者设为关联参考方向，当两者设为非关联参考方向时，欧姆定律的公式前要加负号。

（2）欧姆定律仅适用于线性电阻电路，不适用于非线性电阻电路。

2. 电阻元件的主要参数

电阻也是电路中常用的一种实际电路元件，俗称电阻器。电阻器种类很多，按其阻值是否可调，分为固定电阻器和可调电阻器。实际电阻器及其电路符号如图 1.3-2 所示，按其结构和材料特性分为线绕电阻器和非线绕电阻器，非线绕电阻器又分为膜式和实芯式两种。

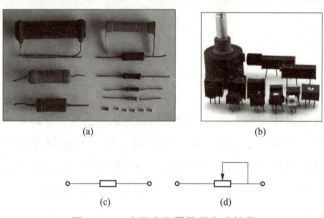

图 1.3-2　实际电阻器及其电路符号

（a）固定电阻器；（b）可调电阻器；（c）固定电阻器符号；（d）可调电阻器符号

电阻器的主要参数有标称值、误差及额定功率。

通用电阻器的标称值取两位有效数字，根据其精度的不同，遵循 E24、E12、E6 和 E3 系列给出的值。通用电阻器的精度分为Ⅰ、Ⅱ、Ⅲ三个等级。Ⅰ级精度允许偏差为±5%，遵循 E24 系列。Ⅱ级精度允许偏差为±10%，遵循 E12 系列。Ⅲ级精度允许偏差为±20%，遵循 E6 系列。偏差>±20%的遵循 E3 系列。

精密电阻器的标称阻值取三位有效数字，根据其精度的不同，遵循 E192、E96 和 E48 系列给出的值。精密电阻器的精度分为多个等级，偏差分别为±2%、±1%、±0.5%、±0.2%、±0.1%、±0.05%、±0.01%、±0.005%、±0.002%、±0.001%等。偏差为±2%的遵循 E48 系列，偏差为±1%和±0.5%的遵循 E96 系列，其他精度选用 E192 系列。电阻器标称阻值系列如表 1.3-1 所示。

表 1.3-1　电阻器标称阻值系列

E3 系列	1.2　2.2　4.7													
E6 系列	1.0　1.5　2.2　3.3　4.7　6.8													
E12 系列	1.0　1.2　1.5　1.8　2.2　2.7　3.3　3.9　4.7　5.6　6.8　8.2													
E24 系列	1.0　1.1　1.2　1.3　1.5　1.6　1.8　2.0　2.2　2.4　2.7　3.0　3.3　3.6　3.9 4.3　4.7　5.1　5.6　6.2　6.8　7.5　8.2　9.1													
E48 系列	100　105　110　115　121　127　133　140　147　154　162　169　178　187　196 205　215　226　237　249　261　274　287　301　316　332　348　365　383　402 422　442　464　487　511　536　562　590　619　649　681　725　750　787　825 866　909　953													
E96 系列	略													
E192 系列	略													

电阻器的标称值=系列中相应的数值×10^n，n 为整数。

功率不同的电阻器，其外形封装尺寸一般也不一样，故通常可通过观测电阻的尺寸来确定电阻器的功率。如贴片电阻的功率，0402 封装为 1/16 W，0603 封装为 1/10 W，0805 封装为 1/8 W，1206 封装为 1/4 W，1210 封装为 1/3 W，1812 封装为 1/2 W，2010 封装为 3/4 W，2512 封装为 1 W。直插电阻同贴片电阻一样，也可通过外形尺寸来判断电阻器功率的大小。电阻器除了以上常用功率值外，还有一些专用的大功率电阻器，根据需要不同有 2 W、5 W、10 W、20 W 等功率值可选择。

电阻器主要参数的表示方法通常有三种：直标法、色环法和数码法。

3. 电阻元件的连接方式

电阻在电路中的连接形式是多种多样的，其中串联与并联是最基本的连接形式。

1）电阻的串联

在电路中，若两个或两个以上的电阻首尾依次相连，且流过各电阻的电流相同，该连接方式称为电阻的串联。两个电阻串联的电路如图 1.3-3（a）所示，电压、电流的参考方向如图中所标。电阻 R_1、R_2 串联可用一个串联等效电阻 R 表示，如图 1.3-3（b）所示，根据功率守恒原则可得到下面式子：

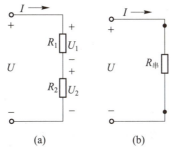

(a)　　　　(b)

图 1.3-3　电阻的串联等效

$$I^2 R_串 = I^2 R_1 + I^2 R_2 \Rightarrow R_串 = R_1 + R_2$$

$$IU = IU_1 + IU_2 \Rightarrow U = U_1 + U_2$$

由此可得，当 n 个电阻串联时，其串联等效电阻 R 等于 n 个电阻之和，串联电路两端的总电压等于各电阻两端电压之和。由此可见，多个电阻串联时，串联的电阻越多，总串联等效电阻就越大，且串联电阻具有分压功能。

根据电阻串联时，流过每个电阻电流相等的特点，可得出每个串联电阻上的分压与串联电阻大小的关系式。即：

$$I_{R_1} = I_{R_2} = I \Rightarrow \frac{U_1}{R_1} = \frac{U_2}{R_2} \Rightarrow \frac{U_1}{U_2} = \frac{R_1}{R_2} \tag{1.3-1}$$

由式（1.3-1）可知，串联电阻上电压的分配与电阻的大小成正比，即串联电阻越大其分压就越大。这一规律在实际电路中得到广泛应用，如图 1.3-4 的指针式万用表电压测量电路，就是根据串联分压原理，通过串联不同的分压电阻来测量不同量程的电压，从而使表头上的分压 U_G 不超过其满偏电压值。

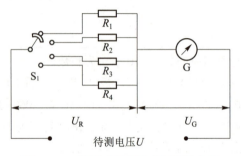

图 1.3-4　指针式万用表电压测量电路

2）电阻的并联

在电路中，将两个或两个以上的电阻首和尾分别并接在一起的连接方式称为电阻的并联。电路中多个电阻并联的特点是加在各并联电阻两端的电压相同。两个电阻并联的电路如图 1.3-5（a）所示，电压、电流的参考方向如图中所标。电阻 R_1、R_2 并联，可用一个并联等效电阻 R 表示，如图 1.3-5（b）所示，根据功率守恒原则可得到下面式子：

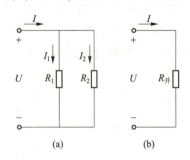

图 1.3-5　电阻的并联等效

$$\frac{U^2}{R_{并}} = \frac{U^2}{R_1} + \frac{U^2}{R_2} \Rightarrow \frac{1}{R_{并}} = \frac{1}{R_1} + \frac{1}{R_2}$$

$$R_{并} = \frac{R_1 R_2}{R_1 + R_2} \Rightarrow R_{并} \approx R_2 \text{（当 } R_1 \gg R_2 \text{ 时）}$$

$$IU = I_1 U + I_2 U \Rightarrow I = I_1 + I_2$$

　　由此可得，当 n 个电阻并联时，其并联等效电阻 $R_{并}$ 的倒数等于 n 个并联电阻的倒数之和，流过并联电阻的总电流等于流过各并联电阻的电流之和。

　　由此可见，多个电阻并联时，并联电阻越多，并联总等效电阻越小，且并联总等效电阻小于并联电阻中最小电阻的阻值；当一个电阻的阻值远大于另一个电阻时，这两个电阻的并联等效电阻约等于最小电阻的阻值。

　　并联电阻具有分流功能。根据电阻并联时，每个并联电阻两端电压相等的特点，可得出流过每个并联电阻的分电流与并联电阻大小的关系式。即：

$$U_{R_1} = U_{R_2} = U \Rightarrow I_1 R_1 = I_2 R_2 \Rightarrow \frac{I_1}{I_2} = \frac{R_2}{R_1} \tag{1.3-2}$$

　　由式（1.3-2）可知，流过每个并联电阻的分电流与并联电阻的大小成反比，即并联电阻越小，其分电流就越大。如图 1.3-6 所示的指针式万用表电流测量电路就是根据此并联分流原理设计的，即通过并联不同的分流电阻来测量不同量程的电流值，从而使表头上的分流 I_G 不超过其满偏电流值。

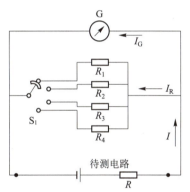

图 1.3-6　指针式万用表电流测量电路

　　在电力系统的强电电路中，电路中的多个负载设备都是并联连接，并联连接时，它们两端的电压相同，每个负载的工作情况相对独立，不受其他负载的影响。电路中并联的负载电阻越多（负载越大）则总负载电阻越小，电路中的总电流和总消耗功率就越大，但每个负载流过的电流和消耗的功率基本不变。

　　【例 1.3】试计算图 1.3-7 所示电路中的电流 I 及 I_1、I_2 的值。

　　解：由于 $R_3 \gg R_2$，所以有：

$$R_2 // R_3 \approx R_2 = 100\ \Omega$$

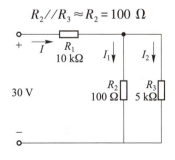

图 1.3-7　例 1.3 电路图

所以，R_2、R_3两端的电压U为：

$$U = \frac{R_2 // R_3}{R_1 + R_2 // R_3} \times 30 \approx 0.297 \text{ V}$$

由此可得：

$$I = \frac{30 \text{ V}}{R_1 + R_2 // R_3} = \frac{30 \text{ V}}{10100 \ \Omega} \approx 2.97 \text{ mA}$$

$$I_1 = \frac{U}{R_2} = \frac{0.297 \text{ V}}{100 \ \Omega} = 2.97 \text{ mA}$$

$$I_2 = \frac{U}{R_3} = \frac{0.297 \text{ V}}{5000 \ \Omega} = 0.0594 \text{ mA} \approx 0$$

3）复杂电阻网络的化简

在实际电路中电阻的连接往往是串、并联都有的复杂网络连接，为了求解复杂电阻网络的等效电阻，可以把电阻网络分解为串联部分和并联部分，然后求出各分解部分的等效电阻，得到一个新的较为简单的电阻网络，然后再对新的网络进行分解和简化，这一过程反复进行直到【例1.4】如图1.3-8所示，$R_1 = 10 \ \Omega$，$R_2 = 10 \ \Omega$，$R_3 = 10 \ \Omega$，$R_4 = 10 \ \Omega$，$R_5 = 10 \ \Omega$，分别求开关S在断开与闭合时，A、B两端的总等效电阻R_{AB}。

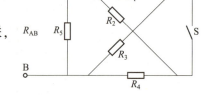

得出单个等效电阻。具体方法参见下面化简复杂电阻网络的例题。

解：开关S断开时，电阻的连接情况为：R_1、R_3串联，R_2、R_4串联，然后再与R_5并联，故有：

$$R_{AB} = R_5 // (R_1 + R_3) // (R_2 + R_4)$$
$$= 10 // 20 // 20 = 5 \ (\Omega)$$

图1.3-8　例1.4电路图

开关S闭合时，电阻的连接情况为：R_1、R_2并联，R_3、R_4并联，然后再串联后与R_5并联，故有：

$$R_{AB} = [(R_1 // R_2) + (R_3 // R_4)] // R_5 = [(10 // 10) + (10 // 10)] // 10 = 5 \ (\Omega)$$

4）电阻串、并联的应用——模拟万用表的基本结构

图1.3-9是模拟万用表内部基本结构示意图，实际模拟万用表的内部结构是非常复杂的，具有量程选择，电压、电流、电阻及交流测量等功能。

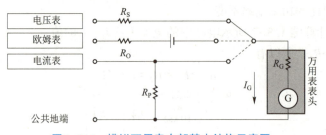

图1.3-9　模拟万用表内部基本结构示意图

模拟万用表的核心是万用表表头，它是一个灵敏的磁电式直流电流表，当有电流流过表头时，将产生一个磁场，在这个磁场的作用下表头指针发生偏转，电流越大指针偏转的幅度越大，使电流表指针满偏的电流称为满偏电流I_G，满偏电流I_G也称为表头的灵敏度，满偏电流越小，表头灵敏度越高。一般万用表表头的灵敏度为 μA 级。

由于万用表表头的灵敏度很高，允许通过表头的最大满偏电流I_G很小，在实际测量过程中，往往通过改变量程开关，在表头电路两端串联或并联不同的电阻，通过串联分压、并联分流及欧姆定律来完成对实际电压、电流及电阻的测量，确保通过表头的电流不超过满偏电流I_G。

1.3.2　电感元件

在电路模型中，电感元件是经理想化抽象后，代表具有把电能转化为磁场能储存起来这一电特性的理想电路元件，理想电感元件在电路中只进行能量交换而不消耗电能。

实际电感元件是许多电气设备及电子设备中常用的重要电路器件，通常是由漆包线在绝缘骨架上绕制而成的线圈，是一种存储磁能的电路器件，实物及电路符号如图1.3-10所示。当电流流过线圈时，线圈周围就建立了磁场，把电能转换为磁能存储起来。衡量电感线圈把电能转换为磁能能力大小的参数是电感量L，若通过一匝线圈的磁通量为Φ，线圈的匝数为N，那么穿过整个线圈的磁链$\Psi=N\Phi$，磁链的单位为韦伯（Wb）。磁链Ψ与流过电感线圈电流i及电感量L的关系为：

$$\Psi=Li\Rightarrow L=\frac{\Psi}{i} \qquad (1.3-3)$$

由式（1.3-3）可知，电感量L即电感线圈中单位电流所产生的磁链大小。电感量L越大，单位电流产生的磁链也越大。线性电感的韦安特性曲线如图1.3-11所示，是一条不随时间变化且经过原点的直线。

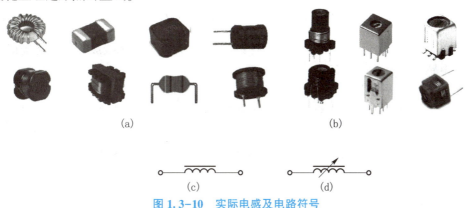

(a)　　　　　　　　　　　　　　(b)

(c)　　　　　　　　(d)

图1.3-10　实际电感及电路符号

（a）固定电感；（b）可调电感；（c）固定电感符号；（d）可调电感符号

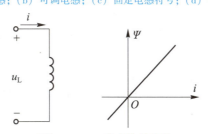

图1.3-11　韦安特性曲线

电感量L常用的单位有亨利（H）、毫亨（mH）和微亨（μH）。它们之间的换算关系为：

$$1\ H\ =\ 10^3\ mH\ =\ 10^6\ \mu H$$

1）电感的伏安特性

根据法拉第电磁感应定律可知，当通过电感线圈的电流或磁链发生变化时，在电感线圈的两端就会产生感生电压 u_L，当感生电压与流过电感线圈的电流为图 1.3-11 所示的关联参考方向时，感生电压的大小与磁链的变化率，即电流变化率的关系为：

$$u_L = N\frac{\mathrm{d}\varPhi}{\mathrm{d}t} = \frac{\mathrm{d}(N\varPhi)}{\mathrm{d}t} = \frac{\mathrm{d}\varPsi}{\mathrm{d}t} = L\frac{\mathrm{d}i}{\mathrm{d}t} \tag{1.3-4}$$

式（1.3-4）说明：

（1）电感两端的电压与流过电感电流的瞬时值不遵从欧姆定律，而与通过电感电流的变化率成正比，其比例系数为电感量 L。

（2）通过电感的电流变化率越大，电感两端的感生电压也越大，当电流变化率为零即直流时，电感两端的电压为零，故电感具有通低频阻高频的功能，对直流相当于短路。

（3）当电感两端电压为有限值时，流过电感的电流不能突变。

（4）电感线圈感生电压 u_L 是伴随着流过电感线圈电流的变化而存在的，且满足齐次性和叠加性，故电感线圈不仅是一个线性器件，又被称为"动态器件"。

2）电感线圈的储能

当电感线圈的电压、电流取关联参考方向时，电感元件的瞬时功率为：

$$p = u_L i = Li\frac{\mathrm{d}i}{\mathrm{d}t} \tag{1.3-5}$$

假设 $t=0$ 时流过电感的电流为零，t 时刻电流为 $i(t)$，由式（1.3-5）可得，从 0 到 t 的时间内，电感元件存储的磁场能量为：

$$W_L(t) = \int_0^t p\mathrm{d}t = \int_0^{i(t)} Li\,\mathrm{d}i = \frac{1}{2}Li^2(t) \tag{1.3-6}$$

由式（1.3-6）可以看出，在任意时刻 t，电感量为 L 的电感线圈存储的磁场能只与该时刻流过电感的电流 $i(t)$ 有关。

电感的储能公式表明，电感电流 $i(t)$ 反映了电感的储能状态。当 $i(t)$ 增大时，磁场能也随之增大，电感从电路中吸收能量，将电能转化为磁场能，以磁场的形式存储起来；当 $i(t)$ 减小时，磁场能也随之减小，电感向电路中释放能量，将磁场能又转换为电能供给电路。理想电感元件只与电路之间进行能量交换，电感元件本身并不消耗能量，它只是一个储能元件。

3）实际电感元件的模型

由于实际电感器件是由漆包线绕制而成的，具有一定的电阻，所以实际电感在和电路进行能量交换的同时，器件本身也会消耗一定的能量。如果电感本身消耗的能量不能忽略，实际电感的电路模型就需要用一个理想电感和一个电阻 r 的串联来表示，如图 1.3-12（a）所示。如果实际电感的阻值 r 很小，本身消耗的能量可忽略，实际电感就可近似看作理想电感元件，如图 1.3-12（b）所示。

(a)   (b)

图 1.3-12 实际电感模型

电感的损耗常用品质因数 Q 来表示。电感的品质因数 Q 为一定频率下电感的感抗 X_L 和其本身损耗电阻 r 的比值，Q 值越高，损耗越小；Q 值越低，则损耗越大。

4）实际电感元件的主要参数

实际电感元件的主要参数有电感量 L、品质因数 Q、额定电流 I_N 和电感的容差。

电感量 L 表示电感元件将电能转化为磁场能本领大小的参数，即单位电流产生的磁链。

品质因数 Q 表示电感元件本身损耗大小的参数，即一定频率下电感感抗和电感本身损耗电阻的比值。

额定电流 I_N 表示电感元件正常安全工作时允许通过的最大电流，如果电流过大超过了额定电流，会使电感线圈过热或使线圈受到过大电场力的作用而发生机械形变，甚至烧坏电感线圈。

电感的容差是由生产商给定的以标称值为基础的实际电感量的最大变化量，标准电感的容差是以特定的容差符号表示的，如 F = ±1%，G = ±2%，H = ±3%，J = ±5%，K = ±10%，L = ±15%，M = ±20%。

实际电感元件参数的表示方法主要有直标法和色环法两种。

5）电感元件的连接方式

电感元件作为一个重要的电路器件，在电路中的连接方式主要有两种，即电感的串联与电感的并联，如图 1.3-13 所示。

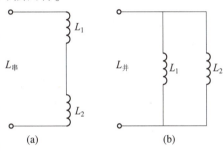

图 1.3-13　电感的串、并联

（a）电感的串联；（b）电感的并联

如果两个电感线圈的磁场相互隔离互不影响，我们称两个电感线圈为非耦合电感，即互感系数为零。两个非耦合电感串、并联时，可根据能量守恒及串、并联电路的特点，计算出电感串、并联的等效总电感 $L_{串}$ 和 $L_{并}$，计算公式如下：

$$L_{串} = L_1 + L_2 \tag{1.3-7}$$

$$\frac{1}{L_{并}} = \frac{1}{L_1} + \frac{1}{L_2} \Rightarrow L_{并} = \frac{L_1 L_2}{L_1 + L_2} \tag{1.3-8}$$

由式（1.3-7）、式（1.3-8）可见，电感的串、并联和电阻类似，即电感串联的数量越多，串联等效电感越大；电感并联的数量越多，并联等效电感就越小。

【例 1.5】若图 1.3-14 所示电路的总等效电感为 70 mH，求电感 L_2 的电感量。

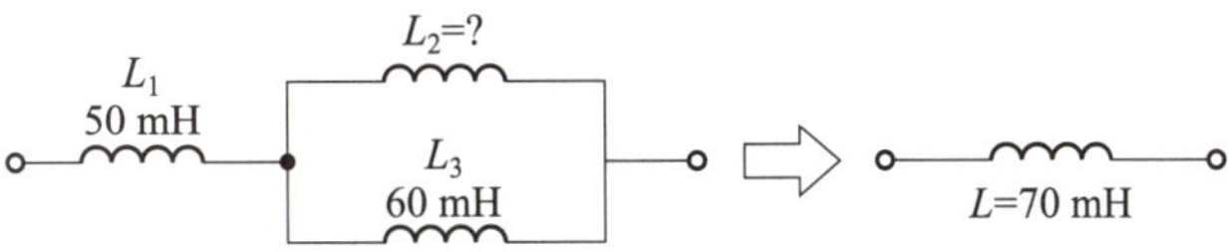

$$L_1 \quad 50\ mH \qquad L_2 = ? \qquad L_3 \quad 60\ mH \qquad \Rightarrow \qquad L = 70\ mH$$

图 1.3-14　例 1.5 图

解：

由 $L = L_1 + \dfrac{L_1 L_2}{L_1 + L_2} = 70$ mH

解得：$L_2 = 30$ mH

1.3.3 电容器件

在电路模型中，电容元件是经理想化抽象后，代表具有把电能转化为电场能储存起来这一电特性的理想电路元件。电容元件是一种能够存储电场能的器件，这种存储能力的大小常用电容容量 C 来表示，$C=q/u_C$ 表示电容单位电压所能储存电荷的多少。q 是电容极板上存储的电荷量，单位为库伦（C）；u 是电容两端的电压，单位为伏（V）；电容容量 C 的单位为法拉（F），除了法拉，常用的单位还有微法（μF）、纳法（nF）、皮法（pF）等。

它们之间的换算关系为：

$$1\ F = 10^6\ μF = 10^9\ nF = 10^{12}\ pF$$

理想电容元件在电路中只进行能量交换而不消耗电能。线性电容元件的库伏特性是一条经过原点的直线，如图 1.3-15 所示。

实际电容元件又称电容器，把两块金属极板用绝缘介质隔开就可构成一个简单的电容器。电容器是一种储能元件，在电路中主要用于滤波、耦合、隔直、旁路、调谐、延时等。根据介质的不同，电容器分为电解、云母、纸质、聚丙烯、陶瓷、独石、胆等电容；电容器按其容量是否可调分为固定式电容器、半可调电容器和可调电容器三种；按其有无极性可分为有极性电容和无极性电容两种。实际电容器及其电路符号如图 1.3-16 所示。

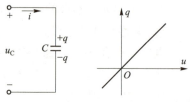

图 1.3-15 线性电容元件的库伏特性曲线

(a)

(b)　　　　　(c)　　　　　(d)

图 1.3-16 实际电容器及其电路符号

（a）实际电容器；（b）可调电容器符号；（c）有极性固定电容器符号；（d）无极性固定电容器符号

1. 电容的伏安特性

虽然电容是根据 $q-u$ 关系来定义的，但在电路分析中我们对电容的伏安关系更感兴趣。下面我们来分析电容元件的伏安关系。

实际电容器的主要工作方式就是充电、放电。当电容器有充、放电发生时，电容极板上聚集的电荷量 q 就会变化，电容极板两端的电压 u_C 也会随之变化，这时充、放电电流的大小就是极板上电荷的变化率，当电容两端电压与充、放电电流取关联参考方向时，如图 1.3-15 所示，电容元件的伏安关系式为：

$$i=\frac{dq}{dt}\ \Rightarrow i=C\frac{du_C}{dt} \tag{1.3-9}$$

式（1.3-9）表明：

（1）电容上的电压与充、放电电流的瞬时值不遵从欧姆定律，电容的充、放电电流与电容电压的变化率成正比，其比例系数为电容量 C。

（2）电容上电压的变化率越大，电容的充、放电电流也越大，电压变化率越小，充、放电电流也越小，当电压变化率为零即直流电压时，电容的充、放电电流为零，故电容具有通高频阻低频的功能，对直流相当于开路。

（3）当电容充放电电流为有限值时，电容上的电压不能突变。

（4）电容的充放电电流 i 是伴随着电容上电压的变化而存在，且伏安关系满足齐次性和叠加性，故电容元件不仅是一个线性器件，也被称为"动态器件"。

2. 电容器的储能

当电容的电压、电流取关联参考方向时，电容元件的瞬时功率为：

$$p = u_C i = C u_C \frac{\mathrm{d}u_C}{\mathrm{d}t} \tag{1.3-10}$$

假设 $t=0$ 时电容两端的电压 $u_C(0)=0$，t 时刻的电压为 $u_C(t)$，由式（1.3-10）可得，从 0 到 t 的时间内，电容元件存储的电场能量为：

$$W_C(t) = \int_0^t p\mathrm{d}t = \int_{u_C(0)}^{u_C(t)} C u_C \mathrm{d}u_C = \frac{1}{2}C[u_C^2(t) - u_C^2(0)] = \frac{1}{2}Cu_C^2(t) \tag{1.3-11}$$

由式（1.3-11）可以看出，在任意时刻 t，电容量为 C 的电容器存储的电场能只与该时刻电容两端的电压 $u_C(t)$ 有关。

电容的储能公式表明，电容电压 $u_C(t)$ 反映了电容的储能状态。当电容充电时，$u_C(t)$ 增大电场能也随之增大，电容从电路中吸收能量，将电能转化为电场能，以电场的形式存储起来；当电容放电时，$u_C(t)$ 减小电场能也随之减小，电容向电路中释放能量，将电场能又转换为电能供给电路。理想电容元件只与电路之间进行能量交换，电容元件本身并不消耗能量，它只是一个储能元件。

3. 实际电容器的电路模型

实际电容器是由两块中间用绝缘介质隔开的金属极板构成的，由于绝缘介质不够理想，多少总存在一些漏电即耗能现象。如果需要考虑这种情况，电容器的实际电路模型如图 1.3-17 所示，除了理想电容元件 C 外，还需在理想电容两端并联一个电阻元件 R 来描述电容漏电的情况。当电阻 R 很大时，实际电容器就可近似看作理想电容。

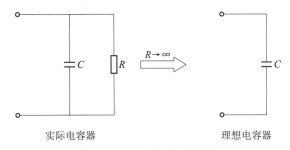

实际电容器　　　　　　　　　理想电容器

图 1.3-17　实际电容器模型

4. 电容器的主要参数

实际电容器的主要参数有电容容量 C、品质因数 Q、额定电压 U_N 和电容的误差。

电容容量 C 表示电容器将电能转化为电场能本领大小的参数，即单位电压存储的电荷量。电容 C 的大小与电容器的极板面积成正比，与极板间的距离成反比。

品质因数 Q 表示电容器本身损耗大小的参数，即在一定频率下电容的容抗和电容本身损耗电阻的比值。

额定电压 U_N 表示电容器正常安全工作时允许加在电容器两端的最大电压。如果电压过大超过了额定电压，会使电容器的绝缘介质发生击穿。一旦电容器的介质发生击穿，电容将彻底损坏，这时常常会引起电路短路或电容器发生爆炸。因此，使用电容器时，实际电压不应超过其额定电压。

电容的误差是由生产商给定的以电容器标称值为基础的实际容值的最大变化量，标准电容的容差是以特定的容差符号表示的，如 D＝±0.5％，F＝±1％，G＝±2％，J＝±5％，K＝±10％，M＝±20％。

实际电容器参数的表示方法主要有直标法和数码法两种。体积大的电容器采用直标法，体积小的电容器和贴片电容采用数码法。

5. 电容器的连接方式

电容器作为电路中一个重要的动态电路器件，在电路中的基本连接方式主要有两种，即电容的串联与电容的并联，如图 1.3-18 所示。两个以上电容串、并联时，可根据能量守恒及串、并联电路的特点，计算出电容串、并联的等效总电容 $C_串$ 和 $C_并$，计算公式如下：

$$\frac{1}{C_串}=\frac{1}{C_1}+\frac{1}{C_2}+\cdots+\frac{1}{C_n}, \qquad C_并=C_1+C_2+\cdots+C_n \qquad （1.3-12）$$

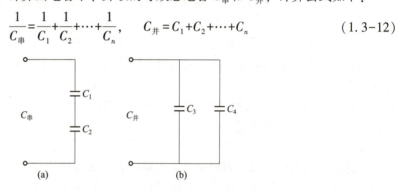

图 1.3-18　电容的串、并联
（a）电容的串联；（b）电容的并联

两个以上电容串联时，相当于增大了电容两个极板之间的距离，串联总电容小于串联电容器组中的最小电容器的电容值。但串联电容器组所能承受的电压要比单个电容器大得多，为每个电容器额定电压之和。需要注意的是，电容器串联时，如果电容值不同，每个电容器上的电压也不相等，串联时要确保每个电容器的电压不能超过其额定值。

多个电容器并联时，并联总电容相当于一个增大了极板面积的电容器，总电容值为各并联电容值相加之和。但要注意的是，加到并联电容器两端的最大安全电压受限于并联电容器组中额定电压最低的电容器。

电容串、并联等效电容如图 1.3-19 所示。图 1.3-19（b）中，电容串联后虽然理论上其最大工作电压为 150 V，但由于串联电容的电容值不同，分压也不同，当输入电压为 100 V 时，电容 C_1 上的分压就已超出其额定电压 50 V，所以电容串联应用时，其最大工作电压的大小应根据串联电容的情况具体分析决定。

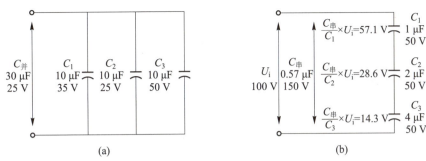

图 1.3-19　电容串、并联等效电容及最大工作电压

(a) 电容并联；(b) 电容串联

1.3.4　电压源和电流源

1. 实际电源模型

理想电压源和理想电流源是实际电源的理想化抽象，可以向外电路输出无穷大功率，在实际中是不存在的。实际电源都有一定内阻且向外电路输出的功率是一个有限值，实际电压源和实际电流源电路模型及外特性如图 1.3-20 所示。实际电压源通常用一个理想电压源 U_S 和一个电阻 R_S 的串联模型来表示；实际电流源通常用一个理想电流源 I_S 和一个电阻 R_S 的并联模型来表示。

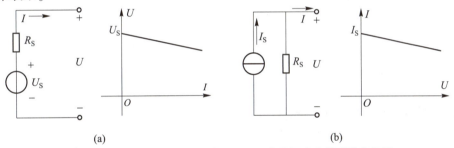

图 1.3-20　实际电压源电路模型和实际电流源电路模型及外特性

(a) 实际电压源电路模型及外特性 ；(b) 实际电流源电路模型及外特性

2. 电源等效互换的原则

实际电压源和实际电流源作为电路的激励，都是向电路提供电能的源泉，没有本质的区别。分析电路时，实际电源原则上既可用电压源模型表示，也可用电流源模型表示，究竟用哪种模型表示，要视电路分析的需要而定。同一电源用两种电源模型表示时，这两种电源模型必须是等效的，即对相同的外部电路或负载其伏安特性是相同的。这就是电压源和电流源等效互换的原则。

下面通过一道例题，根据等效互换原则来分析电压源的源电压及内阻与电流源的源电流及内阻之间的互换关系。

【例 1.6】　如图 1.3-21 所示电路中，同一电源分别用电压源模型和电流源模型表示，电压源和电流源互为等效电源，即对相同负载 R_L 输出的电压、电流相同，求两个电源模型 U_S、I_S、R_{S1} 和 R_{S2} 之间的等效互换关系。

解：根据串联分压和并联分流可得：

$$U_1 = U_S - I_1 R_{S1}, \qquad U_2 = I_S R_{S2} - I_2 R_{S2}$$

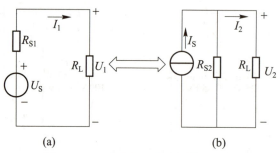

图 1.3-21　电压源、电流源等效互换
(a) 电压源；(b) 电源流

两个电源互为等效关系，欲使 $U_1 = U_2$，$I_1 = I_2$ 必须有：

$$R_{S1} = R_{S2} = R_S, \qquad U_S = I_S R_{S2} = I_S R_S$$

由此可得到两种电源模型等效互换的原则：

（1）两种电源模型等效是对相同的外电路或相同负载等效。

（2）两种电源模型等效互换时，电源内阻不变，电压源的数值和电流源的数值遵循欧姆定律的数量关系。

（3）等效互换时，电流源的箭头方向要始终与电压源由"−"到"+"的方向互相保持一致。

1.3.5　受控源

上面介绍的电压源、电流源属于独立电源。所谓独立，就是电压源输出的电压，电流源输出的电流由电源本身决定，与外接电路即其他支路的电压、电流无关。除了独立电源，在电路分析中还有一种从电子器件中抽象出来的受控源，用来描述电子器件如双极性晶体管、场效应管的放大作用。

受控源是一种非独立电源，分受控电压源和受控电流源。受控源其输出的电压或电流受同一电路中其他支路的电压或电流控制，根据受控的物理量不同，受控源可分为电压控制电压源（VCVS）、电压控制电流源（VCCS）、电流控制电压源（CCVS）、电流控制电流源（CCCS）4 种。受控源可以看成一个双口器件，它们的电路模型如图 1.3-22 所示。

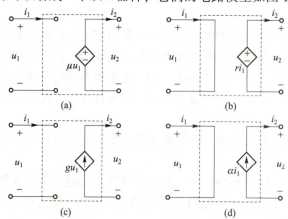

图 1.3-22　四种受控源模型
(a) VCVS：$i_1 = 0$　$u_2 = \mu u_1$；(b) CCVS：$u_1 = 0$　$u_2 = r i_1$；
(c) VCCS：$i_1 = 0$　$i_2 = g u_1$；(d) CCCS：$u_1 = 0$　$i_2 = \alpha i_1$

【思考题】

1. 阻值相同的电阻并联时，并联的电阻个数越多，并联等效电阻越大还是越小？

2. 如果电感两端的电压为零，其电流为零吗？其储能也一定为零吗？

3. 如果通过电容的充、放电电流为零，其两端电压为零吗？其储能也一定为零吗？

4. 理想电压源和理想电流源之间能否等效互换？实际电压源和实际电流源等效互换的条件是什么？

5. 电感元件在直流情况下相当于短路，是否可认为此时电感 $L=0$？

6. 电容在直流情况下相当于开路，是否可认为此时电容 $C=\infty$？

1.4　电路分析的基本定律与基本定理

电路是为了满足某种需要和实现某种功能，由电源、中间环节及负载构成的一个电流流经的通路。对一个实际电路分析的过程，就是利用其电路模型分析计算激励与响应之间的关系，即电源与电路各部分电压、电流之间的关系。

对于简单的直流电路，我们可以利用欧姆定律、元件的伏安特性及元件的串并联等效，就可求解出电路各处的电压、电流和电源之间的关系。但是对于组成复杂的电路，用上述简单的方法可能无法求解电路各处的响应，这时就需要借助一些电路遵守的基本定律、定理作为分析工具去解决上述电路分析问题，所以理解掌握电路的基本定律及定理是电路分析的基础。在学习这些电路分析的基本定律、定理前，我们先来介绍几个电路分析中常用的专业术语。

1.4.1　电路常用术语

常用的电路术语有支路、节点、回路和网孔等。

1. 支路（Branch）
一个或几个元件串联构成的一段无任何分支的电路称为支路，同一支路上的元件流过的电流相同。我们常把含有电源元件的支路称为有源支路，如图 1.4-1 中的 acb、adb 两条支路；不含电源元件的支路称为无源支路，如图 1.4-1 中的 ab 支路。

2. 节点（Node）
电路中两条或两条以上支路的联接点称为节点，如图 1.4-1 中的 a 和 b。

3. 回路（Loop）
电路中的任一闭合路径称为回路，如图 1.4-1 中的 abca、abda 和 acbda 三个回路。

4. 网孔（Mesh）
在回路内部不另含有其他支路的回路称为网孔，如图 1.4-1 中的 abca 和 abda。

1.4.2　基尔霍夫定律

我们知道电荷守恒和能量守恒是自然界遵守的两大最基本的法则，它们在电路中的表现形式就是基尔霍夫的两个定律：基尔霍夫电流定律和基尔霍夫电压定律。基尔霍夫定律是电路分析中最常用的基本定律，该定律不仅适用于线性电路（由电阻、电感、电容等线性元件构成的电路），而且也适合非线性电路（含有二极管、三极管等非线性器件的电路）；不仅适用于直流电路，同时也适用于交流电路。

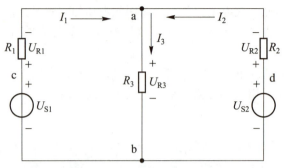

图 1.4-1　基尔霍夫电流定律

1. 基尔霍夫电流定律（Kichoff's Current Law，KCL）

基尔霍夫电流定律的本质是电荷守恒定律，即自然界的电荷既不能创造也不能被消灭。电路中的电流是电荷的定向移动形成的，是连续的，这样对于电路中理想导体的汇合点——节点，不可能积累储存电荷，又不能创造和消灭电荷，因此，任意时刻流进任一节点的电流等于流出该节点的电流。如果假设流进节点的电流为正，流出节点的电流为负，那么通过该节点所有电流的代数和为零。

综上所述，基尔霍夫电流定律的内容如下：

对于电路中的任一节点，在任意时刻，流进和流出该节点的所有支路电流的代数和为零，或者说流入该节点的电流等于流出该节点的电流。其数学表达式为：

$$\sum_{n=1}^{m} I_n = 0 \qquad \sum I_i = \sum I_o \tag{1.4-1}$$

式中，I_n 为流进（或流出）节点第 n 条支路的电流，m 为节点处的支路数量；I_i 为流进节点的电流，I_o 为流出节点的电流。图 1.4-1 电路中的电流参考方向如图所示，对于节点 a 有 $I_1 + I_2 - I_3 = 0$，或 $I_1 + I_2 = I_3$。

KCL 不仅可运用于任一电路节点，还可以把它推广运用到电路中的任一包含多个节点的闭合曲面。如在图 1.4-2（a）中三极管放大电路中，任意时刻流入流出三极管三个电极电流的代数和为零，即 $I_C + I_B - I_E = 0$。在图 1.4-2（b）所示电路中，对于流进流出电路闭合曲面 ABC 的三个电流 I_A、I_B、I_C 有 $I_A - I_B - I_C = 0$。

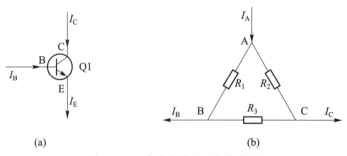

(a)　　　　　　　　　　　　(b)

图 1.4-2　电路中的任一闭合曲面

(a) 三极管放大电路；(b) 电路闭合曲面

应用 KCL 应注意的事项：

（1）列写 KCL 方程时，应先标出电路中各节点电流的参考方向。

（2）对电流流进、流出的方向应先约定好正、负，然后才能确定 KCL 电流方程每项前的正负号，正确列出方程。

（3）KCL 不仅适用于电路中的任一节点，还可推广应用到包围部分电路的任一假想闭合曲面。

（4）KCL 同时适用于线性电路、非线性电路、直流电路和交流电路。

2. 基尔霍夫电压定律（Kirchoff's Voltage Law，KVL）

基尔霍夫电压定律的本质是能量守恒。电荷在电路中的定向移动形成电流，电荷在电路中的移动伴随着能量的变化即电势能—电压的变化。一个电荷从电路任意一点出发，沿任一回路绕行一周，电势能增大电压升高，电势能减小电压降低；当电荷回到它的出发点时，电荷的电势能变化为零。如果我们假定沿回路绕行方向的电压升为负，电压降为正，那么绕回路一周回路中各段电压的代数和为零。

综上所述，基尔霍夫电压定律的内容如下：

对于电路中的任一回路，在任一时刻，沿回路顺时针或逆时针绕行一周，该回路上各段电压的代数和为零，或者说绕回路一周，沿绕行方向上的电压升等于电压降。其数学表达式如下：

$$\sum_{n=1}^{m} U_n = 0, \qquad \sum U_{升} = \sum U_{降} \qquad (1.4\text{-}2)$$

式中，U_n 为回路中第 n 个器件上的端电压，m 为回路中包含的各器件端电压的数量；$U_{升}$ 为沿回路绕行方向上的电压升，$U_{降}$ 为沿回路绕行方向上的电压降。

例如图 1.4-3（a）电路中的电压参考方向和绕行方向如图所示。对于绕行方向为 abca 的回路有 $U_{R3} - U_{S1} + U_{R1} = 0$，或 $U_{S1} = U_{R1} + U_{R3}$；绕行方向为 abda 的回路有 $U_{R3} - U_{S2} + U_{R2} = 0$，或 $U_{S2} = U_{R2} + U_{R3}$；绕行方向为 acbda 的回路有 $U_{S1} - U_{R1} - U_{S2} + U_{R2} = 0$，或 $U_{R1} + U_{S2} = U_{S1} + U_{R2}$。

KVL 不仅适用电路中的任一闭合回路，同时也可推广应用于回路中的部分电路。如图 1.4-3（b）所示的部分电路有 $U_R + U_S - U = 0$，或 $U_R + U_S = U$。

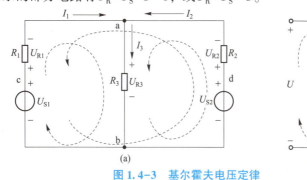

图 1.4-3 基尔霍夫电压定律

（a）电压参考方向和绕行方向；（b）回路中的部分电路

应用 KVL 应注意的事项：

（1）列写 KVL 方程时，应先标出电路中各回路电压的参考方向及回路的绕行方向。

（2）先对电压的参考方向与回路绕行方向一致与否约定好正、负，然后才能确定 KVL 电压方程每项前的正、负号，从而正确列出 KVL 方程。

（3）KVL 不仅适用于电路中的任一回路，还可推广应用于回路中的部分电路。

（4）KVL 同时适用于线性电路、非线性电路、直流电路和交流电路。

欧姆定律和基尔霍夫电流定律、基尔霍夫电压定律统称电路的三大基本定律，是分析和计算电路的重要依据。下面通过例题来说明三大基本定律的应用。

【例 1.7】图 1.4-3 所示电路可看作汽车中发电机、蓄电池和车灯负载组成的并联电路，R_1、R_2 可看作两个电源的内阻，R_3 看作车灯负载，已知 $U_{S1}=14$ V，$U_{S2}=12$ V，$R_1=1$ Ω，$R_2=1.5$ Ω，$R_3=8$ Ω，求支路电路 I_1、I_2、I_3。

解：三个支路电流三个未知数，至少需要三个方程。

根据 KCL 定律可得：$I_1+I_2=I_3$；

根据 KVL 定律可得：回路 abca 的电压方程 $U_{R3}-U_{S1}+U_{R1}=0$；

根据 KVL 定律可得：回路 abda 的电压方程 $U_{R3}-U_{S2}+U_{R2}=0$。

根据欧姆定律可得如下形式：

$$\begin{cases} I_3R_3-U_{S1}+I_1R_1=0 \\ I_3R_3-U_{S2}+I_2R_2=0 \end{cases} \Rightarrow \begin{cases} 8I_3-14+I_1=0 \\ 8I_3-12+1.5I_2=0 \end{cases}$$

结合 KCL 方程 $I_1+I_2=I_3$ 可求出三个支路电流分别为：

$$I_1=1.724 \text{ A}, \quad I_2=-0.19 \text{ A}, \quad I_3=1.534 \text{ A}$$

基尔霍夫定律是电路分析的基本定律。当电路比较简单、求解的物理量较少时，利用节点电流方程和回路电压方程可以方便地完成电路分析。当遇到节点和回路较多的复杂电路时，求解的电压、电流会很多，如果还用传统的基尔霍夫电流、电压方程去分析，需要费力地列出大量的方程，运算量很大，有时需要借助计算机辅助分析才能完成。在 20 世纪初，计算机作为稀缺资源，电路工程师很难接触到，为了简化降低电路分析的难度、复杂度，前辈科学家做了许多卓有成效的工作，发现、归纳、总结出了许多电路分析的原理及定理，应用这些原理及定理分析电路大大降低了复杂电路分析的难度与强度。应用最为广泛的主要有线性叠加原理、戴维南和诺顿定理，下面我们来讨论学习这些定理、原理。

1.4.3　线性叠加原理

在电工电子学中，叠加原理是一个很重要的定理，叠加原理适用于分析有多个独立电源作用的线性电路，其主要内容描述如下：

叠加原理：在多个独立电源共同作用的线性电路中，任一支路的电压、电流等于每个独立电源单独作用时在该支路上产生的电压、电流的代数和。

叠加原理体现了线性电路的基本特征，那么什么是线性电路呢？

线性电路就是由线性电路元件组成的电路。我们前面学习的线性电路元件主要有线性电阻、线性电容和线性电感等。对于线性电路，我们可以利用叠加原理把多个独立电源作用的线性电路分解为多个单个独立电源作用的电路，然后通过元件的串、并联等效及串联分压、并联分流的原理求出各支路的分电压、分电流，最后再对各分电压、分电流求代数和即可求出各支路的总电压及总电流。下面来介绍一下应用线性叠加原理分析电路的步骤。

应用线性叠加原理解题的步骤：

（1）在原电路中标出各支路电压、电流的参考方向。

（2）将多个独立电源作用的线性电路，化为多个单个独立电源作用的电路。

（3）单个独立电源作用时，其他独立电源置零（即电压源短路处理，电流源开路处理），其他电路元件及受控源的连接方式不变，并根据此电路求解支路的分电压、分电流。

（4）最后叠加求代数和时，要注意电压、电流的参考方向，以原电路中的电压、电流参考方向为准，各分电压、分电流的参考方向与其一致时取正号，与其相反时取负号。

需要注意的是，叠加原理只适用线性电路，不适用非线性电路；叠加原理只适用电压、电流的求解叠加，不适用功率的求解叠加。下面我们通过一道例题来学习如何应用叠加原理来分析具体电路。

【例1.8】如图1.4-4（a）所示电路，利用叠加原理求解该电路中5 Ω 电阻 R_1 两端的电压 U 和电流 I 及其消耗的功率 P。

解：（1）根据叠加原理，先在原电路中标出5 Ω 电阻 R_1 的电压、电流的参考方向，再将图1.4-4（a）所示电路化为如图1.4-4（b）和图1.4-4（c）两个单电源作用电路的叠加。

（2）当电压源单独作用时，如图1.4-4（b）所示，5 Ω 和15 Ω 电阻串联、2 Ω 和4 Ω 电阻串联后再并联接在了电压源两端，根据串联分压和欧姆定理即可求出电压源单独作用时5 Ω 电阻 R_1 上的电压及电流 U' 和 I'。

$$U'=U_S \times \frac{R_1}{R_1+R_2}=20 \text{ V} \times \frac{5 \text{ Ω}}{5 \text{ Ω}+15 \text{ Ω}}=5 \text{ V}, \qquad I'=\frac{U'}{R'}=\frac{5 \text{ V}}{5 \text{ Ω}}=1 \text{ A}, \qquad P'=U'I'=5 \text{W}$$

（3）当电流源单独作用时，如图1.4-4（c）所示，5 Ω 和15 Ω 电阻并联、2 Ω 和4 Ω 电阻并联后再串联接在了电流源两端，电流源的电流即流过5 Ω 和15 Ω 两个并联电阻的总电流。通过求并联的等效电阻和欧姆定律即可求出电流源单独作用时5 Ω 电阻 R_1 上的电压及电流 U'' 和 I''。运用欧姆定律时应注意电流源 I_S 的方向和 U'' 是否为关联参考方向，若不是关联参考方向应用欧姆定律时公式右侧应加负号。

$$R_{并}=\frac{R_1R_2}{R_1+R_2}=\frac{5 \text{ Ω} \times 15 \text{ Ω}}{5 \text{ Ω}+15 \text{ Ω}}=\frac{75 \text{ Ω}^2}{20 \text{ Ω}}=3.75 \text{ Ω}, \qquad U''=-I_S \times R_{并}=-10_A \times 3.75Ω=-37.5 \text{（V）}$$

$$I''=\frac{U''}{R_1}=\frac{-37.5 \text{ V}}{5 \text{ Ω}}=-7.5 \text{ A} \qquad P''=U''I''=(-37.5 \text{ Ω}) \times (-7.5 \text{ A})=281.25 \text{ W}$$

（4）根据叠加原理求5 Ω 电阻上的电压 U 和电流 I 及消耗的功率 P。

$$U=U'+U''=-32.5 \text{ V}, \qquad I=I'+I''=-6.5 \text{ A}$$

$$P=UI=211.52 \text{ W} \neq P'+P''=5 \text{ W}+281.25 \text{ W}=286.25 \text{ W}$$

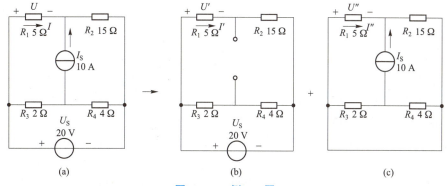

图1.4-4 例1.8图

（a）电路一；（b）电路二 （c）电路三

通过对例题的分析求解可知，叠加定理可以把一个多电源作用的复杂电路分解为多个单电源作用的简单电路，从而可大大简化电路的分析计算。该例题同时也证明了叠加定理只适合线性电路电压、电流的求解，功率的分析计算不适用叠加定理，因为功率与电压或电流的关系为平方关系。

1.4.4 戴维南定理与诺顿定理

1. 戴维南定理

在实际中我们分析复杂电路网络时，往往关注的并不是电路网络所有的响应，而是仅仅关注电路某两个节点之间或某一支路（如负载支路）的电压和电流，如果应用基尔霍夫定律来求解，势必需要列出大量的节点电流方程和回路电压方程，然后再费时费力地求解复杂的方程组。

幸运的是，1883 年一个叫戴维南的法国电信工程师，在研究了基尔霍夫定律和欧姆定律后提出了一个不需要太多计算量，可使分析问题大为简化的定理，即戴维南定理。学习戴维南定理之前，我们先来熟悉二端网络（也叫端口网络）的概念。

（1）二端网络：一个对外只有两个端钮与外电路相连的电路网络，不管其内部结构多么复杂，这样的电路网络都可称为二端网络或端口网络。

（2）有源二端网络：若二端网络内部含有独立电源，就称为有源二端网络。

（3）无源二端网络：若二端网络内部不含独立电源，就称为无源二端网络。

戴维南定理内容：任何一个线性有源二端网络，对外电路而言，均可用一个理想电压源和一个电阻的串联组合来等效置换，此电压源的电压等于有源二端网络的端口开路电压，串联电阻等于二端有源网络除源后的端口等效电阻。除源规则是电压源短路处理，电流源开路处理。戴维南等效如图 1.4-5 所示。

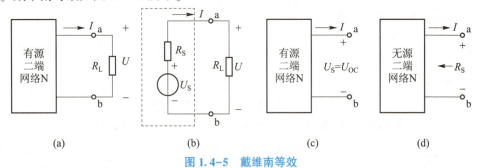

图 1.4-5　戴维南等效

（a）电路一；（b）电路二（c）电路三；（d）电路四

戴维南定理是一个极其有用的定理，它是分析复杂电路网络响应的得力工具。不管电路网络多么复杂，只要是有源线性电路网络，戴维南定理就可提供一个同一形式的等效电路来替代复杂的电路网络，为简化分析复杂的电路网络带来了极大的便利。下面通过例题来说明应用戴维南定理解题的步骤。

【例 1.9】运用戴维南定理求图 1.4-6（a）所示电路中通过电阻 R_3 的电流 I_3 及两端的电压 U_3。

解：（1）首先将待求 R_3 支路与原电路断开，电路其余部分构成线性有源二端网络，如图 1.4-6（b）所示，然后根据欧姆定律或串联分压可求出端口开路电压 U_{OC}，即戴维南等效电

路的理想电压源 U'_{S}。

$$U'_{\text{S}}=U_{\text{OC}}=10\text{ V}\times\frac{R_2}{R_1+R_2}=10\text{ V}\times\frac{4\text{ k}\Omega}{1\text{ k}\Omega+4\text{ k}\Omega}=8\text{ V}$$

（2）然后除去独立电源，电路如图 1.4-6（c）所示，求端口等效电阻 R_{AB}，即戴维南等效电路的串联电阻 R_{S}。

$$R_{\text{S}}=R_{\text{AB}}=R_1//R_2=\frac{R_1R_2}{R_1+R_2}=\frac{1\text{ k}\Omega\times4\text{ k}\Omega}{1\text{ k}\Omega+4\text{ k}\Omega}=800\text{ }\Omega$$

（3）画出戴维南等效电路，如图 1.4-6（d）所示，接入 R_3 支路，利用串联分压和欧姆定律求电阻 R_3 的电压 U_3 和电流 I_3。

$$U_3=U_{\text{S}}'\times\frac{R_3}{R_{\text{S}}+R_3}=8\text{ V}\times\frac{2\text{ }000\text{ }\Omega}{2\text{ }800\text{ }\Omega}=5.7\text{ V}, \quad I_3=\frac{U_{\text{S}}'}{R_{\text{S}}+R_3}=\frac{8\text{ V}}{2\text{ }800\text{ }\Omega}=0.003\text{ A}$$

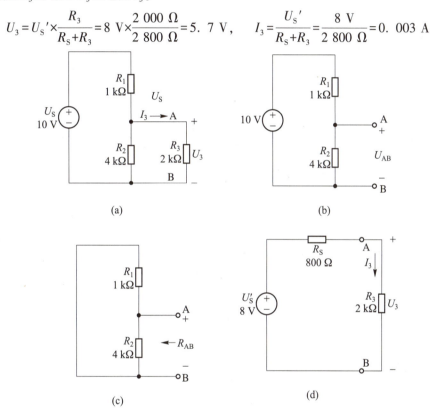

图 1.4-6　例 1.4-3 图

（a）原电路；（b）求开路电压；（c）求端口等效电阻；（d）戴维南效应电路

通过例题分析求解可知，当只需求解复杂电路中某一支路的响应时，应用戴维南定理具有明显的优势，现将应用戴维南定理分析计算电路的步骤归纳如下：

（1）将待求支路与原电路断开，电路的剩余部分构成待等效的有源二端网络。

（2）对有源二端网络求解其端口开路电压 U_{OC}，即戴维南等效电路的理想电压源。

（3）对有源二端网络除源处理，电压源置零短路处理，电流源置零开路处理，然后求出端口等效电阻即戴维南等效电路的串联电阻 R_{S}。

（4）画出戴维南等效电路，再接入待求支路，求解该支路的响应。

注意：在求解戴维南等效电路时，端口开路电压可通过测量和计算的方法得到，如果有源二端网络为多电源激励，可利用线性叠加定理求解计算得；端口等效电阻也可用计算和测量的方法求得。

戴维南定理不仅可以用来分析电路的响应，还可用来分析排除电路的故障。

【例 1.10】图 1.4-7（a）所示电路为指针式万用表电阻测量电路，如果把红、黑表笔作为测量电路的两个引出端，电阻测量电路就是一个有源二端网络，其中 17.3 kΩ、20 kΩ、300 Ω 电阻及 10 kΩ 电位器和表头 M 组成了表头电路，表头电路的等效电阻 R_b 约 23 kΩ，求其在×1、×10、×100 和 1 k 挡的戴维南等效电路，并求出响应的短路电流 I_{D1}、I_{D10}、I_{D100}、I_{D1k}。

解：电阻测量电路的戴维南等效电路如图 1.4-7（b）所示。当红、黑表笔不与被测电阻连接时，电阻测量电路中没有电流流过，此时表头指示电阻无穷大，端口开路电压 $U_{OC}=U_S=1.5$ V。

当量程开关在×1 挡位时，挡位电阻 15.3 Ω 与表头电路并联，由此可求出在×1 挡的戴维南等效电阻：

$$R_{S\times1}=15.3\ \Omega//R_b\approx15.3\ \Omega$$

同理可求出其他挡位的戴维南等效电阻：

$$R_{S\times10}=165\ \Omega//R_b\approx165\ \Omega$$
$$R_{S\times100}=1.78\ k\Omega//R_b\approx1.65\ k\Omega$$
$$R_{S\times1k}=55.4\ k\Omega//R_b\approx16.25\ k\Omega$$

有了每个测量挡位的戴维南等效电阻，就可求出每个测量挡位上的短路电流，即满偏电流：

$$I_{D1}=\frac{U_S}{R_{S\times1}}=\frac{1.5\ V}{15.3\ \Omega}\approx98\ mA,\quad I_{D10}=\frac{U_S}{R_{S\times10}}=\frac{1.5\ V}{165\ \Omega}\approx9.1\ mA$$

$$I_{D100}=\frac{U_S}{R_{S\times100}}=\frac{1.5\ V}{1.65\ k\Omega}\approx0.91mA,\quad I_{D1k}=\frac{U_S}{R_{S\times1k}}=\frac{1.5\ V}{16.25\ k\Omega}\approx0.091\ mA$$

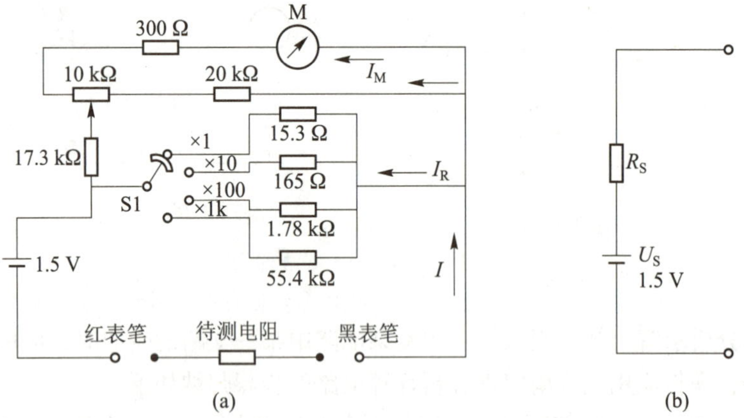

图 1.4-7　例 1.10 图
（a）指针式万用表电阻测量电路；（b）戴维南等效电路

有了以上戴维南等效的分析计算结果，在本章最后完成"指针式万用表的装配与调试"实践任务时，如果电阻测量电路不能正常工作或测量误差很大时，就可运用上述戴维南等效分析计算结果对电阻测量电路进行故障分析与排除。

用一块完好万用表或数字万用表作为标准表，首先将装配万用表的量程开关打到电阻测量电路的不同挡位，检查红、黑表笔的两个插孔是否有 1.5 V 的开路电压，如果有 1.5 V 的开路电压，说明电路没有虚焊、漏焊；然后再用标准万用表测量装配表电源正极和黑表笔插孔之间的不同电阻测量量程的戴维南等效电阻是否与分析计算结果相符，或者将标准万用表串接在红、黑表笔插孔之间，测量不同电阻测量挡位的短路电流是否和戴维南等效分析计算的结果相符。如果测量结果都相符，则表示电阻测量电路没问题，如果某个挡位测量结果不相符且差别较大，则需重点检查该挡位的电路是否有错焊、虚焊及漏焊，通过检查一般都能找到问题所在，最终将故障排除。

2. 诺顿定理

前面学习的戴维南定理是将一个有源线性二端网络用一个实际电压源模型来等效。我们在学习电源时讲过，实际电压源和实际电流源是可以相互等效互换的。也就是说，一个有源线性二端网络既然可以用一个实际电压源模型等效，也一定可以用一个实际电流源模型来等效，这就是诺顿定理。

诺顿定理内容：任何一个线性有源二端网络，对外电路而言，均可用一个理想电流源和一个电阻的并联组合来等效置换，此电流源的电流等于有源二端网络的端口短路电流，并联电阻等于二端有源网络除源后的端口等效电阻。除源规则是电压源短路处理，电流源开路处理。诺顿等效如图 1.4-8 所示。

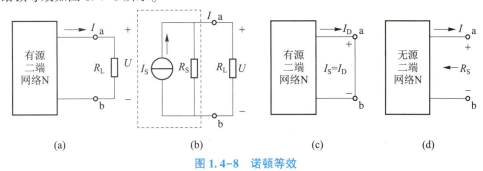

图 1.4-8　诺顿等效

诺顿等效和戴维南等效是有源线性二端网络的两种等效形式，本质上是相同的，两种等效电路可以相互等效转换。在实际运用中，我们可以根据电路分析便利的需要选择其中的一种。下面通过例题来说明应用诺顿定理解题的步骤。

【例 1.11】运用诺顿定理求图 1.4-9（a）所示电路中通过电阻 R_3 的电流 I_3 及两端的电压 U_3。

解：（1）首先将待求 R_3 支路与原电路断开，电路其余部分构成线性有源二端网络，然后将端口 A、B 两点短路，如图 1.4-9（b）所示，根据欧姆定律求出端口短路电流 I_D，即诺顿等效电路理想电流源的 I_S。

$$I_S = I_D = \frac{U_S}{R_1} = \frac{10\ \text{V}}{1\ \text{k}} = 0.01\ \text{A} = I_S$$

（2）然后除去独立电源，电路如图 1.4-9（c）所示，求端口等效电阻 R_{AB}，即诺顿等效电路的并联电阻 R_S。

$$R_S = R_{AB} = R_1 // R_2 = \frac{R_1 R_2}{R_1 + R_2} = \frac{1 \times 4}{1 + 4} = 800\quad (\Omega)$$

（3）画出诺顿等效电路，如图 1.4-9（d）所示，再接入 R_3 支路，利用欧姆定理求电阻 R_3 上的电压 U_3 和电流 I_3。

$$U_3 = I_S \times R_{\#} = 0.01 \text{ A} \times \frac{800 \ \Omega \times 2\ 000 \ \Omega}{800 \ \Omega + 2\ 000 \ \Omega} \approx 5.7 \text{ V}, \quad I_3 = \frac{U_3}{R_3} = \frac{5.7 \text{ V}}{2\ 000 \ \Omega} \approx 0.003 \text{ A}$$

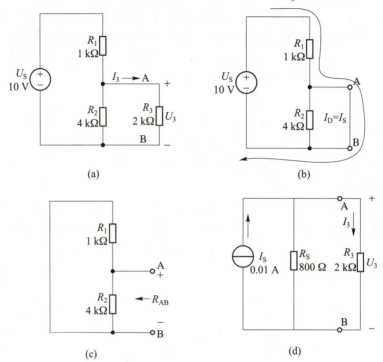

图 1.4-9　例 1.11 图

（a）原电路；（b）求短路电流；（c）求端口等效电阻；（d）诺顿等效电路

　　由以上分析结果可以看出，用诺顿等效电路分析的结果和戴维南等效分析的结果相同，这也充分说明戴维南定理与诺顿定理的本质是相同的，只是有源线性二端网络的两种不同等效形式，它们对相同的外电路及负载伏安特性相同。

　　需要注意的是，不管是戴维南等效还是诺顿等效，它们都是对相同外接电路或负载的等效，而不是对有源二端网络内部电路的等效。

【思考题】

1. 基尔霍夫定律除了直流电路外，是否适用于交流电路和非线性电路？

2. 在回路电压方程中，各元件电压前面的正负号如何确定？

3. 叠加定理适用于哪些电路及哪些物理量的分析计算？

4. 为什么功率的计算不能应用叠加定理？

5. 应用戴维南定理分析电路时，除源求解等效电阻时，电压源、电流源如何处理？

6. 戴维南等效电路与诺顿等效电路是否可以等效互换？等效互换的原则是什么？

1.5　理论联系实际完成实践任务

任务：MF-47 型指针式万用表的装配调试与维修

1. 实践目的

MF-47 型指针式万用表是电工电子技术实践中常用的仪表之一，本节通过 MF-47 型指针式万用表套件的装配调试，在强化对所学电路理论知识理解、掌握的基础上，拓展理论知识内容，提高学员运用理论知识解决实际问题的综合实践技能。

2. 实践任务内容

指针式万用表主要由表头、量程转换开关和测量电路三部分组成。测量电路原理图如图1.5-1所示，主要由最小量程测量电路、电压测量电路、电流测量电路、电阻测量电路和晶体管测试电路组成。需要完成的实践任务如下：

（1）根据所学理论知识及万用表套件清单，用万用表及相应的仪器仪表检测器件的好坏。

（2）对照 MF-47 型指针式万用表电路原理图及 PCB 板图，将不同电路器件焊接到 PCB 电路板的正确位置上，避免虚焊、漏焊和错焊。

（3）万用表的装配调试。将万用表表头、焊接好的电路板、量程转换开关及电源相互连接好后，装配组装在一起，并根据提供的标准信号源及标准电阻检验调试万用表电路，直至达到 MF-47 型指针式万用表的技术指标要求。

（4）分析不同测量电路的工作原理，计算电路相应关键参数的理论值并与实测值比较，对比较结果进行相应的理论分析。

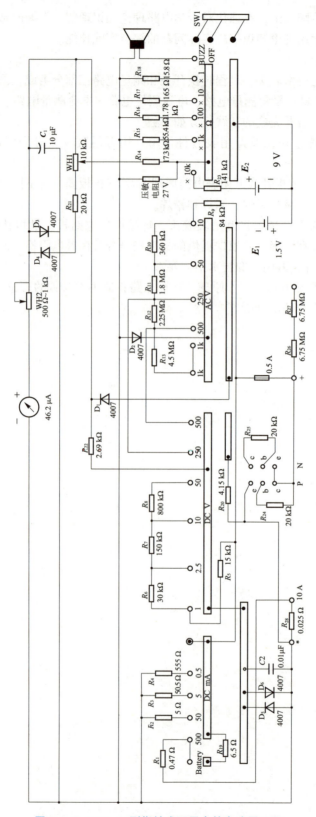

图 1.5-1　MF-47 型指针式万用表的电路原理图

3. 测量原理分析

（1）最小量程电路及直流电流测量电路如图1.5-2所示。由于表头只能通过很小的电流且一般不是某个整数，而测量电路的各个量程一般是某个最小整数值的倍数，所以就要求有一个测量的最小量程，其他各个量程只需在最小量程的基础上添加不同的测量电路扩展即可。MF-47型万用表的最小量程是50 μA（0.25 V），其他的直流量程都是在此基础上再并联不同的分流电阻扩展而成的。分析最小量程电路及直流电流测量电路的工作原理，计算最小量程及0.5 mA、5 mA、50 mA、500 mA量程的等效阻抗，并将计算值填入表1.5-1中，与实测值对比。

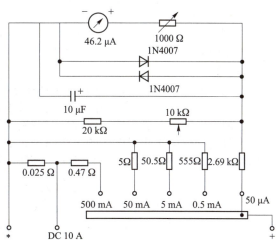

图1.5-2　最小量程电路及直流电流测量电路

表1.5-1　计算值及实测值

量程	50 μA	0.5 mA	5 mA	50 mA	500 mA
电阻计算值					
电阻实测值					

（2）万用表直流电压测量电路如图1.5-3所示。不同电压量程测量电路都是在最小量程电压（0.25 V）测量电路的基础上串联不同分压电阻扩展而成，试分析直流电压测量电路的工作原理，计算1 V、2.5 V、10 V、50 V、250 V电压量程的等效阻抗，并将计算值填入表1.5-2中，与实测值对比。

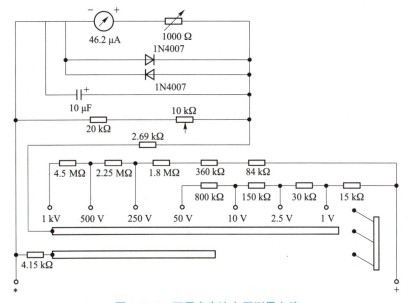

图1.5-3　万用表直流电压测量电路

表 1.5-2　计算值及实测值

量程	1 V	2.5 V	10 V	50 V	250 V
电阻计算值					
电阻实测值					

（3）万用表交流电压测量电路如图 1.5-4 所示。由于万用表指针式表头只能流过直流电流，因此测量交流电压时还需在直流电压测量电路的基础上增加一个整流电路，万用表交流电压测量电路中一般采用二极管半波整流电路将交流变为直流。请在直流电压测量电路的基础上分析交流电压测量电路的工作原理，并计算 10 V、250 V、500 V、1 kV 电压量程的等效阻抗，将计算值填入表 1.5-3 中，与实测值对比。

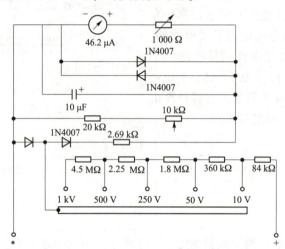

图 1.5-4　万用表交流电压测量电路

表 1.5-3　计算值及实测值

量程	10 V	50 V	250 V	500 V	1 kV
电阻计算值					
电阻实测值					

（4）万用表电阻测量电路如图 1.5-5 所示。因为电阻本身不能提供电流给万用表使指针偏转，所以在用万用表测量电阻时必须配备电源，这就是指针式万用表内部安装电池的原因。

在测量电阻时，被测电阻和万用表内的电池及测量电路是串联的，所以流经表头的电流主要是由被测电阻决定的，此电流反映在表盘上，通过欧姆标度尺即可指示出被测电阻的阻值。当被测电阻阻值较小时，流经表头的电流大，指针向右偏转的角度也大，反之偏转角度就小。因此，欧姆标度尺的右端指示的阻值小，左端指示的阻值大。

图 1.5-5 所示的电阻测量电路和前面的电压、电流测量电路有所不同，它是在表头电路的基础上并联不同量程分流电阻后再和电源、被测电阻串联后组成

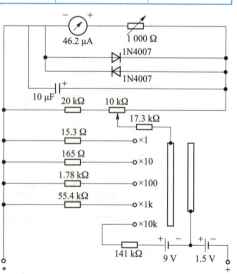

图 1.5-5　万用表电阻测量电路

的。表头电路由 17.3 kΩ 电阻、20 kΩ 电阻、10 kΩ 电位器及表头、表头调整电位器组成,该表头电路的等效电阻约为 23 kΩ,在此基础上分析电阻测量电路的工作原理并计算不同量程电阻测量电路的等效电阻,运用戴维南等效电路分析计算不同量程的短路电流,将计算及实测结果填入表 1.5-4 中。

表 1.5-4　计算值及实测值

量程	×1	×10	×100	×1k	×10k
电阻计算值					
电阻实测值					
短路电流计算值					
短路电流实测值					

（5）双极性晶体管 β 值大小测量电路。万用表三极管 β 值大小测量电路,除利用固定偏压直流偏置电路使晶体管工作在放大状态外,其工作原理基本与电阻的测量原理相同。

晶体管测量电路如图 1.5-6 所示,对三极管 β 值大小的测量,实际是以电阻 R 两端的电压为测量对象的。三极管的 β 值越大,其电流的放大能力越强,I_C、I_E 的电流越大,这样通过电阻 R 的电流也大,其两端的电压就高,流进万用表表头的电流也会增大,表头指针向右偏转的也就大。所以,用指针式万用表测量三极管 β 值时,表头指针向右偏转越大,说明三极管的 β 值就越大。

分析晶体管 β 值测量电路的工作原理;在晶体管测试插座上插上一只完好的双极性晶体管,用万用表直流电压挡测量晶体管基极、发射极及集电极对表内 1.5 V 电源负极的电位,并根据测量电位判断晶体管的工作状态,将结果填入表 1.5-5 中。

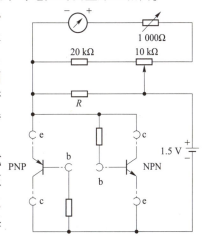

图 1.5-6　晶体管测量电路

表 1.5-5　测量结果

电极电位值	基极 b	发射极 e	集电极 c	晶体管工作状态
NPN 晶体管				
PNP 晶体管				

4. 常见故障分析

由万用表的测量原理可知,表头是万用表的核心部件,其次是最小量程测量电路,其余量程都是在最小量程的基础上通过转换开关并联或串联不同的电阻组成的。如果表头和最小量程测量电路出现故障,将会影响所有测量项目及量程,而其余部分出现问题只影响个别量程,误测烧表也多是烧坏这一部分。

当万用表出现故障时,应根据故障现象结合指针式万用表的组成结构及测量原理,来确定故障分析、查找的程序步骤。下面就万用表装配调试中常出现的故障现象,请学员们写出具体故障分析的程序步骤。

（1）万用表装配完成后,检验所有测量项目,发现表头指针均不转动。

（2）万用表装配完成后，检验所有测量项目，发现表头指示均偏大或偏小。

（3）在测量直流电流和直流电压时，发现某个电压量程或电流量程测量误差较大。

（4）用万用表测量直流电压时正常，但测量交流电压时指针不偏转。

（5）在测量电阻时，所有测量量程表头指针均无偏转或误差均偏大或偏小。

（6）在测量电阻时，调节调零电位器所有电阻测量量程均无法调零。

（7）在测量电阻时，某个量程出现较大误差。

5. 装配调试实践报告

万用表装配调试完成后，应根据要求写出万用表的装配调试实践报告，装配调试实践报告应包含以下几部分内容。

（1）指针式万用表的组成结构及工作原理的分析。

（2）万用表不同测量电路的关键参数的计算及测量。

（3）在装配调试过程中，遇到不同实际问题的分析方法及解决思路。

（4）指针式万用表常见故障分析查找的程序步骤及理论根据。

（5）通过完成该实践任务，自己最大的收获、体会与感悟。

（6）对提高该实践任务教学效果的具体建议及改进措施。

6. 实践任务的综合技能考核

实践任务综合技能得分表如表 1.5-6 所示。

表 1.5-6　实践任务综合技能得分表

万用表器件的检测（10分）	线路板焊接及装配（20分）	万用表校验与调试（30分）	常见故障分析（20分）	装配调试实践报告（15分）	规范安全操作（5分）	总分100分

第 1 章　习题

1. 填空题

1.1 电源和负载的本质区别是：电源是把_____能量转换成_____能的设备，负载是把_____能转换成_____能量的设备。

1.2 对电阻负载而言，当电压一定时，负载电阻值越小，则负载_____，通过负载的电流和负载上消耗的功率就_____；反之，负载电阻值越大，说明负载_____。

1.3 实际电路中的元器件，其电特性往往_____而_____；而理想电路元件的电特性则是_____和_____的。

1.4 电力系统中构成的强电电路，其特点是_____、_____；电子技术中构成的弱电电路的特点则是_____、_____。

1.5 常见的无源电路元件有_____、_____和_____；常见的有源电路元件是_____和_____。

1.6 电路分析的对象是_____，其是由_____代替实际电路器件组成的电路。

1.7 由＿＿＿＿＿＿＿＿电路元件组成的电路称为线性电路，在线性电路中各支路上的＿＿＿＿＿和＿＿＿＿＿均具有叠加性，但各支路上消耗的＿＿＿＿不具有叠加性。

1.8 电流沿电压降低的方向取向称为＿＿＿＿方向，这种方向下计算的功率为正值时，说明元件＿＿＿＿电能；电流沿电压升高的方向取向称为＿＿＿＿＿方向，这种方向下计算的功率为正值时，说明元件＿＿＿＿电能。

1.9 电源向负载提供最大功率的条件是＿＿＿＿和＿＿＿＿的数值相等，这种情况称为电源与负载相＿＿＿＿＿，此时负载上获得的最大功率为＿＿＿＿。

1.10 ＿＿＿＿是产生电流的根本原因。电路中任意两点之间的＿＿＿＿差等于这两点间＿＿＿＿。电路中某点到参考点间的＿＿＿＿称为该点的电位，电位具有＿＿＿＿性。

1.11 线性电阻元件上的电压、电流关系，任意瞬间都受＿＿＿＿定律的约束；电路中各支路电流任意时刻均遵循＿＿＿＿定律；回路上各电压之间的关系则受＿＿＿＿定律的约束。这三大定律是电路分析中应牢固掌握的规律。

2. 判断题

2.1 电路分析中描述的电路都是实际中的应用电路。　　　　　　　　　　（　　）

2.2 电源内部的电流方向总是由电源负极流向电源正极。　　　　　　　　（　　）

2.3 大负载是指在一定电压下，向电源吸取电流大的设备。　　　　　　　（　　）

2.4 电压表和功率表都是串接在待测电路中。　　　　　　　　　　　　　（　　）

2.5 实际电压源和电流源的内阻为零时，即理想电压源和电流源。　　　　（　　）

2.6 电源短路时输出的电流最大，此时输出的功率也最大。　　　　　　　（　　）

2.7 线路上负载并联的越多，其等效电阻越小，故取用的电流也越少。　　（　　）

2.8 负载上获得最大功率时，电源的利用率最高。　　　　　　　　　　　（　　）

2.9 电路中两点的电位都很高，这两点间的电压也一定很大。　　　　　　（　　）

2.10 可以把 1.5 V 和 6 V 的两个电源相串联后作为 7.5 V 电源使用。　　（　　）

2.11 电压源、电流源和受控源都是独立电源。　　　　　　　　　　　　　（　　）

3. 选择题

3.1 当元件两端电压与通过元件的电流取关联参考方向时，假设该元件（　　）功率；当元件两端电压与通过元件的电流取非关联参考方向时，假设该元件（　　）功率。

A. 吸收　　　　　　　　　B. 输出　　　　　　　　　C. 吸收并输出

3.2 一个输出电压几乎不变的电源设备有载运行，当负载增大时，是指（　　）。

A. 负载电阻增大　　　　　B. 电源输出电流减小　　　C. 电源输出电流增大

3.3 电流源开路时，该电流源内部（　　）。

A. 有电流有功率损耗　　　B. 无电流无功率损耗　　　C. 有电流无功率损耗

3.4 某电阻元件的额定数据为"1 kΩ、2.5 W"。正常使用时允许通过的最大电流为（　　）。

A. 50 mA　　　　　　　　B. 2.5 mA　　　　　　　　C. 250 mA

3.5 有"220 V、100 W"和"220 V、40 W"白炽灯两盏，串联后接入 220 V 交流电源，其亮度情况是（　　）。

A. 100 W 灯泡最亮　　　　B. 40 W 灯泡最亮　　　　C. 两只灯泡一样亮

3.6 已知电路中 A 点的对地电位是 65 V，B 点的对地电位是 35 V，则 $U_{BA} =$ （　　）。

A. 100 V　　　　　　　　B. −30 V　　　　　　　　C. 30 V

3.7 题图 1 中安培表内阻极低，伏特表内阻极高，电池内阻不计，如果伏特表被短接，则（　　）。

A. 灯 L_P 将被烧毁　　　B. 灯 L_P 特别亮　　　C. 安培表被烧

3.8 题图 1 中如果安培表被短接，则（　　）。

A. 电灯不亮　　　　　B. 电灯将被烧　　　　C. 不发生任何事故

3.9 如果题图 1 所示电路中电灯丝被烧断，则（　　）。

A. 安培表读数不变，伏特表读数为零

B. 伏特表读数不变，安培表读数为零

C. 安培表主伏特表和读数都不变

3.10 如果题图 1 电路中伏特表内部线圈烧断，则（　　）。

A. 安培表被烧　　　B. 电灯不亮　　　C. 电灯特别亮　　　D. 以上情况都不会发生

3.11 电阻元件上的电压、电流任意时刻都存在即时对应关系，故称电阻元件为（　），而电感、电容元件则称为（　　）。

A. 即时元件　　　B. 非线性元件　　　C. 动态元件　　　D. 换能元件

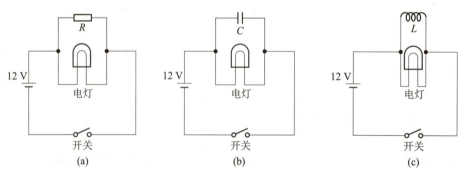

题图 1　习题 3.7~3.10 图

4. 简述题

4.1 将一个内阻为 $0.5\,\Omega$，量程为 $1\,A$ 的安培表误认成伏特表，接到电压源为 $10\,V$，内阻为 0.5Ω 的电源上，试问此时安培表中通过的电流有多大？会发生什么情况？你能说说使用安培表应注意哪些问题吗？

4.2 在四盏灯泡串联的电路中，除 2 号灯不亮外，其他 3 盏灯都亮。当把 2 号灯从灯座上取下后，剩下三盏灯仍亮，电路中出现了什么故障？为什么？

4.3 如何理解电路的激励和响应？当电感元件和电容元件向外释放能量时，能否将它们看作电路激励？

4.4 两个数值不同的电压源能否并联后"合成"一个向外供电的电压源？两个数值不同的电流源能否串联后"合成"一个向外电路供电的电流源？为什么？

4.5 何为二端网络、有源二端网络、无源二端网络？对有源二端网络除源时应遵循什么原则？

4.6 什么叫一度电？一度电有多大作用？

4.7 如何测量某元件两端电压？如何测量某支路电流？

4.8 直流电路是否都是线性电路？线性电路的概念应如何正确表述？

4.9 简述在电路分析中实际电压源与实际电流源等效互换的原则。

4.10 如题图 2 所示电路，设想当合上每一个电路的开关后，电路中的电灯会亮吗？若再断开开关又会出现什么现象？

题图 2　习题 4.10 图

(a) 电路一；(b) 电路二；(C) 电路三

5. 计算分析题

5.1 在题图 3 所示电路中，计算电路中 a、b 两点间的等效电阻 R_{ab}。

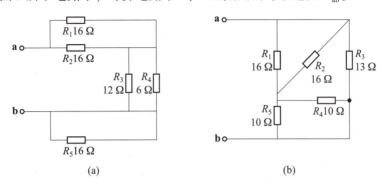

(a)　　　　　　　　　　　　(b)

题图 3　习题 5.1 图

(a) 电路一；(b) 电路二

5.2 电路如题图 4 所示，（1）求题图 4（a）中串联电容网络的总电容和最大工作电压，当输入电压为 100 V 时，求两串联电容两端的电压 U_1、U_2，并判断两串联电容能否安全工作？（2）求题图 4（b）中电容网络的总电容和最大工作电压。

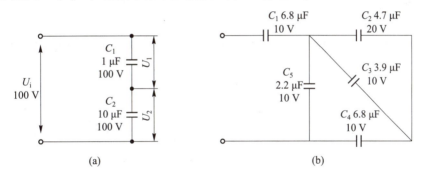

(a)　　　　　　　　　　　　(b)

题图 4　习题 5.2 图

(a) 电路一；(b) 电路二

5.3 在题图 5 所示电路中，已知电流 $I=10$ mA，$I_1=6$ mA，$R_1=3$ kΩ，$R_2=1$ kΩ，$R_3=2$ kΩ，电流参考方向如图中所示。求电流表 A_4 和 A_5 的读数是多少。

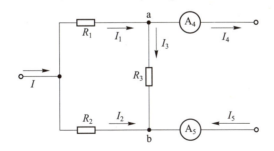

题图 5　习题 5.3 图

5.4 在题图 6 所示电路中，有几条支路和节点？U_{ab} 和 I 各等于多少？

5.5 分别用叠加定理和戴维南定理求解题图 7 所示电路中的电流 I_3，设 $U_{S1}=30$ V，$U_{S2}=40$ V，$R_1=4$ Ω，$R_2=5$ Ω，$R_3=2$ Ω。

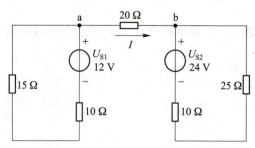

题图 6　习题 5.4 图

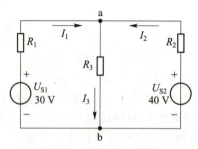

题图 7　习题 5.5 图

5.6 利用戴维南等效电路分析在题图 8 所示电路中，R 取何值时吸收的功率最大？求 R 消耗的最大功率。

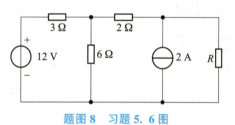

题图 8　习题 5.6 图

第2章　正弦交流电路

我们知道电路由电源、负载和中间环节三部分组成，电源作为电路的激励可以是直流电源，也可以是交流电源，我们通常把交流电源作为激励的电路称为交流电路。在交流电路中，电压、电流按正弦规律变化的正弦交流电路应用最为广泛，正弦交流电路既应用于电力工程中的强电电路，也应用于电子技术中的弱电电路，本章我们主要来学习正弦交流电路在电力系统强电电路中的应用。

在日常生活和工农业生产中普遍使用正弦交流电作为电源，来驱动各种电气设备正常工作，正弦交流电是电工学中很重要的内容。在电力工程中，正弦交流电路分为单相交流电路和三相交流电路，发电和输配电线路一般采用三相交流电路，家庭生活用电一般采用单相交流电路。单相交流电路其实是三相交流电路中的一相电路，是学习三相交流电路的基础，学习正弦交流电路应首先从简单的单相交流电学起。

本章从完成相应电力工程实践任务的角度出发，主要学习正弦交流电的基本概念，正弦交流电的分析方法——相量法，单相单一参数和单相多参数正弦交流电路的电压、电流及各功率之间的关系，探讨提高正弦交流电路功率因数的意义及方法，并在单相正弦交流电路的基础上，学习三相正弦交流电的概念，三相正弦交流电源、三相负载的连接方式及三相正弦交流电路的分析方法，了解安全用电常识，并能运用所学的正弦交流电理论知识及分析方法解决实际电力工程问题，为后续交流电气设备及电子技术的学习打下坚实的基础。

2.1　实践任务

通过本章单相及三相正弦交流电理论知识的学习，在技能方面，要求能够完成对简单电力工程电路的连接、原理分析、调试及简单常见故障的排除。"单相日光灯照明电路""三相交流负载电路"是我们在日常工作、生活和工农业生产中最常见的交流应用电路，所以本章把"日光灯电路的连接及提高功率因数的方法""三相交流负载电路的连接及电压、电流分析"及"三相交流电路功率的测量"作为驱动本章理论学习的实践任务，来提高学员学习的兴趣及动力。

2.1.1　任务一：日光灯电路的连接及提高功率因数的方法

1. 原理电路

日光灯电路如图 2.1-1 所示，由镇流器、启辉器及灯管组成。

2. 实践任务内容

（1）能够利用所学正弦交流电的知识正确分析日光灯电路的工作原理。

（2）能够按照原理图完成实际日光灯电路的连接与调试。

（3）能够完成对日光灯电路功率因数的测量。

（4）在理论指导下，采用人工补偿方法提高日光灯电路功率因数。

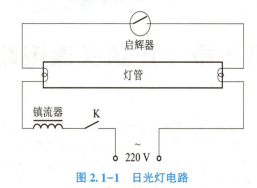

图 2.1-1　日光灯电路

2.1.2　任务二：三相交流负载电路的连接及电压、电流分析

1. 原理电路

三相负载的星形连接和三角形连接如图 2.1-2 所示。

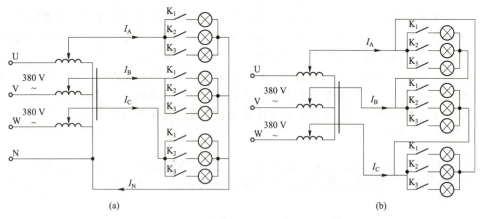

图 2.1-2　三相负载的星形连接和三角形连接

（a）星形连接；（b）三角形连接

2. 实践任务内容

（1）理解三相交流电源星形连接与三角形连接方式及输出电压的特点。

（2）能够根据三相负载的额定电压及三相交流电源的情况，选择三相负载的正确连接方式——星形连接或三角形连接。

（3）能够根据三相交流电源和三相交流负载的连接方式，正确分析计算各电压、电流的大小及相互之间的相位关系。

（4）能够应用所学理论知识分析、排除三相交流电路常见的故障。

2.1.3　任务三：三相交流电路功率的测量

1. 原理电路
二瓦计法和三瓦计法测量三相电路功率的连接电路如图 2.1-3 所示。

2. 实践任务内容
（1）能够理解二瓦计法测量三相电路功率的条件、测量原理，并正确完成功率表与三相电路的连接。

（2）能够理解三瓦计法测量三相电路功率的条件、测量原理，并正确完成功率表与三相电路的连接。

（3）能够分析、排除功率测量电路中的常见故障。

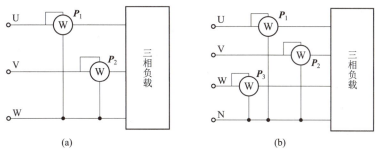

图 2.1-3　二瓦计法和三瓦计法测量三相电路功率的连接电路
（a）二瓦计法；（b）三瓦计法

2.2　正弦交流电的基本概念

大小和方向随时间按正弦规律变化的电压、电流、电动势统称为正弦交流电。正弦交流电压、正弦交流电流和正弦交流电动势等物理量统称正弦量，正弦量既可以用以时间 t 为自变量的正弦函数表示，也可以用时域波形——正弦波来表示。

如图 2.2-1 所示的正弦电流时域波形，用正弦函数表示为：

$$i(t) = I_m \sin(\omega t + \psi) \tag{2.2-1}$$

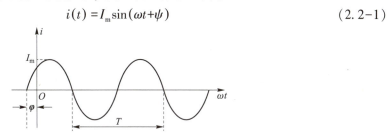

图 2.2-1　正弦交流电的时域波形图

式中，I_m 为正弦量的最大值即振幅，ω 为正弦量的角频率，φ 为正弦量的初相位。

由正弦量 i 的正弦函数表达式及时域波形图可以看出，只要振幅 I_m、角频率 ω 和初始相位 ψ 确定了，就可唯一确定正弦量 i 的正弦函数表达式及时域正弦波形，所以振幅、角频率和初相位称为正弦量的三要素。

2.2.1 正弦量的瞬时值、最大值和有效值

正弦量的瞬时值、最大值和有效值都是用来描述正弦交流电大小的物理量。瞬时值是表示正弦量在任意时刻大小的物理量，常用小写英文字母 i、u、e 来表示，正弦交流电的瞬时值可以用正弦函数式表示，如 $i(t)=I_m\sin(\omega t+\psi)$；最大值即正弦量时域波形——正弦波的峰值，表示正弦量能够达到的最大数值，常用带下标 m 的英文大写字母 I_m、U_m、E_m 来表示；由于正弦量的瞬时值和最大值都不能准确地描述正弦量的做功能力，为了准确表征正弦量的做功能力大小和便于分析计算，在实际应用中，正弦量通常采用有效值来表示其大小，有效值常用英文大写字母 I、U、E 来表示。

交流电的有效值是根据电流的热效应定义的。让正弦交流电流 i 和直流电流 I 分别通过两个相同的电阻 R，如果在相同时间内产生的热量相等，那么这个直流电流 I 的数值就称为该正弦交流电流 i 的有效值，所以有效值用大写英文字母表示，和表示直流的字母一样。

根据上述正弦量有效值的定义，可以推出正弦交流电最大值与有效值之间的大小数量关系为：

$$I_m=\sqrt{2}\,I \text{ 或 } I=I_m/\sqrt{2}\,；U_m=\sqrt{2}\,U \text{ 或 } U=U_m/\sqrt{2}$$

我们平时所说的正弦交流电数值，例如 220 V 或 380 V 都是指的有效值，电气设备铭牌上标注的额定电压和额定电流及交流电压表和交流电流表测出来的数值都是正弦交流电的有效值。

正弦交流电的瞬时值表达式精确地描述了正弦量随时间变化的情况，正弦交流电的最大值表征了正弦波的正向最高点，正弦交流电的有效值准确地反映了正弦交流电的做功能力，三个物理量从不同角度说明了正弦交流电的"大小"。

2.2.2 正弦量周期、频率、角频率

正弦交流电的大小和方向是按正弦规律重复循环变化的，周期、频率及角频率都是用来表示正弦交流电重复循环变化快慢的物理量。

1. 周期

正弦交流电每重复循环变化一次所需要的时间称为正弦交流电的周期，用大写英文字母 T 表示，它的单位为秒（s）。周期越短，表示正弦交流电变化得越快。

2. 频率

正弦交流电每秒钟重复循环变化的次数称为正弦交流电的频率，用英文字母 f 表示，单位为赫兹（Hz）。频率和周期互为倒数关系，即：

$$f=\frac{1}{T} \tag{2.2-2}$$

在我国和大多数国家都采用 50 Hz 的交流电作为电力标准频率，有些国家（如美国、日

本及欧洲一些国家）采用 60 Hz。这种频率由于在工业供电上应用广泛，故称工频。

3. 角频率

正弦量的变化其实是由正弦函数的相位角随时间变化引起的，正弦量变化的快慢除用周期和频率表示外，还可用角频率表示。我们把正弦交流电在单位时间内经历变化的弧度数称为交流电的角频率，用字母 ω 表示，单位为弧度/秒（rad/s）。

由正弦三角函数和图 2.2-2 所示的正弦波可知，正弦波循环变化一个周期经历的弧度数变化为 2π，因此周期、频率、角频率之间的关系为：

$$\omega = \frac{2\pi}{T} = 2\pi f \tag{2.2-3}$$

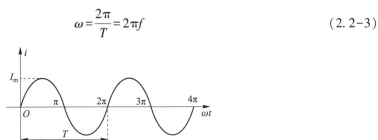

图 2.2-2　正弦波的频率、周期与相位关系

由此可见，周期、频率、角频率从不同角度描述了正弦交流电变化的快慢，其实本质是相同的。

2.2.3　正弦量的相位、初相位和相位差

相位、初相位、相位差都是用来表示正弦量变化步调的物理量。

1. 相位

正弦量随时间变化的核心是正弦函数表达式中的 $(\omega t + \psi)$，正弦交流电在 t 时刻对应的角度称为相位角，简称相位，它的单位是弧度（rad）或度（°），反映正弦量随时间变化的进程。

2. 初相位

$t = 0$ 时，$(\omega t + \psi)$ 对应的相位角 ψ 称为初相位，单位也是弧度（rad）或度（°），它决定正弦量的初始值，反映了正弦量在计时起点的状态。为了保证正弦解析式表示上的统一性，通常规定初相位不得超过 $\pm\pi$，即 $|\psi| \leqslant \pi$。

在上述规定下，当初相位为正角时，正弦量的初始值一定是正值；当初相位为负角时，正弦量的初始值一定为负值。在图 2.2-3 所示两个正弦电流波形中，图 2.2-3（a）的初相角在纵轴的左边（正弦量由负变正的零点与原点之间对应的相位角），$\psi > 0$，对应的初始值 $i_{01} = I_m \sin\psi > 0$；图 2.2-3（b）的初相角在纵轴的右边（原点与正弦量由负变正的零点之间对应的相位角），$\psi < 0$，对应的初始值 $i_{02} = I_m \sin\psi < 0$。

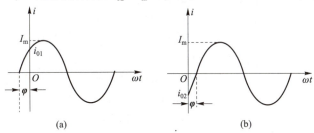

（a）　　　　　　　　　　（b）

图 2.2-3　正弦量的初相位

（a）波形一；（b）波形二

3. 相位差

为了比较两个频率相同的正弦量在变化过程中的相位关系和先后顺序，电工学又引入了相位差这一物理量，来表示两个频率相同正弦量的相位关系，用 φ 表示，单位是弧度（rad）或度（°）。

假设 u 和 i 为两个同频率的正弦量，即：

$$u = U_m \sin(\omega t + \psi_u)$$
$$i = I_m \sin(\omega t + \psi_i)$$

则 u 和 i 的相位差为

$$\varphi = (\omega t + \psi_u) - (\omega t + \psi_i) = \psi_u - \psi_i \qquad (2.2\text{-}4)$$

由式（2.2-4）可见，频率相同的两个正弦量的相位差等于它们的初相位之差。

若 $\varphi > 0$，即 $\psi_u > \psi_i$，则称电压 u 超前电流 i 一个相位角 φ，或者说电流 i 滞后电压 u 一个相位角 φ，如图 2.2-4（a）所示；

若 $\varphi = 0$，即 $\varphi_u = \psi_i$，则称电压 u 与电流 i 同相位，如图 2.2-4（b）所示；

若 $|\varphi| = \pi/2$，则称电压 u 与电流 i 正交，如图 2.2-4（c）所示；

若 $|\varphi| = \pi$，则称电压 u 与电流 i 反相，如图 2.2-4（d）所示。

相位差 φ 和初相位的规定一样，均不得超过 $\pm\pi$，即 $|\varphi| \leqslant \pi$。

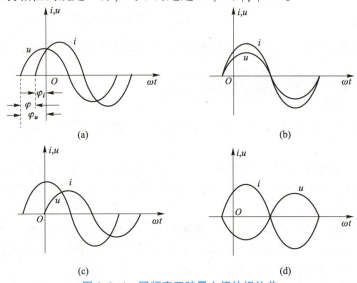

(a)　　　(b)

(c)　　　(d)

图 2.2-4　同频率正弦量之间的相位差

（a）相位差一；（b）相位差二；（c）相位差三；（d）相位差四

【例 2.1】已知：工频正弦交流电压的有效值 $U = 220$ V，初相位 $\psi_u = -30°$；工频正弦交流电流的有效值 $I = 22$ A，初相位 $\psi_i = 60°$。求工频正弦交流电压及电流的瞬时表达式及相位差，比较两者的相位关系，并画出它们的波形图。

解：工频交流电的频率为 50 Hz，其角频率为：

$$\omega = 2\pi f = 2 \times 3.14 \times 50 = 314 \ (\text{rad/s})$$

由工频交流电的有效值可求出工频交流电电压、电流的最大值：

$$U_m = \sqrt{2}\,U = 311 \ \text{V}, \qquad I_m = \sqrt{2}\,I = 31 \ \text{A}$$

根据正弦交流电的三要素——最大值、角频率和初相位，可得其瞬时表达式：

$$u = 311\sin(314t - \pi/6)$$
$$i = 31\sin(314t + \pi/3)$$

电压与电流的相位差为：

$$\varphi = \psi_u - \psi_i = -90°$$

两者的相位关系为：电压滞后电流90°；或电流超前电压90°；或互为正交关系。电压、电流的波形图如图2.2-5所示。

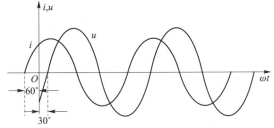

图 2. 2-5　例 2. 1u、i 波形图

由例题分析可知，一个正弦量的最大值（有效值）、角频率（频率、周期）及初相位一旦确定，它的正弦函数解析表达式和波形就可唯一确定。因此我们把最大值（有效值）、角频率（频率、周期）、初相位称为正弦量的三要素。

【思考题】

1. 何为正弦量的三要素？三要素主要表征的是正弦量哪方面的参数？

2. 两个频率不同的正弦量能否比较它们之间的相位差？

3. 有一个电容器，其耐压值为 220 V，请问该电容器两端能否加有效值为 180 V 的正弦交流电压？

4. 两个频率相同的正弦量，它们之间的相位关系可能有哪几种？

2.3　正弦交流电的相量表示法

由上节分析可知，正弦量的三要素一旦确定，就可以用唯一的正弦波或正弦三角函数来准确表示正弦交流电。虽然正弦量可以用正弦三角函数或正弦波准确直观地表示，但对正弦交流电路进行分析计算时，过程却很烦琐复杂，不便于电路的分析计算。为了简化正弦交流电路的分析计算，在电工学中常用相量来表示正弦交流电。本节主要学习正弦交流电的相量表示，即用一个复数来表示正弦量。

2.3.1　相量的概念、表示方法及运算

电工学中的相量和我们在高中物理、数学中学过的矢量和向量一样，都是既有大小又有方向的量，只是为了区别于物理学中的矢量和数学中的向量，在电工学中我们把这个既有大小又有方向的量称为相量。

1. 相量的概念

电工学中的相量其实就是一个复数，在复平面坐标系中可以用一条从原点出发的有向线段 A 表示，线段的长度表示相量大小，有向线段与实轴的夹角 ψ 表示相量的方向，如图2.3-1所示。

2. 相量的复数表示

为了分析计算方便，在电工学中相量常用有向线段组成的相量图或复数形式来表示。相量图就是把不同的相量用有向线段分别表示在同一坐标系中，这种表示它们之间大小与相位关系的图形，称为相量

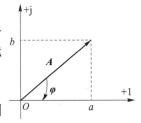

图 2.3-1　相量图

图。如图2.3-1中的有向线段 A 就是一个表示单一相量的相量图；而相量的复数表示方式较多，下面主要介绍相量的复数表示方法。

1）相量的代数形式

如图2.3-1所示，相量 A 在复平面中实轴上的投影 a 为复数的实部，在虚轴上的投影 b 为复数的虚部，这样相量 A 可用复数的代数形式表示为：

$$A = a + jb \tag{2.3-1}$$

由图2.3-1可以看出，相量 A 的大小可用复数的模 $|A| = \sqrt{a^2 + b^2}$ 来表示；相量 A 与实轴的夹角 ψ 称为幅角，幅角的大小 $\psi = \arctan(b/a)$。

2）相量的三角函数形式

由图2.3-1可以看出，实部 $a = |A|\cos\psi$，虚部 $b = |A|\sin\psi$，这样相量 A 可以用复数的三角函数形式表示为：

$$A = |A|\cos\psi + j|A|\sin\psi = |A|(\cos\psi + j\sin\psi) \tag{2.3-2}$$

式中，$|A| = \sqrt{a^2 + b^2}$，$\psi = \arctan(b/a)$。

3）相量的指数形式

根据欧拉公式有：

$$e^{j\psi} = \cos\psi + j\sin\psi$$

可以将相量 A 的三角函数形式转换为复指数形式，即：

$$A = |A|\cos\psi + j|A|\sin\psi = |A|(\cos\psi + j\sin\psi) = |A|e^{j\psi} \tag{2.3-3}$$

4）相量的极坐标形式

相量的复数形式通常还可以用模和幅角组成的极坐标形式表示，如图2.3-1中的相量 A 可用极坐标表示为：

$$A = |A| \angle \psi \tag{2.3-4}$$

它是相量复数表示的三角函数形式和指数形式的简略表示形式。

3. 相量的复数运算

在电工学中，分析正弦交流电路时用到的相量运算形式主要有加、减、乘、除运算。

1）相量的加、减运算

如果相量用复数形式表示，当两个相量进行相加或相减运算时，用复数的代数形式表示比较方便，这样两个相量相加、减的实部等于两个复数的实部相加、减，虚部等于两个复数的虚部相加、减。

设相量 $A_1 = a_1 + jb_1$，$A_2 = a_2 + jb_2$，则 $A_1 \pm A_2 = (a_1 \pm a_2) + j(b_1 \pm b_2)$。

多个相量的加、减运算，除了运用相量复数表示的代数形式外，还可以运用相量图，根据平行四边形和三角形法则进行多个相量的相加、相减运算。例如两个相量 $A_1 = a_1 + jb_1 = |A_1| \angle \psi_1$，$A_2 = a_2 + jb_2 = |A_2| \angle \psi_2$，它们的相量图如图2.3-2所示，平行四边形的对角线 A_3 就是相量 A_1 和 A_2 之和。即：

$$A_3 = A_1 + A_2 = |A_3| \angle \psi_3 = (a_1 + a_2) + j(b_1 + b_2)$$

相量 A_3 的模值 $|A_3|$ 为：

$$|A_3| = \sqrt{(a_1 + a_2)^2 + (b_1 + b_2)^2}$$

相量 A_3 的幅角 φ_3 为：

$$\psi_3 = \arctan[(b_1 + b_2)/(a_1 + a_2)]$$

在相量 A_1、A_2、A_3 组成的相量三角形中，根据三角形法则可知：

$$A_2 = A_3 - A_1 = (a_3 - a_1) + \mathrm{j}(b_3 - b_1)$$

$$A_1 = A_3 - A_2 = (a_3 - a_2) + \mathrm{j}(b_3 - b_2)$$

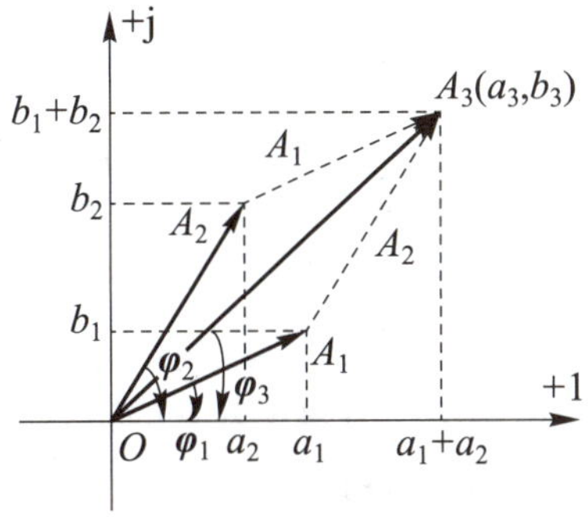

图 2.3-2　相量图

2）相量的乘、除运算

当两个相量进行相乘或相除的运算时，用复数表示的指数形式或极坐标形式比较方便简洁。

设相量 $A_1 = |A_1| \mathrm{e}^{\mathrm{j}\psi_1} = |A_1| \angle \psi_1$，$A_2 = |A_2| \mathrm{e}^{\mathrm{j}\psi_2} = |A_2| \angle \psi_2$，则

$$A_1 \cdot A_2 = |A_1| \mathrm{e}^{\mathrm{j}\psi_1} \cdot |A_2| \mathrm{e}^{\mathrm{j}\psi_2} = |A_1| \cdot |A_2| \mathrm{e}^{\mathrm{j}(\psi_1 + \psi_2)}$$

$$A_1 / A_2 = (|A_1| \mathrm{e}^{\mathrm{j}\psi_1}) / (|A_2| \mathrm{e}^{\mathrm{j}\psi_2}) = (|A_1| / |A_2|) \mathrm{e}^{\mathrm{j}(\psi_1 - \psi_2)}$$

或 $A_1 \cdot A_2 = |A_1| \angle \psi_1 \cdot |A_2| \angle \psi_2 = |A_1| \cdot |A_2| \angle (\psi_1 + \psi_2)$

$$A_1 / A_2 = |A_1| \angle \psi_1 / |A_2| \angle \psi_2 = (|A_1| / |A_2|) \angle (\psi_1 - \psi_2)$$

3）旋转因子

由相量复数表示的指数形式和极坐标形式可知，复数 $\mathrm{e}^{\mathrm{j}\varphi} = 1 \angle \varphi$ 是一个模值等于 1 且幅角为 φ 的相量，任何一个相量 $A = |A| \mathrm{e}^{\mathrm{j}\psi}$ 乘以 $\mathrm{e}^{\mathrm{j}\varphi}$（当 $\varphi > 0$ 时）等于把相量 A 逆时针旋转了一个 φ 角，而 A 的模值不变，所以称 $\mathrm{e}^{\mathrm{j}\varphi}$ 为旋转因子。

当 $\varphi = \pm 90°$ 时，由复数的三角函数形式可得：

$$\mathrm{e}^{\pm \mathrm{j}90°} = \cos(\pm 90°) + \mathrm{j}\sin(\pm 90°) = \pm \mathrm{j} \qquad (2.3-5)$$

相量 A 乘以 j 时，相当于 A 逆时针旋转了 $90°$；相量 A 乘以 $-\mathrm{j}$ 时，相当于 A 顺时针旋转了 $90°$，因此，把 $\pm \mathrm{j}$ 称为 $\pm 90°$ 旋转因子。

在电工技术中，为了简化对正弦交流电路的分析计算，将正弦交流电用相量来表示，这样可把正弦三角函数及正弦波加、减、乘、除的复杂烦琐运算转换为简便的复数形式加、减、乘、除运算。

2.3.2　正弦量的相量表示

我们知道一个正弦量需要三个要素才可唯一确定，即振幅（最大值、有效值）、频率（角频率）和初相位；而相量是一个既有大小又有方向的量，只要两个要素即模值和幅角就可唯一确定。如何用相量来表示正弦量，它们之间存在哪些对应关系是我们本节学习的主要内容。

如图 2.3-3 所示，正弦量 $|A| \sin(\omega t + \psi)$ 其实是模值为 $|A|$，幅角为 ψ 的相量 A 以角速度 ω 逆时针旋转时在复平面坐标系虚轴上的投影沿时间轴的展开。

由图 2.3-3 可以看出，该正弦量的振幅值等于旋转相量 A 的模值，正弦量初相位等于

旋转相量 A 的初始辐角，正弦量的角频率等于旋转相量 A 的角速度。以上说明正弦量可以用一个旋转相量来表示，但我们在电工技术中需要用一个不旋转的静止相量来表示正弦量。

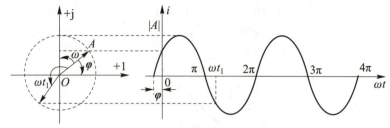

图 2.3-3　旋转相量与正弦量

我们知道在同一个正弦交流电路中，电路中各处的正弦电压和正弦电流均为频率相同的正弦量，因此任意瞬间由初相位决定的各正弦量之间的相位关系（即相位差）是不变的，所以在同一个正弦交流电路中，各频率相同的正弦量就可用不同的静止相量来表示，相量的模值等于正弦交流电的最大值（或有效值），相量的幅角等于正弦交流电的初相位。

在电工学中，用相量来表示正弦交流电压、电流等正弦量时，通常用表示正弦量的最大值 I_m、U_m 或有效值 I、U 来表示，为了区分相量与正弦交流电的最大值和有效值，相量通常在大写英文字母的上方加一圆点表示。$\dot{I}_m$ 是正弦交流电流的最大值相量，其模值为正弦量振幅值；$\dot{I}$ 是正弦交流电流的有效值相量，其模值为正弦量的有效值。它们表示的是 $i = I_m \sin(\omega t + \psi_i)$ 同一个正弦交流电流，在此 I_m 与 I 的大小关系为 $I_m = \sqrt{2}I$。

$$\dot{I}_m = I_m \angle \psi_i = I_m \angle \psi_i = I_m e^{j\psi_i} = I_m(\cos \psi_i + j\sin \psi_i)$$

$$\dot{I} = I \angle \psi_i = I \angle \psi_i = I e^{j\psi_i} = I(\cos \psi_i + j\sin \psi_i)$$

同理 $\dot{U}_m$ 为正弦交流电压单位最大值相量，$\dot{U}$ 为正弦交流电压的有效值相量，它们表示的是 $u = U_m \sin(\omega t + \psi_u)$ 同一个正弦交流电压，在此 U_m 与 U 的大小关系为 $U_m = \sqrt{2}U$。

$$\dot{U}_m = U_m \angle \psi_u = U_m e^{j\psi_u} = U_m(\cos \psi_u + j\sin \psi_u)$$

$$\dot{U} = U \angle \psi_u = U e^{j\psi_u} = U(\cos \psi_u + j\sin \psi_u)$$

注意：一个正弦量可以用相量来表示，但相量不等于正弦量，即 $\dot{I}$，$\dot{I}_m \neq i = I_m \sin(\omega t + \psi_i)$，$\dot{U}_m$，$\dot{U} \neq u = U_m \sin(\omega t + \psi_u)$。正弦量是一个可以用正弦三角函数和正弦波来表示的正弦交流电压或电流，而相量是一个复数表示的既有大小又有方向的量，所以两者之间是不能画"等号"的。

正弦量用相量表示后，就可利用相量的形式分析计算，把正弦量的运算转换成相应的复数运算或几何运算，最后再把得到的相量结果转换成正弦量形式，这种分析方法就是正弦交流电路的相量分析法。下面通过一道例题来熟悉一下正弦交流电路的相量分析法。

【例 2.2】在图 2.3-4 所示的正弦交流电路中，Z_1、Z_2 为复阻抗，正弦电流 i_1、i_2 的表达式为：

$$i_1 = I_{1m}\sin(\omega t + \psi_1) = 100\sin(\omega t + 45°) \text{（A）}$$

$$i_2 = I_{2m}\sin(\omega t + \psi_2) = 60\sin(\omega t - 30°) \text{（A）}$$

（1）试写出表示 i_1、i_2 的最大值相量和有效值相量；

（2）用代数法和相量图两种方法求解 $i = i_1 + i_2$。

图 2.3-4　例图 2.2 图

解：（1）根据正弦量的相量表示方法，可得 i_1、i_2 的最大值相量和有效值相量：

$$\dot{I}_{1m} = 100\angle 45° = 100\angle(\pi/4)\ （A）, \quad \dot{I}_{2m} = 60\angle(-30°) = 60\angle(-\pi/6)\ （A）;$$

$$\dot{I}_1 = \frac{100}{\sqrt{2}}\angle 45° = \frac{100}{\sqrt{2}}\angle\left(\frac{\pi}{4}\right)\ （A）, \quad \dot{I}_2 = \frac{60}{\sqrt{2}}\angle(-30°) = \frac{60}{\sqrt{2}}\angle(-\pi/6)\ （A）;$$

（2）$\dot{I}_{1m} = 100\angle 45° = 100\cos45° + j\sin45° = 70.7 + j70.7$

$\dot{I}_{2m} = 60\angle(-30°) = 60\cos(-30°) + j\sin(-30°) = 52 - j30$

$\dot{I}_m = \dot{I}_{1m} + \dot{I}_{2m} = (70.7+j70.7) + (52-j30) = 122.7 + j40.7$

所以，正弦交流电 $i = i_1 + i_2$ 的最大值 I_m 和初相位 ψ 为

$$I_m = \sqrt{122.7^2 + 40.7^2} \approx 129\ （A）$$

$$\psi = \arctan\left(\frac{40.7}{122.7}\right) \approx 18.4°$$

于是可写出正弦量 $i = i_1 + i_2$ 的表达式为：

$$i = 129\sin(\omega t + 18.4°)\ （A）$$

电流 i 的相量图求法如图 2.3–5 所示。

根据正弦交流电的 i_1、i_2 相量表示，先在复平面坐标系（坐标系可省略）中画出相量 $\dot{I}_{1m}$ 和 $\dot{I}_{2m}$ 的相量图，在相量图中平行移动 $\dot{I}_{1m}$ 和 $\dot{I}_{2m}$ 构成一个平行四边形，可得到经过原点的一条平行四边形对角线，这条对角线就是电流 $i = i_1 + i_2$ 的最大值相量 $\dot{I}_m = \dot{I}_{1m} + \dot{I}_{2m}$，然后根据平面几何运算公式求出相量 $\dot{I}_m$ 的模值和幅角 ψ 即可。

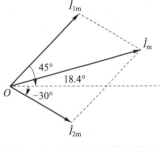

图 2.3–5　电流 *i* 的相量图求法

由向量图的几何关系，根据余弦定理可得：

$$I_m = \sqrt{I_{1m}^2 + I_{1m}^2 - 2I_{1m}I_{2m}\cos105°} = \sqrt{13600 + 3106} \approx 129\ （A）$$

设相量 $\dot{I}_m$ 与相量 $\dot{I}_{2m}$ 的夹角为 A，根据余弦定理则有：

$$I_{1m}^2 = I_m{}^2 + I_{2m}{}^2 - 2I_mI_{2m}\cos A \Rightarrow A = \arccos\frac{I_m^2 + I_{2m}^2 - I_{1m}^2}{2I_mI_{2m}} \approx \arccos 0.6657 = 48.3°$$

则相量 $\dot{I}_m$ 的辐角 $\psi = A - 30° = 18.3°$

【思考题】

1. 正弦量可以用相量形式表示，能不能说该相量就等于该正弦量？
2. 频率不同的正弦量，能不能用相量表示在同一个相量图中？
3. 如何用相量图表示 $\dot{I}_c = \sqrt{5}\,\dot{I}_b\angle 45°$（A），两个电流相量之间是什么关系？

2.4　单一参数正弦交流电路

正弦交流电路和其他电路一样，都是由电源、负载和中间环节三部分组成的。简单的正弦交流电路其负载情况单一，负载可以等效为一个电阻元件，或一个电感元件，或一个电容

元件来表示，这样的正弦交流电路称为单一参数正弦交流电路。在实际的正弦交流电路中，其负载的电特性往往多元而复杂，负载需用电阻元件、电感元件和电容元件这些单一参数元件组成的负载模型来表示，这样的正弦交流电路称为多参数组合正弦交流电路。

单一参数的正弦交流电路是理想化的正弦交流电路，是分析多参数组合正弦交流电路的基础，而实际的正弦交流电路往往是多参数组合交流电路，多参数组合正弦交流电路才是我们需要真正分析研究的对象。

本节主要学习单一电阻、电感、电容参数的正弦交流电路，要求理解掌握单一参数正弦交流电路中电压、电流的关系及功率情况，理解单一参数正弦交流电路的相量模型。

2.4.1　单一电阻参数的正弦交流电路

电阻元件是对实际电路元件耗能这一物理特性的理想抽象。所谓耗能，是指电气设备把电能转换成其他形式的能，且这一过程是不可逆时，这些电气设备都可用电阻元件模型来表示。实际交流电路中的白炽灯、电炉、电饭锅、电热水器等这些把电能转换为热能的电气设备都可以近似看成单一电阻参数负载，用理想电阻元件模型来表示。

1. 电阻元件的电压、电流关系

单一电阻参数正弦交流电路模型如图 2.4-1（a）所示。

为分析方便起见，设加在电阻元件 R 两端的电压 $u_R = U_m \sin(\omega t)$，由于电阻元件为即时元件，流过电阻的电流与其两端电压在任意瞬间都存在即时对应的线性关系，满足欧姆定律。因此，在如图 2.4-1（a）所示单一电阻参数的交流电路中，电压、电流互为关联参考方向的条件下，任意时刻 t 流经电阻的电流为：

$$i_R = \frac{u_R}{R} = \frac{U_m}{R}\sin(\omega t) = I_m \sin(\omega t) \tag{2.4-1}$$

由 i_R 和 u_R 的正弦函数表达式可以看出，在单一电阻参数的正弦交流电流中，i_R 和 u_R 互为同频、同相的正弦量，它们随时间变化的波形图如图 2.4-1（b）所示。

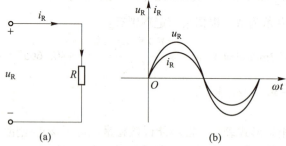

图 2.4-1　单一电阻参数电路模型及电压—电流关系
(a) 单一电阻参数正弦交流电路模型；(b) 电压—电流波形图

由式（2.4-1）可得电阻 R 上正弦电流最大值与正弦电压最大值之间的关系为：

$$I_m = \frac{U_m}{R}, \quad 即\ U_m = I_m R \tag{2.4-2}$$

式（2.4-2）两边同除以 $\sqrt{2}$ 可得，R 上交流电流有效值与交流电压有效值之间的关系为：

$$I = \frac{U}{R}, \quad 即\ U = IR \tag{2.4-3}$$

由以上分析可得，在单一电阻参数的正弦交流电路中，流过电阻元件的电流与其两端的电压的瞬时值、最大值和有效值均符合欧姆定律，在相位关系上，电压与电流同频同相，相位差为零。

如果用相量形式表示电阻元件 R 的电压与电流的关系，同样符合欧姆定律，其相量表达式为：

$$若\dot{U}_R=U_m\angle 0°,\qquad 则\dot{I}_R=\frac{\dot{U}_R}{R}=I_m\angle 0°$$

此即单一电阻参数正弦交流电路欧姆定律的相量表示式，由此可得到单一电阻参数正弦交流电路的相量模型及电压、电流的相量图，如图 2.4-2 所示。

单一参数交流电路的相量模型就是把原电路模型中的正弦交流电压、电流用相量表示，单一参数负载用复数阻抗表示得到的电路模型，如图 2.4-2（a）所示。

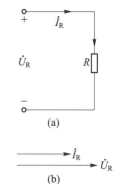

图 2.4-2　相量模型及相量图
（a）相量模型；（b）相量图

在图 2.4-2（a）所示相量模型图中，负载 R 其实是一个实部为 R、虚部为 0 的复数，R 的复数形式为：

$$R=R+j0=R\angle 0°=\frac{\dot{U}_R}{\dot{I}_R}$$

单一电阻参数正弦交流电路 R 欧姆定律的相量形式，不仅反映了负载电阻元件上电压与电流的数量关系，而且反映了它们的相位关系，如图 2.4-2（b）相量图所示。图 2.4-2（a）的相量模型也体现了单一电阻参数正弦交流电路 R 欧姆定律相量形式描述的关系。

2. 电阻元件的功率

1）瞬时功率

在单一电阻参数的正弦交流电路中，电阻元件上的电压、电流都是随时间按正弦规律变化的，所以不同时刻电阻元件上消耗的功率也随时间变化各不相同。在关联参考方向下，任意瞬间 t 电阻元件上电压瞬时值 u_R 与电流瞬时值 i_R 的乘积称为瞬时功率，用小写字母 p 表示，即：

$$p=u_R i_R=U_m I_m \sin^2(\omega t)=\frac{U_m I_m}{2}[1-\cos(2\omega t)]=UI[1-\cos(2\omega t)] \qquad (2.4-4)$$

由式（2.4-4）可以看出，瞬时功率 p 由两部分组成，第一部分是恒定分量 UI，第二部分是 $-UI\cos(2\omega t)$，以两倍于电源频率 2ω 变化的交变分量。瞬时功率 p 随时间变化的波形如图 2.4-3 所示。

显然，电阻元件上的瞬时功率 p 随时间做周期性变化，其变化频率是交流电源频率的两倍，其值 $p\geq 0$ 恒为正值，说明电阻元件将从电源获取的电能转换为其他形式的能消耗掉了，且这一能量转换过程是不可逆的，故电阻元件是耗能器件。

2）平均功率

由于瞬时功率总随时间变化，无法准确度量电阻元件上能量转换的规模，为此，电工学中引入了平均功率的概念。在交流电一个周期内电阻所消耗瞬时功率的平均值称为平均功率，用大写英文字母 P 来表示，单位为瓦特（W）。

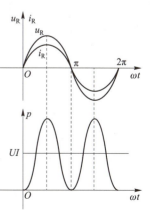

图 2.4-3　电阻瞬时功率波形图

$$P = \frac{1}{T}\int_0^T p\,\mathrm{d}t = \frac{1}{T}\int_0^T [UI - UI\cos(2\omega t)]\,\mathrm{d}t = UI = I^2R = \frac{U^2}{R} \tag{2.4-5}$$

由式（2.4-5）可知，电阻消耗的平均功率等于电阻上正弦交流电压和电流有效值的乘积。平均功率又称有功功率，实际上是指电能转换过程中不可逆的那部分功率，不可逆就意味着消耗。

在时间 t 内，电阻元件上消耗的电能用大写字母 W 表示：

$$W = Pt = UIt \tag{2.4-6}$$

电能 W 的国际单位是焦耳（J），但常用度（kW·h）来度量，单位换算关系为：

$$1\ \text{kW·h}（1\ \text{度}）= 3\ 600\ \text{J}$$

【例2.3】有一加热用的电炉，测得其炉丝电阻 $R = 22\ \Omega$，其两端的电压 $u = 220\sin(314t+30°)$，求：流过电炉电流的瞬时表达式；炉丝电阻 R 消耗的平均功率 P；电炉工作10 h消耗的电能 W。

解：电压 u 的最大值相量为 $\dot{U}_m = 220\angle30°$，由欧姆定律的相量形式可得流过电炉的电流的最大值相量为：

$$\dot{I}_m = \frac{\dot{U}_m}{R} = \frac{220}{22}\angle(30°-0°) = 10\angle30°\ (\text{A})$$

由于电流和电压同频同相，由最大值相量 $\dot{I}_m$ 可得瞬时电流的表达式为：

$$i = 10\sin(314t+30°)\ (\text{A})$$

电炉消耗的平均功率 P 为：

$$P = UI = \frac{U_m}{\sqrt{2}}\frac{I_m}{\sqrt{2}} = \frac{220\times10}{2} = 1\ 100\ (\text{W})$$

电炉工作10 h消耗的电能为：

$$W = Pt = 1\ 100\times10 = 11(\text{kW·h}) = 39\ 600\ (\text{J})$$

2.4.2　单一电感参数的正弦交流电路

在正弦交流电路中，如果只有电感线圈作为负载，且电感线圈本身的电阻损耗可忽略不计，这样的正弦交流电路可近似看作单一电感参数正弦交流电路。比如实际应用中的镇流器、变压器和电机中的电感线圈都可近似看成单一电感参数负载，用理想电感元件模型表示。

1. 电感元件的电压、电流关系

单一电感参数正弦交流电路模型如图 2.4-4（a）所示。

为简化分析计算，设通过电感元件 L 的电流 $i_L = I_{Lm}\sin(\omega t)$。由于电感是动态元件，根据法拉第电磁感应定律，在关联参考方向下电感两端的电压 u_L 为：

$$u_L = L\frac{\mathrm{d}i_L}{\mathrm{d}t} = \omega LI_m\cos(\omega t) = U_{Lm}\cos(\omega t) = U_{Lm}\sin(\omega t+90°) \tag{2.4-7}$$

比较 i_L 和 u_L 的正弦函数表达式可知，单一电感参数电路中的 i_L 和 u_L 是同频率的正弦量，且在相位关系上 u_L 超前 i_L 90°，互为正交关系，它们的时域波形图如图 2.4-4（b）所示。

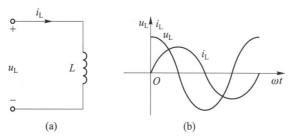

图 2.4-4　单一电感参数电路模型及电压—电流关系

(a) 单一电感参数正旋交流电路模型；(b) 电压—电流波形图

由式（2.4-7）可得，电感上交流电压最大值与交流电流最大值之间的关系为：

$$U_{\mathrm{Lm}} = \omega L\, I_{\mathrm{Lm}}, \ \text{或}\ I_{\mathrm{Lm}} = \frac{U_{\mathrm{Lm}}}{\omega L}, \ \text{或}\ \omega L = \frac{U_{\mathrm{Lm}}}{I_{\mathrm{Lm}}} \tag{2.4-8}$$

式（2.4-8）两边同除以 $\sqrt{2}$，可得电感上交流电压有效值与交流电流有效值之间的关系为：

$$U_{\mathrm{L}} = \omega L\, I_{\mathrm{L}}, \ \text{或}\ I_{\mathrm{L}} = \frac{U_{\mathrm{L}}}{\omega L}, \ \text{或}\ \omega L = \frac{U_{\mathrm{L}}}{I_{\mathrm{L}}} \tag{2.4-9}$$

由此可得，在单一电感参数的交流电路中，电感元件上电压幅值（或有效值）与电流幅值（或有效值）之比为 ωL。当电压 U_{L} 一定时，ωL 越大，则电流 I_{L} 越小。可见 ωL 具有对交流电流起阻碍作用的物理性质，故称 ωL 为电感的电抗，简称感抗，其反映了电感元件对交流电流的阻碍作用，用 X_{L} 表示，即：

$$X_{\mathrm{L}} = \frac{U_{\mathrm{Lm}}}{I_{\mathrm{Lm}}} = \frac{U_{\mathrm{L}}}{I_{\mathrm{L}}} = \omega L = 2\pi f L \tag{2.4-10}$$

式中，X_{L} 具有电阻的量纲，单位为欧姆（Ω）。在直流电路中，频率 $f=0$，则感抗 $X_{\mathrm{L}}=0$，所以在直流电流中的电感元件相当于短路；在交流电路中，感抗 X_{L} 与交流电源的频率 f 成正比，频率越高，感抗 X_{L} 越大，频率越低，感抗 X_{L} 越小。所以电感具有通低频、阻高频的特性，利用电感的此性质，在电子线路中可以用电感来构成各种滤波电路，用于选择有用信号。

在此应该注意，感抗 X_{L} 等于电感上交流电压与交流电流的幅值或有效值之比，而不等于电感瞬时电压 u_{L} 与瞬时电流 i_{L} 之比，即在单一电感参数的交流电路中，电感的瞬时电压 u_{L} 与瞬时电流 i_{L} 的导数呈线性关系，不满足欧姆定律，但最大值、有效值之间的关系符合欧姆定律。

$$I_{\mathrm{Lm}} = \frac{U_{\mathrm{Lm}}}{\omega L} = \frac{U_{\mathrm{Lm}}}{X_{\mathrm{L}}}, \qquad I_{\mathrm{L}} = \frac{U_{\mathrm{L}}}{\omega L} = \frac{U_{\mathrm{L}}}{X_{\mathrm{L}}}, \qquad X_{\mathrm{L}} \neq \frac{u_{\mathrm{L}}}{i_{\mathrm{L}}}$$

如果用相量表示瞬时电压 u_{L}、瞬时电流 i_{L}，则 u_{L} 与 i_{L} 之间的相量关系式为：

$$\dot{U}_{\mathrm{L}} = U_{\mathrm{L}} e^{\mathrm{j}90^\circ}, \qquad \dot{I}_{\mathrm{L}} = I_{\mathrm{L}} e^{\mathrm{j}0^\circ}$$

则：

$$\frac{\dot{U}_{\mathrm{L}}}{\dot{I}_{\mathrm{L}}} = \frac{U_{\mathrm{L}}}{I_{\mathrm{L}}} e^{\mathrm{j}90^\circ} = \mathrm{j}X_{\mathrm{L}}, \ \text{或}\ \dot{U}_{\mathrm{L}} = \mathrm{j}\, X_{\mathrm{L}}\, \dot{I}_{\mathrm{L}} = \mathrm{j}\omega L\, \dot{I}_{\mathrm{L}} \tag{2.4-11}$$

由于 j 是 +90° 旋转因子，故此电压与电流的相量关系式不仅反映了电感元件上电压与电流的数量关系，而且反映了它们之间互为正交的相位关系。

如果把式（2.4-11）中的 $j\omega L$ 看作感抗的复数形式，则电压相量 $\dot{U}_L$ 与电流相量 $\dot{I}_L$ 及复感抗 jX_L 之间的关系式也符合欧姆定律，故该相量关系式被称为电感元件欧姆定律的相量形式，其对应的单一电感参数正弦交流电路相量模型及相量图如图 2.4-5 所示。

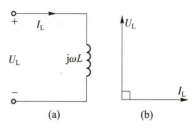

图 2.4-5　单一电感
参数相量模型及相量图
（a）相量模型；（b）相量图

2. 电感元件的功率

1）瞬时功率 p

在电压、电流互为关联参考方向的条件下，电感元件的瞬时功率等于瞬时电压与瞬时电流的乘积，用小写 p 表示，即：

$$p = i_L u_L = I_{Lm}\sin(\omega t)\ U_{Lm}\sin(\omega t + 90°) = I_{Lm}U_{Lm}\sin(\omega t)\cos(\omega t)$$

$$p = \sqrt{2}U_L\sqrt{2}I_L\sin(\omega t)\cos(\omega t) = 2U_LI_L\sin(\omega t)\cos(\omega t) = U_LI_L\sin(2\omega t)$$

$$(2.4-12)$$

由式（2.4-12）可知，电感元件的瞬时功率 p 是一个幅值为 U_LI_L，并以 2ω 两倍于电压、电流的角频率随时间按正弦规律变化的交变量，其变化波形如图 2.4-6 所示。

在正弦交流电的第一个和第三个 1/4 周期内，电压、电流互为关联方向，$p>0$，表示电感元件从电路吸收电能，并把电能转换为磁场能储存起来；在第二个和第四个 1/4 周期内，电压、电流互为非关联方向，$p<0$，表示电感元件把储存的磁场能转换为电能送还回电路。在一个周期内，电感时而从电路吸收电能转换为磁场能储存起来，时而又把磁场能转换为电能送还给电路，这是一种可逆的能量转换过程。如果是理想电感，在交流电的一个周期内电感从电路吸收的能量一定等于它送还给电路的能量，电感本身不消耗能量，只是一个储能元件。

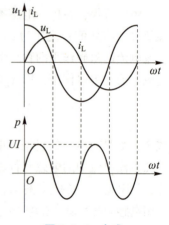

图 2.4-6　电感
元件瞬时功率波形

2）平均功率 P

在交流电一个周期内电感瞬时功率的平均值称为平均功率，用大写字母 P 表示，数学计算公式为：

$$P = \frac{1}{T}\int_0^T p\,dt = \frac{1}{T}\int_0^T U_LI_L\sin(2\omega t)\,dt = 0 \quad (2.4-13)$$

由式（2.4-13）可知，理想电感元件的平均功率为零，故理想电感元件在电路中是不消耗能量的，只作为储能元件起到一个能量转换的作用。

3）无功功率 Q_L

理想电感元件虽然不消耗电能，但它工作时与电路之间不断地进行着能量交换，要占用电源设备的容量。为了衡量这种能量交换的规模，在电工技术中引入了无功功率的概念。电感元件上的无功功率用 Q_L 表示，大小为电感瞬时功率的最大值，即：

$$Q_L = U_LI_L = I_L^2X_L = \frac{U_L^2}{X_L} \quad (2.4-14)$$

为了区别于有功功率，无功功率的单位用乏（var）或千乏（kvar）计量。

【例 2.4】 电感量为 0.7 H 的一个电感元件，接在 $u = 220\sqrt{2}\sin(314t + 30°)$ 的工频交流电源上，求电感元件的感抗、电流的瞬时表达式及电路的无功功率。

解：电感的感抗：

$$X_L = 2\pi fL = 2\times3.14\times50\times0.7 = 220(\Omega)$$

在工频电源作用下，流过电感元件的电流最大值为：

$$I_{Lm} = \frac{U_{Lm}}{X_L} = \frac{220\sqrt{2}}{220} = \sqrt{2}\,(A)$$

在单一电感参数电路中，电流滞后电压 90°，因此电流的瞬时表达式为：

$$i = \sqrt{2}\sin(314t + 30° - 90°) = \sqrt{2}\sin(314t - 60°)$$

电感元件上的无功功率为：

$$Q_L = U_L I_L = \frac{U_{Lm} I_{Lm}}{2} = 220(var)$$

2.4.3 单一电容参数的正弦交流电路

在正弦交流电路中，如果只有单一的电容器作为负载，且电容器介质的漏电损耗可忽略不计，这样的电路就可近似看作单一电容参数的正弦交流电路，用理想电容元件作为负载模型。

1. 电容元件的电压、电流关系

单一电容参数正弦交流电路模型如图 2.4-7（a）所示。

为简化分析计算，设加在电容元件 C 两端的电压 $u_C = U_{Cm}\sin\omega t$，由于电容元件和电感元件一样都是动态元件，在关联参考方向下，流过电容的电流 i_C 为：

$$i_C = C\frac{\mathrm{d}u_C}{\mathrm{d}t} = \omega C\,U_{Cm}\cos(\omega t) = I_{Cm}\sin(\omega t + 90°) \tag{2.4-15}$$

由式（2.4-15）可知，单一电容参数电路中的 i_C 和 u_C 是同频率的正弦量，且在相位关系上 u_C 滞后 i_C 90°，互为正交关系，它们的时域波形图如图 2.4-7（b）所示。

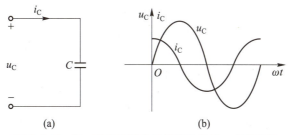

图 2.4-7 单一电容参数电路模型及电压—电流关系
（a）单一电容参数正弦交流电路模型；（b）电压—电流波形图

由式（2.4-15）可得 i_C 最大值和 u_C 最大值之间的关系为：

$$I_{Cm} = \omega C U_{Cm} = \frac{U_{Cm}}{\dfrac{1}{\omega C}},\quad 或\ U_{Cm} = \frac{1}{\omega C}I_{Cm},\quad 或\ \frac{1}{\omega C} = \frac{U_{Cm}}{I_{Cm}}$$

以上等式两边同时除以 $\sqrt{2}$，可得 i_C 有效值和 u_C 有效值之间的关系为：

$$I_C = \omega C\, U_C = \frac{U_C}{\frac{1}{\omega C}}, \quad 或\ U_C = \frac{1}{\omega C} I_C, \quad 或\ \frac{1}{\omega C} = \frac{U_C}{I_C}$$

由此可得，在单一电容参数的交流电路中，电容元件上交流电压幅值（或有效值）与电流幅值（或有效值）之比为 $1/(\omega C)$。当电压 U_C 一定时，$1/(\omega C)$ 越大，则电流 I_C 越小。可见 $1/(\omega C)$ 具有对交流电流起阻碍作用的物理性质，故称 $1/(\omega C)$ 为电容的电抗，简称容抗，其反映了电容元件对交流电流的阻碍作用，用 X_C 表示：

$$X_C = \frac{U_C}{I_C} = \frac{U_{Cm}}{I_{Cm}} = \frac{1}{\omega C} = \frac{1}{2\pi f C} \tag{2.4-16}$$

X_C 具有电阻的量纲，单位为欧姆（Ω）。由式（2.4-16）可知，在直流电路中，频率 $f=0$，容抗 $X_C = \infty$，对于直流电容元件相当于开路；在交流电路中，容抗 X_C 与交流电源的频率 f 成反比，频率越高，容抗 X_C 越小，频率越低，容抗 X_C 越大。所以电容具有通高频阻低频的特性，利用电容的此性质，在电子线路中可以用电容来构成各种滤波电路，用于选择有用信号。

在此应该注意，容抗 X_C 只等于电容上交流电压与交流电流的幅值或有效值之比，而不等于电容瞬时电压 u_C 与瞬时电流 i_C 之比，即在单一电容参数交流电路中，电容的瞬时电流 i_C 与瞬时电压 u_C 的导数呈线性关系，不满足欧姆定律，但其最大值、有效值之间的关系符合欧姆定律。

$$I_{Cm} = \frac{U_{Cm}}{\frac{1}{\omega C}} = \frac{U_{Cm}}{X_C}, \qquad I_C = \frac{U_C}{\frac{1}{\omega C}} = \frac{U_C}{X_C}, \qquad X_C \neq \frac{u_C}{i_C}$$

如果用相量表示瞬时电压 u_C、瞬时电流 i_C，则 u_C 与 i_C 之间的相量关系式为：

$$\dot{U}_C = U_C e^{j0°} \quad \dot{I}_C = I_C e^{j90°}$$

$$\frac{\dot{U}_C}{\dot{I}_C} = \frac{U_C}{I_C} e^{j(0°-90°)} = \frac{U_C}{I_C} e^{-j90°} = -jX_C$$

$$或\ \dot{U}_C = -jX_C \dot{I}_C = -j\frac{1}{\omega C}\dot{I}_C = \frac{1}{j\omega C}\dot{I}_C \tag{2.4-17}$$

由于 $-j$ 是 $-90°$ 旋转因子，故电容上交流电压与交流电流的相量关系式不仅反映了电容元件上电压与电流的数量关系，而且反映了它们之间互为正交的相位关系。

如果把式（2.4-17）中的 $-jX_C$ 看作容抗的复数形式，则电压相量 $\dot{U}_C$ 与电流相量 $\dot{I}_C$ 及复数容抗 $-jX_C$ 之间的关系式也符合欧姆定律，故该相量关系式被称为电容元件欧姆定律的相量形式，其对应的单一电容参数正弦交流电路相量模型及相量图如图 2.4-8 所示。

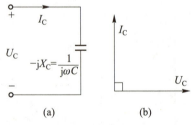

图 2.4-8 单一电容参数正弦交流电路相量模型及相量图
（a）相量模型；（b）相量图

2. 电容元件的功率

1）瞬时功率 p

在电压、电流互为关联参考方向的条件下，电容元件的瞬时功率等于瞬时电压与瞬时电流的乘积，用小写字母 p 表示，即：

$$p = i_C u_C = I_{Cm} \sin(\omega t + 90°) U_{Cm} \sin(\omega t) = I_{Cm} U_{Cm} \sin(\omega t) \cos(\omega t)$$

$$= \sqrt{2} U_C \sqrt{2} I_C \sin(\omega t) \cos(\omega t) = 2 U_C I_C \sin(\omega t) \cos(\omega t) = U_C I_C \sin(2\omega t) \quad (2.4\text{-}18)$$

由式（2.4-18）可见，电容元件的瞬时功率 p 和电感元件一样是一个幅值为 $U_C I_C$，并以 2ω 两倍于电压、电流的角频率随时间按正弦规律变化的交变量，其变化波形如图 2.4-9 所示。

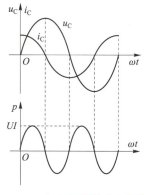

在正弦交流电的第一个和第三个 1/4 周期内，电压、电流互为关联方向，$p>0$，表示电容元件从电路吸收电能，并把电能转换为电场能储存起来；在第二个和第四个 1/4 周期内，电压、电流互为非关联方向，$p<0$，表示电容元件把储存的电场能转换为电能送还回电路。在一个周期内，电容时而从电路吸收电能转换为电场能储存起来，时而又把电场能转换为电能送还给电路，这是一种可逆的能量转换过程。如果是理想电容，在交流电一个周期内电容从电路吸收的能量一定等于它送还给电路的能量，电容本身不消耗能量，只是一个储能元件。

图 2.4-9　电容元件瞬时功率波形

2）平均功率 P

在交流电一个周期内电容瞬时功率的平均值称为平均功率，用大写字母 P 表示，数学计算公式为：

$$P = \frac{1}{T} \int_0^T p\,dt = \frac{1}{T} \int_0^T UI \sin(2\omega t)\,dt = 0 \quad (2.4\text{-}19)$$

由式（2.4-19）可知，理想电容元件上的平均功率为零，故理想电容元件是不消耗能量的，和理想电感一样只作为储能元件起到一个能量转换的作用。

3）无功功率 Q_C

理想电容元件虽然不消耗电能，但它工作时与电路之间不断地进行着能量交换，要占用电源设备的容量。为了衡量这种能量交换的规模，在电工技术中引入了无功功率的概念。电容元件上的无功功率用 Q_C 表示，大小为电容瞬时功率的最大值。但需要注意的是，在计算无功功率时，为区分电容元件和电感元件上的无功功率，电感元件上的无功功率 Q_L 取正值，电容元件上的无功功率 Q_C 取负值，故：

$$Q_C = -U_C I_C = -I_C^2 X_C = -\frac{U_C^2}{X_C} \quad (2.4\text{-}20)$$

电容无功功率 Q_C 的单位也用乏（var）或千乏（kvar）计量。

【例 2.5】一个 159 μF 的电容元件，漏电损耗可忽略不计，把它接在 $u = 110\sqrt{2} \sin(314t + 30°)$ 的工频交流电源上，求电容的容抗 X_C、电流有效值 I_C 及无功功率 Q_C；若电源电压幅值不变，频率增大为 100 Hz 时，电容的容抗 Q_C、电流有效值 I_C 及无功功率 Q_C 的值又为多少？

解：当频率 $f = 50$ Hz 时，电容的容抗为：

$$X_C = \frac{1}{2\pi f C} = \frac{1}{6.28 \times 50 \times 159 \times 10^{-6}} \approx 20(\Omega)$$

流过电容元件的电流为：

$$I_C = \frac{U_C}{X_C} = \frac{110}{20} = 5.5(A)$$

电容元件上的无功功率为：

$$Q_C = -U_C I_C = -110 \times 5.5 = -605(\text{var})$$

当频率 $f = 100\ \text{Hz}$ 时，电容的容抗为：

$$X_C = \frac{1}{2\pi f C} = \frac{1}{6.28 \times 10^2 \times 159 \times 10^{-6}} \approx 10(\Omega)$$

流过电容元件的电流为：

$$I_C = \frac{U_C}{X_C} = \frac{110}{10} = 11(\text{A})$$

电容元件上的无功功率为：

$$Q_C = -U_C I_C = -110 \times 11 = -1\,210(\text{var}) = -1.21(\text{kvar})$$

此例说明，当单一电容参数交流电路的电压幅值一定时，若频率升高，电容容抗将减小，电路中的电流和无功功率将增大。

【思考题】

1. 如何理解电感元件"通直流、隔交流"、电容元件"通交流、隔直流"的作用？

2. 如何理解有功功率、无功功率的概念？无功功率真的是无用之功吗？

3. 为什么把电阻元件称为耗能元件，电感和电容元件称为储能元件。

4. 指出下列各式哪些是对的，哪些是错的。

$$\frac{u_L}{i_L} = X_L, \qquad \frac{\dot{U}_L}{\dot{I}_L} = j\omega L, \qquad \frac{\dot{U}_L}{\dot{I}_L} = X_L, \qquad \dot{I}_{Lm} = -j\frac{\dot{U}_{Lm}}{\omega L}$$

$$u_L = L\frac{\mathrm{d}iu_L}{\mathrm{d}t}, \qquad \frac{U_C}{I_C} = X_C, \qquad \frac{U_{Cm}}{I_{Cm}} = \omega C, \qquad \dot{U}_C = -\frac{\dot{I}_C}{j\omega C}$$

5. 在图 2.4-10 所示正弦交流电路中，当正弦交流电压 u 的频率升高或降低时，各电流表的读数将有何变化？

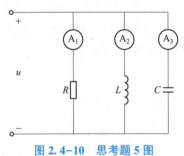

图 2.4-10 思考题 5 图

2.5 多参数组合正弦交流电路

在实际交流电路中，负载为单一参数元件模型的电路比较少见，负载往往是由多个单一参数元件组合而成的复杂模型。例如，电动机、继电器、镇流器等设备部件都含有线圈，虽然线圈的主要物理特性为电感特性，但存在一定损耗电阻，电流经过时总要发热；又如常用的电气设备中，总含有电阻、电感和电容器件。因此，研究由 R、L、C 多个单一参数元件组成的多参数正弦交流电路更具有实际意义。

2.5.1　电路基本定律的相量形式

基尔霍夫电流定律（KCL）、基尔霍夫电压定律（KVL）和欧姆定律统称电路的三大基本定律，是分析、计算各种电路的理论依据，同样它们也是分析多参数组合正弦交流电路的重要工具。在正弦交流电路中，我们主要用表示正弦量的相量对电路进行分析计算，了解三大基本定律的相量形式对分析多参数组合的正弦交流电路很有必要。

1. 基尔霍夫定律的相量形式

前面我们学习讨论了单一电阻、电感和电容参数正弦交流电路伏安关系的相量形式，即单一参数交流电路欧姆定律的相量形式，得到了它们的相量电路模型及相量图。多参数组合正弦交流电路是通过单一参数交流电路的相互连接组合而成的。下面我们主要来讨论学习正弦交流电路连接方式的约束关系基尔霍夫定律的相量形式。

在同一频率交流电源作用下的正弦电路中，任意节点各支路的电流和任一回路各段的电压都是同频率的正弦量，即：

$$i_k = I_{km}\sin(\omega t + \psi_{ik}), \quad k = 1, 2, \cdots$$
$$u_k = U_{km}\sin(\omega t + \psi_{uk}), \quad k = 1, 2, \cdots$$

满足基尔霍夫定律的 KCL 和 KVL 方程：

$$\sum i_k = \sum \{i_k = I_{km}\sin(\omega t + \psi_{ik})\} = 0$$
$$\sum u_k = \sum \{u_k = U_{km}\sin(\omega t + \psi_{uk})\} = 0$$

当同频率的正弦量用相量表示时，正弦量的加减运算可转换为相对应相量的加减运算，因此基尔霍夫定律的相量形式可表示为：

$$\sum \dot{I}_{km} = 0 \text{ 或 } \sum \dot{I}_k = 0 \tag{2.5-1}$$
$$\sum \dot{U}_{km} = 0 \text{ 或 } \sum \dot{U}_k = 0 \tag{2.5-2}$$

2. 欧姆定律的相量形式

电阻元件作为即时元件，不管是在直流电路还是在交流电路中，电阻元件上的电压、电流关系时刻都遵从欧姆定律。而作为动态元件的线性电感和线性电容，在正弦交流电路中其瞬时电压与瞬时电流的伏安关系不满足欧姆定律关系，但正弦交流电压、电流的最大值、有效值和感抗、容抗之间的关系则满足欧姆定律。在单一参数正弦交流电路中，如果电阻元件 R、电感元件 L、电容元件 C 的电路模型分别用相量模型代替，各元件的电流相量、电压相量和各自的复阻抗之间的关系都满足欧姆定律，它们伏安关系的相量表示式即欧姆定律的相量形式分别如下所示。

$$\dot{I}_R = \frac{\dot{U}_R}{R}; \quad \dot{I}_L = \frac{\dot{U}_L}{jX_L}; \quad \dot{I}_C = \frac{\dot{U}_C}{-jX_C} \tag{2.5-3}$$

式（2.5-3）中 R、jX_L、$-jX_C$ 为 R、L、C 元件的复数阻抗，如果都用 Z 来表示，电压相量和电流相量用 $\dot{U}$ 和 $\dot{I}$ 表示，它们伏安关系的相量形式可统一表示为：

$$\dot{U} = Z\dot{I} \tag{2.5-4}$$

式（2.5-4）即一般正弦交流电路欧姆定律的相量形式，式中：

$$Z = \frac{\dot{U}}{\dot{I}}$$

在电工技术中，将正弦交流电路中负载两端的电压相量 $\dot{U}$ 与流过负载的电流相量 $\dot{I}$ 之比定义为该负载的复数阻抗 Z，简称阻抗，单位为欧姆（Ω）。

根据阻抗的定义，R、L、C 元件阻抗分别为：

$$Z_R = R, \qquad Z_L = j\omega L = j X_L, \qquad Z_C = \frac{1}{j\omega C} = -j\left(\frac{1}{\omega C}\right) = -j X_C$$

Z_R、Z_L、Z_C 均为单一参数负载的阻抗，要么为复数阻抗的实部，要么为复数阻抗的虚部，为负载 Z 的特殊情况，一般情况下负载 Z 是既有实部又有虚部的复数阻抗。如图 2.5-1 所示的 R、L、C 串联交流电路中，其串联阻抗 Z 为：

$$Z = Z_R + Z_L + Z_C = R + j\left(\omega L - \frac{1}{\omega C}\right) = R + j(X_L - X_C) = R + jX$$

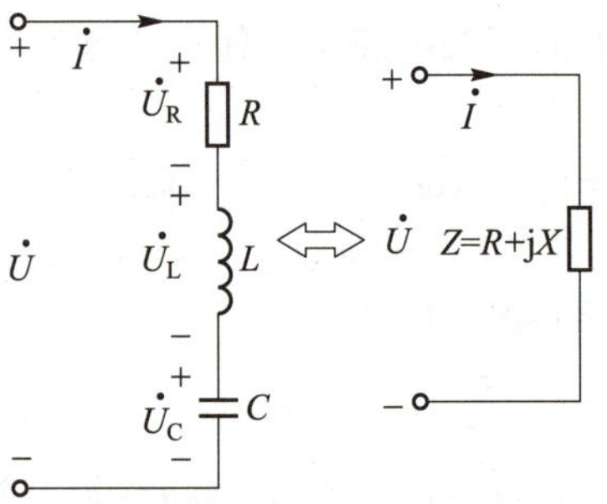

图 2.5-1 多参数元件阻抗的串联等效

实部 R 称为阻抗 Z 的电阻分量，由串联电阻决定；虚部 X 称为阻抗 Z 的电抗分量，由串联电感、电容的感抗和容抗共同决定，它们的单位均为欧姆（Ω）。此时阻抗 Z 与串联电路端口的电压相量 $\dot{U}$ 和电流相量 $\dot{I}$ 的关系满足欧姆定律的相量形式即 $Z = \dot{U}/\dot{I} = R + jX$。

这样欧姆定律的相量形式就可以推广到不含独立源的线性交流无源二端网络。正弦交流电路的实际负载 Z 一般为多参数负载，其电路模型为电阻、电感和电容多个元件通过串联或并联连接组合而成的，可以看作一个线性交流无源二端网络。如图 2.5-2 所示，Z 为线性交流无源二端网络从端口往里看的等效阻抗，当端口的电压相量与电流相量的方向为关联方向时，由欧姆定律的相量形式可知，端口电压相量与电流相量的比值即为该线性交流无源二端网络的阻抗 Z。

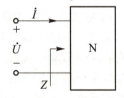

图 2.5-2 多参数二端网络

设线性正弦无源二端网络端口的电压相量和电流相量分别为：

$$\dot{U} = U\angle\psi_u, \qquad \dot{I} = I\angle\psi_i$$

则：

$$Z = \frac{\dot{U}}{\dot{I}} = \frac{U}{I}\angle(\psi_u - \psi_i) = |Z|\angle\psi_z \qquad (2.5\text{-}5)$$

一般情况下，阻抗 Z 由实部和虚部组成，其大小由组成交流无源二端网络的电路元件参数决定，故阻抗 Z 在此仅是一个与交流二端网络电路参数和电源工作频率有关的复数阻抗，不代表正弦量，注意不要和代表正弦量的相量混淆。阻抗 Z 可用复数形式表示如下：

$$Z = |Z|\cos\psi_Z + j|Z|\sin\psi_Z = R + jX \tag{2.5-6}$$

此时交流无源二端网络可等效成如图 2.5-1 所示的 R、L、C 的串联形式。串联等效电阻 R 是复阻抗 Z 的实部，表示电路负载的耗能特性；复阻抗 Z 的虚部 X，为阻抗 Z 的电抗分量，表示电路负载工作时与电路之间能量交换的特性，由串联等效电感元件 L 的感抗和串联等效电容元件 C 的容抗共同决定，即 $X = X_L - X_C$。这样式（2.5-7）中阻抗 Z 与实部 R、虚部 X 之间的关系可用一个直角三角形来表示，如图 2.5-3 所示，这个三角形称为阻抗三角形。阻抗的模 $|Z|$ 和阻抗角 ψ_Z 分别为：

$$|Z| = \sqrt{R^2 + X^2}, \qquad \psi_Z = \arctan\left(\frac{X}{R}\right) \tag{2.5-7}$$

由式（2.5-5）、式（2.5-7）及阻抗三角形可知，当实部 $R \neq 0$ 时：

若虚部 $X > 0$，阻抗角 $\psi_Z > 0$，电压 $\dot{U}$ 超前电流 $\dot{I}$，阻抗 Z 呈感性；

若虚部 $X < 0$，阻抗角 $\psi_Z < 0$，电压 $\dot{U}$ 滞后电流 $\dot{I}$，阻抗 Z 呈容性；

若虚部 $X = 0$，阻抗角 $\psi_Z = 0$，电压 $\dot{U}$ 与电流 $\dot{I}$ 同相，阻抗 Z 呈纯阻性。

由此可见，线性正弦无源二端网络的端口电压相量 $\dot{U}$ 与电流相量 $\dot{I}$ 的相位差，是由多参数元件组成的复阻抗 Z 的阻抗角 ψ_Z 来决定的。

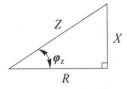

图 2.5-3　阻抗三角形

此外，线性正弦无源二端网络欧姆定律的相量形式也可用阻抗 Z 的倒数来表示。阻抗 Z 的倒数称为复数导纳，简称导纳，用大写字母 Y 表示，单位为西门子（S）。则 $\dot{U} = \dot{I}Z$ 可用导纳表示为：

$$\dot{I} = \frac{\dot{U}}{Z} = Y\dot{U} \tag{2.5-8}$$

式（2.5-8）为欧姆定律的导纳相量形式，式中：

$$Y = \frac{1}{Z} = \frac{\dot{I}}{\dot{U}} = \frac{I}{U}\angle(\psi_i - \psi_u) = |Y|\angle\psi_Y$$

根据导纳的定义，R、L、C 元件导纳分别为：

$$Y_R = \frac{1}{R} = G, \qquad Y_L = \frac{1}{j\omega L} = -j\left(\frac{1}{\omega L}\right) = -jB_L, \qquad Y_C = j\omega C = jB_C$$

当 R、L、C 三者并联时，其并联导纳 Y 为：

$$Y = Y_R + Y_L + Y_C = \frac{1}{R} + j\left(\omega C - \frac{1}{\omega L}\right) = G + j(B_C - B_L) = G + jB$$

一般情况下，在负载电路模型为多参数元件并联时，采用欧姆定律的导纳相量形式来表示端口电流与电压的关系。导纳 Y 由实部和虚部两部分组成，其数值均由组成无源二端网络的多参数元件决定，此时无源二端网络可等效成无源元件 R、L、C 的并联连接形式，如图 2.5-4 所示。

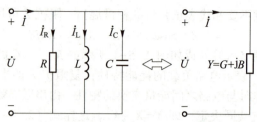

图 2.5-4　多参数元件导纳的并联等效

导纳 Y 的实部 G 是导纳的电导分量，等于等效并联电阻 R 的导数；导纳 Y 的虚部 B 是导纳的电纳分量，由等效并联电感 L 和等效并联电容 C 的参数共同决定。

如果导纳的虚部大于零，二端网络的导纳呈容性，电流 $\dot{I}$ 超前电压 $\dot{U}$；

如果导纳的虚部小于零，二端网络的导纳呈感性，电流 $\dot{I}$ 滞后电压 $\dot{U}$；

如果导纳的虚部等于零，二端网络的导纳呈纯阻性，电流 $\dot{I}$ 与电压 $\dot{U}$ 同相。

线性正弦交流无源二端网络欧姆定律相量形式的两种表示方法，虽然形式上有所不同，但本质上是一致的，两种方法之间可以相互转换，实际中根据无源二端网络中 R、L、C 元件是串联连接还是并联连接来选择合适的表示方法即可。

2.5.2　多参数串联组合的正弦交流电路

多参数负载的电路模型可等效成多参数元件的串联或并联两种基本连接方式。由 R、L、C 元件组成的多参数串联正弦交流电路模型和相量模型如图 2.5-5 所示。

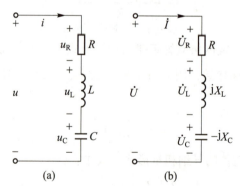

(a)　　　　　(b)

图 2.5-5　多参数串联电路模型及相量模型
（a）电路模型；（b）相量模型

1. 多参数串联组合交流电路的电压、电流关系

根据基尔霍夫定律和串联电路的特点有：
$$u=u_R+u_L+u_C,\qquad i=i_R=i_L=i_C$$
如果用相量形式表示，则为：
$$\dot{I}=\dot{I}_R=\dot{I}_L=\dot{I}_C \tag{2.5-9}$$
$$\dot{U}=\dot{U}_R+\dot{U}_L+\dot{U}_C=\dot{I}R+jX_L\dot{I}-jX_C\dot{I}=\dot{I}[R+j(X_L-X_C)]=\dot{I}Z \tag{2.5-10}$$
式中，Z 为 R、L、C 多参数串联电路的总阻抗，即：
$$Z=R+j(X_L-X_C)=R+jX$$

由于在多参数串联电路中，流过各串联元件的电流是相同的，因此，将电流相量 $\dot{I}$ 作为参考相量，画在相量图的水平位置，然后根据单一参数元件电路电压与电流的关系，可画出 $\dot{U}_R$、$\dot{U}_L$、$\dot{U}_C$ 的相量图，如图 2.5-6（a）所示。

根据平行四边形法则将 $\dot{U}_R$、$\dot{U}_L$、$\dot{U}_C$ 相加得到端口电压相量 $\dot{U}$，如图 2.5-6（a）所示，相量图中由 $\dot{U}$ 与 $\dot{U}_R$，$\dot{U}_X = \dot{U}_L + \dot{U}_C$ 组成的直角三角形，称为电压三角形，如图 2.5-6（b）所示。

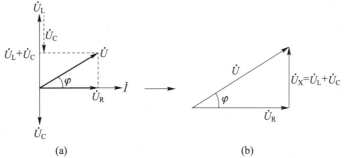

（a）　　　　　　　　　　　　　　　（b）

图 2.5-6　电压相量图及电压三角形

（a）电压相量图；（b）电压三角形

利用电压三角形可求得端口电压 $\dot{U}$ 的有效值为：

$$U = \sqrt{U_R^2 + U_X^2} = \sqrt{U_R^2 + (U_L - U_C)^2}$$

由于在多参数串联电路中，$\dot{U}_R$ 与 $\dot{I}$ 同相，所以端口电压 $\dot{U}$ 与电流 $\dot{I}$ 的相位差在电压三角形中就是 $\dot{U}$ 与 $\dot{U}_R$ 的夹角 φ。

$$\varphi = \arctan \frac{U_X}{U_R} = \arctan \frac{U_L - U_C}{U_R}$$

由式（2.5-9）可知，若将电压三角形的各边除以电流相量 $\dot{I}$，可得到与电压三角形相似的多参数串联交流电路阻抗三角形，如图 2.5-7 所示。

$$Z = \frac{\dot{U}}{\dot{I}} = R + j(X_L - X_C) = R + jX = |Z| \angle \psi_Z = \frac{U}{I} \angle (\psi_u - \psi_i = \varphi)$$

Z 是 R、L、C 多参数串联交流电路的复阻抗，两条直角边分别是复阻抗 Z 的实部和虚部，Z 的模值和阻抗角为：

$$|Z| = \sqrt{R^2 + X^2}, \qquad \varphi_Z = \arctan\left(\frac{X}{R}\right)$$

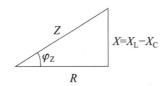

图 2.5-7　多参数串联交流电路阻抗三角形

由于电压三角形与阻抗三角形互为相似三角形，所以 $\varphi = \varphi_Z$，即在多参数交流电路中，

端口电压与电流的相位差 φ 等于 R、L、C 元件参数决定的阻抗角 φ_Z。由阻抗三角形可知，$|\varphi| = |\varphi_Z| \leqslant 90°$。

根据电路中各元件参数的大小不同，多参数串联电路阻抗的性质及端口电压与电流的相位关系主要有以下三种情况：

（1）$R \neq 0$，当 $X_L > X_C$ 时，$U_L > U_C$，$\varphi = \varphi_Z > 0$，电路呈感性，端口电压超前电流一个 φ 角，相量图如图 2.5-8（a）所示。

（2）$R \neq 0$，当 $X_L < X_C$ 时，$U_L < U_C$，$\varphi = \varphi_Z < 0$，电路呈容性，端口电压滞后电流一个 φ 角，相量图如图 2.5-8（b）所示。

（3）$R \neq 0$，当 $X_L = X_C$ 时，$U_L = U_C$，$\varphi = \varphi_Z = 0$，电路呈纯阻性，端口电压与电流同相位，相量图如图 2.5-8（c）所示。

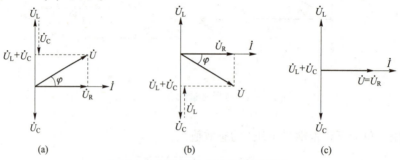

图 2.5-8　多参数串联电路相量图
（a）$X_L > X_C$；（b）$X_L < X_C$；（c）$X_L = X_C$

由阻抗三角形可知，在由 R、L、C 多参数组成的线性交流无源二端网络电路中，当电源频率变化时，在某个频率点，出现端口电压与端口电流相位同相的情况，我们称此时电路发生了谐振，该频率称为电路的谐振频率，用 f_0 或 ω_0 表示。根据电路中电感 L 和电容 C 的连接关系，电路谐振分串联谐振和并联谐振两种情况。

如图 2.5-5 所示，在由 R、L、C 多参数组成的串联电路中，当电路发生谐振时，称为串联谐振。电路发生串联谐振时具有以下特点：

（1）Z 的虚部为零，呈纯阻性，$Z = R$ 模值最小，端电压不变时端电流最大。

（2）电感两端的电压与电容两端的电压大小相等，相位相反。

（3）此时电感和电容两端的电压最大，有可能远大于外加端电压的幅值。

如图 2.5-4 所示，在由 R、L、C 多参数组成的并联电路中，当电路发生谐振时，称为并联谐振。电路发生并联谐振时具有以下特点：

（1）Y 的虚部为零，呈纯阻性，$Y = G$ 模值最小，端电流不变时端电压最大。

（2）通过电感的电流与通过电容的电流大小相等，相位相反。

（3）此时并联谐振回路的端电流远小于流过电感和电容的电流。

在电力工程中，应尽量避免电路发生串联谐振，串联谐振时较大的电流及过高的电容、电感电压，会造成电路及电气设备的损坏；而在无线电工程中，谐振的应用非常广泛，常利用串联和并联谐振的特点完成对电信号的处理。如图 2.5-9 所示，在通信接收机中，利用串联谐振回路构成的中陷电路可滤除中频干扰，利用并联谐振回路构成的选频电路可选择有用信号。

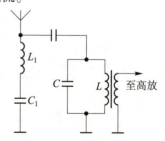

图 2.5-9　中陷及选频电路

2. 多参数串联组合交流电路的功率关系

多参数串联组合的交流电路可以看成是不同单一参数交流

电路的串联连接。由单一参数交流电路的功率情况可知，多参数串联交流电路的功率应包含有功功率和无功功率两种情况。首先我们从瞬时功率入手来分析多参数串联交流电路的功率情况。

1）多参数串联交流电路的瞬时功率

多参数串联电路的阻抗为：

$$Z = R + j(X_L - X_C) = R + jX = |Z| \angle \psi_Z = \frac{\dot{U}}{\dot{I}} = \frac{U}{I} \angle (\psi_u - \psi_i = \varphi)$$

阻抗 Z 使端口交流电压与电流的相位差为 φ，设端口电流 $i = I_m \sin(\omega t)$，则端口电压 $u = U_m \sin(\omega t + \varphi)$，在 u、i 为关联参考方向的条件下，多参数串联电路的瞬时功率 p 为：

$$p = ui = U_m I_m \sin(\omega t + \varphi) \sin(\omega t) = UI[\cos\varphi - \cos(2\omega t + \varphi)] \tag{2.5-11}$$

可见，瞬时功率由两部分组成：一部分是常数 $UI\cos\varphi$，另一部分是以 UI 为幅值，频率为正弦量两倍的余弦函数 $UI\cos(2\omega t + \varphi)$。

为弄清多参数串联电路瞬时功率的组成，将式（2.5-11）进一步展开转换为：

$$p = UI\cos\varphi[1 - \cos(2\omega t)] + UI\sin\varphi\sin(\omega t) \tag{2.5-12}$$

由于 $-90° \leq \varphi \leq 90°$，该式的第一项 $UI\cos\varphi[1 - \cos2(\omega t)] \geq 0$，始终为非负数，且均值大于 0，是多参数串联电路瞬时功率中能量转换不可逆转的那部分功率，即串联电路中电阻元件消耗的功率，为瞬时功率在正弦量一个周期内的平均功率 P，也称有功功率，其大小为：

$$P = \frac{1}{T}\int_0^T p\,dt = UI\cos\varphi \tag{2.5-13}$$

式 2.5-12 的第二项 $UI\sin\varphi\sin(\omega t)$，是一个幅值为 $UI\sin\varphi$ 的正弦量，该正弦量瞬时值有正有负，且在一个周期内其平均值为 0，说明该部分不消耗能量，是瞬时功率中能量转换可逆的那部分，反映的是多参数串联电路中电感、电容电抗元件和电路之间能量交换的规模，即电感、电容元件上总的无功功率 Q，根据无功功率的定义，其大小应为瞬时功率中第二项 $UI\sin\varphi\sin(\omega t)$ 的最大值，即：

$$Q = UI\sin\varphi \tag{2.5-14}$$

2）有功功率 P

由以上瞬时功率表达式的分析结果可知，有功功率就是 R、L、C 多参数串联交流电路中电阻元件上消耗的功率，即瞬时功率的平均值，其大小为：

$$P = I\,U_R = I^2 R = \frac{U_R^2}{R}$$

由电压三角形可知，电阻两端的电压 U_R 和端口电压 U 的大小关系为 $U_R = U\cos\varphi$，故有：

$$P = I\,U_R = IU\cos\varphi$$

3）无功功率 Q

在 R、L、C 多参数串联交流电路中，无功功率表示的是电抗元件电感、电容与电路之间能量交换的规模，即瞬时功率中能量转换可逆部分 $UI\sin\varphi\sin(\omega t)$ 的幅值，从物理意义上讲，多参数串联电路的总无功功率 Q 的大小为电感无功功率 Q_L 与电容无功功率 Q_C 之和。

$$Q = Q_L + Q_C = I(U_L - U_C) = I\,U_X = UI\sin\varphi$$

U_X 在电压三角形中与斜边 U 的大小关系为 $U_X = U\sin\varphi$。

4）视在功率 S

在多参数串联电路中有功功率 P 是表示多参数电路中电阻消耗的功率，无功功率 Q 是表示电抗元件电感、电容与电路之间能量交换的规模，两者都无法表示电源提供给多参数交流电路的总功率，为了解决这一问题，在电工技术中，将多参数交流电路端口电压有效值 U 与端口电流有效值 I 的乘积定义为视在功率，来表示电源提供给多参数电路的总功率（或电路的总容量）。视在功率用大写字母 S 表示，其大小为：

$$S = UI = I^2 \left| Z \right| = \frac{U^2}{\left| Z \right|} \tag{2.5-15}$$

为了区分视在功率、有功功率和无功功率，视在功率的单位用伏安（V·A）或千伏安（kV·A）表示。

在电力工程中，视在功率常用于表示电路的总容量或电源设备输出的容量。一般电气设备铭牌上标注的额定电压与额定电流的乘积就是电气设备的额定视在功率或电源设备的额定视在输出功率。

5）功率三角形

根据多参数串联交流电路中有功功率 P、无功功率 Q 和视在功率 S 的表达式可知，P、Q、S 三者的大小关系满足勾股定律，可用一个如图 2.5-10 所示的直角三角形表示，该直角三角形称为多参数串联正弦交流电路的功率三角形。我们知道阻抗三角形的三条边长分别为电阻 R、电抗 X 和阻抗 Z 的模值，根据多参数串联交流电路中 P、Q、S 的物理意义，阻抗三角形的三条边长同时乘以端口电流模值的平方即 I^2，即可得到功率直角三角形，故功率三角形与阻抗三角形互为相似三角形。

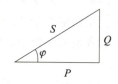

图 2.5-10　功率三角形

功率三角形的斜边表示视在功率的大小，两个直角边分别表示有功功率和无功功率的大小，功率角为 φ，它们之间的大小关系可表示为：

$$S = UI = \sqrt{P^2 + Q^2}$$
$$P = UI\cos\varphi, \qquad Q = UI\sin\varphi$$
$$\varphi = arctan\left(\frac{Q}{P}\right)$$

在多参数组合串联电路中，其电压三角形、阻抗三角形及功率三角形互为相似三角形，电压角、阻抗角及功率角相等，均为 φ，φ 的大小由电路元件参数确定的阻抗三角形的阻抗角决定。

【例 2.6】在 RLC 多参数串联电路中，$R = 8\ \Omega$，$X_L = 20\ \Omega$，$X_C = 14\ \Omega$，接在工频电源 $U = 220\ V$ 上。求：（1）多参数串联电路的端口电流 I；（2）端口电压 $\dot{U}$ 与端口电流 $\dot{I}$ 的相位差；（3）每个元件两端电压的有效值 U_R、U_L、U_C；（4）定性画出电路的电压相量图；（5）计算多参数串联电路的有功功率 P、无功功率 Q 和视在功率 S。

解：（1）由已知条件可知，多参数串联电路的阻抗为：

$$Z = R + j(X_L - X_C) = 8 + j6(\Omega)，\qquad \left| Z \right| = \sqrt{8^2 + 6^2} = 10(\Omega)$$

电路的端口电流为：

$$I = \frac{U}{\left| Z \right|} = \frac{220}{10} = 22\ (A)$$

（2）因为

$$Z = \frac{\dot{U}}{\dot{I}} = \frac{U}{I} \angle (\varphi_u - \varphi_i) = \left| Z \right| \angle \varphi_Z$$

端口 $\dot{U}$ 与 $\dot{I}$ 的相位差为：

$$\varphi_u - \varphi_i = \varphi_Z = \arctan\frac{6}{8} = 36.9°$$

（3）各元件两端的电压为：

$$U_R = IR = 22 \times 8 = 176(\text{V})$$
$$U_L = IX_L = 22 \times 20 = 440(\text{V})$$
$$U_C = IX_C = 22 \times 14 = 308(\text{V})$$

（4）电压相量图如图 2.5-11 所示。

（5）有功功率为：

$$P = I^2R = 22^2 \times 8 = 3\,872\ (\text{W})$$

无功功率为：

$$Q = I^2X = I^2(X_L - X_C) = 22^2 \times 6 = 2\,904\ (\text{var})$$

视在功率为：

$$S = UI = 220 \times 22 = 4\,840(\text{V}\cdot\text{A})$$

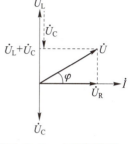

图 2.5-11　电压相量图

3. 多参数组合交流电路的功率因数 λ

电路是由电源、负载和中间环节三部分组成的。电力工程中强电电路的主要功能是实现能量的传输与转换，电源负责把其他形式的能转换成电能，通过输电线等中间环节把电能传输给负载，而负载的主要作用是消耗电能并把电能转换为其他形式的能，这一能量的转换过程是不可逆的，是通过有功功率 P 来实现的。为了衡量负载的这种转换能力，电力技术中将有功功率与视在功率之比定义为负载或电路的功率因数，用字母 λ 表示。

$$\lambda = \frac{P}{S} = \cos\varphi \tag{2.5-16}$$

功率因数是电力技术中的一个重要指标。由功率因数的表达式可知，在负载消耗的有用功率一定时，负载的功率因数越低，电源需要输出的视在功率就越大。

实际生产生活中的负载一般不是简单的纯阻性负载，往往比较复杂，但它的电路模型可以用多参数组合电路来表示，电路（负载）的参数决定了阻抗角 φ，一般情况下 $\varphi \neq 0$，要想使电路（负载）正常工作，既需要电源向电路（负载）提供有功功率，还需要提供无功功率，因此电路（负载）的功率因数不高，提高电路（负载）的功率因数具有重要现实的经济意义。

1）提高功率因数可以提高供电设备的利用率

【例 2.7】已知一台单相发电机输出电压为 220 V，额定视在功率为 220 kV·A，向供电电压为 220 V，功率因数为 0.6，总消耗功率为 44 kW 的工厂供电，问：（1）发电机能供给几个这样的工厂用电？（2）若把工厂用电的功率因数提高到 1，又能供给几个这样的工厂用电？

解：（1）由发电机的额定视在功率可得发电机额定电流：

$$I_N = \frac{S_N}{U_N} = \frac{220\,000}{220} = 1\,000\ (\text{A})$$

当工厂供电电路的功率因数为 0.6 时，一个工厂从电源取用的电流为：

$$I = \frac{P}{U\cos\varphi} = \frac{44\,000}{220 \times 0.6} \approx 333\ (\text{A})$$

这种情况下，发电机可供给用电的工厂数 N 为：

$$N = \frac{I_N}{I} = \frac{1\ 000}{333} \approx 3\ （个）$$

（2）若把功率因数提高至 1，此时一个工厂从电源取用的电流为：

$$I' = \frac{P}{U\cos\varphi'} = \frac{44\ 000}{220 \times 1} = 200(\text{A})$$

这时发电机能够供给用电的工厂数 N 为：

$$N = \frac{I_N}{I'} = \frac{1\ 000}{200} = 5\ （个）$$

此例说明，当供电用户的功率因数由 0.6 提高至 1 时，一台发电机能够供给用电的工厂数由 3 个增至 5 个。显然，通过提高负载或电路的功率因数可使供电设备的利用率得以提高。

2）提高功率因数可以降低输电线上的功率损耗

在实际电力工程中，输电线路上的电压等级和有功功率常常是一定的，由 $P = UI\cos\varphi$ 可知，负载的功率因数越低，输电线路上的电流就越大，负载的功率因数越高，输电线路上的电流就越小。当输电线路电阻不能忽略时，提高功率因数可降低输电线路上的功率损耗。

【例 2.8】某水电站以 22 万伏的高压向功率因数 $\lambda_1 = \cos\varphi = 0.6$ 的某大型生产企业输送 24 万千瓦的电力，若输电线路的电阻 $R_X = 10\ \Omega$，试计算当功率因数从 0.6 提高到 0.9 时，输电线上一年可省多少电能？

解：当功率因数 $\lambda_1 = \cos\varphi = 0.6$ 时，输电线上的电流 I_1 为：

$$I_1 = \frac{P}{U\lambda_1} = \frac{24 \times 10^7}{22 \times 10^4 \times 0.6} \approx 1\ 818\ (\text{A})$$

输电线上的损耗功率 P_1 为：

$$P_1 = I_1^2 R_X = 1\ 818^2 \times 10 = 33\ 051(\text{kW})$$

当功率因数提高到 $\lambda_2 = \cos\varphi = 0.9$ 时，输电线上的电流 I_2 为：

$$I_2 = \frac{P}{U\lambda_2} = \frac{24 \times 10^7}{22 \times 10^4 \times 0.9} \approx 1\ 212(\text{A})$$

输电线上的损耗功率 P_2 为：

$$P_2 = I_2^2 R_X = 1\ 212^2 \times 10 = 14\ 689(\text{kW})$$

一年有 $365 \times 24 = 8\ 760(\text{h})$，所以，一年输电线上节约的电能 W 为：

$$W = \Delta Pt = (P_1 - P_2) \times t = (33\ 051 - 14\ 689) \times 8\ 760 \approx 1.6\ （亿度）$$

由此可见，提高电路（负载）的功率因数，不仅可提高供电设备利用率，也可为单位节省开支，是一项有效的节能措施，研究提高电路（负载）功率因数的方法具有重要的经济意义。

4. 提高电路（负载）功率因数的方法

目前提高电路（负载）功率因数的方法主要有自然补偿法和人工补偿法两种方法。

1）自然补偿法

自然补偿法就是合理使用电气设备，改善运行方式，保证用电设备足够的负载率，避免设备空载或轻载运行。如最常用的交流电动机是一个典型的感性负载，在空载运行时功率因数只有 0.2~0.3，而满载工作时功率因数可达 0.8 左右。

2）人工补偿法

人工补偿法主要是在感性电路（负载）两端并联适当容量的电容器，用电容上的容性无功功率去补偿感性电路（负载）的无功功率，在有功功率不变的条件下，减小无功功率和视在功率，从而提高电路（负载）的功率因数。

需注意，人工补偿的原则为：在补偿电容并接前后，应保证负载支路的工作状态不变，即补偿前后加在原负载电路两端的电压及电流不能改变。

【例 2.9】一个工频 220 V、60 W 的日光灯实际补偿电路如图 2.5-12（a）所示。电容 C 是提高功率因数的补偿电容，实际日光灯电路由灯管、电感镇流器和启辉器组成，是一个感性电路，功率因数为 0.6，为了将日光灯电路的功率因数提高至 0.9，问需在其电路两端并一个多大容量的电容 C？

解：实际补偿电路的相量电路模型如图 2.5-12（b）所示，电阻 R 和电感 L 的串联支路是日光灯电路的等效电路，通过日光灯电路的电流为 $\dot{I}_1$，$-\mathrm{j}X_C$ 是补偿电容的复阻抗形式，补偿电容 C 支路的电流为 $\dot{I}_C$，电路的总电流为 $\dot{I}$。由于补偿电容支路和日光灯支路为并联关系，画电压、电流相量图时，应以并联的端电压相量 $\dot{U}$ 作为基准参考相量。日光灯功率因数补偿电路的电压、电流相量图如图 2.5-13 所示。

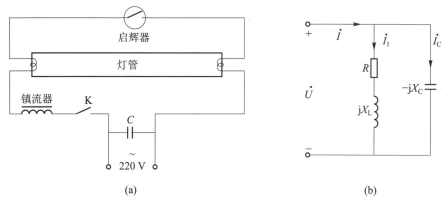

图 2.5-12　日光灯补偿电路及相量电路模型
（a）实际补偿电路；（b）相量电路模型

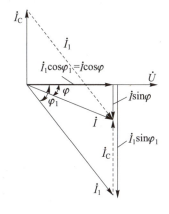

图 2.5-13　相量图

由于日光灯电路为感性电路，电流 $\dot{I}_1$ 滞后电压 $\dot{U}$ 的相角为 φ_1，补偿电容支路的 $\dot{I}_C$ 超前电压 $\dot{U}$ 的相角为 90°，总电流 $\dot{I}$ 为 $\dot{I}_1$ 和 $\dot{I}_C$ 的相量和。其中 $\dot{I}_C$ 的模值为：

$$I_C = \frac{U}{X_C} = U\omega C = I_1\sin\varphi_1 - I\sin\varphi$$

由于补偿电容并联前后，日光灯支路电压、电流不变，所以有功功率也保持不变，即：

$$P = U I_1 \cos \varphi_1 = UI\cos\varphi$$

由此可得

$$I_1 = \frac{P}{U\cos\varphi_1}, \qquad I = \frac{P}{U\cos\varphi}$$

将I_1和I的表达式代入I_C的表示式中，有：

$$I_C = U\omega C = \frac{P}{U}(\tan\varphi_1 - \tan\varphi)$$

$$C = \frac{P}{U^2\omega}(\tan\varphi_1 - \tan\varphi)$$

根据补偿电容并联前后的功率因数可知：

$$\varphi_1 = \arccos(0.6) \approx 53.1°$$

$$\varphi = \arccos(0.9) \approx 25.8°$$

所以：

$$C = \frac{P}{U^2\omega}(\tan\varphi_1 - \tan\varphi) = \frac{60}{220^2 \times 314}(\tan 53.1° - \tan 25.8°)$$

$$C \approx 3.95 \times 10^{-6} \times (1.332 - 0.483) = 3.35(\mu F)$$

通过本例分析可知，在感性电路两端并联一补偿电容，可保证在原感性电路工作状态及有功功率不变的条件下，用补偿电容的容性无功功率去抵消感性电路的无功功率，使电路总无功功率和视在功率减小，功率因数得以提高。

【例2.10】某照明电源的额定容量为 10 kV·A，额定电压为 220 V，频率为 50 Hz，现接有 40 W/220 V、功率因数为 0.5 的日光灯 120 只。（1）试问日光灯的总电流是否超过了电源的额定电流？（2）若并联若干补偿电容后将日光灯的功率因数提高到了 0.9，试问这时还能接入多少只 40 W/220 V 的白炽灯？

解：（1）日光灯的总电流为：

$$I = \frac{P}{U\cos\varphi} = \frac{40 \times 120}{220 \times 0.5} = 43.6(A)$$

电源的额定电流：$I_N = \dfrac{S}{U_N} = \dfrac{10\ 000}{220} = 45.45$（A）

（2）并联补偿电容后日光灯的总电流、电路的无功功率和有功功率为：

$$I' = \frac{P}{U\cos\varphi'} = \frac{40 \times 120}{220 \times 0.9} = 24.2\ (A)$$

$$\varphi' = \arccos 0.9 = 25.84°$$

$$Q' = UI'\sin\varphi' = 220 \times 24.2 \times \sin 25.84° = 2.32\ (kvar)$$

在额定视在功率下，电源可提供的有功功率为：

$$P' = \sqrt{S_N^2 - Q'^2} = \sqrt{10^2 - 2.32^2} = 9.72\ (kW)$$

可为白炽灯提供的有功功率为：

$$P'' = P' - 40 \times 120 \times 10^{-3} = 9.72 - 4.8 = 4.92\ (kW) = 4\ 920\ (W)$$

还可接入的白炽灯数量 N 为：

$$N = \frac{P''}{40} = \frac{4\ 920}{40} = 123\ (只)$$

【思考题】

1. 电压三角形、阻抗三角形和功率三角形有何相同点和不同点？它们为何是相似三角形？电压角、阻抗角及功率角是由哪些因数决定的？

2. 为提高电路的功率因数，常将合适的电容器并联在感性电路两端，此时增加了一条容性支路，试问并联电容后电路的总电流是增大还是减小？原感性支路上的电流和功率情况是否改变？

3. 在 *RLC* 串联交流电路中，总的视在功率为电路各部分视在功率之和的说法是否正确？为什么？

4. 在分析 *RLC* 并联交流电路中各元件之间电压、电流的大小和相位关系时，应选择并联交流电路的端口电压相量还是端口电流相量作为参考相量？

5. 在采用人工补偿方法提高电路的功率因数时，为什么只采用并联电容法，而不采用串联电容法？是否并联的电容容量越大，功率因数就越高？

2.6　三相正弦交流电路

　　三相正弦交流电路是三相正弦交流电源通过中间环节按一定方式连接起来的三相负载输送电能的电路，由三相正弦交流电源、中间环节和三相负载组成。

　　三相正弦交流电路是由三个单相正弦交流电路按一定连接关系组合而成的，我们前面学习的单一参数和多参数正弦交流电路都是单相正弦交流电路，只是组成三相正弦交流电路中的一个单相正弦交流电路。三相正弦交流电路在工农业生产及国防建设中应用最为广泛，在目前的电力系统中发电、输电与配电一般都采用三相正弦交流电路。三相正弦交流电路和单相正弦交流电路相比具有以下优点：

　　（1）同容量的三相交流发电机比单相交流发电机体积小。

　　（2）输送相同功率的电能，三相交流输电要比单相交流输电节省材料。

　　（3）三相交流电机比单相交流电机性能更好，可靠性及效益更高。

　　本节主要讨论三相正弦交流电路的特点与分析方法，学习三相正弦交流电路的连接方式，分析三相交流电路中电压、电流的关系及功率情况，最后介绍安全用电常识。

2.6.1　三相交流电源

　　三相交流电路和其他电路一样也是由电源、负载和中间环节组成的，只是三相交流电路的负载为三相负载，为三相交流电路提供电能（激励）的电源是三相交流电源，简称三相交流电。三相交流电是由三相交流发电机产生的。图 2.6-1 所示为三相交流发电机结构示意图，三相交流发电机由定子和转子构成。在定子沟槽内嵌放着三相对称绕组，每相绕组的匝数和结构完全相同，空间上彼此相隔 120°，其中 A、B、C 分别是三相绕组的首端，X、Y、Z 分别为三相绕组的尾端。转子由绕有励磁绕组的磁铁构成。

　　当原动机带动转子匀速转动时，每相绕组依次切割磁力线，在三绕组中将分别产生三个频率相同、幅值相等、相位

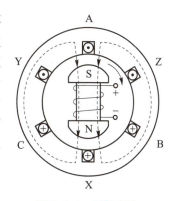

图 2.6-1　三相交流发电机结构示意图

互差120°的正弦感应电压u_A、u_B、u_C，三个感应电压的参考方向由绕组的首端指向尾端，这样的三个感应电压称为三相对称正弦交流电压，简称三相交流电。

若以感应电压u_A为参考正弦量，则三相交流电的瞬时表达式为：

$$u_A = U_m \sin (\omega t)$$
$$u_B = U_m \sin(\omega t - 120°)$$
$$u_C = U_m \sin(\omega t - 240°) = U_m \sin(\omega t + 120°)$$

相量表达式为：

$$\dot{U}_A = U \angle 0°, \quad \dot{U}_B = U \angle 120°, \quad \dot{U}_C = U \angle 120° \tag{2.6-1}$$

三相对称交流电时域波形图及相量图如图2.6-2所示。

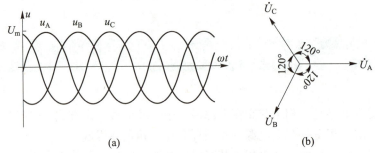

(a)   (b)

图2.6-2　三相对称交流电时域波形图及相量图
(a) 时域波形图；(b) 相量图

由三相对称交流电的瞬时表达式和相量图可推算出以下关系：三相对称交流电在任一时刻的瞬时值之和恒等于零，相量和也恒等于零，即：

$$u_A + u_B + u_C = 0, \quad \dot{U}_A + \dot{U}_B + \dot{U}_C = 0 \tag{2.6-2}$$

三相交流电中各相电压到达同一量值（如最大值或零值）的先后次序称为相序。实际应用中常把A→B→C的相序称为正序，而把C→B→A的相序称为负序，实际中各相电压的引出母线分别采用黄、绿、红三色对各相进行标示。

三相交流电源向外供电的连接方式有两种：星形连接和三角形连接。

2.6.2　三相交流电源的连接方式

1. 三相交流电源的星形连接（Y）

三相交流电源绕组的星形连接如图2.6-3所示。把三相绕组的尾端X、Y、Z连接在一起形成一个公共点N，此点称为中性点，从中性点引出的导线称为中线（俗称零线）；由三相绕组的首端A、B、C分别向外引出三根导线，称为相线（俗称火线）。电力系统中三相交流电源按照图2.6-3所示连接方式向外供电的体制称为三相四线制。

在三相四线制中，三相交流电源向负载提供的电压可

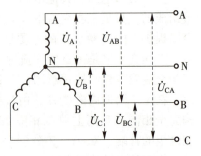

图2.6-3　三相交流电源
绕组的星形连接

取自两根相线（火线）之间的电压，也可取自相线（火线）和中线（零线）之间的电压。在实际应用中，通常把各相线（火线）与中线（零线）之间的电压称为相电压；把相线（火线）与相线（火线）之间的电压称为线电压。各相电压的有效值相量用 $\dot{U}_A$、$\dot{U}_B$、$\dot{U}_C$ 表示，其有效值用 U_P 表示，参考方向由相线（火线）指向中线（零线）；各线电压的有效值相量用 $\dot{U}_{AB}$、$\dot{U}_{BC}$、$\dot{U}_{CA}$ 表示，其有效值用 U_L 表示，线电压的参考方向用其下标字母的顺序来表示，如 $\dot{U}_{AB}$ 表示该线电压的参考方向由 A 相指向 B 相。

根据基尔霍夫定律的相量形式，线电压有效值相量与相电压有效值相量之间的关系为：

$$\left.\begin{array}{l} \dot{U}_{AB} = \dot{U}_A - \dot{U}_B = \dot{U}_A + (-\dot{U}_B) \\ \dot{U}_{BC} = \dot{U}_B - \dot{U}_C = \dot{U}_B + (-\dot{U}_C) \\ \dot{U}_{CA} = \dot{U}_C - \dot{U}_A = \dot{U}_C + (-\dot{U}_A) \end{array}\right\} \qquad (2.6\text{-}3)$$

在图 2.6-2（b）相电压相量图的基础上，根据式（2.6-3），运用平行四边形法则，可得到线电压相量与相电压相量大小、相位之间关系的相量图，如图 2.6-4 所示。

根据相量图上的几何关系，可得到线电压相量与相电压相量之间的关系式：

$$\left.\begin{array}{l} \dot{U}_{AB} = \sqrt{3}\,\dot{U}_A \angle 30° \\ \dot{U}_{BC} = \sqrt{3}\,\dot{U}_B \angle 30° \\ \dot{U}_{CA} = \sqrt{3}\,\dot{U}_C \angle 30° \end{array}\right\} \qquad (2.6\text{-}4)$$

图 2.6-4　线电压、相电压相量图

式（2.6-4）说明，在三相交流电源星形连接的三相四线制中，线电压的大小是相电压大小的 $\sqrt{3}$ 倍，在相位上超前与其对应的相电压 30°。为了方便记忆，在三相交流电源的星形连接中，线电压大小用 U_L 表示，相电压的大小用 U_P 表示，它们之间的大小关系可记为：

$$U_L = \sqrt{3}\,U_P \qquad (2.6\text{-}5)$$

由以上分析可知，三相四线制供电系统可以给负载提供两种电压，一种是对称的相电压，一种是对称的线电压。在我国低压供配电系统中，经常采用三相四线制供电，线电压为 380 V，相电压为 220 V，大小关系为 380 V＝$\sqrt{3}$×220 V。在工农业生产场所的动力用电常采用 380 V 电压，即火线与火线之间的线电压；在家庭、写字楼场所的生活办公用电常采用 220 V 电压，其实就是火线和零线之间的相电压，是三相电源中一相绕组上的电压，即我们常说的单相交流电源。

2. 三相交流电源的三角形连接（△）

三相交流电源绕组的三角形连接方式如图 2.6-5 所示。把三相绕组的首端和尾端依次相连，构成一个闭合回路，再由三个连接点分别向外引出三根相线的连接方式称为三相交流电源的三角形连接。由于这种连接方式没有中线，在电力系统的供电体制中称为三相三线制。在三相交流电源的三角形连接方式中，相线与相线之间的线电压就是电源每相绕组上的相电压，即：

$$U_L = U_P \tag{2.6-6}$$

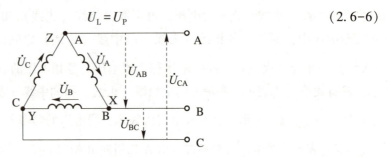

图 2.6-5　三相交流电源绕组的三角形连接方式

因此，三相交流电源三角形连接的三相三线制供电方式，只能向负载提供一种电压。由于此缺点，三相交流电源三角形连接的三相三线制电路，通常只在高压输电工程中采用，而在低压输配电线路中主要采用三相交流电源星形连接的三相四线制电路。需要注意，三相交流电源采用三角形连接方式时，各相绕组的首尾不能接反，否则将在电源内引起较大的环流导致电源损坏。

在实际生产应用中，三相发电机和三相配电变压器的副边都可以看作三相交流电源。三相发电机绕组一般采用星形连接方式，而三相配电变压器的副边根据负载的实际情况，大多采用星形连接方式，只有极少数情况采用三角形连接方式。

【例 2.11】三相对称交流电源作星形连接，若 $u_{AB} = 380\sqrt{2}\sin(314t + 90°)$（V），写出相电压 u_A、u_B、u_C 及线电压 u_{BC}、u_{CA} 的解析式。

解：根据三相电源星形连接时，线电压相量与相电压相量的关系为：

$$\dot{U}_{AB} = \sqrt{3}\,\dot{U}_A \angle 30°, \qquad \dot{U}_{BC} = \sqrt{3}\,\dot{U}_B \angle 30°, \qquad \dot{U}_{CA} = \sqrt{3}\,\dot{U}_C \angle 30°$$

可以得出：

$$u_A = \left(\frac{380\sqrt{2}}{\sqrt{3}}\right)\sin(314t + 90° - 30°) = 220\sqrt{2}\sin(314t + 60°) \quad (\text{V})$$

根据相电压的对称关系可得：

$$u_B = 220\sqrt{2}\sin(314t + 60° - 120°) = 220\sqrt{2}\sin(314t - 60°) \quad (\text{V})$$

$$u_C = 220\sqrt{2}\sin(314t + 60° + 120°) = 220\sqrt{2}\sin(314t + 180°) \quad (\text{V})$$

根据线电压的对称关系可得：

$$u_{BC} = 380\sqrt{2}\sin(314t + 90° - 120°) = 380\sqrt{2}\sin(314t - 30°) \quad (\text{V})$$

$$u_{CA} = 380\sqrt{2}\sin(314t + 90° + 120°) = 380\sqrt{2}\sin(314t - 150°) \quad (\text{V})$$

2.6.3　三相交流负载

三相交流电路可以看作三相对称交流电源的每相电源电压分别作为独立电源构成的单相交流电路的组合，在三相交流电路中与三相交流电源每相电源电压对应的各相负载即三相交流负载。如果接入三相交流电路的各相负载的阻抗完全相同，这样的负载称为三相对称负载，否则称为三相不对称负载。无论三相负载对称与否，三相负载在三相交流电路中的连接方式和三相交流电源一样也有星形（Y）和三角形（△）两种连接方式。三相负载具体采用哪种连接方式，需要根据负载的额定电压、三相交流电源的连接方式及输出的电压来选择。

1. 三相交流负载的星形连接（Y）方式

三相负载星形连接的相量模型如图 2.6-6 所示，将三相负载的一端接在一起，形成一个公共端 N′，通过中线（零线）与星形连接的三相交流电源的中性点 N 相连，三相负载的另一端分别与三相交流电源的三根相线（火线）相连，三相负载的这种连接方式被称为星形连接。由图 2.6-6 可知，三相负载作星形连接时，每相负载两端的电压等于三相四线制交流电源的火线与零线之间的相电压。

在三相交流电路的负载端，通常把流过相线（火线）的电流称为线电流，有效值记作 I_L；把流过每相负载的电流称为相电流，有效值记作 I_P，三相负载 Y 连接时用 I_{PY} 表示，△连接时用 $I_{P\triangle}$ 表示。把相线（火线）与相线（火线）之间的电压称为线电压，有效值记作 U_L；把每相负载两端的电压称为三相负载的相电压，有效值记作 U_P，为和电源的相电压区别，负载 Y 连接时用 U_{PY} 表示，△连接时用 $U_{P\triangle}$ 表示。

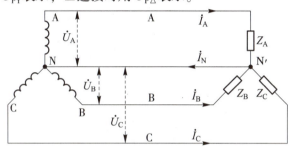

图 2.6-6　三相负载星形连接的相量模型

在三相负载星形连接的交流电路中，三相交流电源的相电压 $\dot U_A$、$\dot U_B$、$\dot U_C$ 分别与对应的 A 相负载 Z_A、B 相负载 Z_B、C 相负载 Z_C 通过各自的相线和中线构成了三个独立的单相交流电路，中线是三个单相交流电路的公共线，三相负载 Z_A、Z_B、Z_C 均为复阻抗负载。

在电路中流过相线的各线电流有效值相量用 $\dot I_A$、$\dot I_B$、$\dot I_C$ 表示，参考方向由电源流向负载；流过各相负载的相电流有效值相量用 $\dot I_{ZA}$、$\dot I_{ZB}$、$\dot I_{ZC}$ 表示；流过中线电流的有效值相量用 $\dot I_N$ 表示，参考方向由负载流回电源；加在三相负载每相负载两端的相电压为三相交流电源相线（火线）与中线（零线）之间的相电压。显然，三相负载星形连接时，负载的相电流等于线电流，线电压是负载相电压的 $\sqrt{3}$ 倍，即：

$$I_L = I_P, \qquad U_L = \sqrt{3}\, U_P \qquad (2.6\text{-}7)$$

线电流与相电流的相量表示式为：

$$\dot I_A = \dot I_{ZA} = \frac{\dot U_A}{Z_A}, \qquad \dot I_B = \dot I_{ZB} = \frac{\dot U_B}{Z_B}, \qquad \dot I_C = \dot I_{ZC} = \frac{\dot U_C}{Z_C} \qquad (2.6\text{-}8)$$

根据基尔霍夫电流定律的相量形式有：

$$\dot I_N = \dot I_A + \dot I_B + \dot I_C = \frac{\dot U_A}{Z_A} + \frac{\dot U_B}{Z_B} + \frac{\dot U_C}{Z_C} \qquad (2.6\text{-}9)$$

根据三相复负载 Z_A、Z_B、Z_C 是否对称，中线电流相量有以下两种情况：

1）Z_A、Z_B、Z_C 为对称负载

当 Z_A、Z_B、Z_C 为对称负载时，$Z_A = Z_B = Z_C = Z = |Z| \angle \varphi$，根据三相对称交流电的特点和式（2.6-8）可知，流过负载的相电流相量 $\dot I_{ZA}$、$\dot I_{ZB}$、$\dot I_{ZC}$ 和流过相线的线电流相量 $\dot I_A$、$\dot I_B$、

$\dot{I}_C$ 也互为对称关系，即大小相等，相位上互差 $120°$，$\dot{I}_A + \dot{I}_B + \dot{I}_C = 0$。根据式（2.6-9）可得，此时流过中线的电流为零，即：

$$\dot{I}_N = \dot{I}_A + \dot{I}_B + \dot{I}_C = 0 \tag{2.6-10}$$

式（2.6-10）说明，三相负载星形连接时，若三相负载对称，中线电流相量为零，无电流流过中线，此时中线不起作用，有无对电路没有影响，可省略不用。实际电力工程中三相电气设备（如三相异步电动机、三相电炉等）都属于三相对称负载，星形连接时都省去中线不用。

2）Z_A、Z_B、Z_C 为不对称负载

当三相负载 Z_A、Z_B、Z_C 不对称时，$Z_A \neq Z_B \neq Z_C$，由式（2.6-8）可知，此时流过负载的相电流 $\dot{I}_{ZA}$、$\dot{I}_{ZB}$、$\dot{I}_{ZC}$ 及流过相线的线电流 $\dot{I}_A$、$\dot{I}_B$、$\dot{I}_C$ 不互为对称关系，$\dot{I}_A + \dot{I}_B + \dot{I}_C \neq 0$。根据式（2.6-9）可知，此时流过中线的电流：

$$\dot{I}_N = \dot{I}_A + \dot{I}_B + \dot{I}_C \neq 0 \tag{2.6-11}$$

式（2.6-11）说明，三相负载星形连接时，若三相负载不对称，中线电流相量不等于零，中线上有电流流过，此时中线一定不能省去或断开，如果中线断开会造成负载设备不能正常工作，严重时会造成设备损坏。

【例2.12】图2.6-7所示三相四线制照明电路，电源线电压为380 V，A、B、C 三相负载各装额定电压 U_N 和额定功率 P_N 为"220 V、40 W"白炽灯50盏。（1）求三相负载白炽灯全部打开点亮时各相负载的相电流 I_P 及中线电流 I_N 的大小；（2）假设 A 相白炽灯全部打开点亮，B 相白炽灯全部断开熄灭，C 相白炽灯仅25盏打开点亮，试计算在有中线和中线断开两种情况下，各相负载实际承受的电压分别为多少。

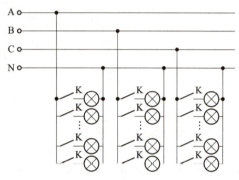

图2.6-7　例2.12图

解：（1）由电路可知，当白炽灯全部打开时，为三相对称负载的星形连接，每相负载上的相电压等于三相电源的相电压，即：

$$U_P = \frac{U_L}{\sqrt{3}} = \frac{380}{1.732} \approx 220(\text{V})$$

各相负载的总电阻为：

$$R_A = R_B = R_C = R$$

$$R = \frac{U_N^2}{P \times 50} = \frac{220^2}{40 \times 50} = 24.2 \ (\Omega)$$

由于三相负载对称，流过各相负载的相电流相等，大小为：

$$I_P = \frac{U_P}{R} = \frac{220}{24.2} \approx 9.1(\text{A})$$

由于三相负载对称，相电流等于线电流且均为三相对称电流，此时中线电流相量为：

$$\dot{I}_N = \dot{I}_A + \dot{I}_B + \dot{I}_C = 0$$

所以，流过中线的电流为零。

（2）当 A 相白炽灯全部打开，B 相白炽灯全部断开，C 相白炽灯仅25盏打开时，三相负载为不对称负载，可求出：

$$R_A = \frac{U_N^2}{P \times 50} = 24.2(\Omega)，\qquad R_B = \infty，\qquad R_C = \frac{U_N^2}{P \times 25} = 48.4(\Omega)$$

①当有中线时，无论负载是否对称，此时加到每相负载两端的相电压仍为电源相线和中线之间的相电压 220 V 不变。

②当无中线时，由于 B 相负载全部断开，此时，A 相负载 R_A 和 C 相负载 R_C 串联，接在 A 相火线和 C 相火线之间，所以有：

$$I_A = I_C = \frac{U_{AC}}{R_A + R_C} = \frac{380}{24.2 + 48.4} \approx 5.23(A)$$

因此，A 相负载和 C 相负载两端的电压大小为：

$$U_A = I_A R_A = 5.23 \times 24.2 \approx 127(V)$$
$$U_C = I_C R_C = 5.23 \times 48.4 \approx 253(V)$$

本例说明，三相不对称负载星形连接时，中线不允许断开，如若中线断开，星形连接的三相不对称负载的端电压就会严重失衡，或低于负载额定电压不能正常工作，或高于负载额定电压影响负载的寿命，甚至有烧坏的危险。此时，中线存在的意义在于维持不对称三相负载上电压的平衡相等，且一相负载出现故障时，其他两相负载仍能正常工作。

在实际电力工程中，三相交流电源连接的大部分是不对称三相负载，因此要确保中线不能断开，所以中线通常采用机械强度高的钢芯导线，且严禁在中线上安装开关和熔断器。

2. 三相交流负载的三角形连接（△）方式

三相负载三角形连接的相量模型如图 2.6-8 所示。将三相复阻抗负载 Z_{AB}、Z_{BC}、Z_{CA} 的首尾依次相连，构成一个闭合回路，然后将三个连接端点与三相电源的三根相线（火线）相连，这种连接方式称为三相负载的三角形连接。

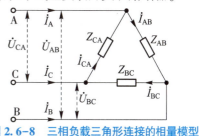

图 2.6-8　三相负载三角形连接的相量模型

三相负载三角形连接时，流过每相负载相电流的有效值相量用 $\dot{I}_{AB}$、$\dot{I}_{BC}$、$\dot{I}_{CA}$ 表示，参考方向为下标字母的顺序；流过相线的线电流有效值相量用 $\dot{I}_A$、$\dot{I}_B$、$\dot{I}_C$ 表示，参考方向由电源流向负载；由于每相负载接在三相电源的两相线之间，所以，每相负载两端的相电压等于电源相应的线电压，且不管负载对称与否，负载两端的相电压总是对称的，即 $U_{P\triangle} = U_L$。

根据基尔霍夫电流定律的相量形式，三相负载三角形连接时，其线电流相量与对应相电流相量之间的关系为：

$$\left.\begin{aligned}
\dot{I}_A &= \dot{I}_{AB} - \dot{I}_{CA} = \dot{I}_{AB} + (-\dot{I}_{CA}) \\
\dot{I}_B &= \dot{I}_{BC} - \dot{I}_{AB} = \dot{I}_{BC} + (-\dot{I}_{AB}) \\
\dot{I}_C &= \dot{I}_{CA} - \dot{I}_{BC} = \dot{I}_{CA} + (-\dot{I}_{BC})
\end{aligned}\right\} \tag{2.6-12}$$

流过每相负载的相电流相量表达式为：

$$\dot{I}_{AB} = \frac{\dot{U}_{AB}}{Z_{AB}}，\qquad \dot{I}_{BC} = \frac{\dot{U}_{BC}}{Z_{BC}}，\qquad \dot{I}_{CA} = \frac{\dot{U}_{CA}}{Z_{CA}} \tag{2.6-13}$$

1）三相负载对称时

有 $Z_{AB} = Z_{BC} = Z_{CA} = Z = |Z| \angle \varphi$，根据三相对称交流电的特点和式（2.6-14）可知，相电流相量 $\dot{I}_{AB}$、$\dot{I}_{BC}$、$\dot{I}_{CA}$ 必然互为对称关系，由相电流相量图和式（2.6-13）的关系可得

到的线电流相量 $\dot{I}_A$、$\dot{I}_B$、$\dot{I}_C$ 的相量图如图 2.6-9 所示，它们的大小和相位关系互为对称关系。

由图 2.6-9 相量图的几何关系可知，线电流相量与相电流相量之间的关系为：

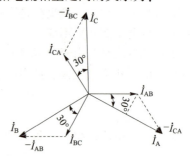

$$\left.\begin{array}{l} \dot{I}_A = \sqrt{3} \angle (-30°) \dot{I}_{AB} \\ \dot{I}_B = \sqrt{3} \angle (-30°) \dot{I}_{BC} \\ \dot{I}_C = \sqrt{3} \angle (-30°) \dot{I}_{CA} \end{array}\right\} \qquad (2.6-14)$$

其线电流与负载相电流大小的关系为：

$$I_L = \sqrt{3} I_{P\triangle} \qquad (2.6-15)$$

图 2.6-9　三相负载三角形连接电流相量图

由以上分析可知，三相对称负载三角形连接时，其线电压与负载相电压及线电流与负载相电流之间的大小关系为：

$$U_P = U_L, \qquad I_L = \sqrt{3} I_P \qquad (2.6-16)$$

根据图 2.6-9 所示相量图可知，相电流相量和线电流相量同时满足：

$$\dot{I}_{AB} + \dot{I}_{BC} + \dot{I}_{CA} = 0, \qquad \dot{I}_A + \dot{I}_B + \dot{I}_C = 0 \qquad (2.6-17)$$

所以，三相对称负载不管是星形连接还是三角形连接，其对应的电压、电流都互为对称关系，所以计算分析这种电路时，只需计算出其中一相即可，其余两相可根据对称关系得出。

2）三相负载不对称时

因 $Z_{AB} \neq Z_{BC} \neq Z_{CA}$，此时虽然 $\dot{U}_{AB}$、$\dot{U}_{BC}$、$\dot{U}_{CA}$ 依然互为对称，满足 $U_{P\triangle} = U_L$，但相电流相量 $\dot{I}_{AB}$、$\dot{I}_{BC}$、$\dot{I}_{CA}$ 不再互为对称关系，各相电流应根据实际情况由式（2.6-14）分别计算求得；此时线电流 $\dot{I}_A$、$\dot{I}_B$、$\dot{I}_C$ 也不再互为对称关系，各线电流应根据相电流 $\dot{I}_{AB}$、$\dot{I}_{BC}$、$\dot{I}_{CA}$ 的实际情况，通过式（2.6-13）所示关系，根据相电流相量图分别求得。

3. 三相交流负载的正确连接

在工农业生产和工作生活中，三相负载具体应该连接成星形方式还是三角形方式，判断连接是否正确的标准是：负载连接方式能否保证每相负载安全可靠正常工作。

要想使三相交流负载安全可靠正常工作，就必须保证加在每相负载上的实际工作电压符合负载要求的额定电压。这样，三相负载具体采用哪种连接方式，需要综合负载的额定电压、负载对称与否、电源的连接方式及电源实际输出电压来判断选择。

在我国三相四线制低压供配电系统中，三相交流电源向外输出两种电压，即 380 V 的线电压和 220 V 的相电压。如果三相负载为不对称负载，且额定电压为 220 V，这时三相负载应采用星形连接，且中线不能断开（或省略），如图 2.6-10（a）所示；如果三相负载为对称负载，且额定电压为 220 V，这时三相负载既可采用带中线的星形连接，也可采用省去中线的星形连接，如图 2.6-10（b）所示；如果三相负载的额定电压为 380 V，这时不管三相负载是否对称，都应采用三角形连接方式，如图 2.6-10（c）所示。

在实际无中线的三相三线制低压供配电系统中，三相交流电源只能向外输出一种电压，即相线（火线）与相线（火线）之间的线电压。如果三相负载的额定电压等于三相交流电源输出的线电压，这时三相负载不管对称与否，只能采用三角形连接方式，如图 2.6-10（c）所示；如果三相负载为对称负载，且每相负载的额定电压为三相电源线电压的 $1/\sqrt{3}$，这时三相对称负载应采用如图 2.6-10（b）所示星形连接方式（注意：三相负载不对称时不能采取这样的星形连接），只有这样才能保证加到每相负载上的实际电压等于其额定电压，使每相负载安全可靠正常工作。

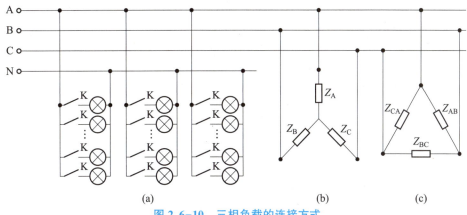

图 2.6-10　三相负载的连接方式

（a）方式一；（b）方式二；（c）方式三

在日常工作生活中，我们的办公设备和家用电气设备，如计算机、传真机、电视、空调、微波炉等都属于额定电压为 220 V 的单相用电设备。在三相四线制供电系统中，常把它们接在各相线（火线）与中线（零线）之间，使负载获得与额定电压相符的 220 V 实际工作电压。在连接这些单相电气设备时，应尽量考虑各相负载的对称，使之相对均匀地分布在三相四线制电源的各相负载上，这时的三相负载通常为不对称三相负载，必须有中线，且中线不能断开。而工农业生产中使用的三相异步电动机、三相电炉、三相空调等都是三相对称负载，在实际应用中，根据其额定电压既可采用省去中线的星形连接方式，也可采用三角形连接方式。

2.6.4　三相交流电路的功率分析

在学习多参数组成的单相交流电路时，我们知道单相交流电路的瞬时功率 $p = ui$，有功功率 $P = UI\cos\varphi$，无功功率 $Q = UI\sin\varphi$，视在功率 $S = UI = \sqrt{P^2 + Q^2}$。对于三相交流电路的有功功率、无功功率和视在功率又该如何求解分析呢？

从电路组成上看，三相交流电路可以看作三个单相交流电路的组合，这样三相交流电路的总有功功率为电路各相负载的有功功率之和，总无功功率为电路各相负载的无功功率之和，视在功率可根据功率三角形由三相交流电路的总有功功率和总无功功率求得。

对于一般三相不对称负载，三相交流电路的瞬时功率、有功功率、无功功率和视在功率可通过以下式子计算求得：

$$\left.\begin{array}{l} p = P_A + P_B + P_C \\ P = P_A + P_B + P_C \\ Q = Q_A + Q_B + Q_C \\ S = \sqrt{P^2 + Q^2} \end{array}\right\} \qquad (2.6\text{-}18)$$

式中 P_A、P_B、P_C 为各相负载的瞬时功率，P_A、P_B、P_C 分别为各相负载上的有功功率，Q_A、Q_B、Q_C 为各相负载上的无功功率，计算公式为：

$$\left.\begin{array}{l} p_A = u_{AP}i_{AP}, \qquad p_B = u_{BP}i_{BP}, \qquad p_C = u_{CP}i_{CP} \\ P_A = U_{AP}I_{AP}\cos\varphi_A, \qquad P_B = U_{BP}I_{BP}\cos\varphi_B, \qquad P_C = U_{CP}I_{CP}\cos\varphi_C \\ Q_A = U_{AP}I_{AP}\sin\varphi_A, \qquad Q_B = U_{BP}I_{BP}\sin\varphi_B, \qquad Q_C = U_{CP}I_{CP}\sin\varphi_C \end{array}\right\} \qquad (2.6\text{-}19)$$

U_{AP}、U_{BP}、U_{CP} 和 I_{AP}、I_{BP}、I_{CP} 分别为三相交流电路中各相负载相电压和相电流的有效值，

φ_A、φ_B、φ_C是各相负载相电压、相电流之间的相位差，是由各相负载性质决定的阻抗角。

由三相对称负载构成的三相交流电路称为三相对称交流电路，在三相对称交流电路中，不管三相对称负载是星形连接还是三角形连接，三相负载的相电压及相电流互为对称关系，总有：

$$U_{AP}=U_{BP}=U_{CP}=U_P,\quad I_{AP}=I_{BP}=I_{CP}=I_P,\quad \varphi_A=\varphi_B=\varphi_C=\varphi \tag{2.6-20}$$

根据式（2.6-18）、式（2.6-19）、式（2.6-20）可以计算出，三相对称电路的瞬时功率p为：

$$p=p_A+p_B+p_C=3\,U_PI_P\cos\varphi \tag{2.6-21}$$

式（2.6-21）表明，三相对称交流电路的瞬时功率为一大于零的常量，这是对称三相电路的优点之一，体现在三相异步电机的工作中，由于三相瞬时功率为一常数，因而作用在转轴上的力矩也是一常量，这就有效减小了三相电机的振动与噪声，故三相异步电机的运行比单相异步电机更加平稳。

由于三相对称电路的瞬时功率为一常量，且各相负载的有功功率及无功功率相等，根据有功功率、无功功率及视在功率的定义，可得三相对称电路的有功功率、无功功率和视在功率分别为：

$$\left.\begin{aligned}P&=P_A+P_B+P_C=3\,U_PI_P\cos\varphi\\Q&=Q_A+Q_B+Q_C=3\,U_PI_P\sin\varphi\\S&=\sqrt{P^2+Q^2}=3\,U_PI_P\end{aligned}\right\} \tag{2.6-22}$$

在三相交流电路中，测量线电压、线电流比较方便，所以有功功率、无功功率和视在功率常用线电压、线电流表示。三相对称负载星形连接时，有$I_L=I_P$，$U_L=\sqrt{3}\,U_P$；三相对称负载三角形连接时，有$I_L=\sqrt{3}\,I_P$，$U_L=U_P$。所以，三相对称负载无论是星形连接还是三角形连接，三相对称交流电路的有功功率、无功功率和视在功率的线电压、线电流表示式为：

$$\left.\begin{aligned}P&=3\,U_PI_P\cos\varphi=\sqrt{3}\,U_LI_L\cos\varphi\\Q&=3\,U_PI_P\sin\varphi=\sqrt{3}\,U_LI_L\sin\varphi\\S&=\sqrt{P^2+Q^2}=3\,U_PI_P=\sqrt{3}\,U_LI_L\end{aligned}\right\} \tag{2.6-23}$$

三相交流电路有功功率的测量方法主要有二瓦计法和三瓦计法，三瓦计测量三相电路功率大家还比较好理解，但二瓦计是如何测量三相交流电路有功功率的呢？下面我们通过一道例题来了解二瓦计测量三相电路功率的原理。

【例2.13】二瓦计测量三相电路功率如图2.6-11所示。试分析三相负载不同连接时，二瓦计测量三相电路功率的原理。

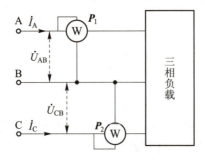

图2.6-11 二瓦计测量三相电路功率

解：由于该测量电路为三相三线制，所以当三相负载星形连接时，电源和负载之间无中线连接。设三相负载星形连接的公共点为N，各相负载的相电压分别为u_{AN}、u_{BN}、u_{CN}，则三相负载的瞬时功率为：

$$p = i_A u_{AN} + i_B u_{BN} + i_C u_{CN}$$

根据基尔霍夫定律，由 $i_A + i_B + i_C = 0$ 可得：

$$i_B = -i_A - i_C$$

代入上式可得：

$$p = i_A u_{AN} + i_B u_{BN} + i_C u_{CN} = i_A(u_{AN} - u_{BN}) + i_C(u_{CN} - u_{BN})$$

三相负载星形接法时，

$$u_{AB} = u_{AN} - u_{BN}, \qquad u_{CB} = u_{CN} - u_{BN}$$

这样上式就可写成如下形式：

$$p = i_A u_{AN} + i_B u_{BN} + i_C u_{CN} = i_A u_{AB} + i_C u_{CB}$$

此式表明，在无中线的三相四线制供电系统中，当三相负载星形连接时，三相负载的总功率可用二瓦计法测量。

三相负载三角形连接如图 2.6-8 所示，各相负载的相电压、相电流分别为 u_{AB}、u_{BC}、u_{CA} 和 i_{AB}、i_{BC}、i_{CA}，根据基尔霍夫定律有：

$$u_{AB} + u_{BC} + u_{CA} = 0$$

$$i_A + i_{CA} = i_{AB}, \qquad i_B + i_{AB} = i_{BC}, \qquad i_C + i_{BC} = i_{CA}$$

这样三角形连接三相负载上的瞬时功率为：

$$p = i_{AB} u_{AB} + i_{BC} u_{BC} + i_{CA} u_{CA} = i_{AB} u_{AB} + i_{BC} u_{BC} + i_{CA}(-u_{AB} - u_{BC})$$

$$p = u_{AB}(i_{AB} - i_{CA}) + u_{BC}(i_{BC} - i_{CA}) = u_{AB} i_A + u_{CB}(i_{CA} - i_{BC})$$

故有：

$$p = i_{AB} u_{AB} + i_{BC} u_{BC} + i_{CA} u_{CA} = u_{AB} i_A + u_{CB} i_C$$

此式表明，在无中线的三相四线制供电系统中，当三相负载三角形连接时，三相负载的总功率仍能用二瓦计法测量。所以，在无中线的三相四线制供电系统中，不管三相负载是星形连接还是三角形连接，也不管对称与否，其总功率都可用二瓦计法测量，即三相交流电路的总功率为：

$$P = P_1 + P_2 = P_A + P_B + P_C$$

需要注意的是，二瓦计法不适用三相负载不对称且有中线的三相四线制电路。三相负载不对称时，三相四线制电路的中线电流不为零，此时电路总功率的测量只能采取三瓦计法，用三个单相功率表分别测量三相负载的功率，然后相加得到三相四线制不对称交流电路的总功率。

【思考题】

1. 发电机的三相绕组星形连接时，如果误将其中一相绕组首尾端接反，是否还能产生对称的三相电压？

2. 如果你手边有一支验电笔或一块万用表，如何用这些测试仪表确定三相四线制低压配电线路中的火线和零线？

3. 如果一个按星形方式连接的三相对称电源，实际输出电压测量的结果是 $U_{AB} = 380$ V，$U_{BC} = U_{CA} = 220$ V，$U_A = U_B = U_C = 220$ V，问电路出了什么问题？

4. 如果三相三线制供电线路的电压是 380 V，则其线电压和相电压又是多少？

5. 在三相四线制低压供电系统中，为什么中线上不能安装开关和熔断器？

6. 在三相四线制供电系统中，如果一条相线因故断掉，还能否构成两相供电？如果是三相三线制呢？

7. 在 220 V 照明电路中，白炽灯开关为什么一定要接在相线（火线）上？

8. 某三相负载各相阻抗的模值均为 10 Ω，该三相负载是否是三相对称负载？若每相负

载均为 R、L 串联构成，是否能构成三相对称负载？

9. 三相不对称负载的总视在功率是否可将各相负载的视在功率相加求得？为什么？

10. 二瓦计法能否测量三相四线制电路的总功率 P？

2.7 安全用电

在当今现代信息化社会中，电能就像流淌在身体内的血液，已是现代生活、工作、生产中不可缺少的能源，电能在给我们的生活、工作带来极大便利的同时，也使工农业生产效率大大提高，但如果使用和操作不当，就会给人民群众的生命财产安全造成巨大伤害。从事电类工作的人员，必须懂得安全用电常识，树立安全重于泰山的观念，避免触电事故发生，以保护广大人民群众的生命财产安全。

通过本节学习，人们能够了解有关人体触电的知识，懂得引起触电的原因及常用预防触电的措施，并能够进行人体触电后的及时抢救。

2.7.1 触电的种类和方式

人们在生活和工作中接触的低压供配电系统及电气设备，其额定电压通常为 220 V 或 380 V，远远高于安全电压 36 V 的标准，当人体不慎接触正常带电体或接触因绝缘损坏造成漏电的电气设备外壳时，就会产生触电事故，使人体受到各种不同的伤害。根据伤害性质不同，触电可分为电伤和电击两种。

1. 电伤

电伤是指在电流的热效应、化学效应、机械效应及电流本身作用下，对人体外部造成损伤的触电。电伤主要有以下几种现象：

（1）电灼伤：由电流的热效应引起，主要指电弧灼伤，造成皮肤红肿、烧焦或皮下组织损伤。

（2）电烙伤：由电流的热效应引起，是指皮肤被电器发热部分烫伤或人体与带电体紧密接触对皮肤造成的损伤。

（3）金属溅伤：由电流的热效应导致熔丝或导线熔断时，飞溅的金属粉末对人体皮肤造成的伤害，如熔化的金属微粒渗入皮肤表层，使皮肤变色或变硬等。

2. 电击

电击是人体触及带电体而承受高压时，将有电流流过人体，使人体内部器官及神经系统受到损伤，造成呼吸停止甚至死亡的触电。通常所说的触电，多是指电击，触电死亡事故中绝大多数是电击造成的。造成电击的触电方式主要有以下几种：

（1）电源中性点接地的单相触电。如图 2.7-1（a）所示，人体触及电源的一根相线（火线），这时人体的手和脚之间承受着相电压，电流经人体、大地、接地体与一相电源形成回路，这种触电危险性较大，但如果人体与地面的绝缘较好，危险性可以大大减小。

（2）电源中性点不接地的单相触电。如图 2.7-1（b）所示，人体触及一根相线（火线），此时电流经人体、大地、另外两条相线对地的电阻 Z_A、Z_B 与三相电源形成回路，若人体没有触及的两根相线（火线）对地绝缘不好，或甚至有一相接地时，就会有电流流过人体，触电的危险性将大大增加。所以在进行带电作业时，应尽量避免人体触及电源的相线（火线）。

（3）两相触电。如图 2.7-1（c）所示，两相触电是人体的不同部位同时触及电源两根相线（火线），如果是两只手同时触及电源的两根相线（火线），人的两手之间将承受线电压，且大部分电流流过心脏，所以这种触电比单相触电更危险。

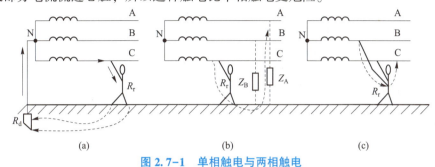

图 2.7-1　单相触电与两相触电

（a）电源中性点接地的单相触电；（b）电源中性点不接地的单相触电；（c）两相触电

（4）跨步电压触电。如图 2.7-2 所示，当高压架空线路的一根带电导线断落接地时，高压电线落地点周围将形成强电场，以落地点为圆心、半径为 20 m 的面积内形成分布电位，离落地点越远电位越低，当人、畜跨进这个区域时，在两脚之间将存在跨步电压，离落地点越近，跨步电压越大，在跨步电压作用下，电流从高电位的脚流进，经腿和胯部从低电位的脚流出，这就是跨步电压触电，属于非接触性触电。虽然跨步电压触电电流是经下身流过，没有经过心脏，好像比较安全，但其实不然，当人受到较高跨步电压作用时，双腿会抽筋倒地，倒地后电流就有可能流过心脏，时间过长就有致命危险。

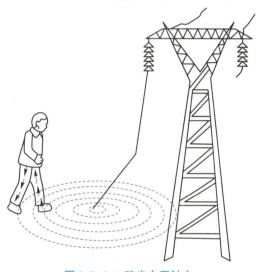

图 2.7-2　跨步电压触电

（5）设备漏电触电。虽然人体触及电源的相线（火线）会发生触电事故，但实际上大多数触电事故是由于人体触及了电气设备不应带电的导电部分（如电动机、升降机、电风扇等电气设备外壳）发生的，这就是电气设备碰壳漏电引发的意外触电事故。

电气设备的外壳在正常情况下是不带电的，可以触及，但当电气设备的绝缘老化击穿、损坏碰壳发生漏电时，就会造成设备导电外壳带电，人体触及时就会发生意外触电事故。通常我们把单相触电和双相触电称为直接触电方式，把跨步电压触电和设备漏电触电称为间接触电方式。触电对人体造成的伤害程度和自身体质、环境等许多因素相关。

2.7.2　影响触电伤害程度的因素

人体对电流的反应非常敏感，当电击触电事故发生时，电流的大小、电流作用时间、电流种类、电流途径、人体电阻、触电者体质及健康状况、周围环境等因素都会影响触电时的伤害程度。实验证明，触电时电流对人体伤害程度主要与以下几个因素有关：

（1）电流的大小：触电时，如果通过人体的电流大于 30 mA（工频交流电有效值）时，就有生命危险。通过人体电流的大小，取决于触电时的电压和人体电阻。按照通过人体电流的大小和人体所呈现的不同状态，把工频电流大致分为 3 个等级：

①感知电流：指能引起人感觉的最小电流，约为 1~3 mA；

②摆脱电流：指人体触电后能自主摆脱的最大电流，约为 10 mA；

③致命电流：指在较短时间内能危及生命的最小电流，约为 30 mA。

（2）人体电阻 R_r 的大小：在电压一定的情况下，人体的电阻越大，触电时通过人体的电流就越小，对人体内部的伤害程度就越轻。在干燥环境中，皮肤角质层完好并保持干燥的情况下，人体电阻 R_r 为 10^4~$10^5 \Omega$；在潮湿环境中或皮肤角质层破损时，人体电阻可降到 800~1 000 Ω。若人体电阻按最小 800 Ω 计算，人体电流以 50 mA 为限，则所需电压为 $0.05 \times 800 = 40$（V），所以国家规定，在一般干燥环境中，把 36 V 作为安全电压，在特别潮湿的环境中，安全电压定为 24 V 或 12 V。

（3）电压的高低：人体接触的电压越高，相同条件下流过人体的电流就越大，对人体的伤害程度和对生命的危险也就越严重。为此规定了安全电压，即人体不穿戴任何防护装备时，触及带电体不受电击和电伤的电压。我国制定的不同场合三个安全电压等级为 12 V、24 V 和 36 V。统计分析表明，70% 的触电死亡者为接触 250 V 左右的电压造成的。

（4）电流作用时间：电流对人体的伤害与作用时间密切相关，可用电流与时间的乘积即电击强度来表示电流对人体的危害。人体触电，通过电流的时间越长，对身体器官的伤害越严重，对生命的危险性就越大。

（5）电流路径：在同样条件下，电流流过人体的路径不同，对器官造成的损害程度和对生命的危险程度也不同。当电流流过心脏时，会造成心跳停止，血液循环中断，最容易导致死亡。表 2.7-1 表明了电流在人体中流经不同路径时，通过心脏的电流占通过人体总电流的百分比。

表 2.7-1　电流流过不同路径对人体的伤害

电流流过人体的路径	通过心脏的电流占通过人体总电流的百分比/%
从右手到左手	3.3
从右手到右脚	3.7
从右手到左脚	6.7
从右脚到左脚	0.4

2.7.3　预防触电的保护措施

在生产和工作中严格遵守用电安全规章制度，规范操作流程，可避免大部分触电事故。为防止触电事故发生，在实际生产和工作中还应采取各种预防保护措施，尽量减小触电时对人体和设备造成的危害。在低压配电系统中主要采取保护接地、保护接零和安装漏电保护装置等保护措施来降低触电的危险程度。

在低压供配电系统中，三相交流电源中性点有接地和不接地两种情况。为防止电气设备碰壳漏电发生触电事故，当低压配电系统变压器中性点不接地时，电气设备一般采用保护接地预防措施；当低压配电系统变压器中性点接地时，电气设备一般采用保护接零预防措施。保护接地和接零主要可分为三种形式：IT 系统、TT 系统和 TN 系统。

1. 保护接地的 IT 系统

IT 系统就是电源中性点不接地，用电设备外露可导电部分直接接地的三相三线制配电系统。常用于供电距离不是很长，供电连续性、可靠性、安全性较高的用电场所，如大医院手术室、电力炼钢、地下矿井等处。

保护接地就是在电源中性点不接地的情况下，将电气设备的金属外壳用导线接到接地装置上，通过接地装置与大地可靠连接起来。保护接地的接地装置就是埋入地下且连接成一体的金属结构架，金属结构架与周围土壤之间的泄漏电阻称为接地电阻，用 R_d 表示，一般情况下接地电阻 R_d 应小于 4 Ω。

如图 2.7-3（a）所示，在电源中性点没有接地的三相三线制配电系统中，某三相电气设备没有接地，一旦某相碰壳（如 C 相）使金属外壳带电，若人体触及带电的金属外壳，由于线路与大地间存在分布阻抗 Z_A、Z_B、Z_C 漏电，接地短路电流将全部通过人体，这是很危险的。但是，当三相电气设备采用保护接地后，如图 2.7-3（b）所示，当某相碰壳（如 C 相），人体触及带电金属外壳带电，接地短路电流将同时沿接地装置和人体两条通路流过，由于接地装置的接地电阻 R_d<4 Ω，远远小于人体电阻 R_r，且与人体电阻 R_r 并联，根据并联分流原理，此时通过人体的电流很小，可以大大降低触电危险，起到保护作用。这就是保护接地降低触电危险程度的原理。

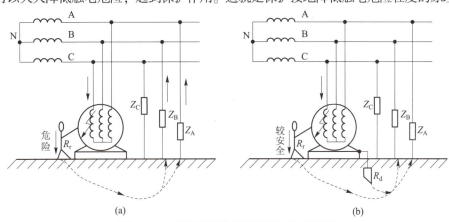

图 2.7-3　电气设备的保护接地（IT 系统）
（a）没接地；（b）接地

IT 系统发生单相接地故障时，由于 Z_A、Z_B、Z_C 阻抗较大，漏电电流很小，用电设备外露部分对地电压不超过 50 V，对电源的平衡性影响不大，不需要立即切断故障回路，可保证供电的连续性。

2. 保护接地的 TT 系统

TT 系统就是电源中性点接地，用电设备外露可导电部分直接接地的配电系统。TT 系统接线图如图 2.7-4 所示，中线 N 正常引出，用电设备的可导电外壳经各自的接地装置直接接地，与系统接线不发生关系。在 TT 系统中，通常将电源中性点接地叫作工作接地，将用电设备外露可导电部分接地叫作保护接地，这两个接地系统必须是相互独立的。

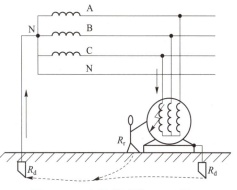

图 2.7-4　保护接地的 TT 系统

当电气设备绝缘损坏或碰壳发生漏电时，TT 系统的保护方式与 IT 系统相似，可大大降低电气设备导电外壳的对地电压，因而减轻人身触电的危害程度，但保护效果不及 IT 系统。

主要原因是工作接地和保护接地的接地电阻 R_d 太小，发生碰壳时单相接地电流太大，设备导电外壳上的电压约为相电压的一半，远远高于安全电压，属于危险电压。

TT 系统虽能大幅降低漏电设备上的故障电压，但一般不能降低到安全电压范围内。因此，采用 TT 系统必须加装漏电保护装置或过流保护装置，应优先采用前者。

TT 系统主要用于低压用户，即用于未装备配电变压器，从外面引进低压电源的小型用户，为了降低 TT 系统触电的危险程度，如果低压供配电系统中电源的中性点接地，电气设备一般采用保护接零的 TN 系统。

3. 保护接零的 TN 系统

TN 系统就是电源中性点接地，设备外露可导电部分通过保护接零与电源中性点直接电气连接的低压配电系统。如图 2.7-5 所示，TN 系统根据其保护零线与工作零线是否分开又划分为 TN-C 系统、TN-S 系统、TN-C-S 系统。

1）TN-C 系统

在整个低压配电系统的中线（零线）N 与保护线 PE 是合在一起的一条线，电气设备不带电的金属外壳与之相连，如图 2.7-5（a）所示 PEN 线。在这种系统中，当某相相线因绝缘损坏发生碰壳时，会形成较大的单相短路电流，引发熔断器熔断而切断短路故障，从而起到保护作用。

由于 TN-C 系统将工作零线与保护零线合二为一，可以降低线路成本，但正常工作时零线上有不平衡电流流过，存在一定的电压，技术上有一定缺陷，现在已很少采用，尤其是在民用配电系统中。

2）TN-S 系统

在整个低压配电系统的中线（零线）N 与保护线 PE 是分开的，电气设备的金属外壳接在保护线 PE 上，如图 2.7-5（b）所示。在正常情况下，PE 线上没有电流流过，不会对接在 PE 保护线上的其他设备产生电磁干扰，适用于环境条件较差、安全可靠要求较高以及设备对电磁干扰要求较严的场所。该系统中保护线 PE 绝对不允许断开。

由于该系统工作零线 N 与保护零线 PE 分开，正常工作时 PE 线上没有电流，不存在对地电压，用电设备导电外壳接在 PE 线上安全可靠，所以广泛应用于工业与民用建筑等低压配电系统中。

3）TN-C-S 系统

该系统是 TN-C 系统和 TN-S 系统的结合形式。TN-C-S 系统接线图如图 2.7-5（c）所示，在电源附近那一段采用 TN-C 系统，因为该段无用电设备，只起电能的输送作用，到用电负载附近某一点处，再将工作零线 N 与保护零线 PE 分开，采用 TN-S 系统。

该系统兼顾了 TN-C 系统和 TN-S 系统的优点。和 TN-S 系统相比，可降低配电线路成本；和 TN-C 系统相比，可有效降低用电设备外壳的对地电压，但又不能消除这个电压，这个电压的大小取决于负载的不平衡情况及线路的长度。TN-C-S 系统实际上是 TN-C 系统的变通做法，当三相电力变压器工作接地良好，三相负载比较平衡时，TN-C-S 系统在施工用电实践中的效果还是不错的。

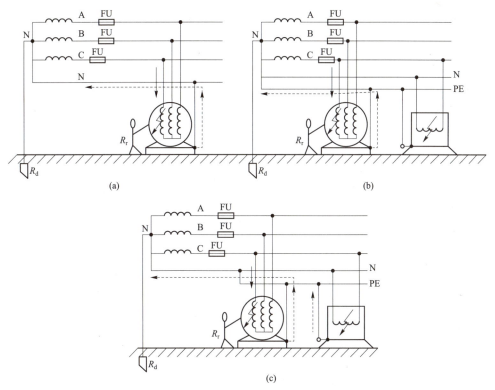

图 2.7-5　电气设备的保护接零（TN 系统）

（a）TN-C 系统接线图；（b）TN-S 系统接线图；（c）TN-C-S 系统接线图

对家庭常用的单相电气设备，也应采取保护接零措施，即采用三脚安全插头与三孔安全插座，单相电气设备的金属外壳应通过三孔插座和三脚插头（图 2.7-6）与保护零线（PE）可靠连接，预防触电危险。三孔插座的接法为"左零右相上保护"，单相电气设备必须设置单独的保护零线，不得利用设备自身的工作零线兼做保护接零，其接线方式如图 2.7-5（b）、（c）所示。

图 2.7-6　三孔插座和三脚插头

保护接零措施必须保证中线（零线）可靠安全，不能断开，否则会失去保护接零的作用，触电危险很高。故中线上绝不允许安装开关和熔断器等电气部件，以防止中线（零线）断线，为安全起见，保护接零时中线（零线）必须采取多点接地措施，以保证保护接零的可靠性。

在保护接零的系统中，当零线断裂时，一旦在断裂点后面的电力设备发生一相碰壳，则后面的零线就会带上相电压，这是很危险的，如图 2.7-7（a）所示。采用中线重复接地可有效降低电力设备碰壳短路时零线的对地电压，大大降低触电的危险性，如图 2.7-7（b）所示。

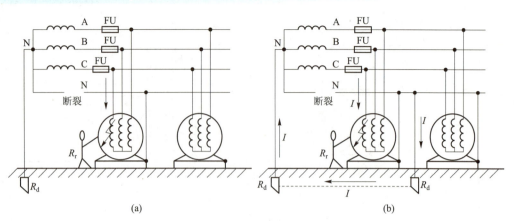

图 2.7-7　保护接零的重复接地
（a）示意一；（b）示意二

必须注意：同一低压配电系统中，不能有的采用保护接地，有的采取保护接零，否则当采取保护接地的设备发生单相接地故障时，采取保护接零设备的金属外壳将带上危险的电压，如图 2.7-8（a）所示。中性点不接地的 IT 系统中的设备严禁采用保护接零，因为任一设备发生碰壳时将使所有设备外壳带上接近相电压的对地电压，这是十分危险的，如图 2.7-8（b）所示。

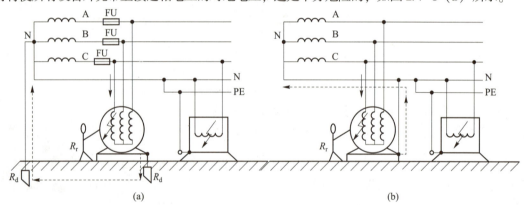

图 2.7-8　保护接地、保护接零错误使用
（a）保护接地的错误使用；（b）保护接零的错误使用

4. 漏电保护装置

　　以往普通民宅的配电箱大多采用熔断器作为短路保护装置。随着人民生活水平的提高，家用电器日益增多，熔断器已不能满足安全用电的要求。当设备只是绝缘不良引起的漏电，泄漏电流很小，不能使传统的熔断器熔断，漏电设备可导电外壳长期带电，增加人身触电的危险，漏电保护开关就是针对这种情况发展起来的新型保护装置。

　　漏电保护开关的特点是在检测与判断到触电或漏电故障时，能自动切断故障电路。图 2.7-9 为漏电保护器，上面为进线端，下面为出线端接至用电设备。图 2.7-10 为目前通用的电流型漏电保护开关工作原理，由零序互感器 TAN、放大器 A 和主回路断路器 QF（内含脱钩器 YR）等主要部件组成。其工作原理为：电气设备正常运行时，主电路电流的相量和为零，零序互感器的铁芯无磁通，其二次侧无电压输出。如果电气设备发生漏电或单相接地故障，主电路电流的相量和不再为零，零序互感器的铁芯有磁通，其二次侧有电压输出，该电压经放大器 A 放大后，输入脱钩器 YR，令断路器 QF 跳闸，从而切断故障电路，避免人员发生触电事故。

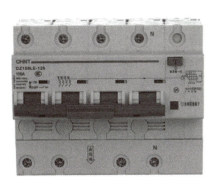

图 2.7-9　漏电保护器

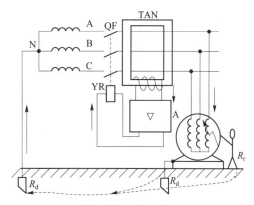

图 2.7-10　电流型漏电保护开关工作原理

为了保护人身安全，现在很多场合都装有漏电保护器，漏电保护器的一个重要技术指标就是额定断开时间与动作电流大小的乘积应小于 30 mA·s。如实际漏电保护器产品额定动作电流为 30 mA，动作时间小于 0.1 s，两者的乘积小于 30 mA·s，故可有效防止触电事故的发生。在实际中，我们选用漏电保护器时，要重点关注漏电保护器的两个技术指标，一个是漏电保护器额定漏电动作电流 $I_{\triangle n}$，另一个是漏电动作时间 t，只有两者乘积 $I_{\triangle n} \cdot t < 30$ mA·s 时，才能实现漏电有效防护。

采用了保护接地、保护接零及漏电保护装置等预防措施后，虽然可以避免和预防触电事故的发生，但仍需严格遵守用电安全规章制度，规范安全操作流程，切不可违规蛮干，以防万一。

2.7.4　触电的急救处理

如果发生触电事故，触电人员的现场急救是抢救过程的关键。现场急救及时正确，就可使触电人员获救；反之，则会造成不可弥补的严重后果。因此，从事电工行业的工作人员应当熟悉和掌握触电急救知识与技能，以便在关键时刻发挥作用。

1. 使触电人员脱离带电体

遇到人员触电时，时间就是生命，迅速展开急救是非常重要的，使触电人员迅速脱离带电体，这是重要的一步，也是对触电人员急救的第一步，具体方法主要有以下几种：

（1）若电源开关距触电人员较近，则应迅速断开开关，切断电源。

（2）若电源开关距触电人员很远，则应迅速用绝缘手钳或其他具有绝缘手柄的工具将电线切断，要防止被切断的电源线触及人体，伤及自身。

（3）若导线是搭在触电人员身上或压在身下，可用干燥的木杆或带绝缘手柄的工具，迅速将电线挑开。

（4）若触电人员的衣服是干燥的，且电线没有紧紧缠绕其身体时，施救人员可站在干燥木板或绝缘物体上，用一只手拉住触电人员的衣服将其拉离带电体，但此法只适用低压触电情况。

（5）若发生的是跨步电压触电，当人感觉到跨步电压威胁时，应尽快双脚并拢或抬起一只脚，然后马上用单腿或双腿跳离危险区域。

（6）若人在高空触电，则需采取安全措施，以防电源切断后，触电人员从高空坠落致残或致死。

2. 触电现场的急救

当触电人员脱离带电体后，应根据具体情况，迅速展开急救，情况严重时，在实施现场急救的同时，应拨打 120 急救电话请专业医生前来抢救。

研究证明，心博骤停 10 s 即可出现晕厥；心博骤停 1 min 后呼吸停止；心脏停博 4～6 min，将产生不可逆转的脑损伤；心脏停博 8 min 后，将出现脑死亡和植物状态。对心脏停博的触电者，能在 5 min 内急救，救活的成功率近 90%；若 10 min 后展开急救，成功率将降至 60%；若超过 15 min 再急救，救活的希望几乎为零。由此可见，当有触电事故发生时，时间就是生命，应在第一时间针对触电人员的不同情况在现场展开急救。

（1）触电人员脱离带电体后，若伤害并不严重，未失去知觉，要使其原地平躺安静休息，并密切关注其病情变化。

（2）若触电人员伤害较重，失去知觉，呼吸停止，但心脏微有跳动时，应立即采取口对口人工呼吸法进行急救。

（3）若触电人员伤害较重，失去知觉，虽有呼吸，但心跳停止时，应立即采取人工胸外按压法进行急救。

（4）若触电人员伤害很严重，心跳和呼吸都已停止，完全失去知觉时，应立即就地采取人工心肺复苏法进行急救。

3. 心肺复苏急救法的步骤

心肺复苏是抢救因触电、心梗等导致心跳和呼吸停止病人的最有效急救方法。触电现场心肺复苏应按以下步骤进行：

（1）评估现场：确认现场及周边环境安全，避免二次伤害的发生。

（2）判断意识：拍打病人肩部并大声呼叫，观察触电人员有无应答。

（3）判断生命体征：听呼吸看胸廓，观察触电人员有无呼吸和胸廓起伏，将食指和中指并拢触摸颈动脉，观察有无搏动（以上操作要在 10 s 内完成），如发现意识丧失，无呼吸无脉搏，应立即实施心肺复苏。

（4）心肺复苏：心肺复苏步骤应按 CAB 原则进行，具体步骤如下：

①C 代表 Circulation，即恢复触电人员血液循环。恢复循环，需进行胸外按压，按压部位为两侧乳头连线的中点部位，左手在下，右手在上，双手交叉重叠，利用上身力量垂直按压，按压频率为 100～120 次/min，按压深度为 5～6 cm，保证按压力量、速度和深度，连续按压 30 次后，进入第二步。

②A 代表 Airway，即畅通气道，需要首先清理气道的分泌物，进而采取仰头抬颌法打开气道，即用右手抬下颌，左手向下按压前额部，头部后仰，使双侧鼻孔朝正上方即可。

③B 代表 Breath，即呼吸，胸外按压 30 次之后畅通气道，再进行 2 次人工呼吸，即用手捏住触电人员鼻翼两侧，用嘴完全包裹住触电人员嘴部，快速吹气 2 次。

④30 次胸外按压加 2 次人工呼吸为一个循环，每 5 个循环检查一次触电人员呼吸、脉搏是否恢复，这样循环反复直到触电人员复苏或专业医护人员到场。

安全用电除了学习以上基础知识外，在电气设备使用中还应注意电气防火、防爆和防雷等，限于篇幅，在此不作介绍，读者可参考相关资料学习。

【思考题】

1. 远距离输电为什么要采用高压？

2. 保护接地和保护接零有什么区别？

3. 为什么在中性点接地的供电系统中一般不采用保护接地？

4. 家用电器大多是单相电气设备，但为什么家用电器的插头通常是三脚安全插头，电源插座也是三孔安全插座？

5. TN 系统根据其保护零线和工作零线连接方式不同又分为哪三种形式？

6. 在民用住宅楼的低压配电系统中，常采用 TN 系统中的哪种形式？

2.8　理论联系实际完成实践任务

2.8.1　任务一：日光灯电路的连接及提高功率因数的方法

1. 实践任务目的

（1）理解掌握日光灯电路的工作原理。

（2）掌握日光灯电路连接、调试与故障维修。

（3）理解掌握用人工补偿法提高日光灯电路功率因数的方法。

2. 工作原理分析

日光灯电路如图 2.8-1 所示，由镇流器、启辉器及灯管组成。根据图 2.8-1 所示的日光灯原理电路，利用所学正弦交流电的知识分析日光灯电路的工作原理。

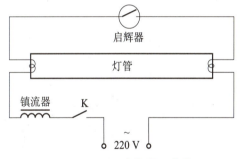

图 2.8-1　日光灯原理电路

3. 电路的连接与调试

利用电工试验台，按照图 2.8-2 所示的日光灯实验电路，在不加补偿电容的情况下连接电路，通过检查调整使日光灯电路正常工作；然后调整电源电压，找出日光灯电路能够工作的最低电压值（即启辉值）；在电源电压为 220 V 时，利用电工试验台上的功率表测量日光灯电路的有功功率、无功功率、视在功率及功率因数。

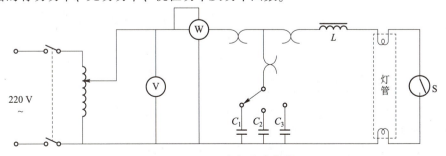

图 2.8-2　日光灯实验电路

4. 采用人工补偿法提高日光灯电路的功率因数

在日光灯电路两端通过并联不同容量的补偿电容C_1、C_2、C_3时，测量日光灯电路的有功功率、无功功率、视在功率及功率因数，观察它们的变化情况，并利用所学理论知识解释出现的实验现象。

5. 故障分析

根据日光灯电路出现的故障现象，借助日光灯电路工作原理的理论知识，列出故障检测步骤，分析判断故障原因。

具体实践内容详见电工电子技术实训教材。

2.8.2 任务二：三相交流负载电路的连接及电压、电流分析

1. 实践任务目的

（1）掌握三相负载星形连接与三角形连接方式。

（2）掌握在不同情况下，三相负载的电压、电流关系。

（3）能够运用所学理论知识分析三相交流电路的实验现象及故障现象。

2. 电路的连接与调试

三相交流电源与三相负载星形、三角形连接原理电路如图2.8-3所示。利用电工试验台，按照图2.8-3，将三组白炽灯分别按照星形和三角形连接起来，调节三相电源电压的大小，使每相负载上的相电压为220 V。

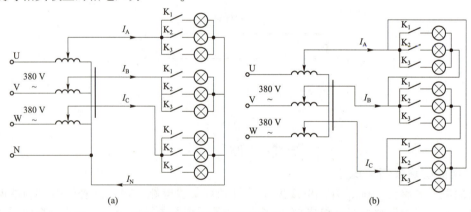

图2.8-3 三相交流电源与三相负载星形、三角形连接原理电路

(a) 电路一；(b) 电路二

3. 三相负载星形连接时电压、电流分析

（1）三相负载星形连接有中线时，测试分析在对称和非对称情况下负载相电压、相电流与线电压、相电流的关系及中线电流的情况。

（2）三相负载星形连接无中线时，测试分析在对称和非对称情况下负载相电压、相电流与线电压、相电流的关系及电源中性点与三相负载公共端之间的电压情况。

（3）对实验数据分析归纳，得出实验结论：

①在负载额定电压和线电压为何关系的情况下，三相负载采用星形连接？

②三相负载星形连接时，中线的作用。

③什么情况下中线能够断开，什么情况下中线不能断开？

（4）根据电路出现故障现象，利用三相负载星形连接时电压、电流之间的关系，分析

判断故障原因。

4. 三相负载三角形连接时电压、电流分析

（1）三相负载三角形连接时，在对称情况下测试分析负载相电压、相电流与线电压、相电流的关系及三个线电流、三个相电压的瞬时关系。

（2）三相负载三角形连接时，在不对称情况下测试分析负载相电压、相电流与线电压、相电流的关系及三个线电流、三个相电压的瞬时关系。

（3）对实验数据分析归纳，得出实验结论：

①在负载额定电压和线电压为何关系的情况下，三相负载采用三角形连接？

②三相对称负载三角形连接时，相电流与线电流、相电压与线电压之间为何关系？

③三相不对称负载三角形连接时，三个线电流和三个相电压满足何种关系？

（4）根据电路出现故障现象，利用三相负载三角形连接时电压、电流之间的关系，分析判断故障原因。具体实践内容详见电工电子技术实训教材。

2.8.3　任务三：三相交流电路功率的测量

1. 实践目的

（1）理解二瓦计、三瓦计法测量三相交流电流功率的原理。

（2）掌握二瓦计、三瓦计测量电路功率表的连接方法及常见故障分析。

（3）通过实践清楚二瓦计法测量三相电路功率的适用范围。

二瓦计法和三瓦计法是测量三相电路功率的常用方法，测量三相电路功率的连接电路如图 2.8-4 所示。

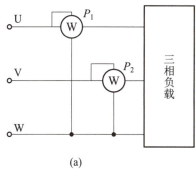 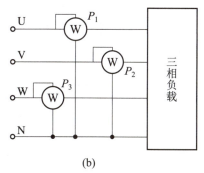

图 2.8-4　三相电路功率的测量

(a) 二瓦计法；(b) 三瓦计法

2. 测量原理分析

利用所学交流电的理论知识，分析二瓦计法和三瓦计法测量三相交流电路功率的原理。

3. 测量验证

按照图 2.8-4 所示连接电路。

（1）三相三线制供电系统采用二瓦计法，在三相对称负载星形连接和三角形连接两种情况下，测量每相负载的实际功率，然后相加，与二瓦计法功率表的 P_1 和 P_2 之和相比较，看是否相符。

（2）三相三线制供电系统采用二瓦计法，在三相不对称负载星形连接和三角形连接两种情况下，测量每相负载的实际功率，然后相加，与二瓦计法功率表的 P_1 和 P_2 之和相比较，看是否相符。

（3）三相四线制供电系统采用三瓦计法，重复上述内容并验证实验结果。

4. 二瓦计法的适用范围

（1）根据二瓦计法测量三相交流电路功率的原理，结合实际测量验证结果，分析归纳得出二瓦计法测量功率的适用范围。

（2）推理分析三相四线制系统中，若三相负载对称，是否能用二瓦计法测量其电路功率。

（3）归纳总结出二瓦计法测量三相电路功率的理论依据。

具体实践内容详见电工电子技术实训教材。

第2章　习题

单相交流电路部分

1. 填空题

1.1 正弦交流电的三要素是_____、_____和_____。_____值可用来确切反映交流电的做功能力，其值等于与交流电_____相同的直流电的数值。

1.2 已知正弦交流电压 $u = 380\sqrt{2}\sin(314t - 60°)$ V，则它的最大值是_____V，有效值是_____V，频率为_____Hz，周期是_____s，角频率是_____rad/s，相位为_____，初相是_____度，合_____弧度。

1.3 实际电气设备大多为_____性设备，功率因数往往_____。若要提高感性电路的功率因数，常采用人工补偿法进行调整，即在_____。

1.4 电阻元件正弦电路的复阻抗是_____；电感元件正弦电路的复阻抗是_____；电容元件正弦电路的复阻抗是_____；多参数串联电路的复阻抗是_____。

1.5 串联各元件上_____相同，画串联电路相量图时，通常选择_____作为参考相量；并联各元件上_____相同，画并联电路相量图时，一般选择_____作为参考相量。

1.6 电阻元件上的伏安关系瞬时值表达式为_____，因此称其为_____元件；电感元件上伏安关系瞬时值表达式为_____，电容元件上伏安关系瞬时值表达式为_____，因此把它们称之为_____元件。

1.7 能量转换过程不可逆的电路功率常称为_____功率；能量转换过程可逆的电路功率叫作_____功率；这两部分功率构成了电路的_____功率。

1.8 电网的功率因数越高，电源的利用率就越_____，无功功率就越_____。

1.9 电阻和电感元件相串联的电路，电路性质呈_____性；电阻和电容元件相串联的电路，电路性质呈_____性。

1.10 当 RLC 串联电路发生谐振时，电路中_____最小且等于_____，电路的端电压一定时流过电路的电流_____，相位上与电路端电压_____。

2. 判断题

2.1 正弦量的三要素是指其最大值、角频率和相位。　　　　　　　　（　　）

2.2 正弦量可以用相量表示，因此可以说，相量等于正弦量。　　　　（　　）

2.3 正弦交流电路的视在功率等于有功功率和无功功率之和。　　　　（　　）

2.4 电压三角形、阻抗三角形和功率三角形都是相量图。　　　　　　（　　）

2.5 功率表应串接在正弦交流电路中，用来测量电路的视在功率。　　　　　（　　）

2.6 正弦交流电路的频率越高，阻抗就越大；频率越低，阻抗越小。　　　　（　　）

2.7 单一电感元件的正弦交流电路中，消耗的有功功率比较小。　　　　　　（　　）

2.8 阻抗由容性变为感性的过程中，必然经过谐振点。　　　　　　　　　　（　　）

2.9 在感性负载两端并电容就可提高电路的功率因数。　　　　　　　　　　（　　）

2.10 电抗和电阻由于概念相同，所以它们的单位也相同。　　　　　　　　（　　）

3. 选择题

3.1 已知工频正弦电压有效值和初始值均为 380 V，则该电压的瞬时值表达式为（　　）。

A. $u = 380\sin(314t)$（V）　　B. $u = 537\sin(314t+45°)$（V）　　C. $u = 380\sin(314t+90°)$（V）

3.2 一个电热器，接在 10 V 的直流电源上，产生的功率为 P。若把它改接在正弦交流电源上，使其产生的功率为 $P/2$，则正弦交流电源电压的最大值为（　　）。

A. 7.07 V　　　　　B. 5 V　　　　　C. 14 V　　　　　D. 10 V

3.3 关于提高供电线路的功率因数，下列说法正确的是（　　）。

A. 减少了用电设备中无用的无功功率

B. 可以节省电能

C. 减少了用电设备的有功功率，提高了电源设备的容量

D. 可提高电源设备的利用率并减小输电线路中的功率损耗

3.4 已知 $i_1 = 10\sin(314t+90°)$ A，$i_2 = 10\sin(628t+30°)$ A，则（　　）。

A. i_1 超前 i_2 60°　　　　B. i_1 滞后 i_2 60°　　　　C. 相位差无法判断

3.5 纯电容正弦交流电路中，电压有效值不变，当频率增大时，电路中电流将（　　）。

A. 增大　　　　　　B. 减小　　　　　　C. 不变

3.6 在 RL 串联电路中，$U_R = 16$ V，$U_L = 12$ V，则总电压为（　　）。

A. 28 V　　　　　　B. 20 V　　　　　　C. 2 V

3.7 RLC 串联电路在 f_0 时发生谐振，当频率增加到 $2f_0$ 时，电路的总阻抗呈（　　）。

A. 纯阻性　　　　　B. 感性　　　　　　C. 容性

3.8 串联正弦交流电路的视在功率表征了该电路的（　　）。

A. 总电压有效值与电流有效值的乘积

B. 平均功率　　　　　　　　　　　　　　C. 瞬时功率最大值

3.9 实验室中的功率表，是用来测量电路中的（　　）。

A. 有功功率　　　B. 无功功率　　　C. 视在功率　　　D. 瞬时功率

3.10 下面元件阻抗值大小与频率无关的是（　　）。

A. 电阻元件的电阻值　　　B. 电感元件的感抗值　　　C. 电容元件的容抗值

4. 简述题

4.1 有"110 V、100 W"和"110 V、40 W"两盏白炽灯，能否将它们串联后接在 220 V 的工频交流电源上使用？为什么？

4.2 试述提高功率因数的意义和方法。

4.3 某电容器额定耐压值为 450 V，能否把它接在交流 380 V 的电源上使用？为什么？

4.4 一位同学在做日光灯电路实验时，用万用表的交流电压挡测量电路各部分的电压，

实测路端电压为 220 V，灯管两端电压 $U_1 = 110$ V，镇流器两端电压 $U_2 = 178$ V。即总电压既不等于两分电压之和，又不符合 $U^2 = U_1^2 + U_2^2$，此实验结果如何解释？

5. 计算题

5.1 试求下列各正弦量的周期、频率和初相，二者的相位差如何？

（1）$3\sin(314t)$；　　　　　　（2）$8\sin(5t + 17°)$

5.2 某电阻元件的参数为 8 Ω，接在 $u = 220\sqrt{2}\sin(314t)$（V）的交流电源上。试求通过电阻元件上的电流 i，如用电流表测量该电路中的电流，其读数为多少？电路消耗的功率是多少瓦？若电源的频率增大一倍，电压有效值不变又如何？

5.3 某线圈的电感量为 0.1 H（亨），电阻可忽略不计。接在 $u = 220\sqrt{2}\sin(314t)$（V）的交流电源上。试求电路中的电流及无功功率；若电源频率为 100 Hz，电压有效值不变又如何？写出电流的瞬时值表达式。

5.4 利用交流电流表、交流电压表和交流单相功率表可以测量实际线圈的电感量。设加在线圈两端的电压为工频 110 V，测得流过线圈的电流为 5 A，功率表读数为 400 W，则该线圈的电感量为多大？

5.5 如题图 1 所示电路中，已知电阻 $R = 6$ Ω，感抗 $X_L = 8$ Ω，电源端电压的有效值 $U_s = 220$ V。

（1）求交流电路中正弦交流电流的有效值 I；

（2）求该交流电路的视在功率 S、有功功率 P 和无功功率 Q；

（3）求该串联交流电路的功率因素。

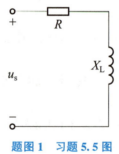

题图 1　习题 5.5 图

三相交流电路部分

1. 填空题

1.1 对称三相交流电是指_____相等、_____相同、_____上互差 120° 的三个_____的组合。

1.2 三相四线制供电系统中，负载可从电源获取_____和_____两种不同的电压值。其中_____是_____的 $\sqrt{3}$ 倍，且相位上超前与其相对应的_____30°。

1.3 由发电机绕组首端引出的输电线称为_____，由电源绕组尾端中性点引出的输电线称为_____。_____与_____之间的电压是线电压，_____与_____之间的电压是相电压。

1.4 电源绕组作_____连接时，其线电压幅值是相电压的_____倍；电源绕组作_____连接时，线电压幅值是相电压的_____倍。三相对称负载星形连接的三相四线制电路中，中线电流通常为_____。

1.5 有一星形连接的三相对称负载，每相阻抗均为 22 Ω，功率因数为 0.8，测出负载中的电流是 10 A，那么三相电路的有功功率等于_____，无功功率等于_____，视在功率等于_____。

1.6 在三相四线制交流电路中，如果线电流 I_L 等于流过负载的相电流 I_P，三相负载做_____连接，此时负载电压等于三相交流电源的电压；如果中线电流为零，三相负载为_____负载，如果中线电流不为零，则三相负载_____。

1.7 在三相四线制电路中，如果负载的相电压等于电源的线电压，三相负载是_____连接，如果三相负载_____对称时，线电流应是流过负载相电流的_____倍。假如负载为感性设备，其等效电阻是_____，等效电感量是_____。

1.8 在实际生产和生活中，工厂的一般动力电源电压标准为_____；生活照明电源电压的标准一般为_____；_____V 以下的电压称为安全电压。

1.9 在三相三线制电路中，测量三相电路的功率通常采用_____法；在三相负载不对称三相四线制电路中，测量三相电路的功率应采用_____法。

1.10 _____功率的单位是瓦特，_____功率的单位是乏尔，_____功率的单位是伏安。

1.11 _____适用于中性点不接地的三相三线制低压供电；_____适用于中性点直接接地的三相四线制低压供电系统。

1.12 三相负载的额定电压等于电源线电压时，应作_____形连接，额定电压约等于电源线电压的 1/√3 时，三相负载应作_____形连接。按照这样的连接原则，两种连接方式下，三相负载上通过的电流和获得的功率_____。

1.13 保护接零又称 TN 系统，按照_____和_____的连接不同，TN 系统又分为_____、_____和_____。

2. 判断题

2.1 三相负载对称时，三相四线制可改为三相三线制而对负载无影响。 （　）

2.2 三相负载作星形连接时，总有 $U_L = \sqrt{3} U_P$。 （　）

2.3 三相用电器正常工作时，加在各相上的端电压等于电源线电压。 （　）

2.4 三相负载作星形连接时，无论负载对称与否，线电流总等于相电流。 （　）

2.5 三相电源向电路提供的视在功率为：$S = S_A + S_B + S_C$。 （　）

2.6 人无论在何种场合，只要所接触电压为 36 V 以下，就是安全的。 （　）

2.7 中线的作用就是使不对称 Y 接三相负载的端电压保持对称。 （　）

2.8 三相不对称负载越接近对称，中线上通过的电流就越小。 （　）

2.9 为保证中线可靠，不能安装熔断器和开关，且中线截面较粗。 （　）

2.10 电能是一次能源。 （　）

2.11 只要触电电流不流经心脏，都不会有生命危险。 （　）

2.12 触电对人体造成的伤害程度，与电流的大小和路径都有关。 （　）

2.13 在同一低压供配电系统中的不同设备，一些设备可以采取保护接地措施，另外一些设备可以采取保护接零措施。 （　）

3. 选择题

3.1 三相对称交流电路是指（　　）。

A. 三相电源对称的交流电路　　　　　　　　　　　　B. 三相负载对称的交流电路

C. 三相电源和三相负载都是对称的交流电路

3.2 三相四线制供电线路，已知作星形连接的三相负载中 A 相为纯电阻，B 相为纯电感，C 相为纯电容，通过三相负载的电流均为 10 A，则中线电流为（　　　）。

A. 30 A　　　　　　　　　B. 10 A　　　　　　　　　C. 7.32 A

3.3 在电源对称的三相四线制电路中，若三相负载不对称，则该负载各相电压（　　　）。

A. 不对称　　　　　　　B. 仍然对称　　　　　　　C. 不一定对称

3.4 三相发电机绕组接成三相四线制，测得三个相电压 $U_A = U_B = U_C = 220$ V，三个线电压 $U_{AB} = 380$ V，$U_{BC} = U_{CA} = 220$ V，这说明（　　　）。

A. A 相绕组接反了　　　　B. B 相绕组接反了　　　　C. C 相绕组接反了

3.5 三相对称交流电路的瞬时功率是（　　　）。

A. 一个随时间变化的量　　　B. 一个常量，其值恰好等于有功功率　　　C. 0

3.6 三相四线制中，中线的作用是（　　　）。

A. 保证三相负载对称　　　　　　　　　　　　B. 保证三相功率对称

C. 保证三相电压对称　　　　　　　　　　　　D. 保证三相电流对称

3.7 为防止因电气设备漏电而发生触电事故，在电源中性点不接地的情况下一般采用（　　　）保护措施。

A. 保护接零　　　B. 保护接地　　　C. 电源中性点接地　　　D. 其他

3.8 在保护接零的低压配电线路中，为防止保护零线断裂，可以采取保护零线（　　　）。

A. 重复接地　　　B. 不接地　　　C. 与工作零线分开　　　D. 其他

3.9 下列触电类型中，属于间接触电方式的是（　　　）。

A. 中线点接地的单相触电

B. 双相触电

C. 跨步电压触电和设备漏电引发的触电

D. 中线点不接地的单相触电

4. 简述题

4.1 简述三相交流电源的连接方式及特点？

4.2 简述三相负载的连接方式及负载对称情况下不同连接方式时负载端的相电压和相电流与电源的线电压和线电流的关系。

4.3 在三相负载星形连接的三相四线制供电系统中，如果中线断开，对三相对称负载有何影响？对三相不对称负载有何影响？试说明中线在三相四线制供电系统中的作用。

4.4 简述三相交流电路各功率的分析计算方法。

4.5 简述触电的种类及方式有哪些，影响触电伤害程度的因素有哪些。

4.6 在低压配电系统中，为了降低触电的危险程度，用电设备及电路主要采取的保护措施有哪些？

4.7 简述漏电保护器的组成及工作原理。

4.8 简述心肺复苏按 CAB 原则实施的步骤。

5. 分析题

5.1 某教学楼照明电路发生故障，第二层和第三层楼的所有电灯突然暗淡下来，只有第一层楼的电灯亮度未变,试问这是什么原因?同时发现第三层楼的电灯比第二层楼的还要暗些,这又是什么原因?你能说出此教学楼的照明电路是按何种方式连接的吗?这种连接方式符合照明电路安装原则吗?

5.2 对称三相负载作三角形连接,在火线上串入三个电流表来测量线电流的数值,在线电压 380 V 下,测得各电流表读数均为 26 A,当 A、B 之间的负载发生断路时,三个电流表的读数各变为多少?当发生 A 火线断开故障时,各电流表的读数又是多少?

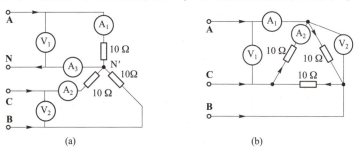

(a)　　　　　　　　　　　　(b)

题图 2　习题 5.5 图
(a) 电路一;(b) 电路二

5.3 楼宇照明电路是不对称三相负载的实例。说明在什么情况下三相灯负载的端电压对称。在什么情况下三相灯负载的端电压不对称。

5.4 用阻值为 10 Ω 的 3 根电阻丝组成三相电炉,接在线电压为 380 V 的三相四线制电源上,电阻丝的额定电流为 25 A,3 根电阻丝应如何连接?并说明理由。

5.5 三相负载的连接方式如题图 2 所示,指出电路中各电压表及电流表的读数。已知电压表 V_1 表的读数为 380 V。

5.6 某三相负载各相阻抗的模值均为 20 Ω,该三相负载是否为对称三相负载?若每相负载均为感性负载且模值相同,是否能构成对称三相负载?

6. 计算题

6.1 一台三相异步电动机,定子绕组按 Y 连接方式与线电压为 380 V 的三相交流电源相连。测得线电流为 6 A,总有功功率为 3 kW。试计算各相绕组的等效电阻 R 和等效感抗 X_L 的数值。

6.2 已知三相对称负载连接成三角形,接在线电压为 220 V 的三相电源上,火线上通过的电流均为 17.3 A,三相功率为 4.5 kW。求各相负载的电阻和感抗。

6.3 三相对称负载,已知 $Z_A = Z_B = Z_C = 3+j4$(Ω),接于线电压等于 380 V 的三相四线制电源上,试分别计算作星形连接和作三角形连接时的相电流、线电流、有功功率、无功功率、视在功率各是多少。

6.4 已知三相对称交流电的线电压 $u_{AB} = 380\sqrt{2}\sin(314t+60°)$(V),试写出其他线电压 u_{BC}、u_{CA} 和相电压 u_A、u_B、u_C 的瞬时表达式。

6.5 有一三角形连接的三相对称负载,分别与三相四线制的三个火线相连,正常工作时测得线电流 $I_L = 26$ A,线电压 $U_L = 380$ V。在下列情况下,求各相负载的相电流 I_P。
(1)正常工作时;(2)一项负载断开时;(3)一根火线断开时。

第3章 磁路和变压器

在现代生产和生活中，许多电工设备都是利用电磁相互作用进行工作，实现能的传输和转换的，如变压器、电磁铁、电动机等。这些设备不仅涉及电路的问题，还有磁路的问题。只有同时掌握了电路和磁路的基本理论才能理解上述设备的工作原理和性能。

本章在实践任务"单相铁芯变压器特性的测试"的驱动下，主要学习磁路的基本知识和基本原理，在此基础上研究分析变压器的基本结构和工作原理。

3.1 实践任务

变压器是电力系统的重要组成部分，电力变压器可以把同一频率的交流电压变换成不同等级的电压，满足输电、供电、用电的需求。本章通过实践任务"单相铁芯变压器特性的测试"，理解变压器的工作原理、参数性能、外部特性等。在此任务的驱动下，提高学员学习兴趣，完成本章理论知识的学习，提高综合实践技能。

任务：单相铁芯变压器特性的测试

1. 原理图
单相铁芯变压器参数测试电路如图 3.1-1 所示。

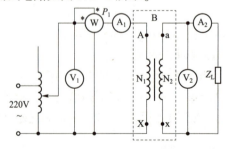

图 3.1-1　单相铁芯变压器参数测试电路

2. 实践任务内容

（1）测量计算变压器的变比、功率、损耗等参数，理解变压器的工作原理。

（2）学会测绘变压器的空载特性与外特性曲线，理解变压器的输出特性。

3.2　磁路与铁芯线圈

在变压器、电磁体、电动机等设备中经常将铁磁材料加上绕线做成铁芯线圈，通电后，在电和磁的相互作用下实现能量的转换。为了研究电磁性能，需要引入磁路的相关概念和物理量，在此基础上研究铁芯线圈的电磁理论，作为分析电压器、交流电机等电气设备的理论基础。

3.2.1　磁场的基本物理量和磁路欧姆定律

1. 磁场的基本物理量

磁场的特征可以用下列几个基本物理量来描述。

1）磁感应强度 B

磁感应强度 B 是描述磁场内某点磁场强弱和方向的物理量，它是一个矢量。有电流流过的导体会产生磁场，磁感应强度和电流之间的方向关系可以用右手螺旋定则来确定。B 的大小可用磁力线的疏密来表示。B 的单位为特斯拉，简称特（T）。如果磁场内各点磁感应强度 B 的大小相等，方向相同，则称为均匀磁场。

2）磁通 Φ

通过与磁场方向垂直的某截面积 S 的磁力线的总数，称为该面积的磁通量，通常用 Φ 来表示。在均匀磁场中，磁感应强度 B 与垂直于 B 的截面积 S 的乘积，就是该面积的磁通量，即：

$$\Phi = BS \text{ 或 } B = \frac{\Phi}{S} \tag{3.2-1}$$

Φ 的单位是韦伯（Wb），简称韦。

3）磁导率 μ 和相对磁导率 μ_r

磁导率 μ 是用来衡量物质导磁性能的物理量，μ 的单位为亨/米（H/m）。真空的磁导率通常用 μ_0 表示，实验测得：

$$\mu_0 = 4\pi \times 10^{-7} \text{H/m}$$

任意一种物质的磁导率 μ 和真空的磁导率 μ_0 的比值，称为该物质的相对磁导率 μ_r，即：

$$\mu_r = \frac{\mu}{\mu_0} \tag{3.2-2}$$

自然界的物质，就导磁性能而言，可分为铁磁物质和非铁磁物质两大类。非铁磁物质的相对磁导率约等于1，而铁磁物质的相对磁导率 $\mu_r \gg 1$。例如，铸铁的相对磁导率 μ_r 为 200～400；铸钢的相对磁导率 μ_r 一般在 500～2 200；硅钢片的相对磁导率 μ_r 可达 7 000～10 000；铍莫合金的相对磁导率高达 20 000～200 000。

2. 铁磁材料的磁性能

自然界中某些物质，如铁、钴、镍以及一些稀土元素和许多氧化物，在外磁场的作用下被磁化，即使外部磁场消失，依然能保持其磁化的状态具有磁性。这类物质中以铁最广为人知，故统称为铁磁性物质。铁磁材料是重要的电工材料，变压器、电机等电磁设备的铁芯就是用铁磁物质制造的，具有以下磁性能。

1）高导磁性

铁磁材料的磁导率很高，$\mu_r \gg 1$，可达数百、数千乃至数万。实验表明，在一通有电流的线圈中插入铁芯（铁磁材料），可使线圈中的磁场比空心时增强数百倍或数千倍。

因为在铁磁物质的内部有许多很小的自然磁化区，相当于一块块小磁铁，称为磁畴，每个磁畴的体积约为 10^{-9} cm^3。平常，这些小磁畴的排列杂乱无章，其作用相互抵消，对外不显磁性，如图 3.2-1（a）所示。如果将铁磁物质置于通电线圈中，在线圈电流产生的磁场作用下，磁畴将沿外磁场方向排列，如图 3.2-1（b）所示。排列的磁畴形成附加磁场，附加磁场与外磁场方向一致，故使线圈中的磁场显著增强，这种现象称为磁化。可见，铁磁物质的高导磁性源于磁化现象引起的附加磁场。

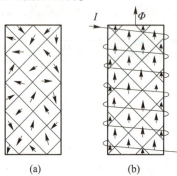

图 3.2-1　磁畴和铁芯的磁化

（a）示意一；（b）示意二

将这种高导磁性的铁磁物质插入线圈中，只要在线圈中通较小的励磁电流就可以获得很强的磁场。这就解决了既要磁性强又要励磁电流小的矛盾。利用优质的铁磁材料可使同一容量的电机的质量大大减轻，体积大大减小。

2）磁饱和性

通过实验可以测出铁磁材料的磁感应强度随电流变化的曲线，称为磁化曲线。不同的铁磁物质，其磁化曲线不完全相同，可从电工手册中查到。

图 3.2-2 所示是当线圈的结构、形状、匝数一定时，流入线圈的电流 I 与其产生的磁通 Φ 的关系示意图。

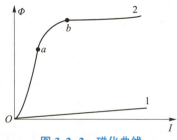

图 3.2-2　磁化曲线

直线 1 为线圈空心时的情况。此时，磁通 Φ 与电流 I 虽然是线性关系，但是 I 上升时，Φ 上升缓慢，电流的磁通很小。

曲线 2 为线圈中插入铁芯后的情况。该曲线可分为三段。其中，Oa 段称为初始磁化段，Φ 与 I 在这一段近似为线性关系。不过，由于铁芯不断被磁化而产生附加磁场，I 上升时，Φ 的上升速率远大于空心线圈时的上升速率，相同的电流 I 产生的磁通 Φ 很大。但是，铁芯磁化所产生的附加磁场是有限的，当全部磁畴都沿外磁场方向排列起来时，附加磁场也就不会再增加了。此后，即使再增大线圈中的电流 I，磁通 Φ 的上升速率与空心时相比已经区别不大。铁芯达到这种磁化程度时，称为磁饱和，如曲线 2 的 b 点，称为临界饱和点。b 点以后，曲线 2 的斜率与空心时的直线 1 基本相同，称为饱和段。从未饱和到饱和是逐步过渡的，中间有一段弯曲的 ab 段，称为曲线的膝部。

变压器与电机的铁芯一般都工作在磁化曲线的膝部，这样便可以用较小的电流产生较大的磁通。

铁磁物质的磁化曲线反映出磁通 Φ 与电流 I 不是线性关系，说明铁磁物质的磁导率并不是一个常数，会随着磁场强度的变化而变化。

3）磁滞性

如果在铁芯线圈中通入交流电，由于交流电流的大小、方向不断变化，铁芯被变化的磁场反复磁化，Φ-I 曲线如图 3.2-3 所示。该曲线称为铁磁物质的磁滞回线。磁滞回线是磁畴的惯性造成的。初始阶段，电流 I 从零上升到 I_{m}，Φ 沿 Oab 上升到临界饱和点 b。当电流减小到零时，原来随外磁场转向的磁畴并不能全部转回来，因而保留部分剩磁中 Φ_{r}，这种现象称为磁滞。只有当电流反向增大到一定的数值 $-I_{\mathrm{c}}$ 时，才能使剩磁消失。尔后若电流反向增大到 $-I_{\mathrm{m}}$，再从 $-I_{\mathrm{m}}$ 变到 $+I_{\mathrm{m}}$，Φ 则沿 $defgb$ 变化，构成一闭合回线。磁滞回线中的 Φ_{r} 称为剩磁，I_{c} 则称为矫顽力。

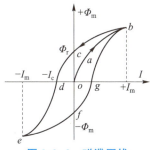

图 3.2-3　磁滞回线

（1）软磁材料。这类材料的特点是比较容易磁化，磁导率很高，剩磁和矫顽力都很小，因此，磁滞回线很窄，图 3.2-4（a）即软磁材料的磁滞回线。硅钢、铸钢、铸铁、铍莫合金等属于软磁材料。软磁材料适于作电机、变压器、继电器的铁芯。

（2）硬磁材料。硬磁材料的特点是要有较大的外磁场才能使其磁化，且剩磁和矫顽力都大，磁滞回线较宽。碳钢、钴钢、钨钢等属于硬磁材料。硬磁材料适于作永久磁铁，主要用于磁电式仪表、永磁式扬声器、永磁电动机、发电机、磁悬浮装置、核磁共振设备、传感器、耳机等。图 3.2-4（b）即硬磁材料的磁滞回线。

（3）矩磁材料。矩磁材料的特点是磁滞回线近似于矩形，剩磁很大，接近饱和磁感应强度，但矫顽力较小，易于迅速翻转，常在计算机和控制系统中用作记忆元件，如镁锰铁氧体及其某些铁镍合金等。图 3.2-4（c）即矩磁材料的磁滞回线。

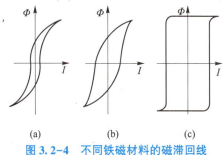

（a）　　　　（b）　　　　（c）

图 3.2-4　不同铁磁材料的磁滞回线

（a）软磁材料；（b）硬磁材料；（c）矩磁材料

3. 磁路欧姆定律

在变压器、电机等设备中，一般是用具有高导磁性能的铁磁物质制成闭合的形状，作为铁芯，一方面可以最大限度地用较小的电流产生很强的磁场，另一方面可以将磁通约束在铁芯构成的路径中。这种能将磁通约束在规定范围内的铁芯路径，称为磁路。图 3.2-5 所示为几种常见电气设备的磁路示意图，绕组线圈电流产生的磁通，绝大部分沿铁芯和途经的空气隙闭合。经铁芯闭合的磁通称为主磁通，用 Φ 表示。沿铁芯路径周围的空气闭合的磁通只占总磁通的很小一部分，称为漏磁通，用 Φ_s 表示。Φ_s 与 Φ 相比一般很小，可以忽略。

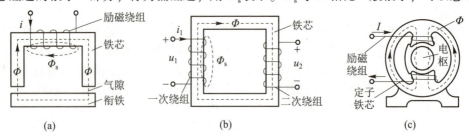

图 3.2-5　几种常见电气设备的磁路示意图
（a）电磁铁磁路；（b）变压器磁路；（c）直流电动机磁路

图 3.2-6 所示为交流铁芯线圈示意图，线圈的匝数为 N，线圈中的电流为 I，电源和线圈绕组构成铁芯线圈的电路部分，铁芯构成线圈的磁路部分，L 是磁路的平均长度。通电线圈产生磁场，因此 I 称为励磁电流。实验表明，励磁电流越大，线圈匝数越多，产生的磁场越强，磁通越多。因此，励磁电流 I 和线圈匝数 N 之积，

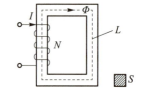

图 3.2-6　交流铁芯线圈示意图

可看作产生磁通的根源，称为磁动势，用 F 表示，即：

$$F = NI \tag{3.2-3}$$

式中，线圈匝数 N 量纲为 1，故磁动势的单位与电流的单位一样，也是安培（A）。

像导体对电流有阻碍作用一样，磁路对磁通也有阻碍作用。这种阻碍作用可用磁阻 R_m 表示。R_m 的计算公式与导体电阻的计算公式相似，即：

$$R_m = \frac{L}{\mu S} \tag{3.2-4}$$

式中，L 是磁路的平均长度，S 是磁路的截面积，μ 是磁路材料的磁导率。上式说明磁阻与磁路的长度成正比，与磁路的截面积及磁导率成反比。因此铁磁材料组成的磁路相较于非铁磁材料磁阻小得多，且磁导率越高，磁阻越小。

我们在学习电路时，知道电路欧姆定律，相应的也有磁路欧姆定律，即：

$$\Phi = \frac{F}{R_m} = \frac{NI}{R_m} \tag{3.2-5}$$

但是要注意，铁芯的磁导率不是常数，它随励磁电流而变，因此磁阻也不是常数，磁路欧姆定律不能直接用来计算，没有电路欧姆定律应用得那么广泛，只能用于定性分析。

根据磁阻的计算公式和磁路欧姆定律可得出以下结论：

（1）当铁芯的长度和截面积相等时，铁芯磁导率越大，磁阻越小，产生相同的磁通量，所需电流越小。因此采用磁导率高的铁芯材料，可使线圈用铜量大大降低。

（2）如果线圈中通有同样大小的励磁电流，要得到等量的磁通，采用磁导率高的铁芯材料，可使铁芯的截面积大大减小，从而减小用铁量。

（3）当磁路中含有空气隙时，磁阻大大增加，要得到相同的磁感应强度，必须增大励磁电流或者增加线圈匝数。

3.2.2 交流铁芯线圈

铁芯线圈分为两种：直流铁芯线圈和交流铁芯线圈。直流铁芯线圈通直流电励磁，如直流电机的励磁线圈、直流电磁铁及各种直流电器的线圈。交流铁芯线圈通交流电励磁，如交流电机、变压器及各种交流电器的线圈。在直流铁芯线圈中，产生的磁通是恒定的，不会产生感应电动势，当电压 U 一定时，线圈中的电流 I 只和线圈本身的电阻 R 有关，可以用电路欧姆定律确定三者的关系，功率损耗为 RI^2。交流铁芯线圈的电磁关系、电压—电流关系及功率损耗和直流铁芯线圈不同。交流铁芯线圈的相关理论是分析变压器、交流电机等电气设备的基础。

1. 交流铁芯线圈中电压和磁通的关系

图 3.2-7 所示的交流铁芯线圈电路图中，外加交流电压 u 使线圈通过交变电流 i，它建立起的磁动势 Ni 产生的磁通绝大部分通过闭合铁芯，这部分磁通称为主磁通 Φ，少部分磁通经过空气闭合，这部分磁通称为漏磁通 Φ_σ。这两个交变磁通在线圈中分别产生主磁电动势 e 和漏磁电动势 e_σ。设线圈的电阻为 R，则根据基尔霍夫定律，得：

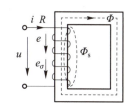

图 3.2-7 交流铁芯线圈电路图

$$u = Ri - e - e_\sigma \qquad (3.2\text{-}6)$$

当 u 是正弦电压时，上式可用相量表示为：

$$\dot{U} = R\dot{I} - \dot{E} - \dot{E}_\sigma \qquad (3.2\text{-}7)$$

由于漏磁通 Φ_σ 通过空气闭合，而空气的磁导率 $\mu \approx \mu_0 =$ 常数，因此，漏磁通 Φ_σ 与电流 i 之间呈线性关系，根据自感系数的定义，可得：

$$L_\sigma = \frac{N\Phi_\sigma}{i} = 常数 \qquad (3.2\text{-}8)$$

L_σ 称为铁芯线圈的漏磁电感，因此，漏磁电动势 e_σ 可表示为：

$$e_\sigma = -N\frac{\mathrm{d}\Phi_\sigma}{\mathrm{d}t} = -L_\sigma \frac{\mathrm{d}i}{\mathrm{d}t} \qquad (3.2\text{-}9)$$

主磁通 Φ 通过铁芯闭合，由于铁磁材料的磁导率 μ 不是常数，而是随着励磁电流的变化而变化，主磁通和电流不存在线性关系，铁磁线圈的主磁电感是非线性的，因此主磁电动势可表示为：

$$e = -N\frac{\mathrm{d}\Phi}{\mathrm{d}t} \qquad (3.2\text{-}10)$$

则：

$$u = Ri + N\frac{\mathrm{d}\Phi}{\mathrm{d}t} + L_\sigma \frac{\mathrm{d}i}{\mathrm{d}t} \qquad (3.2\text{-}11)$$

通常，线圈的电阻 R 和漏磁通 Φ_σ 都很小，因此，它们的电压降也很小，与主磁电动势相比，可以忽略不计，因此可以近似写为：

$$u \approx -e = N\frac{\mathrm{d}\Phi}{\mathrm{d}t} \tag{3.2-12}$$

假设 $\Phi = \Phi_\mathrm{m}\sin(\omega t)$，则：

$$e = -N\frac{\mathrm{d}\Phi}{\mathrm{d}t} = -N\omega\Phi_\mathrm{m}\cos(\omega t)$$

$$= 2\pi fN\Phi_\mathrm{m}\sin(\omega t - 90°)$$

$$= E_\mathrm{m}\sin(\omega t - 90°) \tag{3.2-13}$$

式中，E_m 是感应电动势的最大值，$E_\mathrm{m} = 2\pi fN\Phi_\mathrm{m}$，其有效值为：

$$E = E_\mathrm{m}/\sqrt{2} = 2\pi fN\Phi_\mathrm{m}/\sqrt{2} \approx 4.44 fN\Phi_\mathrm{m} \tag{3.2-14}$$

于是：

$$U \approx E = 4.44 fN\Phi_\mathrm{m} \tag{3.2-15}$$

式（3.2-15）是一个非常重要的公式，说明，当线圈的匝数 N 和电源频率 f 一定时，主磁通 Φ_m 的大小只取决于外加电压的有效值。这个结论对分析电磁铁、变压器交流电机等设备都非常重要。

2. 交流铁芯线圈中的能量损耗

1）铜损 P_Cu

在交流铁芯线圈中，线圈中的电流 i 在线圈电阻 R 上产生的功率损耗称为铜损，因此：

$$P_\mathrm{Cu} = I^2R \tag{3.2-16}$$

式中，I 是线圈中电流 i 的有效值。

2）铁损 P_Fe

在交流铁芯线圈中，处于交变磁化下的铁芯也会产生能量损耗，使铁芯发热，这种能量损耗称为铁损。铁损包括磁滞损耗和涡流损耗两部分。

（1）磁滞损耗。铁芯在交变磁场作用下反复磁化消耗的能量带来磁滞损耗。可以证明，交变磁化一周在铁芯的单位体积内所产生的磁滞损耗能量与磁滞回线所包围的面积成正比。磁滞损耗会使铁芯发热。为了减小磁滞损耗，应选用磁滞回线狭小的磁性材料制造铁芯。例如，硅钢就是变压器和电机中常用的铁芯，其磁滞损耗较小。

（2）涡流损耗。铁磁材料不仅是导磁材料，也是导电材料，在交变磁通通过铁芯时，铁芯内产生感应电动势，在垂直于磁通方向的平面产生旋涡式感应电流，如图 3.2-8（a）所示，涡流产生的能量损耗称为涡流损耗。涡流损耗也会引起铁芯发热。为了减小涡流损耗，一方面可以把整块铁芯用彼此绝缘顺着磁场方向叠加在一起的薄钢片代替，限制涡流在较小的截面内流通，如图 3.2-8（b）所示，叠加的硅钢片厚度一般在 0.35 mm 或 0.5 mm。另一方面可以采用电阻率较高的铁磁材料减小涡流。

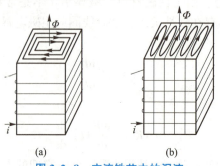

图 3.2-8 交流铁芯中的涡流

（a）涡流损耗的产生；（b）用硅钢片叠成的铁芯限制涡流

3.3　变压器

变压器是一种常见电气设备，在电力系统和电子线路中应用广泛。在电力系统中，利用升压变压器可以将电压升高，减小在输电过程中的电力损耗。为了保障用电安全且合乎用电设备的电压要求，再利用降压变压器将电压降低。在电子线路中，变压器可以用来耦合电路、传递信号、实现阻抗匹配等。此外还有自耦变压器、互感器和各种专用变压器等。

变压器的种类很多，但是它们的基本结构和工作原理是相同的。

3.3.1　变压器的基本结构和工作原理

1. 变压器的基本结构

变压器的一般结构如图 3.3-1 所示，由铁芯和绕组两大部分组成。

变压器的铁芯一般由厚度为 0.35~0.50 mm，表面绝缘的硅钢片叠压而成。由于硅钢片的磁导率很高，可用较小的电流产生很强的磁通，并将磁力线约束于铁芯中，且可减小变压器的体积；硅钢片间互相绝缘，则可减小涡流损耗。根据铁芯结构的不同，变压器可分为芯式和壳式两种。芯式变压器的绕组包在铁芯外面，制造工艺简单，目前一般的变压器都采用芯式结构。壳式变压器的铁芯大部分在绕组外面，散热性能好，但工艺较复杂，只在小容量变压器中采用。

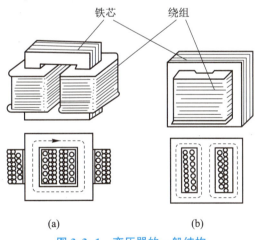

图 3.3-1　变压器的一般结构

（a）壳式变压器；（b）芯式变压器

绕组即线圈，是变压器的电路部分，它是用绝缘导线绕制的。与电源相连的绕组称为一次绕组，也称为原边线圈；与负载相连的称为二次绕组，也称为副边线圈。为了防止绕组内部短路，绕组与绕组、绕组与铁芯以及绕组内部各层间必须是绝缘的。

2. 变压器的工作原理

1）变压器的空载运行及电压变换作用

图 3.3-2 所示是单相变压器原理图。设一次、二次绕组的匝数分别为 N_1 和 N_2，在一次

绕组上接入额定的正弦交流电压 u_1，二次绕组开路，变压器便运行在空载状态。

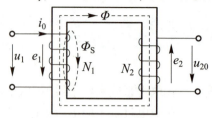

图 3.3-2　单相变压器原理图

在外加电压 u_1 的作用下，一次绕组中有交流电流 i_0 通过。i_0 称为空载电流。i_0 在一次绕组中建立磁动势 i_0N，称为空载磁动势。在空载磁动势 i_0N 的作用下，磁炉中产生交变磁通。交变磁通的绝大部分，即主磁通 Φ 既与一次绕组交链，又与二次绕组交链；交变磁通的很小一部分，即漏磁通 Φ_σ 仅与一次绕组交链后沿附件空间闭合。主磁通在一次、二次绕组中分别感应出电动势 e_1 和 e_2，在二次绕组的输出端上便有电压 u_{20}。上述各量之间的关系可表示如下：

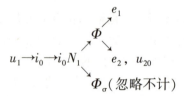

因此，通过磁场的媒介作用，建立了一次、二次绕组电压 u_1 与 u_{20} 的联系。

由于 u_1 为正弦量，主磁通 Φ 也是一个正弦量，设 $\Phi = \Phi_m \sin(\omega t)$，则其在一次、二次绕组中产生的感应电动势 e_1、e_2 的有效值分别为 E_1、E_2。由于漏磁感应电动势很小，线圈电阻压降也很小，与主磁感应电动势相比可以忽略不计，因此：

$$u_1 \approx -e_1$$

即：

$$U_1 \approx E_1 = 4.44fN_1\Phi_m \tag{3.3-1}$$

而二次侧开路，其输出电压就等于二次绕组的感应电动势，即：

$$u_2 \approx e_2$$

$$U_{20} \approx E_2 = 4.44fN_2\Phi_m \tag{3.3-2}$$

比较一、二次绕组之间的电压关系，得出：

$$\frac{U_1}{U_{20}} \approx \frac{E_1}{E_2} = \frac{N_1}{N_2} = K_u \tag{3.3-3}$$

即一次、二次绕组的电压比也等于一次、二次绕组的匝数比，比值 K_u 称为变压器的电压比。

2）变压器的负载运行及电流变换作用

变压器一次绕组仍接入额定正弦电压 u_1，当二次绕组接上负载时，变压器即处于负载运行状态。此时，一次、二次绕组中分别由 i_1、i_2 流通，如图 3.3-3 所示。图中已标出各量的正方向。一次绕组中的磁通势为 i_1N_2，二次绕组中的磁通势为 i_2N_2。当一次绕组电源电压 U_1 不变，且匝数 N_1 一定时，铁芯中的主磁通 Φ_m 恒定不变。即空载时的主磁通和负载时的主磁通相等。从而，空载时的磁通势和负载时的磁通势也相等。即：

$$i_0N_1 = i_1N_1 + i_2N_2 \tag{3.3-4}$$

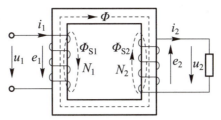

图 3.3-3　单相变压器的负载运行

式（3.3-4）中，变压器的空载电流 i_0 是励磁用的。由于铁芯的磁导率高，空载电流很小，它的有效值 I_0 为一次绕组额定电流 I_{1N} 的 3%~8%。因此与 $I_0 N_2$ 和 $I_0 N_1$ 相比常可忽略不计。于是上式可写为：

$$i_1 N_1 \approx -i_2 N_2 \qquad (3.3-5)$$

有效值可表示为：

$$I_1 N_1 \approx I_2 N_2 \qquad (3.3-6)$$

由式（3.3-6）可知，当 I_2 增大时，I_1 必增大，以维持 Φ_m 不变。从能量守恒的观点也很容易理解：I_2 增大，变压器输出给负载的功率增大，电源输入给变压器的功率也要增大，故 I_1 增大。可见，变压器的输出功率是一次绕组从电源取得，经磁场媒介与二次绕组传递给负载的。

由上式可得：

$$\frac{I_1}{I_2} \approx \frac{N_2}{N_1} = \frac{1}{K_u} = K_i \qquad (3.3-7)$$

式中，K_i 称为变压器的电流比，其值为电压比的倒数，即匝数的反比。由此可见，变压器具有电流变换作用，匝数多的高压侧电流小，匝数少的低压侧电流大。

【例 3.1】某变压器一次绕组电压 U_1 为 3 300 V，二次绕组电压为 220 V。（1）若一次线圈匝数 N_1 为 2 250 匝，求二次线圈匝数 N_2；（2）若二次侧接入一台 25 kW 的电阻炉，求一次、二次绕组电流 I_1、I_2。

解：（1）$K_u = \dfrac{U_1}{U_2} = \dfrac{3\ 300}{220} = 15$ 　　　$N_2 = \dfrac{N_1}{K_u} = \dfrac{2\ 250}{15} = 150$

（2）$I_2 = \dfrac{P_2}{U_2} = \dfrac{25 \times 10^3}{220} \approx 113.6$（A）　　　$I_1 = \dfrac{I_2}{K_u} = \dfrac{113.6}{15} \approx 7.57$（A）

即二次绕组的匝数为 150，一次、二次绕组电流分别为 113.6 A、7.57 A。

3）变压器阻抗变换作用

变压器不但可以变换电压和电流，还可以变换阻抗。如图 3.3-4 所示，负载阻抗 Z_L 接在变压器二次侧。从变压器一次侧输入端看，图 3.3-4（a）中的虚线框可用阻抗 Z_L' 等效代替，如图 3.3-4（b）所示。Z_L 与 Z_L' 的关系可用下面的方法推得：

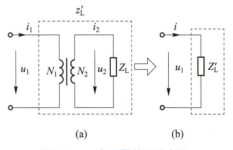

图 3.3-4　变压器的阻抗变换

$$\frac{U_1}{I_1} = \frac{\dfrac{N_1}{N_2} U_2}{\dfrac{N_2}{N_1} I_2} = \left(\frac{N_1}{N_2}\right)^2 , \qquad \frac{U_2}{U_1} = K_u^2 \frac{U_2}{U_1}$$

因 $\dfrac{U_1}{I_1} = |Z_L'|$，且 $\dfrac{U_2}{I_2} = |Z_L|$，

所以有 $|Z_L'| = K_u^2 |Z_L|$。

Z'_L 称为折算到变压器一次侧的等效负载阻抗。若负载阻抗 Z_L 相同，但匝数比不同，则折算到一次侧的等效阻抗 Z'_L 也不同。因此只要改变匝数比就可以改变等效阻抗，这就是变压器的阻抗变换作用。阻抗变换作用经常用于电子电路中实现阻抗匹配。

【例3.2】 如图3.3-5所示，交流信号源的电动势 $E=120$ V，内阻 $R_0=800$ Ω，负载为扬声器，其等效电阻 $R_L=8$ Ω。要求：（1）当 R_L 折算到原边的等效电阻 $R'_L=R_0$ 时，求变压器的匝数比和信号源输出的功率；（2）当将负载直接与信号源连接时，信号源输出多大功率？

解：（1）变压器的匝数比应为：

$$K_u=\frac{N_1}{N_2}=\sqrt{\frac{R'_L}{R_L}}=\sqrt{\frac{800}{8}}=10$$

信号源输出功率为：

$$P=\left(\frac{E}{R_0+R'_L}\right)^2 R'_L=\left(\frac{120}{800+800}\right)^2\times800=4.5\ （\text{W}）$$

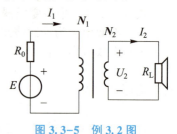

图 3.3-5　例 3.2 图

（2）将负载直接接到信号源上时，输出功率为：

$$P=\left(\frac{E}{R_0+R_L}\right)^2 R'_L=\left(\frac{120}{800+8}\right)^2\times8=0.176\ （\text{W}）$$

3.3.2　变压器的运行特性和技术参数

1. 变压器的外特性

变压器一次侧加上额定电压 U_{1N}，二次侧所带负载的功率因数一定时，二次端电压 U_2 随负载电流 I_2 变化的关系曲线 $U_2=f(I_2)$，称为变压器的外特性。图3.3-6所示为电阻性负载（$\cos\varphi=1$）与电感性负载（$\cos\varphi=0.8$）

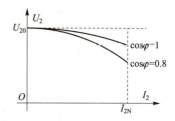

的外特性示意图。从图可知，U_2 随 I_2 的上升而下降，这 图 3.3-6　电阻性负载（$\cos\varphi=1$）与电是由于变压器绕组本身存在阻抗，I_2 上升，绕组阻抗压降 感性负载（$\cos\varphi=0.8$）的外特性示意图增大，导致负载分压降低。绕组阻抗由两部分构成，一是绕组的导线电阻，二是漏磁通产生的感抗。U_2 随 I_2 变化的程度，通常用电压调整率来衡量。电压调整率由下式表示：

$$\Delta U=\frac{U_{20}-U_2}{U_{20}}\times100\%\qquad\qquad(3.3-8)$$

式中，U_{20} 为二次空载电压，即二次额定电压 U_{2N}。U_2 是当 $I_2=I_{2N}$ 时二次端电压。显然，电压调整率越小，负载电流 I_2 变化时，二次端电压 U_2 越稳定。电力变压器的电压调整率为5%左右。电压调整率太大，会使负载达不到额定功率。

2. 变压器的效率

变压器的输出功率总是小于输入功率，两者之差就是变压器的损耗。变压器的损耗包括铁损和铜损两部分。铁损即铁芯的磁滞损耗和涡流损耗；铜损是一次、二次电流在绕组中的导线电阻引起的损耗。变压器的输出功率 P_2 与输入功率 P_1 之比的百分数称为变压器的效率，用 η 表示，即：

$$\eta = \frac{P_2}{P_1} \times 100\% \tag{3.3-9}$$

变压器除铁损与铜损之外，与电动机相比没有机械损耗，因此效率较高，小容量变压器的 η 为 $80\% \sim 90\%$，大容量变压器的 η 可达 $98\% \sim 99\%$。

3. 变压器的技术参数

变压器在使用时，实际运行中的参数不能超过技术参数的规定值。变压器的主要技术参数都标注在它的铭牌上。

1）额定电压 U_{1N}、U_{2N}

变压器的一次额定电压 U_{1N} 是加在一次绕组上的正常工作电压，它是根据变压器的绝缘强度和允许温升等条件规定的。

变压器的二次额定电压 U_{2N} 是指一次侧加上 U_{1N}，二次侧空载时的端电压。空载电压用 U_{20} 表示，则 $U_{2N} = U_{20}$。

2）额定电压 I_{1N}、I_{2N}

额定电流 I_{1N}、I_{2N} 是指变压器在额定运行条件下，一次、二次绕组中长期允许通过的电流值。

3）额定频率 f

额定频率 f 是指变压器运行时规定的电源频率。我国电力变压器的额定频率为工频 $50\ \mathrm{Hz}$。

4）额定容量 S_N

额定容量 S_N 是指变压器二次绕组的额定电压和额定电流的乘积。对单相变压器而言，$S_N = U_{2N} I_{2N}$。额定容量与变压器输出的有功功率的关系为：

$$P_2 = S_N \cos\varphi \tag{3.3-10}$$

式中，$\cos\varphi$ 为变压器所带负载的功率因数。

3.3.3　其他常见的变压器

1. 三相变压器

三相变压器用来变换三相电压，它是电力系统的重要设备。有两种结构的三相变压器：一种是由三台单相变压器组成的，称为三相变压器组；另一种称为芯式三相变压器，其结构如图3.3-7所示。在一个公共铁芯上有三个芯柱，各相的一次、二次绕组套在同一个芯柱上，与同一磁通相交链。因此三相变压器的工作原理与前述的单相变压器相同。中小容量的三相变压器一般采用芯式结构。

三相变压器绕组的连接方式有很多，最常见的为 Y/Y_0 连接，即三相一次绕组接成星形，二次绕组也接成星形且引出中线，如图 3.3-8（a）所示。图中 $1U_1$、$1V_1$、$1W_1$ 为输入端，接高压输电线；$2U_1$、$2V_1$、$2W_1$、0 是低压输出端，从输出端可得到两个不同等级的电压值，即相线之间的线电压以及相线与中线之间的相电压。Y/Y_0 连接常用于把 $6\ \mathrm{kV}$、$10\ \mathrm{kV}$、$35\ \mathrm{kV}$ 高电压变为 $400/230\ \mathrm{V}$ 三相四线制低电压的场合。另一种连接方式是 $Y/\triangle$ 连接，如图3.3-8（b）所示，一次绕组仍然接成星形，二次绕组首尾连接，接成三角形。Y/△连接常用于把 35 kV 高压变为3.15 kV、6.3 kV、10.5 kV 的场合。

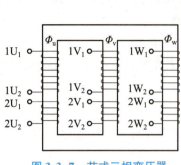

图 3.3-7　芯式三相变压器

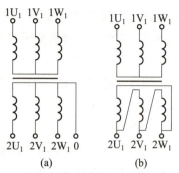

图 3.3-8　三相变压器绕组的连接方式
(a) Y/Y₀连接；(b) Y/△连接

三相变压器一次、二次绕组的相电压与单相变压器一样，仍等于一次、二次绕组的匝数比。即不论三相变压器作何种连接，均有：

$$\frac{U_{P1}}{U_{P2}} = \frac{N_1}{N_2} = K_u \tag{3.3-11}$$

三相变压器一次、二次绕组的线电压之比和绕组的连接方式有关。在 Y/Y₀连接中，有：

$$\frac{U_{L1}}{U_{L2}} = \frac{\sqrt{3}\,U_{P1}}{\sqrt{3}\,U_{P2}} = \frac{U_{P1}}{U_{P2}} = \frac{N_1}{N_2} = K_u \tag{3.3-12}$$

在 Y/△连接中，有：

$$\frac{U_{L1}}{U_{L2}} = \frac{\sqrt{3}\,U_{P1}}{U_{P2}} = \frac{\sqrt{3}\,N_1}{N_2} = \sqrt{3}\,K_u \tag{3.3-13}$$

在 Y/△连接中，一次、二次侧的线电压比为匝数比的$\sqrt{3}$。相电流只有线电流的 $1/\sqrt{3}$，可减小二次绕组导线的截面积，节省成本。此时输出为三相三线制。

2. 自耦变压器

自耦变压器与其他变压器相比，其特点是在闭合的铁芯上只有一个绕组，此绕组既是一次绕组又是二次绕组，低压绕组是高压绕组的一部分，如图 3.3-9 所示。由于一次、二次绕组通过同一磁通，故一次、二次绕组的电压比与普通变压器一样，仍为其匝数比，可见，改变二次绕组匝数 N_2，就可得到不同的输出电压 U_2。自耦变压器常将二次绕组的触头制成滑动触头而成为调压器，改变滑动触头的位置，便改变了 N_2，从而得到连续可调的 U_2。

图 3.3-10 所示为实验室常用自耦变压器。为方便调压，绕组绕制在环形铁芯上，可以通过转动手柄来获得需要的电压值。

自耦变压器的一次、二次绕组直接连接在一起，因此一旦高压侧出现电气故障，必然会波及低压侧。例如当高压侧绝缘损坏，必然会传到低压侧，这是很不安全的。因此接在低压侧的电气设备，必须有防止过电压的措施，而且规定不准把自耦变压器作为安全电源电压使用。在使用自耦变压器之前，一定要先把手柄转到零位。

图 3.3-9　自耦变压器　　　　　　　图 3.3-10　实验室常用自耦变压器

3. 仪用互感器

仪用互感器是专供电工测量和自动保护装置使用的变压器。它可以用于扩大测量仪表的量程，或为高压电路的控制及保护设备提供所需的低电压和小电流，并使它们与高压电路隔离，以保证安全。仪用互感器包括电压互感器和电流互感器。

1）电压互感器

电压互感器是一种特殊的降压变压器，其原理与普通变压器相同。电压互感器的二次额定电压一般设计为标准值 100 V，以便统一电压表的表头规格。图 3.3-11 所示为电压互感器接线图，一次侧接高压电路，二次侧接电压表或其他仪表的电压线圈。一次、二次绕组的电压比也是其匝数比：$U_1/U_2 = N_1/N_2 = K_u$。接于电压互感器二次侧的电压表如已经换算成高压电压刻度值，则可直接从表盘上读出被测高压值。

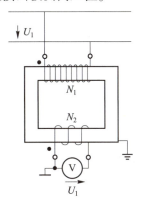

图 3.3-11　电压互感器接线图

注意：电压互感器在运行时，二次绕组绝不允许短路。为防止短路造成不良后果，二次侧应接熔断器作短路保护（图中未画熔断器）。另外，为防止高压侧绝缘损坏导致二次侧出现高压，应将二次绕组的一端及铁芯、外壳可靠接地。

2）电流互感器

电流互感器是用来将大电流变为小电流的特殊变压器，其二次额定电流通常设计为标准值 5 A，以便统一电流表的表头规格。电流互感器接线如图 3.3-12 所示。一次绕组匝数很少，有的仅一匝。匝数多的二次绕组接电流表或其他仪表的电流线圈。与普通变压器一样，一次、二次绕组的电流比仍为匝数的反比，即 $I_1/I_2 = N_2/N_1 = 1/K_u$。可见从电流表读得 I_2，

即可得出 I_1。如电流表按一次绕组电流值刻度，则可直接从表盘上读出被测电流 I_1。

特别指出，电流互感器在运行中，二次绕组绝不允许开路。若二次绕组尚未接入仪表，则应将其短路，这是它与普通变压器的不同之处。为了安全，电流互感器二次绕组的一端以及外壳、铁芯也必须可靠接地。

利用电流互感器原理制成的钳形电流表如图 3.3-13 所示。钳形电流表的铁芯像把钳子，测量时通过手柄使铁芯张开，将被测电流导线（相当于电流互感器的单匝一次绕组）钳入铁芯，再将铁芯闭合，从电流表上即可读出被测电流。钳形电流表可带电测量，无须断开电路，使用方便。

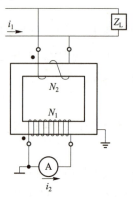

图 3.3-12　电流互感器接线图

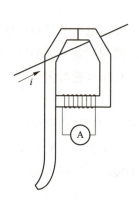

图 3.3-13　钳形电流表

3.4　理论联系实际完成实践任务

任务：单相铁芯变压器特性的测试

1. 实践目的

（1）认识单相铁芯变压器，熟悉其功能、结构和工作原理。

（2）学会利用仪器仪表测量变压器的各项参数，理解各参数的含义。

（3）学会变压器外特性的测量方法，进一步理解变压器的工作特点。

（4）学会根据电气原理图连接电路，强化实践技能，提高综合素养。

2. 实践任务

（1）按图 3.1-1 所示电路进行连接，打开电源，由各仪表读出变压器一次侧的 U_1、I_1、P_1 及二次侧的 U_2、I_2，并用万用表 R×1 挡测出原、副绕组的电阻 R_1 和 R_2，计算得到变压器的以下各项参数值：

电压比 $K_u = U_1/U_2$，电流比 $K_i = I_1/I_2$，一次绕组阻抗 $Z_1 = U_1/I_1$；

二次绕组阻抗 $Z_2=U_2/I_2$，阻抗比 $K_Z=Z_1/Z_2$，负载功率 $P_2=U_2I_2\cos\varphi_2$；

损耗功率 $P_0=P_1-P_2$，功率因数 $\cos\varphi=P_1/(U_1I_1)$，一次绕组铜损 $P_{Cu1}=I_1^2R_1$；

二次绕组铜损 $P_{Cu2}=I_2^2R_2$，铁损 $P_{Fe}=P_0-(P_{Cu1}+P_{Cu2})$。

（2）保持一次侧输入电压不变，逐渐改变负载的大小，绘制出变压器的外特性曲线 $U_2=f(I_2)$。

（3）分析该变压器各项参数的含义，说明负载变化时，其输出电压如何变化。总结实践过程中遇到的问题和解决方法，以及心得体会。

3. 实践设备

实践设备如表 3.4-1 所示。

表 3.4-1　实践设备

序号	名　称	型号与规格	数量
1	交流电压表	0~500 V	1
2	交流电流表	0~5 A	1
3	低功率因数瓦特表		1
4	试验变压器	220 V/36 V，　50 V·A	1
5	单相调压器		1
6	白炽灯	220 V，25 W	5

4. 实践内容

（1）将单相铁芯变压器和仪器仪表等实验设备，按图 3.1-1 线路接线。A、X 为变压器的低压绕组，a、x 为变压器的高压绕组。将实验室的自耦调压器接至低压绕组，高压绕组 220 V 接 Z_L，即 25 W 的灯组负载（灯泡并联），经指导教师检查后方可进行通电。

（2）将调压器手柄置于输出电压为零的位置（逆时针旋到底），合上电源开关，并调节调压器，使其输出电压为 36 V。当负载开路逐次增加（最多亮 5 个灯泡）时，记下 5 个仪表的读数（自拟数据表格），绘制变压器外特性曲线。实训完毕将调压器调回零位，断开电源。

当负载为 4 个及 5 个灯泡时，变压器已处于超载运行状态，很容易烧坏。因此，测试和记录应尽量快，总共不应超过 2 min。实训时，可先将 5 只灯泡并联安装好，断开控制每个灯泡的相应开关，通电且电压调至规定值后，再逐一打开各个灯泡的开关，并记录仪表读数。待开 5 个灯泡的数据记录完毕后，立即用相应的开关断开各灯泡。

（3）将高压侧（副边）开路，确认调压器处在零位后，合上电源，调节调压器输出电压，使 U_1 从零逐次上升到 1.2 倍的额定电压（1.2×36 V），分别记下各次测得的 U_1、U_{20} 和 I_{10} 数据，记入自拟的数据表格，用 U_1 和 I_{10} 绘制变压器的空载特性曲线。

5. 实践报告

（1）根据额定负载时测得的数据，计算变压器的各项参数。

（2）根据实践内容，自拟数据表格，绘出变压器的外特性和空载特性曲线。

（3）计算变压器的电压调整率。ΔU（％）的值是多少？

（4）心得体会及其他。

第3章 习题

1. 填空题

1.1 通过与磁场方向垂直的某截面积 S 的磁力线的总数，称为该面积的_____，其单位是_____。

1.2 _____是用来衡量物质导磁性能的物理量，其值越大，导磁性越_____。

1.3 自然界的物质根据导磁性能的不同一般可分为非磁性物质和铁磁性物质两大类。其中_____物质内部无磁畴结构，而_____物质的相对磁导率大于1。

1.4 铁磁材料是重要的电工材料，变压器、电机等电磁设备的铁芯就是用铁磁物质制造的，具有以下磁性能：_____、_____、_____。

1.5 根据工程上用途的不同，铁磁性材料一般可分为_____材料、_____材料和_____材料三大类，其中电机、电器的铁芯通常采用_____材料制作。

1.6 在变压器、电机等设备中，一般是用具有_____的铁磁物质制成闭合的形状，作为铁芯，一方面可以最大限度地用_____的电流产生_____的磁场，另一方面可以将磁通约束在铁芯构成的路径中。这种能将磁通约束在规定范围内的铁芯路径，称为_____。

1.7 采用磁导率较高的铁磁材料做铁芯，产生相同的磁通量，所需电流_____，可使线圈用铜量_____。

1.8 变压器运行中，绕组中电流的热效应引起的损耗称为_____损耗；交变磁场在铁芯中所引起的_____损耗和_____损耗合称为_____损耗。其中_____损耗又称为不变损耗；_____损耗称为可变损耗。

1.9 变压器空载电流的_____分量很小，_____分量很大，因此空载的变压器，其功率因数_____，而且是_____性的。

1.10 电压互感器实质上是一个_____变压器，在运行中二次绕组不允许_____；电流互感器是一个_____变压器，在运行中二次绕组不允许_____。从安全使用的角度出发，两种互感器在运行中，其_____绕组都应可靠接地。

1.11 变压器是既能变换_____、变换_____，又能变换_____的电气设备。变压器在运行中，只要_____和_____不变，其工作主磁通 Φ 将基本维持不变。

1.12 变压器空载运行时，其_____很小而_____耗也很小，所以空载时的总损耗近似等于_____损耗。

1.13 变压器加负载后，二次端电压 U_2 随负载电流 I_2 变化，其变化的程度通常用_____

来衡量。其值_____，二次端电压 U_2 越稳定。

1.14 发电厂向外输送电能时，应通过_____变压器将发电机的出口电压进行变换后输送；分配电能时，需通过_____变压器将输送的电能变换后供应给用户。

2. 判断题

2.1 无论何种物质，内部都存在磁畴结构。　　　　　　　　　　　　　（　　）

2.2 磁场强度 H 的大小不仅与励磁电流有关，还与介质的磁导率有关。（　　）

2.3 当磁路中含有空气隙时，磁路的磁阻降低。　　　　　　　　　　　（　　）

2.4 变压器的损耗越大，其效率就越低。　　　　　　　　　　　　　　（　　）

2.5 变压器从空载到满载，铁芯中的工作主磁通和铁耗基本不变。　　　（　　）

2.6 变压器无论带何种性质的负载，当负载电流增大时，输出电压必降低。（　　）

2.7 电流互感器运行中副边不允许开路，否则会感应出高电压造成事故。（　　）

2.8 变压器只能变换交流电，不能变换直流电。　　　　　　　　　　　（　　）

2.9 电机、电器的铁芯通常都是用软磁性材料制作的。　　　　　　　　（　　）

3. 选择题

3.1 变压器若带感性负载，从轻载到满载，其输出电压将会（　　）。

A. 升高　　　　　　　B. 降低　　　　　　　C. 不变

3.2 变压器从空载到满载，铁芯中的工作主磁通将（　　）。

A. 增大　　　　　　　B. 减小　　　　　　　C. 基本不变

3.3 电压互感器实际上是降压变压器，其一、二次绕组匝数及导线截面情况是（　　）。

A. 一次绕组匝数多，导线截面小

B. 二次绕组匝数多，导线截面小

C. 一、二次绕组匝数和导线截面相同

3.4 自耦变压器不能作为安全电源变压器的原因是（　　）。

A. 公共部分电流太小　　B. 一、二次绕组有电的联系　　C. 一、二次绕组有磁的联系

3.5 决定电流互感器一次绕组电流大小的因素是（　　）。

A. 二次绕组电流　　　　B. 所接负载　　　　　　C. 被测电路

3.6 若电源电压高于额定电压，则变压器空载电流和铁损比原来的数值将（　　）。

A. 减少　　　　　　　B. 增大　　　　　　　C. 不变

4. 简述题

4.1 变压器的负载增加时，其原绕组中电流怎样变化？铁芯中工作主磁通怎样变化？输出电压是否一定要降低？

4.2 若电源电压低于变压器的额定电压，输出功率应如何适当调整？若负载不变会引起什么后果？

4.3 变压器能否改变直流电压？为什么？

4.4 铁磁性材料具有哪些磁性能？

4.5 你能说出硬磁性材料的特点吗？

4.6 为什么铁芯不用普通的薄钢片而用硅钢片？制作电机电器的芯子能否用整块铁芯或

不用铁芯？

4.7 具有铁芯的线圈电阻为 R，加直流电压 U 时，线圈中通过的电流 I 为何值？若铁芯有气隙，当气隙增大时电流和磁通哪个改变？为什么？若线圈加的是交流电压，当气隙增大时，线圈中电流和磁路中磁通又是什么变化？为什么？

5. 计算题

5.1 一台容量为 20 kV·A 的照明变压器，它的电压为 6 600 V/220 V。（1）它能够正常供应 220 V、40 W 的白炽灯多少盏？（2）能供给 $\cos\varphi = 0.6$、电压为 220 V、功率为 40 W 的日光灯多少盏？

5.2 已知输出变压器的变比 $k = 10$，二次绕组负载电阻为 8 Ω，一次绕组所接信号源电压为 10 V，内阻 $R_0 = 200$ Ω，求负载上获得的功率。

第4章　异步电动机

电动机是把电能转换为机械能的一种动力装置。根据用电性质的不同，电动机可以分为直流电动机和交流电动机。交流电动机根据工作原理的不同又可分为同步电动机和异步电动机。其中异步电动机具有构造简单、价格便宜、运行可靠、坚固耐用等优点，因此应用最为广泛。厂矿企业、交通工具、农业生产、日常生活都离不开异步电动机。

本章在完成电动机的认识和控制实践任务的驱动下，主要学习三相异步电动机的结构、工作原理和特性、使用方法及主要技术数据。在此基础上再学习异步电动机的继电接触控制电路和过载、短路、失压保护的常用方法。

4.1　实践任务

三相交流异步电动机在工业生产、农业机械化、交通运输、国防工业等电力拖动装置中，都有广泛应用。本章实践任务是"三相鼠笼式异步电动机的认识和使用""三相鼠笼式异步电动机的点动和自锁控制""三相鼠笼式异步电动机的正反转控制及电路保护""三相鼠笼式异步电动机的Y-△降压启动控制"。通过完成这几项实践任务，逐步认识三相异步电动机、理解其工作原理并掌握三相异步电动机的控制和使用方法。学生在实践任务的驱动下，提高学习动力，逐步掌握三相异步电动机的相关理论，用于指导实践，提高综合实践技能。

4.1.1　任务一：三相鼠笼式异步电动机的认识和使用

1. 原理图

图4.1-1所示为鼠笼式三相异步电动机实物外观，上面的铭牌数据记录了电动机的各种参数及连接方法。图4.1-2所示为三相定子绕组与接线盒△接法原理图。

图 4.1-1　某鼠笼式三相异步电动机实物外观

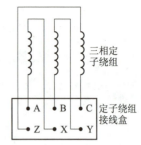

三相定子绕组

定子绕组接线盒

图 4.1-2　三相定子绕组与接线盒△接法原理图

2. 实践任务内容

（1）抄录三相鼠笼式异步电动机的铭牌数据，理解其含义。

（2）观察电动机的结构，熟悉电动机的结构。

（3）学会用万用表判别定子绕组的首、末端。

（4）学习使用兆欧表测量电动机的绝缘电阻。

（5）尝试用三角形接法直接启动电动机。

4.1.2　任务二：三相鼠笼式异步电动机的点动和自锁控制

1. 原理图

图 4.1-3、图 4.1-4 所示为三相鼠笼式异步电动机的两种基本继电-接触器控制电路，分别用到了刀开关 Q_1，熔断器 FU，交流接触器 KM 主触点，热继电器 FR，按钮 SB_1、SB_2 等。

2. 实践任务内容

将三相鼠笼式异步电动机接成接法，并完成下列任务：

（1）学会识别电气原理图，掌握由电气原理图变换成安装接线图的方法。

（2）认识交流接触器、按钮、热继电器，并掌握其用法。

（3）按图 4.1-3 所示点动控制电路进行安装接线，实现电动机的点动控制。

（4）按图 4.1-4 所示自锁控制电路进行接线，实现电动机的自锁控制。体会点动控制和自锁控制的不同。

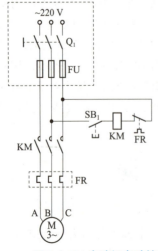

图 4.1-3　电动机点动控制电路

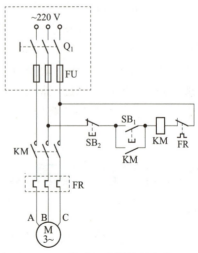

图 4.1-4　电动机自锁控制电路

4.1.3 任务三：三相鼠笼式异步电动机的正反转控制及电路保护

1. 原理图

图 4.1-5 所示为三相鼠笼式异步电动机正反转控制原理图，通过按钮开关控制交流接触器改变电源相序来实现电动机的正反转控制。

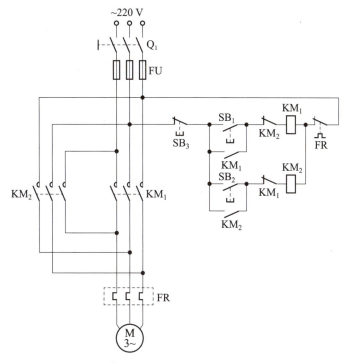

图 4.1-5 三相鼠笼式异步电动机正反转控制原理图

2. 实践任务内容

（1）按图 4.1-5 所示电气连接，完成电动机正反转控制电路的连接。

（2）操作按钮开关，控制电动机正转、反转、停转，观察交流接触器的运行情况。

（3）模拟电源失压时，观察电动机和接触器的运行情况，体会交流接触器的失压保护功能。

（4）模拟电动机过载，观察电动机和接触器的动作情况。

4.1.4 任务四：三相鼠笼式异步电动机的 Y-△ 降压启动控制

1. 原理图

图 4.1-6 所示为利用时间继电器延时实现电动机 Y-△ 降压启动控制电路。

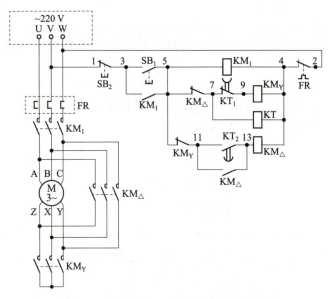

图 4.1-6　电动机 Y-△ 降压启动控制电路

2. 实践任务内容

（1）观察实践继电器的结构，认清其电磁线圈和延时常闭触头、常开触头的接线端子，理解其工作原理。

（2）按照图 4.1-6 所示电气连接接线完成电动机的 Y-△ 降压启动电路。

（3）操作电路，观察电动机的整个启动过程及各继电器的动作情况，记录电动机 Y-△ 换接所需时间。

4.2　三相异步电动机

三相异步电动机具有构造简单、价格便宜、运行可靠、坚固耐用等优点，是目前国民经济生活中使用最广泛的一种电动机，有关统计资料表明，在电力拖动系统中，三相异步交流电动机大约占 85% 的比例。

4.2.1　三相异步电动机的结构

图 4.2-1 所示为三相异步电动机的结构，主要部件由两部分组成：定子和转子。下面分别进行介绍。

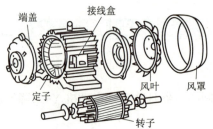

图 4.2-1　三相异步电动机的结构

1. 定子

定子是电动机的不动部分，主要由定子铁芯、定子绕组和基座三部分组成。其中机座通常由铸铁或铸钢制成，其作用是固定定子铁芯和定子绕组，并在前后两个端盖上装有轴承以支承转子轴。机座外壳制成波楞壁，具有良好的散热性能。

定子铁芯是电动机工作磁通的主要通路，一般由 0.35～0.50 mm 厚、表面涂有绝缘漆或氧化膜的硅钢片叠压而成，以减小交流磁通所引起的涡流损耗。在定子铁芯硅钢片的内圆上冲有均匀分布的槽口，用以嵌放对称的三相绕组。定子铁芯固定在机座的内腔里，如图4.2-2所示。

图 4.2-2　定子铁芯

定子绕组是异步电动机的电路部分。中、小型电动机一般采用高强度漆包线（铜线或铝线）绕制，由对称的三相绕组组成。三相绕组按照一定的规律依次嵌放在定子铁芯的槽口内，并与铁芯之间夹以绝缘层。定子绕组一般有星形连接和三角形连接。为了便于改变接线方式，三相绕组的 6 个出线头分别用 U_1、V_1、W_1 和 U_2、V_2、W_2 表示三个首端和三个末端。通常将它们接在机座外面的接线盒中。根据电源电压和电动机的额定电压，可以把三相绕组接成星形或三角形。三相异步电动机的接线盒及两种接法如图4.2-3所示。

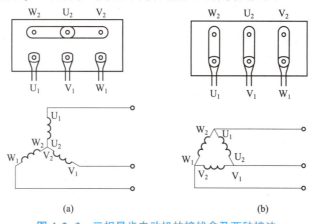

(a) (b)

图 4.2-3　三相异步电动机的接线盒及两种接法

(a) 星形连接；(b) 三角形连接

2. 转子

转子是电动机的旋转部分，其作用是输出机械转矩。它由转轴、转子铁芯和转子绕组三部分组成。

三相异步电动机的转子绕组根据结构不同，可分为笼型转子和绕线型转子。

1）笼型转子

笼型转子绕组是在转子铁芯的槽内嵌放铜条或铝条，并在两端用短路环焊接成鼠笼形式，如图 4.2-4（a）所示。因两端圆环使所有的导体短路，所以又叫短路式转子。为了节省铜材，现在中小型电动机（100 kW 以下）一般采用铸铝转子，即把熔化的铝浇注在转子铁芯槽内，两个端环及风叶也一并铸成，如图 4.2-4（b）所示。用铸铝转子，简化了制造工艺，降低了电动机的成本。

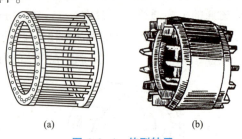

(a)   (b)

图 4.2-4 笼型转子

（a）铜条转子；（b）铸铝转子

2）绕线型转子

绕线型转子的铁芯与笼型的相同，不同的是在转子铁芯的槽内嵌放的不是铜条或铝条，而是对称的三相绕组。三相绕组接成星形，末端连在一起，首端分别接到转轴上彼此绝缘的铜制滑环上，如图 4.2-5 所示。三个铜环与转轴之间是绝缘的，滑环通过电刷将转子绕组的三个首端引到机座上的接线盒内，以便在转子电路中串入附加电阻，用来改善电动机的启动和调速性能。它与启动电阻相连接的电路如图 4.2-6 所示。绕线转子电动机结构比较复杂，成本比转子笼型电动机高，但它有比较好的启动性能和调速性能。一般多用在具有特殊要求的场合。

图 4.2-5 绕线型转子

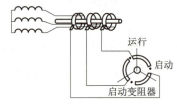

图 4.2-6 绕线型转子与启动电阻相连接的电路

4.2.2 三相异步电动机的工作原理

要理解三相异步电动机的工作原理，可以先看下面这个演示实验。

图 4.2-7 所示为一个装有手柄的蹄形磁铁，磁极间有一个可以自由转动的由铜条组成的转子。铜条两端分别用铜环连接起来，形似鼠笼，作为笼型转子。磁极和转子之间没有机械联系。当摇动磁极时，发现转子跟着磁极一起转动。摇得快，转子转得也快；摇得慢，转子转得也慢；反过来摇，转子也随之反转。

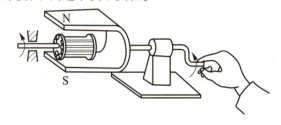

图 4.2-7 异步电动机转子转动演示

三相异步电动机的旋转原理和这个演示实验类似。在这个演示实验中，手摇磁铁产生了一个旋转磁场，而在三相异步电动机中是靠定子的三相绕组中通以三相电产生的旋转磁场，带动转子实现转动。下面来详细讨论三相异步电动机的工作原理。

1. 旋转磁场的产生

图 4.2-8（a）是三相异步电动机定子绕组示意图。三相绕组 U_1U_2、V_1V_2、W_1W_2 在空间互差 120°。现将三相绕组接成星形，由首端 U_1、V_1、W_1 分别接通三相对称交流电源，如图 4.2-8（b）所示。设三相绕组中的交流电流分别为：

$$i_A = I_m \sin(\omega t)$$

$$i_B = I_m \sin(\omega t - 120°)$$

$$i_C = I_m \sin(\omega t + 120°)$$

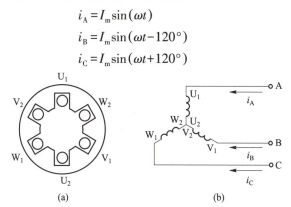

图 4.2-8　定子三相绕组结构

（a）三相异步电动机定子绕组示意图；（b）定子绕组的星形连接

三相电流波形如图 4.2-9（a）所示。规定电流的正方向是由每个线圈的始端进、末端出。凡电流流进去的一端标以"⊕"，电流流出的一端标以"⊙"。三相交流电流在各自的绕组中都会产生交变磁场。为了研究它们在定子空间中的合成磁场，在图 4.2-9（b）所示的图中取 $\omega t = 0$，$\omega t = 120°$，$\omega t = 240°$，$\omega t = 360°$ 4 个特殊角度来分析。

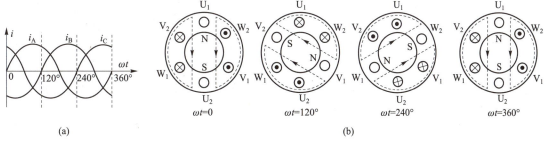

图 4.2-9　三相电流波形及其产生的旋转磁场

（a）三相电流波形；（b）旋转磁场

当 $\omega t = 0$ 时，此刻 $i_A = 0$，即绕组 U_1、U_2 中没有电流通过；$i_B < 0$，说明电流从绕组 V_2 端流入，从 V_1 端流出；$i_C > 0$，说明电流从绕组 W_1 端流入，从 W_2 端流出。按照右手螺旋定则，可以判定合成磁场由 U_1 指向 U_2。如图 4.2-9（b）中左一图所示。

当 $\omega t = 120°$ 时，$i_B = 0$，绕组 V_1、V_2 中没有电流；此刻 $i_A > 0$，说明电流从绕组 U_1 端流入，从 U_2 端流出；$i_C < 0$，说明电流从绕组 W_2 端流入，从 W_1 端流出。可判断出合成磁场由 V_1 指向 V_2。与 $\omega t = 0$ 时相比较，磁场沿顺时针方向在空间旋转了 120°，如图 4.2-9（b）中左二图所示。

同理，可以证明当 $\omega t = 240°$ 时，合成磁场比 $\omega t = 120°$ 时沿顺时针方向又旋转了 120°。当 $\omega t = 360°$（又回到 $\omega t = 0$）时，合成磁场与 $\omega t = 240°$ 时相比，沿顺时针方向再旋转 120°，如图 4.2-9（b）中右两图所示。由以上分析可以得出如下结论：在定子的三相绕组中通以三相对称电流后，在空间产生类似两个磁极的旋转磁场，且电流按正序变化一周时，合成磁场在空间也将沿顺时针方向旋转 360°。

旋转磁场的旋转方向与通入定子绕组三相电流的相序有关，即转向是按照 $i_A \rightarrow i_B \rightarrow i_C$ 相序的。若要改变旋转磁场的转向，只需要将同三相电源连接的三根导线中的任意两根的一端对调位置即可。

上述旋转磁场只有两个磁极，一个 N 极，一个 S 极，因此称为一对磁极，即 $p = 1$。在实际应用中还有多对磁极的异步电动机。例如若磁极对数 $p = 2$，定子每相绕组有两个线圈串联，绕组的始端之间相差 60°空间角。当三相电流交变一周时，旋转磁场在空间只转 180°，如图 4.2-10 所示。

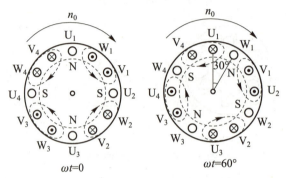

图 4.2-10 当 $p = 2$ 时的旋转磁场

2. 旋转磁场的转速

当 $p = 1$ 时，如前所述，三相电流变化一个周期，旋转磁场也按电流的相序方向在空间旋转一周。设定子绕组中电流频率为 f，每秒钟交变 f 次，即每分钟交变 $60f$ 次，则旋转磁场的转速为每分钟 $60f$ 周。当 $p = 2$ 时，当三相电流交变一周时，旋转磁场在空间只转 180°，即 1/2 周，每分钟转速为 $60f/2$ 周。同理，具有 p 对磁极的旋转磁场每分钟的转速为：

$$n_1 = \frac{60f}{p} \qquad (4.2\text{-}1)$$

式中，n_1 称为异步电动机的同步转速。对于工频 50 Hz 的异步电动机，不同磁极对数 p 对应的同步转速列于表 4.2-1 中。

表 4.2-1 磁极对数 p 与同步转速 n_1 的关系

p（磁极对数）	1	2	3	4	5	6
$n_1/(\text{r} \cdot \text{min}^{-1})$	3 000	1 500	1 000	750	600	500

3. 异步电动机的转动原理

当定子绕组接通三相电源后，绕组中便通过三相对称电流，并在空间产生一个转速为 n_1 的旋转磁场。异步电动机转动原理如图 4.2-11 所示，用一对旋转磁极 N、S 代替旋转磁场，用两根导条代替转子。当旋转磁场沿顺时针方向旋转时，静止的转子和旋转磁场之间便有了相对运动，转子导条切割磁力线而产生感应电动势。根据右手定则确定出转子上半部导线感应电动势方向是进去的，下半部的是出来的。在这个电动势的作用下，由于转子导体闭合，转子导线中就有感应电流产生，此电流再与旋转磁场作用而产生电磁力，力的方向可以用左手定则判定。对于转子来说，将产生与旋转磁场方向相同的力矩，使转子以 n_2 的速度与旋转磁场同方向旋转起来。显然，当旋转磁场的方向改变时，转子转动的方向也将随之改变。

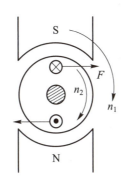

图 4.2-11　异步电动机转动原理

4. 转差率

三相异步电动机转子旋转的方向和旋转磁场的方向相同,但是转子的转速 n_2 永远小于旋转磁场的转速 n_1。如果转子转速达到旋转磁场的转速 n_1,它与旋转磁场之间就不存在相对运动,转子的导线将不再切割磁力线,则感应电动势、感应电流及电磁转矩均为零。在转轴的风阻、摩擦阻力力矩作用下,转子转速下降,若转轴连接机械负载增大,转子转速进一步下降,因此转子转速 n_2 总是低于旋转磁场的转速 n_1。正因为如此,这种电动机称为异步电动机。

通常我们把同步转速 n_1 与转子转速 n_2 的差值和同步转速 n_1 的比值称为异步电动机的转差率,用 s 表示,即:

$$s = \frac{n_1 - n_2}{n_1} \qquad (4.2\text{-}2)$$

转差率是异步电动机的重要参数,它表示转子转速与磁场转速差异的程度,即电动机的异步程度。它对异步电动机运行特性的分析具有十分重要的意义。当异步电动机接通电源转子尚未转动的启动瞬间,$n=0$,$s=1$,随着转子转速 n 升高,转差率下降;正常运行中异步电动机的转差率 $0 \leqslant s \leqslant 1$;异步电动机在额定负载下的转差率 s_N 为 0.02~0.06。

【例 4.1】一台三相异步电动机,其额定转速 $n=975$ r/min,电源频率 $f_1=50$ Hz。试求电动机的磁极对数和额定负载下的转差率。

解:由于电动机的额定转速接近于且略小于同步转速,而同步转速对应于不同的磁极对数,两者的对应关系如表 4.2-1 所示。显然,与 975 r/min 最接近的同步转速 $n_1=1\ 000$ r/min,与此对应的磁极对数 $p=3$。因此,额定负载时的转差率为:

$$s = \frac{n_1 - n}{n_1} \times 100\% = \frac{1\ 000 - 975}{1\ 000} \times 100\% = 2.5\%$$

4.2.3　三相异步电动机的电磁转矩和机械特性

电磁转矩 T 是三相异步电动机最重要的物理量之一,机械特性曲线是分析三相异步电动机运行特性的重要依据。

1. 电磁转矩

根据异步电动机的工作原理可知,电动机的电磁转矩是由电流为 I_2 的转子绕组在磁场中受力所产生的。因此,电磁转矩的大小和转子电流 I_2 成正比,与旋转磁场的磁通 Φ 成正比,与转子的功率因数 $\cos\varphi_2$ 成正比。电磁转矩的一般表达式可表示为:

$$T = K\Phi I_2 \cos\varphi_2 \qquad (4.2\text{-}3)$$

式中，K 是常数，和电动机本身的结构有关。上述公式不能直接应用，因为无法直接反映出电磁转矩与电源电压 U_1、转子转速 n_2 以及转子电路参数之间的关系。经过推导，上述公式可表示为：

$$T = K_T U_1^2 \frac{sR_2}{R_2^2 + (sX_{20})^2} \qquad (4.2\text{-}4)$$

式中，K_T 为常数，U_1 是加在每项定子绕组上的电源电压，s 是转差率，R_2 是转子每相绕组的电阻，X_{20} 是转子静止时每相绕组的感抗。

2. 机械特性

根据式（4.2-4）可以看出，当电源电压 U_1、频率 f_1 恒定，R_2 和 X_{20} 都是常数时，其电磁转矩 T 只随 s 而变化。其 $T = f(s)$ 曲线称为转矩特性曲线，如图 4.2-12 所示。将 $T = f(s)$ 曲线顺时针旋转 $90°$，横坐标表示电动机电磁转矩，纵坐标表示转子转速 n，得到机械特性曲线，如图 4.2-13 所示。

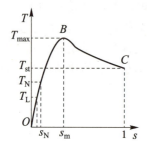

图 4.2-12　三相异步电动机转矩特性曲线

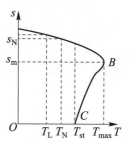

图 4.2-13　三相异步电动机机械特性曲线

当电动机拖动机械负载稳定运行时，它输出的电磁转矩 T 与轴上转矩相等，阻转矩包括负载转矩 T_L 和电动机空载损耗转矩 T_0，T_0 是由风阻和轴承摩擦等形成的转矩，与负载转矩 T_L 相比很小，可忽略不计，即：

$$T = T_L + T_0 \approx T_L$$

从转矩特性曲线和机械特性曲线可知，在 $s = 1$，$n = 0$ 的启动瞬间，若启动转矩 $T_{st} > T_L$，电动机的电磁转矩 T 沿着曲线 CB 段上升，s 减小，n 升高，电动机加速，到达 B 点时，电动机的电磁转矩达到最大值。此时，$s = s_m$ 称为临界转差率，$n = n_m$ 称为临界转速。越过 B 点后，随着转差率 s 继续减小，转速 n 继续升高，电磁转矩下降，直到 $T = T_L$，工作在转矩和机械特性曲线的 D 点，电动机进入稳定运行。AB 段为稳定运行区，而 BC 段为不稳定运行区。

电动机运行在 AB 段上，能够适应负载的变化而自动调节，达到稳定运行。如图 4.2-14 所示，电动机工作在 AB 段上的 1 点，此时 $T = T_{L1}$，$n = n_1$。由于某种原因，负载转矩增大到 T_{L2}，电动机由于机械惯性转速不能跳变，此时 $T < T_{L2}$，电动机转速下降，电磁转矩增大，直到 $T = T_{L2}$，$n = n_2$ 时，电动机稳定运行在 AB 段上的 2 点。

电动机运行时，只要机械负载 T_L 在低于电动机最大转矩 T_{max} 范围内变化，都能自动适应负载变化而稳定运行。在 AB 段稳定运行区，电磁转矩虽然变化很大，但转速变动很小，这样的机械特性称为硬特性。

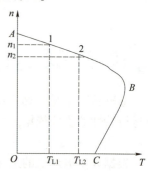

图 4.2-14　三相异步电动机运行曲线

1）额定转矩 T_N

额定转矩是电动机在额定负载时的转矩，它可以由电动机铭牌上的额定功率（输出机械功率）P_N 和额定转速 n_N 求得，计算公式为：

$$T_N = 9\,550\frac{P_N}{n_N} \tag{4.2-5}$$

式中，P_N 的单位为 kW；n_N 的单位为 r/min。

2）最大转矩 T_{max}

电动机输出转矩的最大值称为最大转矩，它是电动机运行时的临界转矩，当 $T_L > T_{max}$ 时，转子转速下降，直到 $n=0$ 时停止转动，使定子电流剧增为额定电流的 4~7 倍，若不及时断开电源，电动机将严重发热，甚至烧毁。另外，当电动机短时过载，$T_N < T_L < T_{max}$ 时电动机能够短时正常工作。因此，最大转矩表示了电动机短时允许的过载能力。最大转矩与额定转矩的比值 λ_m 称为过载系数，即：

$$\lambda_m = \frac{T_{max}}{T_N} \tag{4.2-6}$$

一般三相异步电动机的过载系数 λ_m 为 1.8~2.2。

与最大转矩 T_{max} 对应的转差率称为临界转差率 s_m。用 $T = f(s)$ 函数，对 s 求导并令 dT/d$s = 0$ 得：

$$\left. \begin{aligned} s_m &= \frac{R_2}{X_20} \\ T_{max} &= K\frac{U_1^2}{2X_20} \end{aligned} \right\} \tag{4.2-7}$$

3）启动转矩 T_{st}

电动机在接通电源瞬间，转子转速 $n=0$，$s=1$，对应的转矩称为启动转矩 T_{st}。当启动转矩大于负载转矩时，异步电动机才能启动。启动转矩 T_{st} 与额定转矩 T_N 的比值称为启动能力，即：

$$\lambda_s = \frac{T_{st}}{T_N} \tag{4.2-8}$$

一般三相异步电动机的启动能力 λ_s 为 1.8~2.2。

上述异步电动机的定子绕组按规定接法连接，所加的电压和频率都是额定值，依据电动机本身参数确定的转矩特性和机械特性统称为异步电动机的自然机械特性，或固有机械特性。认为改变某些参数或物理量，可以得到相应的人工机械特性。

【例 4.2】已知 Y180M-4 型三相异步电动机的有关技术数据如下：额定功率 $P_N = 18.5$ kW，额定转速 $n_N = 1\,470$ r/min，过载系数 $\lambda_m = 2.2$，启动能力 $\lambda_s = 2.0$。试求额定转差率、额定转矩、最大转矩和启动转矩。若电动机满载运行，定子绕组上电压下降 20% 时，电动机能否继续旋转？能否在此状态下满载启动？

解：由型号可知电动机是四极的，即磁极对数 $p=2$，其同步转速为 1 500 r/min，则额定转差率为：

$$s_N = \left(\frac{n_1 - n_N}{n_1}\right) \times 100\% = \left(\frac{1\,500 - 1\,470}{1\,500}\right) \times 100\% = 2\%$$

额定转矩为：

$$T_{N} = 9\,550\,\frac{P_{N}}{n_{N}} = 9\,550 \times \frac{18.5}{1\,470} = 120.2 \ (N \cdot m)$$

最大转矩为：

$$T_{max} = \lambda_{m} T_{N} = 2.2 \times 120.2 = 264.4 \ (N \cdot m)$$

启动转矩为：

$$T_{st} = \lambda_{s} T_{N} = 2.0 \times 120.2 = 240.4 \ (N \cdot m)$$

当电压降低 20% 时，根据 $T \propto U^{2}$，对应的启动转矩、最大转矩分别为：

$$T'_{max} = 0.8^{2} T_{max} = 0.64 \times 264.4 = 169.2 \ (N \cdot m)$$

$$T_{st}' = 0.8^{2} T_{st} = 0.64 \times 240.4 = 153.9 \ (N \cdot m)$$

满载运行时，因为 $T_{L} = T_{N} = 120.2 \ N \cdot m < T'_{max}$，所以降压后能在新的平衡点以新的转速稳定运行。

满载启动时，因为 $T_{L} = T_{N} = 120.2 \ N \cdot m < T'_{st}$，所以降压后可满载直接启动。

4.2.4　三相异步电动机的铭牌数据和使用

1. 三相异步电动机的铭牌数据

每台电动机的机座都装有一块铭牌，上面标明电动机的型号、主要额定技术数据和使用方法。要正确使用电动机，必须看懂铭牌。现在以 Y132S−4 型三相异步电动机的铭牌为例说明其意义，其铭牌如图 4.2−15 所示。

三相异步电动机		
型号 Y132S—4	功率 5.5 kW	防护等级 IP44
电压 380 V	电流 11.6 A	功率因数 0.84
接法 △	转速 1 440 r/min	绝缘等级 B
频率 50 Hz	质量 68 kg	工作方式 S_{1}
		×××电机厂

图 4.2−15　Y132S−4 型三相异步电动机铭牌

1）型号

电动机往往按不同的性能和用途分为不同的系列，每一个系列又有各自的型号表示。根据国家标准规定，型号应由汉语拼音大写字母和阿拉伯数字组成，每个字符都代表不同的意义。例如：

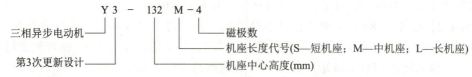

2）电压与接法

电压即额定电压 U_{N}，指额定运行时，电动机定子绕组上应加的线电压，它与定子三相绕组的接法有对应关系。Y 系列电动机的额定电压都是 380 V，当额定功率 $P_{N} \leqslant 3 \ kW$ 时，定子绕组都是星形（Y）连接；当 $P_{N} \geqslant 4 \ kW$ 时，定子绕组都是三角形（△）连接。有些电动机标出两种电压，就有两种接法。例如，电压 380 V/220 V，接法 Y/△，它表示当电源线电压 $U_{N} = 380 \ V$ 时，定子三相绕组应采用星形连接；当电源线电压 $U_{N} = 220 \ V$ 时，定子三相绕组采用三角形连接。

3）电流

电流即额定电流 I_N，在额定运行时，流入电动机定子绕组的线电流。如果同时标有两个电流值，如 10.6 A/6.2 A，这表示 10.6 A 是定子绕组作 △ 连接的额定电流，6.2 A 是定子绕组作 Y 连接时的额定电流。

4）频率

频率指加到电动机定子绕组上电源的频率，一般为工频 50 Hz，亦称额定频率。

5）功率

功率即额定功率 P_N，表示电动机在额定情况下运行时，其轴上输出的功率，或称容量，单位用千瓦（kW）表示。

电动机是将电能转换为动能的能量转换设备，在额定运行时，其输入的电功率为：

$$P_{1N} = \sqrt{3}\, U_N I_N \lambda_N \tag{4.2-9}$$

电动机的输出功率小于输入功率，其差值就是电动机的功率损耗。输出机械功率 P_N 与输入电功率 P_{1N} 的比值就是效率 η_N。即：

$$\eta_N = \frac{P_N}{P_{1N}} \times 100\% \tag{4.2-10}$$

一般异步电动机额定运行时的效率为 72.5%~94.5%。

6）功率因数

异步电动机是感性负载，定子电路的相电流滞后相电压 φ 角，其额定功率因数为 $\cos\varphi$。铭牌上的额定功率因数是指电动机在额定运行时定子电路的功率因数 $\cos\varphi_N$，一般为 0.7~0.9。

额定功率因数 $\cos\varphi_N$ 和额定效率是异步电动机的重要技术数据。异步电动机运行时，当负载增大，其输出功率随之增大，使得功率因数 $\cos\varphi$ 和效率 η 提高；当电动机处于满载或接近满载运行时，$\cos\varphi = \cos\varphi_N$，$\eta \approx \eta_N$ 最高；而在轻载或空载运行时，$\cos\varphi$ 和 η 都很低。因此，使用电动机时，要正确选择适合额定功率的电动机，使电动机工作时处于满载或接近于满载下运行，并尽量缩短空载运行时间。

7）绝缘等级

绝缘等级指电动机定子绕组所用绝缘材料的耐热等级，它表明电动机所允许的最高工作温度。绝缘材料的耐热等级和极限温度如表 4.2-2 所示。

表 4.2-2　绝缘材料的耐热等级和极限温度

耐热等级	Y	A	E	B	F	H	C
极限温度/℃	90	105	120	130	155	180	>180

8）工作制

工作制即电动机的运行方式，根据发热条件可分为连续运行（S_1）、短时运行（S_2）、断续运行（S_3）三种。

9）防护等级

防护等级是电动机外壳防护形式的分级。按国家标准（GB 4942.1—1985），"IP44" 中的 IP 是指国际防护标准的表征字母，第一位数字是防颗粒物等级，第二位数字是防水等级，

44 表示本台电动机可以防止 1 mm 以上固体异物进入和防止水滴溅入。

【例 4.3】已知 Y180L-4 型三相异步电动机的各个参数如下：$U_N = 380$ V，$P_N = 22$ kW，$I_N = 42.5$ A，$n_N = 1\,470$ r/min，$\eta_N = 91.5\%$，$f = 50$ Hz，$I_{st}/I_N = 7.0$，$T_{st}/T_N = 2.0$，$T_{max}/T_N = 2.2$。试求：

（1）电动机的定子绕组应如何连接。

（2）磁极对数 p、同步转速 n_1、额定转差率 s_N、额定功率因数 $\cos\varphi_N$、额定转矩 T_N、启动转矩 T_{st} 和最大转矩 T_{max}。

解：（1）Y 系列三相异步电动机的额定电压 $U_N = 380$ V，$P_N = 22$ kW > 4 kW，因此，定子绕组采用三角形接法。

（2）由型号可知，该电动机有 4 个磁极，磁极对数 $p = 2$。

同步转速为：

$$n_1 = 60f_1/p = (60 \times 50)\,/2 = 1\,500\ (\text{r/min})$$

额定转差率为：

$$s_N = \left(\frac{n_1 - n_N}{n_1}\right) \times 100\% = \left(\frac{1\,500 - 1\,470}{1\,500}\right) \times 100\% = 2\%$$

额定功率因数为：

$$\cos\varphi_N = \frac{P_N}{\sqrt{3}\,U_N I_N \eta_N} = \frac{22 \times 10^3}{\sqrt{3} \times 380 \times 42.5 \times 91.5\%} = 0.86$$

额定转矩为：

$$T_N = 9\,550\frac{P_N}{n_N} = 9\,550 \times \frac{22}{1\,470} = 142.9\ (\text{N} \cdot \text{m})$$

启动转矩为：

$$T_{st} = 2.0T_N = 2.0 \times 142.9 = 285.8\ (\text{N} \cdot \text{m})$$

最大转矩为：

$$T_{max} = 2.2T_N = 2.2 \times 142.9 = 314.4\ (\text{N} \cdot \text{m})$$

2. 三相异步电动机的启动

电动机从接通电源开始启动到转速稳定的过程称为启动过程。在刚接通电源的瞬间，由于转子转速 $n_2 = 0$，旋转磁场以很大的相对速度切割转子导体，转子导体中会产生很高的感应电动势和感应电流。转子电流大，定子电流也大。一般异步电动机定子的启动电流可以达到额定电流的 4~7 倍。不过由于电动机启动时间很短，一般在 1 秒至几秒，所以只要转子不堵转、不频繁启动，启动电流不会使电动机过热而烧坏。但是电动机的启动电流过大会使供电线路产生较大的电压降落，这不仅会减小电动机本身的启动转矩，而且会影响同一线路中其他负载的正常工作。例如，附近照明灯的亮度减弱，正在运行的电动机转矩降低，甚至停转等。

启动时的转子漏电抗（sX_{20}）很大，因此，转子电路的功率因数很低，所以启动转矩不大，只是额定转矩的 1~2.2 倍。

研究异步电动机启动的目的就是要减小启动电流，增大启动转矩，改变其启动性能，同时力求启动设备操作方便、运行可靠、成本低廉。

1）笼型异步电动机的启动

笼型异步电动机的启动有直接启动和降压启动两种。

（1）直接启动。

直接启动是将额定电压直接加到电动机上进行启动，又叫全压启动。这种方法简单经济，不需要专用的启动设备，但是启动电流大。电动机能否采用直接启动，要根据电动机容量和供电网容量确定。用专用的动力变压器供电时，不常启动的电动机容量不超过变压器容量的 30%；频繁启动的电动机容量不超过变压器容量的 20%；电动机若直接接入电网，启动时引起电网电压下降不超过额定电压的 5%，均可直接启动。

（2）星形-三角形（Y-△）换接降压启动。

这种方法只适用于正常运行时是三角形连接的笼型异步电动机。启动时，定子绕组接成星形，启动后再换接成三角形。

手动 Y-△ 降压启动控制电路如图 4.2-16 所示。启动时，先合上电源开关 QS_1，然后将开关 QS_2 合到"Y 启动"位置，这时定子绕组连接成星形降压启动。待转速升到接近额定转速时，再将开关 QS_2 合到"△启动"位置，把定子绕组改接成三角形，在额定电压下正常运行。

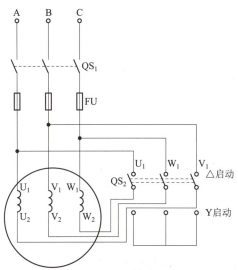

图 4.2-16 Y-△ 降压启动控制电路

显然，在星形启动时，定子绕组的相电压只有额定值的 $1/\sqrt{3}$，从而减小了启动电流。

当定子绕组连接成星形降压启动时，设每相绕组的阻抗为 $|Z|$，电源线电压为 U_L，电动机定子每相绕组上的电压为 $U_L/\sqrt{3}$，则线电流为：

$$I_{LY} = I_{PY} = \frac{U_L/\sqrt{3}}{|Z|} = \frac{U_L}{\sqrt{3}\,|Z|} \tag{4.2-11}$$

当定子绕组连接成三角形降压启动时，电子每相绕组上的电压为 U_L，则线电流为：

$$I_{L\triangle} = \sqrt{3}\,I_{P\triangle} = \sqrt{3}\,\frac{U_L}{|Z|} \tag{4.2-12}$$

比较上面两式，可得：

$$I_{LY} = \left(\frac{1}{\sqrt{3}}\right)^2 I_{L\triangle} = \frac{1}{3}I_{L\triangle} \tag{4.2-13}$$

电磁转矩与电压的平方成正比，因此：

$$T_{stY} = \left(\frac{U_L/\sqrt{3}}{U_L}\right)^2 T_{st\triangle} = \frac{1}{3}T_{st\triangle} \tag{4.2-14}$$

可见，Y-△降压启动电流和启动转矩是直接启动的1/3。我国Y系列三相异步电动机的额定电压是380 V，容量在4 kW和4 kW以上的电动机正常工作时都接成三角形，因此可采用Y-△降压启动。这种方法适用于轻载或空载启动。

Y-△换接启动所用设备简单，维修方便，除了使用三刀双投开关外，还可以使用Y-△启动器和继电接触控制电路实现自动转换。

（3）自耦变压器降压启动。

自耦变压器的副边绕组通常有三个抽头供选用，其输出电压分别为电源电压的40%、60%、80%（或55%、64%、73%），可以根据启动要求进行选择。自耦变压器降压控制电路如图4.2-17所示。启动时，先合上电源开关QS_1，然后将开关QS_3闭合，当转速接近额定值时，在断开QS_3的同时闭合QS_2，加上全部电压，进入正常运行状态。

设自耦变压器的启动电压与额定电压的比值为K，三相电源电压为U_1。经自耦变压器降压后，加到电动机定子绕组的相电压为KU_1，定子每相绕组阻抗为$|Z|$。直接启动时的启动电流为：

$$I_{st} = \frac{U_1}{|Z|} \qquad (4.2\text{-}15)$$

经自耦变压器降压后电动机定子绕组的启动电流为自耦变压器的二次电流：

$$I'_{st2} = \frac{KU_1}{|Z|} \qquad (4.2\text{-}16)$$

则自耦变压器降压启动时线路的电流为：

$$I'_{st} = KI'_{st2} = K^2 \frac{U_1}{|Z|} \qquad (4.2\text{-}17)$$

自耦变压器降压启动时的转矩与电动机定子绕组电压的平方成正比，则启动转矩为：

$$T'_{st} = \left(\frac{KU_1}{U_1}\right)^2 T_{st} = K^2 T_{st} \qquad (4.2\text{-}18)$$

可见自耦变压器降压后的启动电流和启动转矩是直接启动的K^2倍，由于$K<1$，启动电流和启动转矩都减小了。这种方法多用于容量较大的或者星形连接运行的笼型异步电动机。由于启动时需备一台三相自耦变压器，所以它的体积大，质量重，费用也高。

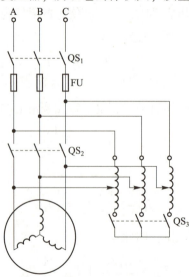

图4.2-17　自耦变压器降压控制电路

2）绕线转子异步电动机的启动

（1）转子电路串联电阻启动。

绕线转子异步电动机的转子电路串入电阻可以实现两个目的：一是转子回路电阻增大，使转子启动电流减小，从而也减小了定子启动电流；二是转子回路电阻增大，可使启动转矩增大。这是笼型电动机所不及的。

绕线转子异步电动机串联电阻启动电路如图 4.2-18 所示。启动时，先将三相启动变阻器的电阻调到最大，闭合开关 QS，使电动机启动，随转速上升逐步减小启动电阻，当接近额定转速时，切除全部电阻，转子电路自行短路。绕线转子电动机启动性能比较优越，多用于频繁启动、重载启动以及大转矩启动的场合，是笼型电动机所不能代替的。

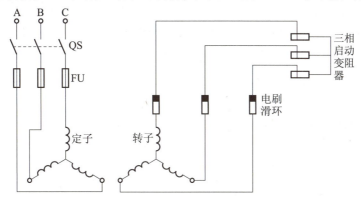

图 4.2-18　绕线转子异步电动机串联电阻启动电路

（2）转子电路串联频敏变阻器启动。

近年来，多采用频敏变阻器为启动电阻。频敏变阻器是一个三相铁芯线圈。为了增大铁芯损耗，使铁芯等效电阻增大，铁芯一般用几片或十几片较厚（30~50 mm）的 E 型铸铁或钢板制成，三个铁芯柱上绕有星形连接的三相绕组。频敏变阻器的特点是其电阻值随着转子转速的上升和转子电流频率的降低而自动减小，使电动机能够平稳启动，启动结束后，需将频敏电阻器短接。

3. 三相异步电动机的调速

电动机在使用过程中，经常需要根据负载的要求进行调速。由转差率 $s = (n_1 - n_2) / n_1$ 可得：

$$n_2 = (1-s) n_1 = (1-s) \frac{60f}{p} \tag{4.2-19}$$

由此可以看出，改变电动机转速有三种途径：改变电源频率 f、改变磁极对数 p、改变转差率 s。

1）变频调速

异步电动机的同步转速 n_1 和电源频率 f_1 成正比，转子转速 n_2 也随之变化。随着电力电子技术的发展，很容易实现大范围且平滑地改变电源频率 f_1，因而可以得到平滑的无级调速，其调速范围较广，有较硬的机械特性。因此，这是一种比较理想的调速方法，是交流调速的发展方向，且目前国内外都在大力研究，新的变频调速技术不断出现。

工频电源频率是固定的 50 Hz，所以要改变电源频率 f_1 来调速，需要一套变频装置接在交流电源和电动机之间，如图 4.2-19 所示。

图 4.2-19　变频调速

2）变极调速

由同步转速 $n_1 = 60f_1/p$ 可知，在电源频率 f_1 固定的情况下，磁极对数 p 减少一半，n_1 便提高一倍，转子转速 n_2 差不多也提高一倍。这样不同的磁极对数 p 就对应着不同的转速 n_2。图 4.2-20 所示为改变磁极对数的调速方法。设每相定子绕组由两个相同的线圈组成，这两个线圈既可以串联也可以并联，串联时的磁极对数是并联时的两倍，转子的转速为并联时的一半。磁极对数可以改变的电动机称为多速电动机。最常用的有双速、三速和四速电动机。其中双速电动机在机床（镗床、磨床及铣床等）上用得比较多。由于磁极对数只能成对改变，所以这种调速不是无级的。

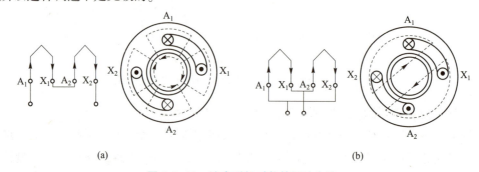

(a)　　　　　　　　　　　　　　(b)

图 4.2-20　改变磁极对数的调速方法

（a）$p=2$；（b）$p=1$

3）变转差率调速

变转差率调速，实际上是在电动机的转子电路中接入调速变阻器，改变电阻的大小就可在一定范围内得到平滑的调速。但是变阻器上的能耗太大，经济性差，只能用于起重机提升设备、矿井用绞车以及通风机等少数场合。

4. 三相异步电动机的制动

切断电动机电源后，由于惯性的原因，转子不会马上停转，这种情况对有些生产机械是不利的，例如起重机的吊钩要立即减速定位，万能铣床要求主轴迅速停转等，这就需要制动。

1）反接制动

需要电动机快速停转时，可改变电源相序，使定子绕组产生的旋转磁场反向，从而使转子受到一个与原转动方向相反的转矩而迅速停转，如图 4.2-21 所示。但要注意，当转子停转接近零时应及时切断电源，以免电动机反转。这种制动方法的制动力比较大，但冲击强烈、易损坏设备，不宜频繁使用。

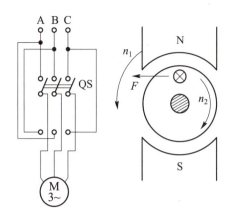

图 4.2-21　反接制动

2）能耗制动

电动机脱离三相电源后，立即给定子绕组接入一直流电源，于是在电动机中便产生一个方向恒定的磁场，如图 4.2-22 所示。此时由于惯性，转子继续旋转，因而转子导体切割磁力线，产生感应电动势和感应电流，用右手定则可以判断它们的方向。通电流的转子导体在恒定磁场中又受到电磁力 F 的作用，根据左手定则可知，F 的方向与转子转动的方向相反，于是产生制动转矩，实现制动。这种方法就是把电动机轴上的惯性动能转变为电能，消耗在回路的电阻上，故称为能耗制动。这种制动无冲击，制动过程平稳，效果好，但需要配备直流电源，价格比较昂贵，一般只限于少数车床上使用。

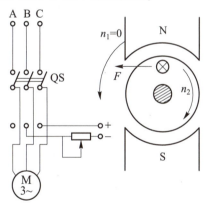

图 4.2-22　能耗制动

4.2.5　三相异步电动机的控制

现代工农业生产中所使用的生产机械大多是由电动机来拖动的。因此，电力拖动装置是现代生产机械中的一个重要组成部分，它由电动机、传动机构和控制电动机的电气设备等环节所组成。为了满足生产过程和加工工艺的要求，需用一定的控制设备组合成控制电路，对电动机进行控制。如控制电动机的启动、停止、正反转、制动、行程、运行时间和工作顺序等。

对异步电动机的控制，当前国内广泛采用继电器、接触器、按钮等由触点电器组成的控制电路，称为继电接触器控制电路。其优点是操作简单、价格低廉、维修方便，缺点是体积较大、触点多、易出故障。近年来，随着科学技术的飞速发展和自动化生产的需要，在较复杂的电力拖动控制系统中已大量采用电子程序控制、数字控制和计算机控制系统。下面介绍异步电动机继电接触器控制的基本电路，以及它们常用的各种低压控制电路。

1. 常用低压控制电路

控制电路的种类很多，按其工作电压可分为高压电器和低压电器；按其动作性质又可分为手动电器和自动电器。下面介绍几种常用的低压控制电器。

1）刀开关

刀开关是最简单的手动控制电器。在低压电路中常用的刀开关是 HK1、HK2 系列，H 代表刀开关，K 表示开启式。闸刀开关如图 4.2-23 所示。

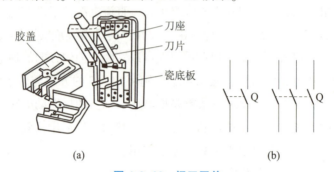

图 4.2-23 闸刀开关

（a）外形；（b）符号

闸刀开关是由瓷底板、刀座、刀片以及胶盖等部分组成的。胶盖用来熄灭切断电源时产生的电弧，保证操作人员的安全。按刀开关极数的不同有双刀（用于直流和单相交流电路）和三刀（用于三相交流电路）之分。图 4.2-23（a）是 HK 系列刀开关外形。它在电路图中的符号如图 4.2-23（b）所示。HK 系列刀开关的额定电压在 500 V 以下，额定电流不超过 60 A。它可用于手控不频繁地接通或切断带负载的电路，也可作为容量小于 7.5 kW 的异步电动机的电源开关，用来不频繁地直接启动和停转之用。在继电接触器控制电路中，它主要起隔离电源的作用。

在安装时，应注意将电源线接在静触头上方，负载线应接在可动刀闸的下侧。这样当切断电源时，裸露在外面的刀闸就不带电，以防工作人员触电。对于较大的负载电流可采用 HD 系列杠杆式刀开关，H 代表刀开关，D 代表杠杆式。其额定电流可达 1 500 A，常用于工业企业的配电设备中。将一个三极刀开关与三个熔断器串联组装在一个铁壳内就构成铁壳开关，又称为负荷开关，如图 4.2-24 所示。其结构特点是它装有一个速断弹簧，拉闸时刀片能很快与刀座分离切断，可使电弧被迅速拉长而熄灭。另外，为保证安全，其操作机构装有机械联锁装置，当铁壳盖打开时，刀开关被卡住不能合闸，在开关合闸时，铁壳盖不能打开。常用的铁壳开关有 HH3、HH4 系列产品，第一个 H 代表刀开关，第二个 H 表示封闭式。其额定电流可达 200 A，可用于 28 kW 以下三相异步电动机直接开、停的控制。

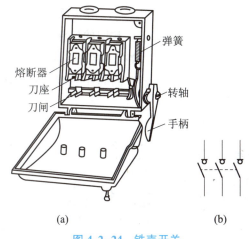

(a)　　　　　　　　　　　(b)

图 4.2-24　铁壳开关

(a) 外形；(b) 符号

2）组合开关

组合开关又称转换开关，它有多对动触片和静触片，分别装在由绝缘材料隔开的胶木盒内。其静触片固定在绝缘垫板上；动触片套装在有手柄的绝缘转动轴上，转动手柄就可改变触片的通断位置以达到接通或断开电路的目的。组合开关种类很多，常用的是 HZ10 系列，H 代表刀开关，Z 表示组合式。组合开关如图 4.2-25 所示。这是一种 HZ10 型组合开关的外形、接通位置、断开位置及符号，转动手柄可以将三对触片（彼此相差一定角度）同时接通或断开。不同规格型号的组合开关，各对触片的通断时间不一定相同，可以是同时通断，也可以是交替通断，应根据具体要求选用。HZ10 系列组合开关的额定电压为交流 380 V，直流 220 V，额定电流有 10 A、25 A、60 A、100 A 等多级，并有单极、双极、三极和四极等几种规格。组合开关的优点是结构紧凑、操作方便，常用来作为电源引入开关，也可以用它来控制小容量电动机的启动、停止及用在局部照明电路中。

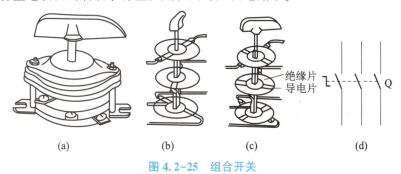

(a)　　　　　(b)　　　　　(c)　　　　　(d)

图 4.2-25　组合开关

(a) 外形；(b) 接通位置；(c) 断开位置；(d) 符号

3）按钮

按钮是一种简单的手动开关，用来接通或断开控制电路。图 4.2-26 所示为按钮的外形、结构原理和符号。图 4.2-26（b）是按钮的结构原理，它有两对静触头（触点（contact））和一对动触头，动触头的两个触点之间是导通的。正常时（即没有外力作用时），上面的两个静触头与动触头接通而处于闭合状态，这称为常闭触头，而下面的一对静触头则是断开的，称为常开触头。当手指用力将按钮帽按下时，常闭触头断开，常开触头闭合。手指放开后，触头在复位弹簧作用下又恢复到原来的状态。常用的按钮为 LA 系列，L 代表主令电器，A 表示按钮。它有多种型号规格，如其触头对数有一常开一常闭、二常开二常闭等。由两个按钮组合在一起叫作双联按钮，由三个按钮组合的叫作三联按钮。按钮的图形符号如图 4.2-26（c）所示。

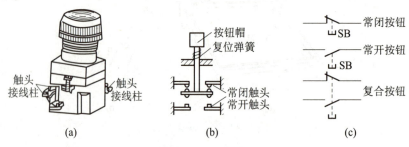

图 4.2-26　按钮

(a) 外形；(b) 原理；(c) 符号

4）行程开关

行程开关是根据生产机械的行程信号进行动作的电器。它的种类很多，常用的有单滚轮式、双滚轮式和推杆式等，其外形如图 4.2-27（a）所示，其结构基本相同，只是传动装置不同。图 4.2-27（b）是推杆式行程开关的结构，它有一对常开触头和一对常闭触头，类似图 4.2-27（b）所示按钮，但它是靠被控对象的运动部件碰压而动作的。图 4.2-27（c）是行程开关的符号。行程开关常装设在机座的某个预定位置，其触头接到有关的控制电路中。当被控对象运动部件上装的撞块碰压到行程开关的推杆（或滚轮）时，推杆（或滚轮）被压下，开关的常闭触头断开，常开触头闭合，可接通或断开有关的控制电路，达到控制生产机械行程的目的。当撞块离开后，在恢复弹簧的作用下，推杆和弹簧迅速恢复至原来的位置。常用的行程开关有 LX19、LXK2 等系列，L 代表主令电器，X 表示行程开关。近年来，在自动检测与控制系统中，常应用无触点的晶体管接近开关来取代有触点的限位行程开关。它体积小，寿命长，无机械碰撞，灵敏度高。

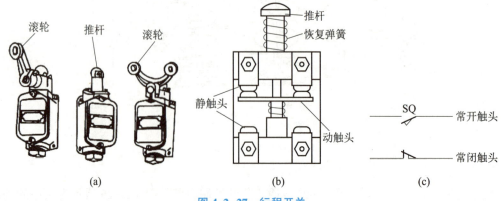

图 4.2-27　行程开关

(a) 外形；(b) 推杆式结构；(c) 符号

5）交流接触器

交流接触器是利用电磁吸力使触头闭合或断开的自动开关。它不仅可用来频繁地接通或断开带有负载的电路，而且能实现远距离控制，还具有失压保护的功能。接触器常用来作为电动机的电源开关，是自动控制的重要电器。交流接触器如图 4.2-28 所示。

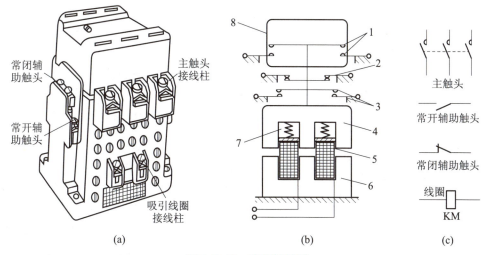

图 4.2-28　交流接触器

(a) 外形；(b) 结构；(c) 符号

1—主触头（动合）；2—辅助触头（动断）；3—辅助触头（动合）；

4—可动衔铁；5—吸引线圈；6—固定铁芯；7—弹簧 8—灭弧罩式

图 4.2-28（a）、(b) 是交流接触器的外形和结构。它主要由铁芯线圈和触头组成，线圈装在固定不动的静铁芯（下铁芯）上，动铁芯（上铁芯）则和若干个动触头连在一起。当铁芯线圈通电，产生电磁吸力，将动铁芯吸合，并带动动触头向下运动，使常开触头闭合，常闭触头断开。当线圈断电时，磁力消失，在反作用弹簧的作用下，使动铁芯释放，各触头又恢复到原来的位置。

接触器的触头有主触头和辅助触头之分，主触头接触面积较大，并有灭弧装置，可以通、断较大的电流，常用来控制电动机的主电路；辅助触头额定电流较小（一般不超过 5 A)，常用来通、断控制电路。一般每台接触器有三对（或四对）主触头和数对辅助触头。

接触器有交流和直流之分。目前我国统一设计和常用的交流接触器是 CJ10 和 CJ20 系列，C 代表接触器，J 表示交流。其吸引线圈的额定电压有 36 V、110 V、127 V、220 V 和 380 V 5 个等级，主触头的额定电流有 5 A、10 A、20 A、40 A、60 A、100 A 和 150 A7 种。选择交流接触器时，应使主触头的额定电流大于所控制的电动机的额定电流，同时还应考虑吸引线圈额定电压的大小和类型，以及辅助触头的数量是否满足需要。

6）时间继电器

时间继电器是一种定时元件，在电路中用来实现延时控制，即继电器得到信号后，要经过一定的延时才能使其触头接通或闭合。时间继电器的种类很多，有电磁式、电动式、空气式、电子式等。空气式时间继电器如图 4.2-29 所示。图 4.2-29（a）是其结构原理，它主要由电磁系统、气室、触头和传动机构等部分组成。

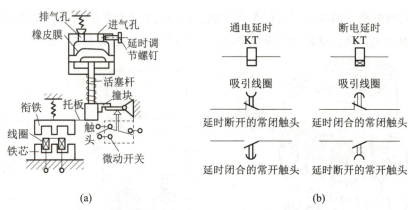

图 4.2-29　空气式时间继电器

(a) 结构原理；(b) 符号

当线圈通电时，产生电磁吸力使衔铁下移，活塞杆及撞块因失去托板的支托，在释放弹簧作用下也向下移动。但因与活塞杆相连的橡皮膜向下移动时，受到空气阻尼作用，使活塞杆和撞块等只能缓慢地下落。经一定时间后，撞块才能触及微动开关的推杆，使微动开关的触头动作。从线圈通电开始到触头动作完成的这段时间称为继电器的延迟时间。延迟时间可通过调节进气孔的螺钉来改变，延迟时间有 0.4~60 s 和 0.4~180 s 两种。当线圈断电时，依靠恢复弹簧的作用，衔铁复位，空气由出气孔迅速排出，触头瞬时复位。

时间继电器的线圈及延时动作触头的符号如图 4.2-29（b）所示。通电延迟式时间继电器的线圈通电后，其常开触头经过一定延时才能闭合，称为延时闭合常开触头；其常闭触头要经过一定延时才能断开，称为延时断开的常闭触头。

还有一种断电延时的空气式时间继电器，其原理类似，但结构略有不同，其触头在线圈断电时延时动作，称为延时断开的常开触头和延时闭合的常闭触头。此外，时间继电器还具有瞬时动作的常开和常闭触头。这些在图中未画出。

选用时间继电器时应考虑电流的种类、电压等级以及控制线路对触头延时方式的要求。

7）热继电器

电动机在运行过程中，若负载大于额定负载，或频繁启停、欠压运行、某电源线断开，都会造成过载运行，使得电动机的定子电流、转子电流都要超过额定电流，但不是短路电流，熔断器不会被熔断，而电动机会发热，温度升高，造成绝缘老化，缩短使用寿命，严重时会烧坏电动机，所以必须采取过载保护。

热继电器是利用电流的热效应而动作的，常用来作为电动机的过载保护。图 4.2-30 所示为热继电器的外形、结构原理及符号。

图中的发热元件是一个电阻片串接在主电路中。双金属片是由两层线膨胀系数不同的金属片经热轧黏合而成的，一端固定在支架上，另一端是自由端，其下层金属片膨胀系数较大，受热后双金属片将向上翘。当电动机正常工作时，双金属片受热而膨胀上翘的幅度不大，其自由端能顶住由弹簧拉紧的杠杆。当电动机过负载，电流增大，经一定时间后，发热元件温度升高，双金属片受热而上翘过多，顶不住杠杆，杠杆在弹簧作用下逆时针方向旋转，推动绝缘拉杆右移，使动、静触点断开。通常再利用这个触点去断开控制电动机的接触器吸引线圈的电路，使线圈失电，接触器跳闸，电动机脱离电源而起到保护作用。

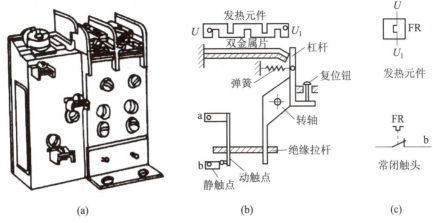

(a)　　　　　　　(b)　　　　　　　(c)

图 4.2-30　热继电器

（a）外形；（b）结构原理；（c）符号

图示这种热继电器动作后，需经一定时间待双金属片冷却后，再人工按压复位钮，使继电器复位，触点闭合，才能重新工作。但有些继电器可以自动复位。

常用的热继电器有 JR0、JR5、JR15、JR16 等系列产品，热继电器是根据整定电流来选定的。所谓整定电流，就是发热元件中通过的电流超过此值的 20% 时，热继电器应在 20 min 内动作。热继电器的整定电流应等于所保护的电动机的额定电流。

8）自动空气开关

自动空气开关又称自动空气断路器，或称自动开关，是低压电路中广泛应用的一种控制保护电器。它具有一种或多种保护功能，如短路、过载和欠压保护。它可用作低压配电的电源开关，或用作电动机不频繁启动时的操作开关，或用于照明电路中。其特点是：保护功能强，动作后无须更换元件，运用安全可靠，操作方便，断流能力大。自动空气开关如图 4.2-31 所示。

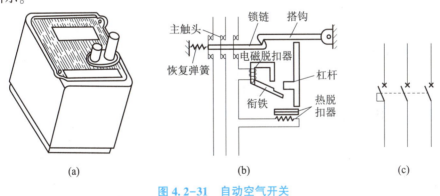

(a)　　　　　　　(b)　　　　　　　(c)

图 4.2-31　自动空气开关

（a）外形；（b）结构原理；（c）符号

自动空气开关可分为 DZ 和 DW 两大系列，图 4.2-31（a）是 DZ4 型开关外形，图 4.2-31（b）是具有过载及短路保护的自动开关结构原理，图 4.2-31（c）是其符号。

正常工作时，可用开关上的手柄或按钮使开关合闸或分闸。在负载电路发生短路时，短路电流通过电磁脱扣器的线圈，产生电磁吸力使衔铁瞬时向上吸合，从而撞击杠杆，顶开搭钩，在恢复弹簧的作用下断开主触头，切断电源，实现短路保护。在电动机或线路过载时，经一定时间，热继电器动作，也可推动杠杆，顶开搭钩，切断电源，实现过载保护。其动作原理与热继电器类似。有些开关还装有欠电压脱扣器的铁芯线圈，并接在电路上。当电源电压正常时，线圈产生吸力将衔铁吸住，电压低于一定值时，电磁吸力减小，衔铁释放，撞击杠杆、顶开搭钩，使电源断开。

选用自动空气开关时，首先应根据电路的工作电压和工作电流来选定开关的额定电压和额定电流，其次应根据需要来决定应装设的脱扣器保护形式和整定值。可以装设一种脱扣器，也可装设两种或三种。热脱扣器的整定电流应等于负载的额定电流。电磁脱扣器瞬时脱扣整定电流应大于负载电路正常工作时的尖峰电流，对于电动机负载，应为电动机启动电流的 1.70 倍（开关动作时间≤0.02 s）或为 1.35~1.40 倍（开关动作时间>0.02 s）。

9）熔断器

熔断器是常用的短路保护电器，它的主要部件是熔体（熔片或熔丝）和熔断管（或熔座）。熔体是用电阻率较高而熔点较低的合金制成的，串接在被保护的电路中。正常工作时，熔体不应熔断，一旦发生短路或严重过载，熔体会因过热而自动熔断，使电路切断，从而保护电动机及线路。熔管或熔座用来固定熔体，当熔体熔断时，熔管还有灭弧作用。

熔断器的种类很多，常用的低压熔断器有 RC1A 型插入式、RL1 型螺旋式、RM10 型无填料封闭管式，其外形如图 4.2-32（a）、（b）、（c）所示，图 4.2-32（d）是熔断器的符号。

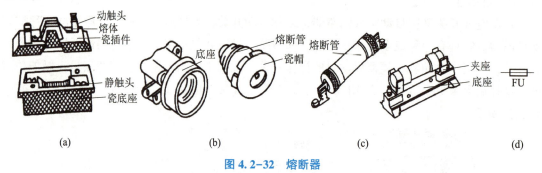

图 4.2-32　熔断器

（a）RC1A 型；（b）RL1 型；（c）RM10 型；（d）符号

熔体额定电流的选用可按下列公式估算：

（1）保护照明设备、电热设备的熔体。熔体额定电流≥线路上所有用电设备工作电流之和。

（2）保护一台电动机的熔体。电动机不频繁启动或轻载启动（如一般机床）时，熔体额定电流≥电动机启动电流/2.5；电动机频繁启动或启动负载较重（如吊车）时，熔体额定电流≥电动机启动电流/（1.6~2.0）。

（3）保护一组电动机的熔体。熔体额定电流＝（1.5~2.5）×最大容量电动机的额定电流+其余电动机额定电流之和。

2. 三相笼型异步电动机直接启动控制电路

图 4.2-33 所示为中、小型三相笼型异步电动机直接启动线路图，它是由组合开关 Q、熔断器 FU、交流接触器 KM、热继电器 FR 以及按钮 SB 等组成的，下面分析其工作原理。

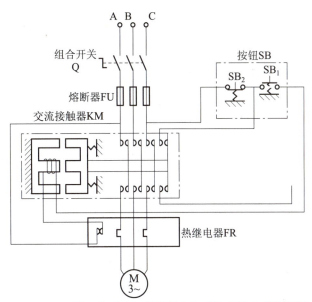

图 4.2-33　中、小型三相笼型异步电动机直接启动线路图

1）启动

合上组合开关 Q→接通电源→按下启动按钮 SB_1→交流接触器 KM 的吸引线圈通电→

{ KM 主触头闭合→电动机 M 通电启动
{ KM 辅助触头闭合→接触器线圈连续通电

接触器 KM 的辅助触头与启动按钮 SB_1 并联，当按下 SB_1 使电动机启动后，手松开，SB_1 会在弹簧作用下恢复原来的断开状态，这时接触器的吸引线圈可通过它已闭合的常开辅助触头而通电，这种作用叫自锁。该辅助触头称为自锁触头，或称为自保触头。

2）停转

按下停止按钮 SB_2→接触器 KM 的吸引线圈断电→

{ KM 主触头断开→电动机 M 断电停转
{ KM 辅助触头断开→失去自锁作用，只有再次按 SB_1，电动机才能重新启动

3）保护

（1）短路保护：熔断器 FU 是短路保护电器。当电路中发生短路事故时，熔体立即熔断，切断电源，电动机停转。

（2）过载保护：热继电器 FR 是过载保护电器。当电动机过载时，主电路电流增大，串接在主电路中的热继电器的发热元件因电流大、发热多，经一定的延时后，使串接在控制电路中的常闭触头 FR 断开，接触器的吸引线圈断电，主触头断开，电动机停转，从而保护了电动机。

（3）失压保护：当电源电压降低到额定电压的 85% 以下时，接触器 KM 铁芯中的磁通也正比于电压而减少，电磁吸力不够，接触器的所有常开触头（包括主触头和辅助触头）均断开，电动机停转，自锁作用也解除。

图 4.2-33 的线路图是根据实物画出来的，直观、明了，但当线路比较复杂，所用电路也比较多时，线路图会更加复杂，不易看懂。通常为了读图方便，根据控制原理，将主电路和控制电路分开绘制，将各种器件用对应的符号代替，这称为电路原理图。图 4.2-34 所示

为图 4.2-33 线路图对应的原理图。

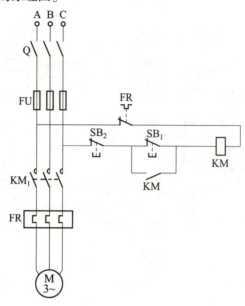

图 4.2-34　电动机直接启动电路原理图

画电路原理图时应遵循：

（1）图中各电器用国家规定的图形符号和文字符号表示。

（2）主电路与控制电路分开画。同一电器的各个部件，如接触器的吸引线圈和主、辅触头，可按其作用分别画在主电路或控制电路中，但应标注相同的文字符号。

（3）所有电器的触头位置都应按线圈未通电、手动电器未受力操作，发热元件也未动作时的状态来画。

（4）主电路用较粗的线条，画在原理图的左侧或上方，控制电路用细线条画在原理图的右侧或下方。

3. 三相笼型异步电动机正、反转控制电路

在工业生产中，许多生产机械需要有正、反两个方向的运动。例如起重机的提升和下降，机床工作台的往返控制，主轴的正转与反转等，这些都是通过电动机的正、反转来实现的。实现电动机的正、反转控制只需要将电动机定子绕组上的三根电源线中的任意两根对调，改变接入电动机电源的相序即可。

图 4.2-35 是在图 4.2-34 的基础上画出的三相笼型异步电动机正、反转控制电路原理图。

电路采用两个接触器 KM_1 和 KM_2 来实现正、反转。若接触器 KM_1 接通、KM_2 断开，则 KM_1 的三对主触头把三相电源和电动机按相序 ABC 连接（A-U_1，B-V_1，C-W_1），电动机正转。如果 KM_2 接通、KM_1 断开，则 KM_2 的三对主触头把三相电源和电动机按相序 CBA 连接（C-U_1，B-V_1，A-W_1），电动机反转。在控制电路中，两个接触器的启动控制电路并联。

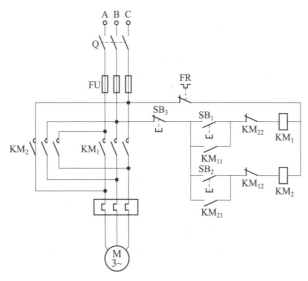

图 4.2-35　三相笼型异步电动机正、反转控制电路原理图

电路不允许两个接触器同时工作。由图 4.2-35 可知，如果 KM_1 和 KM_2 的主触头同时接通，将造成主电路 A、C 两相电源短路，引起严重事故。为此，在控制电路中，将两只接触器的常闭辅助触头 KM_{12} 和 KM_{22} 分别串接在 KM_2 和 KM_1 吸引线圈电路中。这样当 KM_1 吸引线圈通电，电动机正转时，其常闭触头 KM_{12} 将反转接触器 KM_2 吸引线圈的电路断开，这时即使误按反转启动按钮 SB_2，KM_2 也不会通电动作。同理，在 KM_2 线圈通电，电动机反转时，KM_{22} 将 KM_1 吸引线圈的电路断开，这时即使误按正转启动按钮 SB_1，KM_1 也不会通电动作。这样用两个常闭辅助触头互相制约对方的动作称为电气互锁。

停止按钮 SB_3 和热继电器常闭触头 FR 是正、反转控制电路公用。如果需要电动机 M 从一个旋转方向改变为另一个旋转方向，必须先按停止按钮 SB_3，然后再按另一方向的启动按钮。

上述电气互锁电路操作不够方便，在实际生产中常采用另一种互锁电路，它是借助复合按钮机械动作的先后次序实现互锁作用的，称为机械互锁，如图 4.2-36 所示。图中 SB_1 和 SB_2 是两只复合按钮，各具有一个常开触头和常闭触头；正转按钮 SB_1 的常闭触头串接在反转接触器 KM_2 的吸引线圈电路中，反转按钮 SB_2 的常闭触头串接在正转接触器 KM_1 吸引线圈电路中。当按下 SB_1 时，它的常闭触头首先断开反转控制电路，然后其常开触头再接通正转控制电路。当按下 SB_2 时，它的常闭触头首先断开正转控制电路，其常开触头再接通反转控制电路。这样，如要改变电动机的转向，只需按下相应的按钮 SB_1 或 SB_2 即可，不必按停止按钮 SB_3。

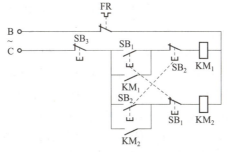

图 4.2-36　用复合按钮控制电动机正、反转电路

电工电子技术基础

4. 三相异步电动机的行程控制

在生产中由于工艺和安全上的要求，常常要对某些运动机械的行程和位置进行控制，这称为行程控制或限位控制。例如，矿井中的提升机及工厂里的吊车运行到一定位置，就应自动停止，否则将造成事故；又如在一些机床上，常要求它的工作台应能在一定范围内自动往返，故对其运行的行程和位置应有一定的控制。

行程控制是通过行程开关的应用来实现的。图 4.2-37 是某生产机械的行程控制安装示意图。此机械在电动机驱动下沿机座在 A-B 范围内左右运动。电动机正转时，它向右边运动；电动机反转时，它就向左边运动。电动机正、反转的主电路如图 4.2-35 所示。现在机座 A、B 处分别装设行程开关 SQ_A 和 SQ_B，在生产机械上装设撞块 A 和 B。如果只要求生产机械运动到 A 处或 B 处时自动停止，可采用图 4.2-38 所示控制电路。当电动机正转时，机械向右前进，到达 B 点，撞块 B 使串接在正转控制电路中的行程开关 SQ_B 的常闭触头断开，KM_1 线圈失电，电动机停转，生产机械也停止前进。当电动机反转，机械向左前进时，SQ_A 也起同样的作用，这称为限位行程控制。

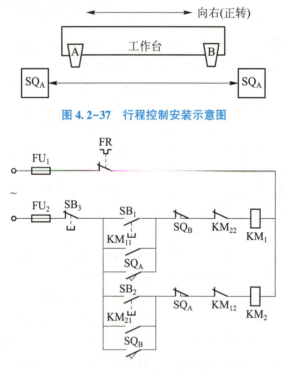

图 4.2-37　行程控制安装示意图

图 4.2-38　限位行程控制电路

如果要求生产机械在行程 AB 范围内自动往返运动，只要将两个行程开关 SQ_A 和 SQ_B 的常开触头用上，SQ_A 的常开触头与正转控制电路的启动按钮 SB_1 并联；SQ_B 的常开触头与反转控制电路的启动按钮 SB_2 并联即可，控制电路如图 4.2-39 所示。当电动机正转时，机械向右前进，到达 B 点，撞块 B 使串接在正转控制电路中的行程开关 SQ_B 的常闭触头断开，使并联在 SB_1 的行程开关 SQ_B 的常开触头闭合，KM_2 线圈通电，电动机反转，生产机械自动返回。当机械返回至 A 点时，撞块 A 使串接在反转控制电路中的行程开关 SQ_A 的常闭触头断开，使并联在 SB_2 的行程开关 SQ_A 的常开触头闭合，KM_1 线圈通电，电动机重新正转，生产机械自动返回至 B 点。由以上分析可知，机械每自动往返循环一次，电动机要进行两次反接制动，将会产生较大的反接制动电流和机械冲击力，故这种线路只适用于循环周期较长，且电动机轴有足够强度的拖动系统中。

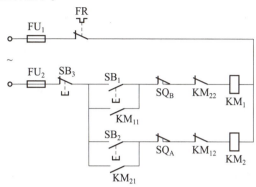

图 4.2-39　自动往返行程控制电路

5. 三相异步电动机的顺序控制

在装有多台电动机的机械设备上，由于各台电动机所起的作用不同，在生产过程中，经常要求某些电动机按一定的顺序启动或停止，才能符合工艺规程，保证安全工作。例如，车床主轴电动机必须在润滑泵电动机工作后才能启动，这就要求采用联锁完成顺序控制。

现在有两台电动机 M_1 和 M_2，要求启动时，M_1 启动后 M_2 才能启动；停止时，M_2 停止后 M_1 才能停止。顺序启停控制电路如图 4.2-40 所示。

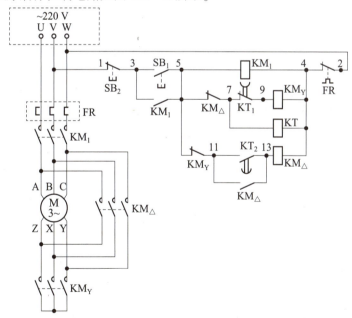

图 4.2-40　顺序启停控制电路

1）启动

启动时，先按下启动按钮 SB_1，接触器 KM_1 线圈通电自锁，KM_1 主触点闭合，M_1 电动机先启动运行，同时，串联到接触器 KM_2 线圈电路的 KM_1 辅助常开触点闭合，为 M_2 电动机启动做好准备。再按下启动按钮 SB_3，接触器 KM_2 线圈通电自锁，KM_2 主触点闭合，M_2 电动机启动运行。如果 M_1 未启动，串联在接触器 KM_2 线圈电路的 KM_1 辅助常开触点是断开状态，

即使按下 SB_3，M_2 也不能启动。所以串联在接触器 KM_2 线圈电路的 KM_1 辅助常开触点是顺序启动的联锁触点。

2）停止

停止时，先按下停止按钮 SB_4，接触器 KM_2 断电释放，M_2 电动机停止运行，并联在 SB_2 两端的 KM_2 辅助常开触点恢复断开，再按下停止按钮 SB_2，M_1 电动机停止运行。如果 M_2 未停，并联在 SB_2 两端的 KM_2 仍是闭合的，按下 SB_2，M_1 也不能停转，所以并联在停止按钮 SB_2 两端的 KM_2 常开触点是顺序停止的联锁触点。

电路中熔断器起短路保护作用，热继电器 FR_1 和 FR_2 起过载保护作用，两者的常闭触点串联，当任意一台电动机过载引起热继电器的常闭触点断开，都会使 M_1 和 M_2 电动机停止转动。

6. 三相异步电动机的时间控制

在生产过程中，按照时间间隔控制电路的工作，以协调和控制生产机械的各种动作，称为时间控制。例如多台电动机按照时间顺序启动控制，即先启动第一台电动机，经一段时间后再使第二台电动机自动启动，然后再启动第三台。又如前述电动机的 Y-△ 换接启动，启动时电动机定子绕组先接成 Y 形，经过一定时间，待电动机转速上升到额定转速时，再换接成 Y 形。这就需要用时间继电器来控制。

图 4.2-41 所示为应用通电延时时间继电器的三相笼型异步电动机 Y-△ 启动控制电路图。图中 KM、KM_Y、$KM_\triangle$ 是三个交流接触器，KT 是时间继电器。启动时，按 SB_1，接触器 KM 和 KM_Y 吸引线圈通电，其主触头闭合，电动机定子绕组接成星形，电动机降压启动。这时与 SB_1 并联的常开辅助触头 KM 闭合自锁。常闭触头 KM_Y 断开，使吸引线圈 $KM_\triangle$ 不能得电，实现联锁。在按下 SB_1 的同时，时间继电器线圈 KT 也通电，经过一定时限，延时断开的常闭触头 KT_1 断开，使吸引线圈 KM_Y 断电，主触头 KM_Y 断开。同时，延时闭合的常开触头 KT_2 闭合，KM_Y 的常闭触头也闭合，使 $KM_\triangle$ 吸引线圈通电，主触头 $KM_\triangle$ 闭合，电动机定子绕组接成三角形进入全电压正常运行状态。此时，接触器 $KM_\triangle$ 的常闭触头断开，使 KM_Y 和 KT 的线圈断电，实现了联锁。停机时，只要按下停止按钮 SB_3，使 KM 和 $KM_\triangle$ 的吸引线圈断电，主触头 KM 和 $KM_\triangle$ 断开，电动机停转。

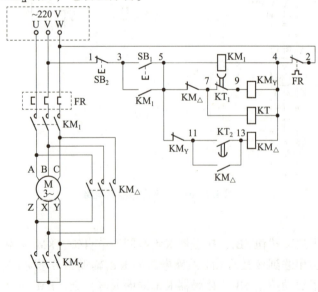

图 4.2-41　三相笼型异步电动机 Y-△ 启动控制电路图

上述控制过程可用流程图概要表示如下：

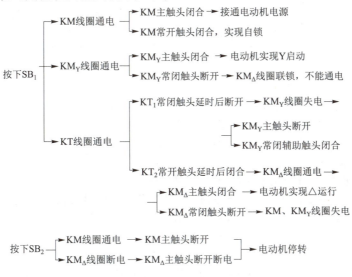

4.2.6　电动机的 PLC 控制简介

传统的电动机继电控制系统是利用各种接触器、继电器及其触头按一定的逻辑关系连接成控制系统，控制各种生产机械。在使用中存在一些问题，主要是触点寿命低、体积大、噪声重，特别是一些较为复杂的控制换接中，由于继电-接触器控制电路的元器件数量太多使得硬接线繁杂，当线路中出现故障或对机器的工作程序有新的调整和功能扩展要求时，线路的检测、改造将非常不易，且相当麻烦。

将计算机和继电-接触器控制系统结合起来，用计算机的编程软件来代替继电-接触器控制系统的硬连线逻辑，即可编程控制器（Programmable Logic Controller，简称 PLC）。它是一种专为工业环境下应用而设计的数字运算操作的电子系统。

1. PLC 的基本结构

PLC 一般由中央处理器、存储器、输入/输出部件、编程器及电源 5 部分组成。其基本结构如图 4.2-42 所示。

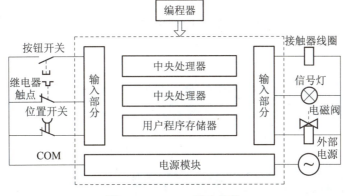

图 4.2-42　PLC 基本结构

1）中央处理器（CPU）

CPU 是 PLC 的核心，起总指挥的作用。其主要用途是处理和运行用户程序，针对外部输入信号做出正确的逻辑判断，并将结果输出给有关部分，以控制生产机械按即定程序工作。另外，CPU 还对其内部工作进行自我检测，并协调 PLC 各部分工作。若有差错，它能立即停止运行。

2）存储器

PLC 内部存储器有系统程序存储器和用户程序存储器。系统程序存储器主要存放系统管理和监控程序及对用户程序作编译处理的程序，系统程序已由厂家固定，用户不能更改。用户程序存储器主要存放用户编制的应用程序及各种暂存数据、中间结果。

3）输入/输出部件

这是 PLC 与被控设备连接起来的部件，用户程序需要输入 PLC 的各种控制信号，如位置开关、操作按钮、传感器信号等，通过输入部件将这些信号转换成中央处理器能够接收和处理的数字信号。输出部件将中央处理器送出的弱电信号转换成现场需要的电平强电信号输出，以驱动接触器、电磁阀等被控设备的执行元件。

4）编程器

编程器是 PLC 的一种重要的外部设备，用于手持编程。用户可以用它输入、检查、修改、调试程序或监视 PLC 的工作情况。除手持编程器外，还可以将 PLC 和计算机连接，并利用专用的工具软件进行编程或监控。

5）电源

PLC 的电源是指为 CPU、存储器、输入/输出部件等内部电子电路工作所配备的直流电源。目前常采用开关型直流稳压电源供电。

2. PLC 的基本工作原理

PLC 的等效电路可分为三部分：输入部分、内部控制电路和输出部分。为了便于理解，以异步电动机正、反转控制为例来进行说明。

在输入一侧外接"发布命令"的停止按钮、正转启动按钮和反转启动按钮。在输出一侧外接"执行命令"的正转接触器的电磁线圈和反转接触器的电磁线圈。

内部控制电路的功能是利用电子计算机技术，一般使用一种叫作梯形图的语言进行编程，若想改变控制目的，不需要改变原来的电气连线，只需要在原来的程序中增加新的"指令"即可达到控制目的。

3. PLC 的特点

（1）灵活性好。当生产工艺流程或生产线设备更新后，不必改变 PLC 的硬件设备，只需改变 PLC 的程序即可。

（2）抗干扰能力强、可靠性高，能在工业环境下进行。

（3）体积小、使用方便，易于普及掌握。

4.3　理论联系实际完成实践任务

4.3.1　三相鼠笼式异步电动机的认识和使用

1. 实践目的

（1）熟悉三相鼠笼式异步电动机的结构和额定值。

（2）学习利用兆欧表检验异步电动机绝缘情况的方法。

（3）学习三相异步电动机定子绕组首、末端的判别方法。

（4）掌握三相鼠笼式异步电动机的启动和反转方法。

2. 实践任务

（1）抄录三相鼠笼式异步电动机的铭牌数据，并观察其结构。

（2）用万用电表判别定子绕组的首、末端。

（3）用兆欧表测量电动机的绝缘电阻。

（4）尝试将鼠笼式异步电动机直接启动。

（5）尝试控制鼠笼式异步电动机反转。

3. 实践设备

实践设备如表 4.3-1 所示。

表 4.3-1 实践设备

序号	名称	型号与规格	数量
1	三相交流电源	380 V、220 V	1
2	三相鼠笼式异步电动机	DJ24	1
3	兆欧表	500 V	1
4	交流电压表	0~500 V	1
5	交流电流表	0~5 A	1
6	万用电表		1

4. 实践过程

1）抄录三相鼠笼式异步电动机的铭牌数据，并观察其结构

定子主要由定子铁芯、三相对称定子绕组和机座等组成，是电动机的静止部分。三相定子绕组一般有 6 根引出线，出线端装在机座外面的接线盒内，转子主要由转子铁芯、转轴、鼠笼式转子绕组、风扇等组成，是电动机的旋转部分。分别找出电动机中的对应部分。

抄录三相鼠笼式异步电动机的铭牌数据，解释说明每个数据的含义。

型号 WDJ26　　电压 380 V　　接法 △　　转速 1 430 r/min

功率 40 W　　电流 0.35 A　　频率 50 Hz　　绝缘等级 E

2）用万用电表判别定子绕组的首、末端

异步电动机三相定子绕组的 6 个出线端有三个首端和三个末端。一般首端标以 A、B、C，末端标以 X、Y、Z，在接线时如果没有按照首、末端的标记来接，则当电动机启动时磁势和电流就会不平衡，因而引起绕组发热、振动、有噪声，甚至电动机不能启动，因过热而烧毁。由于某种原因定子绕组 6 个出线端标记无法辨认，可以通过以下方法来判别其首、末端。

用万用电表欧姆挡从 6 个出线端确定哪一对引出线是属于同一相的，分别找出三相绕组，并标以符号，如 A、X，B、Y，C、Z。将其中的任意两相绕组串联，如图 4.3-1 所示。

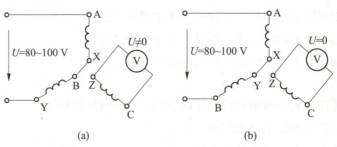

图 4.3-1 用万用表判别定子绕组首、末端
（a）电压值有一定读数；（b）电压值近似为零

将单相自耦调压器手柄置零位，打开电源，调节调压器输出，给串联的两相绕组出线端施以单相低电压 $U=80\sim100$ V，测出第三相绕组的电压，如测得的电压值有一定读数，表示两相绕组的末端与首端相连，如图 4.3-1（a）所示。反之，如测得的电压近似为零，则两相绕组的末端与末端（或首端与首端）相连，如图 4.3-1（b）所示。用同样的方法可测出第三相绕组的首、末端。

3）用兆欧表测量电动机的绝缘电阻，并记录

电动机的绝缘电阻可以用兆欧表进行测量。对额定电压 1 kV 以下的电动机，其绝缘电阻值最低不得小于 1 000 Ω/V，测量方法如图 4.3-2 所示。一般 500 V 以下的中小型电动机最低应具有 2 MΩ 的绝缘电阻。

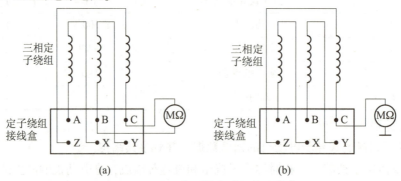

图 4.3-2 用兆欧表测量电动机的绝缘电阻
（a）测量绝缘电阻一；（b）测量绝缘电阻二

各相绕组之间的绝缘电阻：

A 相与 B 相_____（MΩ）

A 相与 C 相_____（MΩ）

B 相与 C 相_____（MΩ）

绕组对地（机座）之间的绝缘电阻：

A 相与地（机座）_____（MΩ）

B 相与地（机座）_____（MΩ）

C 相与地（机座）_____（MΩ）

4）鼠笼式异步电动机的直接启动

（1）采用 380 V 三相交流电源。

将三相自耦调压器手柄置于输出电压为零位置，开启三相电源总开关，按启动按钮，此时自耦变压器原绕组端 U_1、V_1、W_1 得电，调节调压器输出使 U、V、W 端输出线电压为 380 V。保持自耦调压器手柄位置不变，按停止按钮，自耦调压器断电。

①按图 4.3-3 接线，电动机三相定子绕组接成 Y 接法，供电线电压为 380 V；合上开关，启动电源，电动机直接启动，观察启动瞬间电流冲击情况及电动机旋转方向，记录启动电流。

②当启动运行稳定后，将电流表量程切换至较小量程挡位上，记录空载电流。

③电动机稳定运行后，突然拆除 U、V、W 中的任一相电源（注意小心操作，以免触电），观测电动机作单相运行时电流表的读数并记录。再仔细倾听电动机的运行声音有何变化。（可由指导教师进行示范操作）

④电动机启动之前先断开 U、V、W 中的任一相，作缺相启动，观测电流表读数并记录，观察电动机是否启动，再仔细倾听电动机是否发出异常的声响。

⑤实训完毕，断开开关，切断线路三相电源。

（2）采用 220 V 三相交流电源。

调节调压器输出使输出线电压为 220 V，电动机定子绕组接成△接法，如图 4.3-4 所示，重复（1）中各项内容并记录。

5）异步电动机的反转

反转控制如图 4.3-5 所示，合上开关，启动电源，启动电动机，观察启动电流及电动机旋转方向是否反转。

实验完毕，将自耦调压器调回零位，切断线路三相电源。

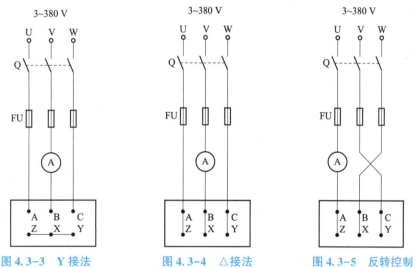

图 4.3-3　Y 接法　　　　图 4.3-4　△接法　　　　图 4.3-5　反转控制

4.3.2　三相鼠笼式异步电动机的点动和自锁控制

1. 实践目的

（1）通过对三相鼠笼式异步电动机点动控制和自锁控制线路的实际安装接线，掌握由电气原理图变换成安装接线图的方法。

（2）进一步加深理解点动控制和自锁控制的特点。

（3）学会独立解决实践过程中遇到的问题，锻炼动手能力，提高综合技能。

2. 实践任务

（1）利用按钮开关和继电器等设备实现对电动机的点动控制。

（2）利用按钮开关和继电器等设备实现对电动机的自锁控制。

3. 实践设备

实践设备如表 4.3-2 所示。

表 4.3-2　实践设备

序号	名称	型号与规格	数量
1	三相交流电源	380 V	
2	三相鼠笼式异步电动机	DJ24	1
3	交流接触器		1
4	按钮		2
5	热继电器	D9305d	
6	交流电压表	0~500 V	
7	万用电表		1

4. 实践过程

调节自耦调压器使 U、V、W 三相输出线电压为 220 V，切断电源。将鼠笼式电动机接成△接法，再接至线电压为 220 V 的三相电源上。

1）点动控制

按图 4.1-3 所示点动控制线路进行安装接线，接线时，先接主电路，即从 380 V 三相交流电源的输出端 U、V、W 开始，经开关 Q_1、熔断器，再经接触器 KM 的主触头，到电动机 M 的三个接线端 A、B、C，用导线按顺序串联起来。主电路连接完整无误后，再连接控制电路，即从 220 V 三相交流电源某输出端开始，经过常开按钮 SB_1、接触器 KM 的线圈、热继电器 FR 的常闭触头到三相交流电源的零线 N。显然这是对接触器 KM 线圈供电的电路。

接好线路，经指导教师检查后，方可进行通电操作。

（1）开启电源总开关，三相交流电源输出线电压为 220 V，合上 Q_1。

（2）按启动按钮 SB_1，对电动机 M 进行点动操作，比较按下 SB_1 与松开 SB_1 电动机和接触器的运行情况。

（3）实践完毕，切断 Q_1，切断线路三相交流电源。

2）自锁控制电路

按图 4.1-4 所示自锁线路进行接线，它与图 4.1-3 的不同点在于控制电路中多串联一只常闭按钮 SB_2，同时在 SB_1 上并联一只接触器 KM 的常开触头，它起自锁作用。

接好线路经指导教师检查后，方可进行通电操作。

（1）启动电源，接通 220 V 三相交流电源，合上 Q_1。

（2）按启动按钮 SB_1，松手后观察电动机 M 是否继续运转。

（3）按停止按钮 SB_2，松手后观察电动机 M 是否停止运转。

（4）按控制屏停止按钮，切断实训线路三相电源，拆除控制回路中自锁触头 KM，再接通三相电源，启动电动机，观察电动机及接触器的运转情况，从而验证自锁触头的作用。

（5）实践完毕，切断 Q_1，切断线路的三相交流电源。

4.3.3　三相鼠笼式异步电动机的正、反转控制及电路保护

1. 实践目的

（1）掌握由电气原理图接成实际操作电路的方法。

（2）加深对电气控制系统各种保护、自锁、互锁等环节的理解。

（3）学会分析、排除继电-接触控制线路故障的方法。

2. 实践任务

通过接触器联锁的方式实现电动机的正、反转控制。

3. 实践设备

实践设备如表 4.2-3 所示。

表 4.3-3　实践设备

序号	名称	型号与规格	数量	备注
1	三相交流电源	220 V	1	屏上
2	三相鼠笼式异步电动机	WDJ26	1	
3	兆欧表	500 V	1	自备
4	交流电压表	0~500 V	1	屏上
5	交流电流表	0~5 A	1	屏上
6	万用电表		1	自备

4. 实践过程

按图 4.1-5 接线,经指导教师检查后,方可进行通电操作。

（1）开启控制屏电源总开关,按启动按钮,接通 220 V 三相交流电源。

（2）按正向启动按钮 SB_1,观察并记录电动机的转向和接触器的运行情况。

（3）按反向启动按钮 SB_2,观察并记录电动机和接触器的运行情况。

（4）按停止按钮 SB_3,观察并记录电动机的转向和接触器的运行情况。

（5）再按 SB_2,观察并记录电动机的转向和接触器的运行情况。

（6）实训完毕,断开开关,切断三相交流电源。

5. 故障分析

（1）接通电源后,按启动按钮（SB_1 或 SB_2）,接触器吸合,但电动机不转,且发出"嗡嗡"的声响,或电动机能启动,但转速很慢。这种故障来自主回路,大多是一相断线或电源缺相。

（2）接通电源后,按启动按钮（SB_1 或 SB_2）,若接触器通断频繁,且发出连续的噼啪声或吸合不牢,发出颤动声,此类故障原因可能是:

①线路接错,将接触器线圈与自身的动断触头串在一条回路上了。

②自锁触头接触不良,时通时断。

③接触器铁芯上的短路环脱落或断裂。

④电源电压过低或与接触器线圈电压等级不匹配。

4.3.4　三相鼠笼式异步电动机的 Y-△ 降压启动控制

1. 实践目的

（1）进一步提高按图接线能力。

（2）了解继电器的结构、使用方法、演示时间的调整及在控制系统中的作用。

（3）理解电动机 Y-△ 降压启动的原理,熟悉 Y-△ 降压启动控制的操作方法。

2. 实践任务

时间继电器控制电动机 Y-△ 降压启动。

3. 实践设备

实践设备如表4.3-4所示。

表4.3-4　实践设备

序号	名称	型号与规格	数量
1	三相交流电源	220 V	1
2	三相鼠笼式异步电动机	DJ24	1
3	交流接触器	JZC4-40	2
4	时间继电器	ST3PA-B	1
5	按钮		1
6	热继电器		1
7	万用表	0~500 V	1
8	切换开关	三刀双掷	1

4. 实践过程

观察空气阻尼式继电器的结构，认清其电磁线圈和延时常开、常闭触头的接线端子。用手推动时间继电器衔铁模拟继电器通电吸合动作，用万用表欧姆挡测量触头的通与断，以此来判断触头延时动作的时间。通过调节进气孔螺钉，即可整定所需的延时时间。

实验线路电源端接自耦变压器输出端U、V、W，线电压为220 V。

（1）按图4.1-6线路进行接线，先接主回路后接控制回路。要求按图示节点编号从左到右、从上到下、逐行衔接。

（2）在不通电的情况下，用万用表欧姆挡检查线路连接是否正确，特别注意 KM_2 与 KM_3 两个互锁触头KM（5~7）与 KM_2（5~11）是否正确接入。经指导教师检查无误后，方可通电。

（3）启动电源，接通220 V三相交流电源。

（4）按启动按钮 SB_1，观察电动机的整个启动过程及各继电器的动作情况，记录Y-△换接所需时间。

（5）按停止按钮 SB_2，观察电动机及各继电器的动作情况。

（6）调整时间继电器的整定时间，观察接触器 KM_2、KM_3 的动作时间是否相应地改变。

（7）实践完毕，按停止按钮，切断实践线路电源。

具体实践内容详见电工电子技术实训教材。

第4章　习题

1. 填空题

1.1 异步电动机根据转子结构的不同可分为_____式和_____式两大类，它们的工作原理相同。_____式电动机制造工艺简单，成本较低，但是调速性能较差，_____式电动机结构较为复杂，成本较高，但是调速性能较好。

　　1.2 三相异步电动机主要由_____和_____两大部分组成。电动机的铁芯是由相互绝缘的_____片叠压制成的。电动机的定子绕组可以连接成_____或_____两种方式。

　　1.3 旋转磁场的旋转方向与通入定子绕组中三相电流的_____有关。异步电动机的转动方向与旋转磁场的方向_____。

　　1.4 三相异步电动机定子绕组中电流频率为 f，磁极对数为 p，则旋转磁场每分钟的转速为_____。若将额定频率为 60 Hz 的三相异步电动机接在频率为 50 Hz 的电源上使用，电动机的转速将会_____。改变_____或_____可改变旋转磁场的转速。

　　1.5 三相异步电动机转子旋转的方向和旋转磁场的方向相同，但是转子的转速 n_2_____ __且_____旋转磁场的转速 n_1。

　　1.6 转差率是分析异步电动机运行情况的一个重要参数。转子转速越接近磁场转速，则转差率越_____。对应于最大转矩处的转差率称为_____转差率。

　　1.7 电动机常用的两种降压启动方法是_____启动和_____启动。

　　1.8 降压启动是指利用启动设备将电压适当_____后加到电动机的定子绕组上进行启动，待电动机达到一定的转速后，再使其恢复到_____下正常运行。

　　1.9 异步电动机的调速可以用改变_____、_____和_____三种方法来实现。其中_____调速是发展方向。

　　1.10 熔断器在电路中起_____保护作用；热继电器在电路中起_____保护作用。接触器具有_____保护作用。上述三种保护功能均有的电器是_____。

　　1.11 多地控制线路的特点是：启动按钮应__接在一起，停止按钮应__接在一起。

　　1.12 热继电器的文字符号是_____；熔断器的文字符号是_____；按钮的文字符号是_____；接触器的文字符号是_____；空气开关的文字符号是_____。

　　1.13 三相鼠笼式异步电动机名称中的三相是指电动机的_____，鼠笼式是指电动机的_____，异步是指电动机的_____。

2. 判断题

2.1 当加在定子绕组上的电压降低时，将引起转速下降，电流减小。　　　（　　）

2.2 电动机的电磁转矩与电源电压的平方成正比，因此电压越高电磁转矩越大。（　　）

2.3 启动电流会随着转速的升高而逐渐减小，最后达到稳定值。　　　　　（　　）

2.4 异步机转子电路的频率随转速而改变，转速越高，则频率越高。　　　（　　）

2.5 电动机的额定功率指的是电动机轴上输出的机械功率。　　　　　　　（　　）

2.6 电动机的转速与磁极对数有关，磁极对数越多转速越高。　　　　　　（　　）

2.7 鼠笼式异步电动机和绕线式异步电动机的工作原理不同。　　　　　　（　　）

2.8 三相异步电动机空载启动时，启动电流小；满载启动时，启动电流大。（　　）

3. 选择题

3.1 电动机三相定子绕组在空间位置上彼此相差（　　　）。

A. 60°电角度　　　B. 120°电角度　　　C. 180°电角度　　　D. 360°电角度

3.2 自动空气开关的热脱扣器用作（　　　）。

A. 过载保护　　　B. 断路保护　　　C. 短路保护　　　D. 失压保护

3.3 交流接触器线圈电压过低将导致（　　　）。

A. 线圈电流显著增大　　　　　　B. 线圈电流显著减小

C. 铁芯涡流显著增大　　　　　　D. 铁芯涡流显著减小

3.4 三相异步电动机的旋转方向与通入三相绕组的三相电流（　　）有关。

A. 大小　　　　　B. 方向　　　　　C. 相序　　　　　D. 频率

3.5 三相异步电动机旋转磁场的转速与（　　）有关。

A. 负载大小　　　　　　　　B. 定子绕组上电压大小

C. 电源频率　　　　　　　　D. 三相转子绕组所串电阻的大小

3.6 三相异步电动机的最大转矩与（　　）。

A. 电压成正比　　　　　　　B. 电压平方成正比

C. 电压成反比　　　　　　　D. 电压平方成反比

3.7 三相异步电动机的启动电流与启动时的（　　）。

A. 电压成正比　　B. 电压平方成正比　C. 电压成反比　　D. 电压平方成反比

3.8 能耗制动的方法就是在切断三相电源的同时（　　）。

A. 给转子绕组中通入交流电　　　B. 给转子绕组中通入直流电

C. 给定子绕组中通入交流电　　　D. 给定子绕组中通入直流电

3.9 Y−△降压启动，由于启动时每相定子绕组的电压为额定电压的 $1/\sqrt{3}$，所以启动转矩也只有直接启动时的（　　）倍。

A. 1/3　　　　　B. 0.866　　　　　C. 3　　　　　D. 1/9

4. 简述题

4.1 三相异步电动机在一定负载下运行，当电源电压因故降低时，电动机的转矩、电流及转速将如何变化？

4.2 三相异步电动机电磁转矩与哪些因素有关？三相异步电动机带动额定负载工作时，若电源电压下降过多，往往会使电动机发热，甚至烧毁，试说明原因。

4.3 有的三相异步电动机有 380 V/220 V 两种额定电压，定子绕组可以接成星形或者三角形，试问何时采用星形接法，何时采用三角形接法？

4.4 在电源电压不变的情况下，如果将三角形接法的电动机误接成星形，或者将星形接法的电动机误接成三角形，将分别出现什么情况？

4.5 如何改变单相异步电动机的旋转方向？

4.6 接触器除具有接通和断开电路的功能外，还具有什么保护功能？

4.7 当绕线式异步电动机的转子三相滑环与电刷全部分开时，此时在定子三相绕组上加上额定电压，转子能否转动起来？为什么？

5. 计算与设计题

5.1 已知某三相异步电动机在额定状态下运行，其转速为 1 430 r/min，电源频率为 50 Hz。求：电动机的磁极对数 p、额定运行时的转差率 S_N、转子电路频率 f_2 和转差速度 Δn。

5.2 某 4.5 kW 三相异步电动机的额定电压为 380 V，额定转速为 950 r/min，过载系数为 1.6。求（1）T_N、T_M；（2）当电压下降至 300 V 时，能否带额定负载运行？

5.3 设计两台电动机顺序控制电路：M_1 启动后 M_2 才能启动；M_2 停转后 M_1 才能停转。

第5章　半导体及其常用器件

电子技术主要包括模拟电子技术和数字电子技术两大模块。模拟电子技术主要学习讨论常用半导体器件、各类放大电路、集成运算放大器、直流稳压电源等；数字电子技术主要学习讨论逻辑代数、逻辑门电路、组合逻辑电路和时序逻辑电路等。

半导体器件是构成电子线路单元的基本部件，也是构成电子系统的最小物理单元，器件的基本特性和参数是电子线路分析和设计的主要依据。本章涉及的半导体器件主要有二极管、双极型晶体管、场效应晶体管等，它们是组成模拟电子线路的基本部件。本章将从半导体材料的基本性质出发，学习二极管、双极型晶体管、场效应晶体管和晶闸管等常用电子器件基本原理和特性。

5.1　实践任务

以二极管、双极型晶体管、场效应晶体管等为代表的半导体器件是构成电子线路最基本的部件。在技能方面，为了使通过本章的学习，学生能够熟练掌握常用电子仪器、仪表的使用方法以及对二极管、双极型晶体管、场效应晶体管和晶闸管等常用电子器件的识别、检测等，安排了"常用仪器仪表的使用及半导体器件的识别与检测"实验；在此基础上，为强化学生对半导体器件工作原理的理解，提高学生器件应用的实践技能，把分立元件构成的"声光控电子开关综合实践"的装配调试作为本章的综合实践任务，来驱动半导体器件理论知识的学习和实践技能的训练。

5.1.1　任务一：常用仪器仪表的使用及半导体器件的识别与检测

1. 原理电路

模拟电子电路中常用电子仪器布局如图 5.1-1 所示，由示波器、函数信号发生器、直流稳压电源、交流毫伏表等组成。

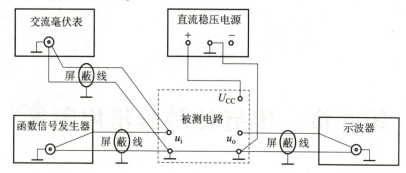

图 5.1-1　模拟电子电路中常用电子仪器布局

2. 实践任务内容

（1）能够熟练掌握示波器、函数信号发生器、直流稳压电源、交流毫伏表以及万用表等常用仪器设备的使用方法。

（2）掌握二极管、双极型晶体管等常用电子器件的识别、主要参数、型号命名方法等。

（3）掌握常用半导体器件如二极管、双极型晶体管等常用电子器件性能的检测方法。

5.1.2　任务二：声光控电子开关综合实践

1. 原理电路

由分立元件构成的声光控电子开关电路原理图如图 5.1-2 所示，本电路以晶体管 9014 为核心，主要由电源电路、控制电路两部分组成。

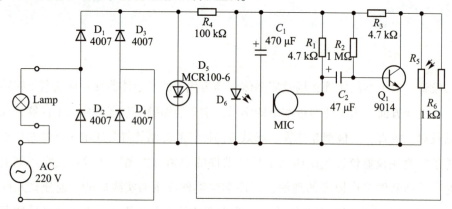

图 5.1-2　声光控电子开关电路原理图

2. 实践任务内容

（1）能够利用所学相关知识正确分析声光控开关电路的工作原理。

（2）对照原理图并按图中所示器件符号进行元器件焊接，焊接要求焊点要实，保证电路的可靠连接，高质量完成焊接是装配成功的首要保证。

（3）电路装配完成后，对照电路原理图仔细检查焊接电路，确认正确无误后，通电调试电路。

（4）如果电路装配完成后加电不能正常工作，说明电路存在问题、故障，要求掌握检修排查方法、步骤，能够排除故障，使电路正常工作。

（5）测试灯不亮和正常亮时电容 C_1 两端的电压，观察测试记录晶体管基极电位从灯亮到灯灭的过程中电压变化的情况，并分析其原因。

5.2 半导体基础知识

自然界中的各种物质，按导电能力的大小，可以分为三大类：导体、绝缘体和半导体。金属都是导体，如银、铜、铝、铁等。物质的导电能力通常用电阻率的大小来衡量。导体是指容易导电的物质，电阻率较小，一般低于 10^{-5} Ω·cm。绝缘体是指几乎不传导电流的物质，电阻率很大，如橡胶、陶瓷、石英、塑料等，其电阻率一般在 $10^8 \sim 10^{20}$ Ω·cm 范围内。而半导体是指导电能力介于导体和绝缘体之间，如 4 价元素硅（Si）、锗（Ge）等，电阻率一般在 $10^{-2} \sim 10^9$ Ω·cm 范围内。

半导体在室温（300 K）下的导电能力很弱，但它在某种外界因素作用下会发生显著变化。例如当温度升高、受到光照或者掺入微量杂质时，半导体的导电能力将迅速增强。这就是半导体材料的热敏性、光敏性和掺杂性，利用这些特性可以制造出各种半导体元器件，如二极管、晶体管、场效应晶体管、晶闸管等。

5.2.1 本征半导体

纯净无杂质且结构非常完整的单晶半导体称为本征半导体。由于实际中很难实现理想的本征半导体，因此工程上常把杂质浓度很低的单晶半导体称为本征半导体。本征半导体是制造电子器件的基本材料。

半导体的导电性能与其原子最外层的电子有关，这种电子称为价电子。常用的半导体材料是硅和锗，它们都是 4 价元素，原子的最外层只有 4 个电子，如图 5.2-1 所示。

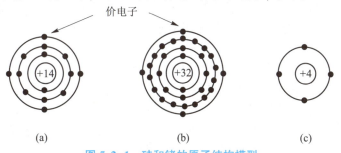

价电子

(a)   (b)   (c)

图 5.2-1 硅和锗的原子结构模型
(a) 硅原子；(b) 锗原子；(c) 惯性核模型

这些单个原子组成晶体时，将形成共价键结构。共价键对价电子的束缚是比较强的，在绝对温度为零、没有光照时，价电子被束缚，不能导电。当温度升高，如常温下，或有光照半导体时，共价键中的某些电子将获得足够能量挣脱共价键的束缚而成为自由电子，同时在原有共价键中留下空穴，这种现象称为本征激发。本征激发和复合如图 5.2-2 所示。

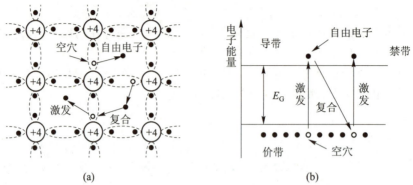

(a)　　　　　　　　　　　　　　　　　　(b)

图 5.2-2　本征激发和复合

（a）共价键结构表示；（b）能级能带表示

　　本征激发产生的自由电子带负电荷，空穴因失去电子带正电荷。它们都是带电荷的粒子，统称为载流子。当有外加电场存在时，它们在电场力的作用下都要作定向运动，即会产生电流，只是方向不同而已。自由电子逆着电场方向移动而形成电流，这种导电方式称为电子导电。空穴沿着电场方向移动而形成电流，这种导电方式称为空穴导电。空穴导电是半导体导电的一种特有方式。半导体中同时存在着电子导电和空穴导电，这是其导电方式的基本特点，也是其与金属在导电原理上的本质差别。

　　本征激发产生的自由电子和空穴总是成对出现，自由电子和空穴也会重新结合，称为复合。当温度一定时，本征激发产生的电子空穴对与因复合而消失的电子空穴对数目相等，本征半导体内的载流子浓度维持在一个平衡值上，因此两种载流子的浓度相等。常温下，本征半导体的载流子浓度很低，因此导电能力很差。温度越高，载流子浓度就越高，所以温度对半导体器件性能的影响很大。本征激发的载流子浓度受温度影响极大，且禁带宽度越宽，对温度的敏感性越小。绝对零度时，硅的禁带宽度为 1.21 eV，锗为 0.785 eV。因此，用硅材料制成的半导体器件比用锗材料制成的半导体器件温度特性好。

5.2.2　杂质半导体和 PN 结

　　在本征半导体中人为掺入微量其他元素（称为"杂质"），可以显著提高半导体的导电能力，这就是杂质半导体。半导体器件都是由经过一定工艺形成的杂质半导体制造的。根据掺入杂质的不同，杂质半导体可以分为 N 型半导体和 P 型半导体两种。

1. N 型半导体

　　如果在本征半导体硅或锗的晶体中，掺入微量 5 价元素磷（P）（或砷（As）、锑（Sb）），使某些位置的硅（锗）原子被磷原子代替。而磷原子最外层是 5 个电子，有 4 个与相邻的硅（锗）原子组成共价键，多余的一个电子受磷原子核的束缚力很小，很容易挣脱磷原子核的束缚而成为自由电子。但此时并未产生空穴，只是磷原子多了一个正电荷而成为正离子。由此可见，掺入 5 价元素磷原子后，晶体中的自由电子大量增加，自由电子成为多数载流子，使半导体的导电能力显著增大。因为这种半导体的主要导电方式是电子导电，故称为电子型半导体或 N 型半导体（N-type Semiconductor）。在 N 型半导体中，自由电子是多数载流子（Majority Carrier），简称多子；空穴是少数载流子（Minority Carrier），简称少子。

2. P 型半导体

如果在本征半导体硅或锗的晶体中，掺入微量 3 价元素硼（B）（或铟（In）、铝（A1）、镓（Ga）），硼原子只有三个价电子，在与相邻的 4 个硅（锗）原子组成共价键时，还缺少一个电子，而留出一个空穴，使硅（锗）晶体中的空穴大量增加。空穴成为半导体导电的多数载流子，主要导电方式是空穴导电，故称之为空穴型半导体或 P 型半导体（P-type Semiconductor）。其中多子是空穴，少子是电子。

应当注意，不论是 N 型半导体还是 P 型半导体，整个晶体呈电中性。这是因为本征半导体和杂质元素的每一个原子原来都是中性的，在 N 型半导体中多数载流子电子有正离子与之对应，在 P 型半导体中，空穴有负离子与之对应。所以从宏观上看，掺入杂质以后，半导体并不带电，仍呈电中性。

3. PN 结

一块 P 型半导体或 N 型半导体，虽然导电能力增强了，但只能作电阻用，不能称其为半导体器件。如果把一块 P 型半导体和一块 N 型半导体结合在一起，它们的结合处就会形成 PN 结，PN 结是构成各种半导体器件的基础。

1）PN 结的形成

在一块单晶体中，采用一定的工艺措施，使其两边掺入不同的杂质，一边形成 P 型区，另一边形成 N 型区。P 型区内空穴浓度高，自由电子浓度低；而 N 型区内自由电子浓度高，空穴浓度低。由于两边载流子浓度不同，分界处两侧的载流子将互相扩散，浓度高的向浓度低的一侧扩散，如图 5.2-3（a）所示。P 区的空间电荷区空穴向 N 区扩散，空穴扩散到 N 区后，被 N 区的电子复合掉了，在 P 区的分界处留下一些负离子；N 区的电子向 P 区扩散，电子扩散到 P 区后，被 P 区的空穴复合掉了，在 N 区的分界处留下一些正离子。于是，分界处两侧出现了一个空间电荷区，P 型侧带负电，N 型侧带正电。

这个空间电荷区就是 PN 结。PN 结形成的电场称为内电场，它的方向是由 N 区指向 P 区，如图 5.2-3（b）所示。内电场对多子的扩散运动起阻挡作用，故空间电荷区又称阻挡层（Barrier）。内电场对少子却能推动它们越过空间电荷区。少子在内电场作用下的运动称为漂移（Drift）运动。少子漂移运动形成的电流，叫作漂移电流。当扩散电流和漂移电流大小相等、方向相反而互相抵消时，达到动态平衡状态，称为平衡 PN 结。

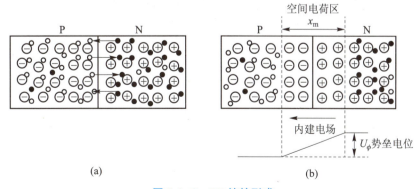

(a)　(b)

图 5.2-3　PN 结的形成

（a）载流子扩散运动；（b）平衡状态下的 PN 结

2）PN 结的单向导电性

（1）正向偏置。在 PN 结两端加上电压，称为给 PN 结偏置。如果使 P 区接电源阳极（Anode），N 区接电源阴极（Cathode），称为正向偏置（Forward Bias），简称正偏，如图 5.2-4（a）所示。这时电源 E 的外电场与 PN 结的内电场方向相反，内电场被削弱，阻挡层变薄，多子的扩散运动增强，形成较大的扩散电流——正向电流。这时 PN 结呈现的电阻很低，处于正向导通状态。

（2）反向偏置。如果给 PN 结加反向电压，P 区接电源负极，N 区接电源正极，称为反向偏置（Back-ward Bias），简称反偏，如图 5.2-4（b）所示。这时外电场与内电场方向一致，增强了内电场，使阻挡层变厚，这就削弱了多子的扩散运动，增强了少子的漂移运动，但是由于少子数目有限，所以漂移电流是微小的。这时 PN 结呈现的电阻很高，可视为处于反向截止状态。反向电流是由少子漂移运动形成的，少子的数量随温度升高而增加，所以温度对反向电流的影响很大，这是半导体器件温度特性差的根本原因。

综上所述，PN 结正向偏置时，电流大，可视为处于导通状态；反向偏置时，电流小，可视为处于截止状态。PN 结的这种“正向电流大，反向电流小”的特性通常称为单向导电性（Unilateral），它是 PN 结最基本的特性。

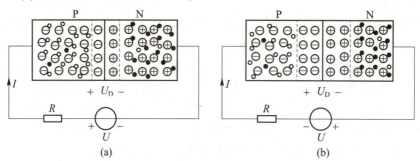

图 5.2-4　外加电压作用下 PN 结的宽度变化

（a）外加正向电压的 PN 结；（b）外加反向电压的 PN 结

3）PN 结的击穿特性

前面讲到，PN 结外加反向电压时，流过 PN 结的反向电流很小。但当反向电压加大到某个特定值时，反向电流会突然急剧增大，这种现象称为 PN 结的反向击穿，如图 5.2-5 所示。反向击穿时，反向电流达到某个数值 I_{BR} 时对应的电压称为反向击穿电压 U_{BR}。

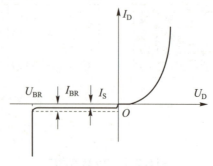

图 5.2-5　PN 结的击穿

导致 PN 结发生击穿的机理分为齐纳击穿（Zener Breakdown）和雪崩击穿（Avalanche Multiplication）两种。

（1）齐纳击穿。在高掺杂的 PN 结中，阻挡层宽度较窄，因而内电场较强，这时即使外加不大的反向电压也可以在阻挡层内产生强的电场，该电场足以把价电子从共价键的束缚中激发出来，产生大量的电子空穴对。这些电子空穴对在内电场的作用下分别向 P 区和 N 区运动，使反向电流急剧增大，这就是击穿。这种因强电场而导致的击穿称为齐纳击穿。可见，齐纳击穿易发生在高掺杂的 PN 结，击穿电压比较低，通常小于 6 V。

（2）雪崩击穿。在低掺杂的 PN 结中，阻挡层较宽，这时外加反向电压不容易在阻挡层内产生很强的电场。但是，宽的阻挡层为穿过阻挡层的电子提供了足够的加速空间。当电子加速获得动能而与阻挡层中的价电子发生碰撞时，会使被碰撞的价电子脱离共价键束缚产生电子空穴对。新的载流子在电场作用下运动，运动过程中又会产生新的碰撞。这种联锁反应的结果是使阻挡层内的载流子数目像雪崩一样剧增，反向电流突然急剧增大。这种因碰撞电离产生的击穿称为雪崩击穿。可见，雪崩击穿常发生在低掺杂的 PN 结，击穿电压比较高，通常大于 6 V，有的高达几十伏。击穿时有载流子倍增效应，故噪声大。

击穿破坏了 PN 结的单向导电性，而且当击穿电流过大时还会损坏 PN 结，因此，一般情况下应避免发生击穿。但击穿后尽管反向电流变化范围很大，击穿电压却基本不变，利用这一特性可以制作稳压二极管。应用时只要把反向击穿电流限制在安全范围内即可。应当指出，击穿是可逆的。PN 结发生击穿后，只要击穿电流不太大，PN 结就不会损坏，仍然具有单向导电特性。

【思考题】

1. 导体、半导体和绝缘体之间的本质差别是什么？

2. 解释下列名词：本征半导体、杂质半导体、N 型半导体、P 型半导体。

3. 半导体有哪些特性？杂质半导体是如何形成的？

4. 什么叫本征激发？温度升高到一定程度时，N 型半导体为何会呈现本征半导体的性质？P 型半导体是否也会出现这种情况？

5. 什么是 PN 结？它是如何形成的？势垒电压约有多大？

6. 既然 PN 结存在势垒电位，则若用导线把 P 区和 N 区连接起来是否有电流流通？

7. PN 结有何基本特性？外加正向电压和反向电压如何影响 PN 结宽度？

8. 试述雪崩击穿和齐纳击穿的特点，这两种击穿能否使 PN 结永久损坏？

9. 由于 N 型半导体中多数载流子是电子，因此说这种半导体是带负电的。这种说法正确吗？为什么？

5.3　半导体二极管

将 PN 结装上管壳及电极引线，就制成了半导体二极管，又称晶体二极管，简称二极管。按照制造结构不同，二极管可分为点接触型、面接触型和平面型几种。其中点接触型二极管 PN 结接触面小，适合在高频电路、开关电路等小电流情况下使用，面接触型和平面型二极管 PN 结接触面大、载流量大，适合在整流电路中使用。

5.3.1 二极管伏安特性

二极管的关键部分是 PN 结，PN 结具有单向导电特性，这是二极管的主要特点。二极管的导电性能，由加在二极管两端的电压和流过二极管的电流来决定，两者之间的关系称为二极管的伏安特性。用于定量描述二者关系的曲线叫伏安特性曲线。二极管的伏安特性曲线如图 5.3-1 所示。

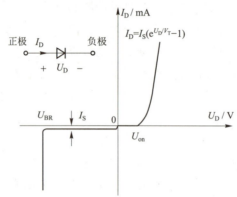

图 5.3-1 二极管的伏安特性曲线

从伏安特性可以看到，二极管加上正向电压时电流与电压的关系称为二极管的正向特性。在外加电压小于导通电压 U_{on} 的区域内，外加正向电压低，外电场不足以克服内电场对多数载流子扩散的阻力，多数载流子不能顺利扩散，正向电流很小，视为正向电流为零的截止状态。外加电压大于导通电压 U_{on} 时，二极管正向导通，电流与电压间呈指数规律变化。通常，硅二极管的 U_{on} 取为 0.7 V，锗二极管的 U_{on} 取为 0.2 V。

二极管的反向特性是指二极管加反向电压时电流与电压的关系。对于反向特性，由于受二极管表面漏电流的影响，其反向电流要比 PN 结本身的反向电流大，且随着反向电压增加，反向电流略有增加。但即便如此，二极管的反向电流仍然很小，硅管小于 0.1 μA，锗管小于几十微安。这个电流是衡量二极管质量优劣的重要参数，其值越小，二极管质量越好。由于硅二极管反向电流较锗二极管的小很多，因此硅管的温度稳定性比锗管好。

当反向电压增大到一定数值时，反向电流骤然猛增，这种现象称为反向击穿，此时的反向电压称为反向击穿电压，记作 U_{BR}。从二极管伏安特性曲线可以看出，二极管的电压与电流变化不呈线性关系，其内阻不是常数，所以二极管属于非线性器件。利用二极管的单向导电性，可用来作检波、整流、钳位（Clamp）、开关等。

5.3.2 二极管的主要参数

二极管的参数是定量描述二极管性能的质量指标。二极管参数较多，但应用最广泛的是最大整流电流和最高反向工作电压。

1. 最大整流电流 I_{FM}

二极管的最大整流电流指的是二极管长时间工作时允许通过的最大直流电流。这个数值与 PN 结的面积和二极管的散热条件有关。使用二极管时，应注意流过二极管的正向最大平均电流不能大于这个数值（它是二极管极限使用参数），否则可能使管子因过热而损坏。

2. 最高反向工作电压 U_{RM}

最高反向工作电压是指二极管正常使用时所允许加的最高反向电压。通常采取二极管反向击穿电压的 1/2 或 2/3，使用中如果超过此值，二极管有被击穿的危险。

5.3.3　二极管的应用举例

二极管的应用范围很广，主要应用有整流、限幅保护、钳位以及在数字电路中用作电子开关等。

1. 整流电路

在电源设备中，要把一个交流电压变成稳定的直流电压输出，通常需要经过整流、滤波和稳压三个环节。把交流电变为单方向脉动直流电的过程称为整流，利用二极管的单向导电性就可以获得各种形式的整流电路。整流电路的详细分析和其他电路形式将在第 8 章的电源电路中讨论。

2. 限幅电路

限幅电路也叫作削波电路，它是一种能把输入电压的变化范围加以限制的电路，常用在波形变换、波形整形或作保护电路使用。

图 5.3-2 是限幅保护电路的两种形式，可防止被保护的电路被大信号烧毁。其中，电路（a）可将输入被保护电路的信号幅度限制在 $\pm U_{on}$ 以内，电路（b）可将输入被保护电路的信号幅度限制在 $\pm (U_{BR}+U_{on})$ 以内。U_{BR} 为二极管的反向击穿电压，U_{on} 为二极管的导通电压，R 为限流电阻。

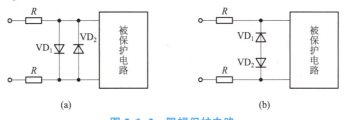

图 5.3-2　限幅保护电路

（a）保护电路一；（b）保护电路二

5.3.4　特殊二极管

除了用作整流、限幅、钳位、隔离等用途的普通二极管以外，还有一些特殊用途的二极管，如稳压二极管、发光二极管、光敏二极管、变容二极管等。

1. 稳压二极管

前面已指出，PN 结反向击穿后，尽管反向电流变化范围很大，但击穿电压基本不变，利用这一特性可以制作稳压二极管（也称为齐纳二极管）。图 5.3-3（a）为稳压二极管的伏安特性，图中，U_z 为稳压值，I_{zmin} 称为最小工作电流，I_{zmax} 称为最大工作电流。为保证稳压管正常工作，应使稳压二极管的工作电流 I_z 始终满足 $I_{zmin} < I_z < I_{zmax}$ 的条件。

图 5.3-3（b）为稳压二极管的稳压电路。稳压二极管稳压电路的详细分析和其他电路

形式将在第 8 章的电源电路中讨论。

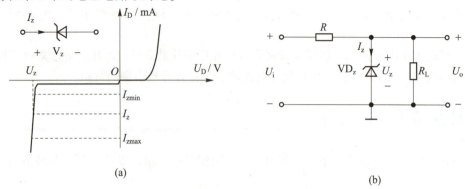

图 5.3-3　稳压二极管的伏安特性和稳压电路

（a）伏安特性；（b）稳压电路

2. 发光二极管

正向偏置的 PN 结中，当非平衡少子与多数载流子复合时会发出光，如果把 PN 结做得较薄，使光子能透射到空中就能看到，这就是发光二极管（LED）。图 5.3-4 是 LED 电路符号。制造 LED 的半导体材料应采用直接带隙材料，通常是 GaAs（砷化镓）。

图 5.3-4 LED 电路符号

LED 的光谱范围一般较窄，其波长由使用的半导体材料决定。几种常见发光材料的主要参数如表 5.3-1 所示。

表 5.3-1　几种常见发光材料的主要参数

颜色	波长/nm	基本材料	10 mA 时正向压降/V
红外	900	砷化镓	1.3~1.5
红	655	磷砷化镓	1.6~1.8
鲜红	635	磷砷化镓	2.0~2.2
黄	583	磷砷化镓	2.0~2.2
绿	565	砷化镓	2.2~2.4

LED 的工作电流为几至几十毫安，正向压降比普通二极管大。LED 既可单个使用，也可做成七段式或点阵式使用，它们被广泛应用在电平指示、显示器、交通信号灯和照明等领域。

3. 光电二极管和光电耦合器

将反偏的 PN 结接受光照，当光子能量足够大时，阻挡层内将激发产生大量电子空穴对，在反偏电压作用下在外电路形成反向电流。这就是光电二极管（Photodiode）。光电二极管是一种简单的光电传感器。

把发光二极管和光电二极管做在一起，就构成光电耦合器（Optical Coupler），如图 5.3-5 所示。其中光电器件除光电二极管外还可以是光电三极管或光敏电阻等。电信号加到器件输入端，使发光二极管 VD_1 发光，光线照射到光敏二极管 VD_2 上，输出光电流。通过电光和光电的两次转换将电信号从输入端传送到输出端。可见，输入端和输出端之间是电隔离的。

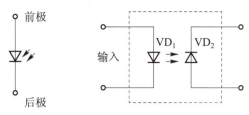

图 5.3-5　光电二极管和光电耦合器

光电耦合器中发光管和光电管并非一定要封装在一起，它也可以利用光纤远距离实现，这在光纤通信连接中已经做到。

光电耦合器的应用十分广泛。例如，在数据采集系统中用高速光电耦合器隔离数据线和地址线，可以防止计算机系统对高灵敏度模拟电路产生干扰。用它组成隔离放大器可以有效减少放大器中通过公共地线或公共电源引入的各种干扰，提高电路的抗干扰性。

【思考题】

1. 何谓死区电压？硅管和锗管死区电压的典型值各为多少？为何会出现死区电压？

2. 为什么二极管的反向电流很小且具有饱和性，当环境温度升高时又会明显增大？

3. 把一个 1.5 V 的干电池直接正向连接到二极管的两端，会出现什么问题？

4. 二极管的伏安特性曲线上可分为几个区？能否说明二极管工作在各个区时的电压、电流情况？

5. 半导体二极管工作在击穿区，是否一定被损坏？为什么？

6. 利用稳压二极管或普通二极管的正向压降，是否也可以稳压？

5.4　双极型晶体管

用半导体材料制造的具有放大作用的器件主要有两类，一类是双极型晶体管（Bipolar Junction Transistors，BJT），简称为三极管或晶体管；另一类是单极型晶体管，即场效应晶体管（Field Effect Transistor，FET），简称为场效应管。有时也常把这两类管子统称为晶体管。双极型晶体管被称为"双极型"的原因是半导体内的两种载流子都参与导电过程，场效应管被称为"单极型晶体管"是因为它只有多数载流子参与导电。双极型晶体管是电流控制型器件，场效应管是电压控制型器件。晶体管是各种电子系统的核心元件，例如人们经常用集成电路芯片中包含的晶体管数目来衡量它的集成度。

本节主要讲述双极型晶体管的结构、电流放大能力、工作状态及伏安特性。

5.4.1　双极型三极管的结构和分类

三极管的种类有很多，按频率高低有高频管、低频管之分；按功率大小有大、中、小功率管之分；按材料的不同又有硅管、锗管之分；按结构的不同还可分为 NPN 晶体管和 PNP 晶体管，其结构示意图如图 5.4-1 所示。从图中可以看出，它由三层杂质半导体组成，中间层称为基区，其他两层分别称为发射区和集电区。从三个区各引出一个电极，分别称为基极 B、发射极 E 和集电极 C。基区和发射区之间形成一个 PN 结，称为发射结，基区和集电区之间形成另一个 PN 结，称为集电结。可见，晶体管由两个特殊连接的背靠背的 PN 结组成。晶体管的结构可总结为"三个区，三个极，两个结"。

晶体管的电路符号也示于图中。其中发射极的箭头方向表示发射结加正偏电压时的发射极电流方向。

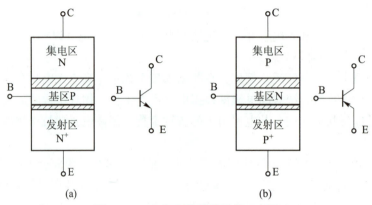

图 5.4-1　双极型晶体管结构示意图
（a）NPN 晶体管；（b）PNP 晶体管

5.4.2　双极型三极管的电流放大作用

如果简单地把两个 PN 结背靠背地连在一起，是不会产生放大作用的。因此，制造三极管时，要使其内部的发射区具有较高的掺杂浓度且结面积较小，让基区掺杂浓度较低且很薄，集电区掺杂浓度介于二者之间，但结面积较大，这是保证制造出来的三极管能够实现电流放大的内部条件，但三极管能否真正在电路中起电流放大作用，还必须遵循发射结正偏、集电结反偏的外部条件。

下面以 NPN 晶体管为例具体地讨论一下在符合上述条件的三极管电路中，在满足发射结正偏、集电结反偏时三个极上电流的形成。

1. 发射极电流的形成

发射结正偏时，发射区的多子自由电子和基区的多子空穴通过扩散运动形成电子电流和空穴电流，但是由于基区的掺杂浓度较低且很薄，所以空穴电流相比于电子电流可以忽略，发射极电流 I_E 主要由发射区发射的电子电流所产生，电流方向与电子电流方向相反。电源不断地为发射区补充电子，用以维持发射极电流。

2. 基极电流的形成

由于基区的掺杂浓度较低，且做得很薄，因此，扩散到基区的大量自由电子，只有极少的一部分与基区的空穴相复合，而基区被复合掉的空穴由基极电源不断进行补充，所以复合运动源源不断，形成基极电流 I_B。剩余的大量自由电子继续扩散，到达集电结一侧。

3. 集电极电流的形成

由发射区扩散到基区的多子自由电子因基区的杂质浓度低，被复合的机会很少，又因基区很薄，且集电结反偏，使得扩散到基区的自由电子无法停留在基区，绝大多数自由电子继续向集电结边缘进行扩散。集电区的掺杂浓度虽然低于发射区，但高于基区，且集电结的结面积比发射结大很多，因此这些聚集到集电结边缘的自由电子将在结电场的作用下，统统收集到集电区，形成集电极电流 I_C。反偏的集电结由少子形成的漂移运动，因数量很小可以忽略不计。

根据电流的连续性原理，三个电流遵循 KCL 定律，即：

$$I_E = I_B + I_C \qquad (5.4-1)$$

此时，实验发现三极管的集电极电流 I_C 稍小于 I_E，但远大于 I_B，且 I_C 与 I_B 的比值在一定范围内基本保持不变。

$$\beta = \frac{I_C}{I_B} \qquad (5.4-2)$$

式中，β 值称为三极管的电流放大倍数。它体现的是晶体管基极电流 I_B 对集电极电流 I_C 的控制能力。不同型号、不同类型和用途的三极管，其 β 值的差异较大，大多数三极管的 β 值通常在几十至一百多。由式（5.4-1）和式（5.4-2）可以看出，微小的基极电流 I_B 可以控制较大的集电极电流 I_C，故双极型三极管可以实现电流放大作用，且属于电流控制型器件。

5.4.3　三极管的工作状态和特性曲线

1. 三极管的工作状态

晶体管的两个 PN 结可以独立地外加正偏压或反偏压，因此，晶体管就可能有 4 种不同的工作状态，如图 5.4-2 所示。其中，反向状态一般不用，这样，实际晶体管的工作状态只有放大状态、饱和状态和截止状态三种。

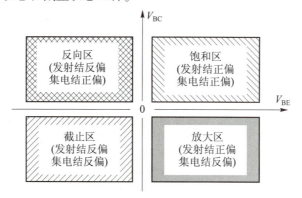

图 5.4-2　晶体管的工作状态

发射结正偏、集电结反偏时放大状态下的电流关系已述。

饱和状态（Saturation Mode）时，发射结和集电结都被正偏，两个 PN 结都导通，正反两个方向传输的载流子在基区中都有复合，从而导致基极电流增加。此状态下，I_C 和 I_E 同时受到两个结的正偏电压控制，因此，晶体管不再具有放大状态下的正向控制作用，集电极电流和发射极电流之比、集电极电流和基极电流之比都不再是常数，电流方程变得复杂。实际工作中计算饱和区电压、电流关系的意义不大。

理论上常将 $U_{BC} = 0$ 作为晶体管放大状态和饱和状态的分界线。因为 $U_{BC} = U_{BE} - U_{CE}$，所以，也把 $U_{CE} = U_{BE}$ 作为晶体管放大状态和饱和状态的理论分界线。

截止状态（Cutoff Mode）时，发射结和集电结都被反偏，两个 PN 结都不导通，只有微小的反向饱和电流存在，可认为它们近似为零。因此，截止状态下晶体管的电极电流均为零。

$$\left.\begin{array}{l} I_E \approx 0 \\ I_C \approx 0 \\ I_B \approx 0 \end{array}\right\} \tag{5.4-3}$$

工程上常把 $I_B = 0$ 作为放大区与截止区的分界线。

模拟电路中，晶体管一般工作在放大状态，用作放大器；数字电路中，晶体管一般工作在饱和、截止状态，用作电子开关。

【例 5.1】已知三个晶体管各电极的电位分布如表 5.4-1 所示。试判断管子的工作状态。

表 5.4-1　三个晶体管各电极的电位分布

	E 极电位/V	B 极电位/V	C 极电位/V	工作状态
NPN 晶体管 A	2.3	3	5.1	放大
PNP 晶体管 B	-5.3	-5.6	-4.9	饱和
PNP 晶体管 C	-7.8	-5.2	-8.3	截止

解：根据晶体管工作状态的划分可知，三个管子分别工作在放大、饱和和截止状态。

【例 5.2】已知一个工作在放大状态但型号未知晶体管的三个电极电位分别为 -5.1 V、-8.8 V 和 -4.8 V。试确定管子性质和电极位置。

解：工作在放大状态下的晶体管，如果是 NPN 晶体管，则 E、B、C 三个电极的电位依次升高，且 E、B 两个电极的电位差应在 0.3 V 或 0.7 V 附近。如果是 PNP 晶体管，则 E、B、C 三个电极的电位依次降低，E、B 两个电极的电位差也应在 0.3 V 或 0.7 V 附近。根据这个关系，可列出两种可能情况，如表 5.4-2 所示。

表 5.4-2　两种可能情况

电位	若为 NPN 晶体管	若为 PNP 晶体管
-5.1 V	B 极	B 极
-8.8 V	E 极	C 极
-4.8 V	C 极	E 极

显然，若为 NPN 晶体管，则 B、E 间电位不符合放大状态关系。所以，该管应为 PNP 晶体管，锗材料，电极位置如表 5.4-2 所示。

2. 三极管的特性曲线

晶体管的伏安特性曲线是描述晶体管各极电压—电流关系的一组曲线，它对于全面直观了解晶体管的导电特性非常有用。晶体管有三个电极，使用时除用其中两个分别作输入、输出端外，剩余一个作公共端，从而构成输入和输出两个回路。因此，晶体管共有三种基本接法（也称为组态），分别称为共发射极（Common Emitter）、共集电极（Common Collector）和共基极（Common Base）接法，如图 5.4-3 所示。其中，共发射极接法更具代表性，所以，这里讨论共发射极的伏安特性曲线。

晶体管的伏安特性曲线分为输入特性曲线和输出特性曲线两组。

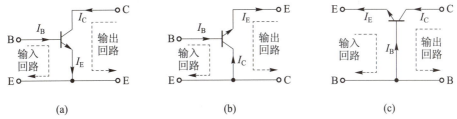

(a)　　　　　　　　　　　(b)　　　　　　　　　　　(c)

图 5.4-3　晶体管的三种基本接法
（a）共发射极；（b）共集电极；（c）共基极

1）输入特性曲线

输入特性曲线是在 $I_B \sim U_{BE}$ 坐标平面上，以 U_{CE} 为参变量的曲线。即：

$$I_B = f(U_{BE})\big|_{U_{CE}=常数}$$

伏安特性曲线测量电路和典型输入特性曲线如图 5.4-4 所示。整个特性曲线依据外加电压不同可分为放大区、饱和区、截止区和击穿区 4 个区域。

在饱和区，当 U_{CE} 增大时，曲线将向右移动，或者说当 U_{BE} 保持不变时，U_{CE} 增大将使 I_B 减小。但当 $U_{CE}>1$ V 后这种影响就不明显了，此时 I_B 只跟 U_{BE} 有关，称之为放大区。所以，工程上常把 $U_{CE}=1$ V 作为饱和区与放大区的分界线，在 $0 \leqslant U_{CE} \leqslant 1$V 范围内视为饱和区。

$U_{BE}<0$ 的区域是截止区，在反向击穿前，I_B 几乎为零。

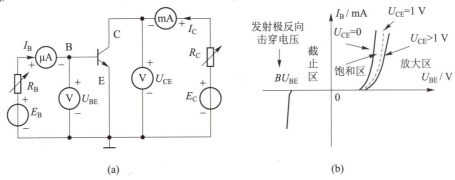

(a)　　　　　　　　　　　(b)

图 5.4-4　伏安特性曲线测量电路和典型输入特性曲线
（a）伏安特性曲线测量电路；（b）输入特性曲线

2）输出特性曲线

输出特性曲线是在 $I_C \sim U_{CE}$ 坐标平面上，以 I_B 为参变量的一簇曲线。即：

$$I_C = f(U_{CE})\big|_{I_B=常数}$$

典型输出特性曲线如图 5.4-5 所示，整个特性曲线依据外加电压不同常常也分为放大区、饱和区和截止区三个区域。

（1）放大区。

在放大区，晶体管工作在放大状态，在忽略反向小电流的情况下，I_C 受 I_B 线性控制，故满足关系 $I_C \approx \beta I_B$。

（2）饱和区。

工程上规定，当 $0 \leqslant U_{CE} \leqslant 1$ V 时，晶体管进入饱和区（理论上为 $U_{CE} \leqslant U_{BE}$）。在饱和区内，I_C 受 U_{CE} 影响大，且 I_C 随 U_{CE} 增加而迅速增加，这是由于 U_{CE} 的增加使集电区收集载流子能力迅速提高的结果。当 U_{CE} 达到饱和区和放大区的临界值时，集电区已几乎将载流子"收尽"，此时，继续增大 U_{CE} 对 I_C 的影响不大（放大区）。

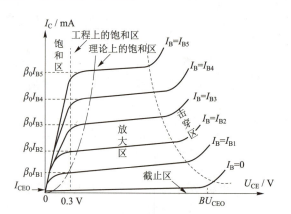

图 5.4-5　典型输出特性曲线

通常，把晶体管开始进入饱和区时的电压 U_{CE} 称为饱和电压，并用 U_{CEo} 表示。工程上取 $U_{CEo} = 0.3\ V$。但在实际中，由于存在体电阻和引线电阻的影响，使 U_{CEo} 大于 $0.3\ V$，且大功率管的 U_{CEo} 大于小功率管。

在饱和区内，I_C 和 I_B 之间已不再满足放大区时的电流分配关系。

（3）截止区。

工程上规定，$I_B = 0$ 以下的区域为截止区。当 $I_B = 0$ 时（相当于基极开路），只要存在电压 U_{CE}，就会产生 I_C，不过它的值很小，常常被忽略，因此，当晶体管工作在截止区时认为 $I_C \approx 0$。

另外，随着 U_{CE} 增大，集电结的反偏电压 U_{CB} 也相应增大。当 U_{CE} 增大到一定值时，造成 I_C 急剧增加，这时集电结就产生了击穿。

通常，把晶体管发生反向击穿时的电压 U_{CE} 称为反向击穿电压。实际应用中应避免晶体管发生击穿。

5.4.4　晶体管的主要特性参数

1. 电流放大系数

电流放大系数是指共发射极电流放大系数 β，表示 I_C 和 I_B（收集和复合）之比。电流放大系数有直流和交流之分，但对于一个放大性能良好的晶体管而言，交流和直流两种电流放大系数差别很小，实际中一般不再加以区分。因此，本书除特别说明外，不再区分。

2. 最大集电极电流 I_{CM}

β 与 I_C 的大小有关。I_C 较小时，β 随 I_C 的增加而增大。当 I_C 增加到一定值时，β 反而随 I_C 的增加而减小。所以，I_{CM} 是指 β 下降到正常值的 2/3 时对应的集电极电流值。

当集电极电流超过 I_{CM} 时，虽然不会损坏管子，但放大性能已开始变坏，所以，实际应用时也不应该超过此值。

3. 最大集电极允许耗散功率 P_{CM}

P_{CM} 指晶体管所能承受的最大功耗限额。$P_{CM} = I_C U_{CE}$。使用时不能超过此值，否则导致集电结结温过高，使管子性能下降或烧毁晶体管。

【思考题】

1. 三极管的发射极和集电极是否可以互换使用？为什么？

2. 三极管在输出特性曲线的饱和区工作时，其电流放大系数是否也等于 β？

3. 为什么晶体管基区掺杂质浓度小，而且还要做得很薄？

4. 既然从结构上看晶体管是由两个背靠背的 PN 结构成，那么用两个二极管背对背连接起来能否构成一个晶体管？为什么？

5. 晶体管放大状态下各极电流方向是否一定？它和管子的性质（NPN 和 PNP）有关吗？

6. 如何用万用表测量晶体管的好坏？能否用万用表判别晶体管的 E、B、C 极？

5.5　场效应管

双极型晶体管在放大应用时需要给发射结加正偏电压，因而它的输入电阻较低，且因它是双极型器件，温度稳定性不高。场效应管（FET）是一种电压控制器件，它是利用电场效应来控制其电流的大小，从而实现放大作用。场效应管工作时，内部参与导电的只有多子一种载流子，因此又被称为单极型器件。它与双极型晶体管相比具有输入阻抗高、温度稳定性好和线性动态范围大等优点。因而它在微波大功率、特殊电子器件和集成电路中得到广泛应用。

根据结构不同，场效应管分为两大类，即结型场效应管和绝缘栅场效应管。本节主要讨论 FET 的外部特性。

5.5.1　结型场效应管

结型场效应管分为 N 沟道结型管和 P 沟道结型管，它们都有三个电极—栅极 G、源极 S 和漏极 D，分别与三极管的基极 B、发射极 E 和集电极 C 相对应。在使用时和双极型晶体管类似。

图 5.5-1（a）所示为 N 沟道结型场效应管的符号，结型场效应管符号中的箭头表示由 P 区指向 N 区。

P 沟道结型场效应管的构成与 N 沟道类似，只是所用杂质半导体的类型要反过来。图 5.5-1（b）所示为 P 沟道结型场效应管的符号。

(a)　　　　　　　　　(b)

图 5.5-1　结型场效应管的结构与符号

（a）N 沟道结型场效应管；（b）P 沟道结型场效应管

5.5.2　绝缘栅型场效应管

绝缘栅型场效应管是由金属（Metal）、氧化物（Oxilde）和半导体（Semiconductor）材料构成的，因此又叫 MOS 管。绝缘栅型场效应管分为增强型 EMOS 管和耗尽型 DMOS 管两种，每一种又包括 N 沟道和 P 沟道两种类型，一共有 4 种 MOS 管，其电路符号如图 5.5-2 所示。无论是 N 沟道 MOS 管还是 P 沟道 MOS 管，也都只有一种载流子导电，均为单极型电压控制器件。MOS 管的栅极电流几乎为零，输入电阻 R_{gs} 很高。

注意：①耗尽型：$U_{gs}=0$ 时，漏、源极之间已经存在原始导电沟道。

②增强型：$U_{gs}=0$ 时，漏、源极之间才能形成导电沟道。

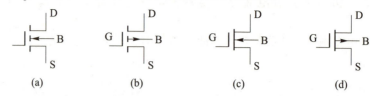

(a)　　　　　　　(b)　　　　　　　(c)　　　　　　　(d)

图 5.5-2　场效应管的电路符号

(a) N 沟道 EMOS 管；(b) P 沟道 EMOS 管；(c) N 沟道 DMOS 管；(d) P 沟道 DMOS 管

场效应管有三个电极、两种沟道。三个电极是源极（S）、栅极（G）和漏极（D），两种沟道是 N 沟道和 P 沟道。场效应管中 S、G 和 D 极的作用与双极型晶体管中 E、B 和 C 极分别对应相似，故场效应管的源极相当于双极型晶体管的发射极、栅极相当于基极、漏极相当于集电极。场效应管的 N 沟道和 P 沟道是两种性质不同的导电沟道，它们分别对应于双极性晶体管的 NPN 晶体管和 PNP 晶体管。

对于 MOS 管还有一个引出端子称为衬底（B）。衬底不影响管子功能但有时会影响管子的性能，在应用时将它连接到电路系统的最高电位（对 P 沟道）或最低电位（对 N 沟道）即可。

场效应管的基本工作原理是通过外加到栅极和源极之间的电压 V_{GS} 在内部产生的电场，控制导电沟道电阻大小，进而控制漏极电流 I_D。即用输入电压 V_{GS} 来控制输出电流 I_D，因此场效应管是一个电压控制器件。

对于使用者而言，FET 的内部结构和原理可以不予关注，但应当十分熟悉上述电路符号并能够正确识别 MOSFET 和 JFET、EMOS 和 DMOS、沟道类型和电极。

【思考题】

1. 场效应管可分为哪两类？按导电沟道性质不同又可分为哪两类？按零偏压时是否存在导电沟道又分为哪两类？

2. 场效应管是如何工作的？

3. 双极型三极管和单极型三极管的导电机理有什么不同？为什么称晶体管为电流控制型器件而称 MOS 管为电压控制型器件？

4. 双极型三极管和 MOS 管的输入电阻有何不同？

5.6　晶闸管

晶体闸流管又叫晶闸管（Thyristor），由于其通断可以控制，又被称为可控硅。它是一种能控制大电流通断的大功率开关型半导体器件，在电路中常用文字符号"V"或"VT"表示，旧标准中也常用字母"SCR"（Silicon Controlled Rectifier，简称 SCR）表示。晶闸管的问世使半导体器件从弱电领域进入强电领域，其具有体积小、质量轻、效率高、寿命长、使用方便等优点，它已广泛应用于各种无触点电子开关电路及可控整流、交流调压、逆变、变频等电子电路中。

5.6.1　普通晶闸管

1. 晶闸管的结构组成

晶闸管具有 P-N-P-N4 层半导体结构，它有三个 PN 结、三个极，其电路符号如图 5.6-1 所示。

图 5.6-1　晶闸管电路符号

晶闸管三个电极分别是阳极 A、阴极 K 和控制极 G（也叫门极）。与三极管相比，晶闸管只工作于导通和截止两种状态，普通晶闸管的导通与截止状态相当于开关的闭合和断开状态，用它可以制成无触点电子开关。

2. 晶闸管的工作特点

从图形符号看，单向晶闸管很像一只二极管，只比二极管多了一个控制极。它与二极管本质的区别是，在阳极 A 和阴极 K 加上外加正向电压并不能使晶闸管导通，还必须在控制极和阴极之间加上一个正向触发电压，晶闸管才能导通，且晶闸管一旦导通，在控制极和阴极之间加上一个正向触发电压，晶闸管仍然维持导通状态。换句话说，晶闸管控制极的作用是通过外加正向触发电压使晶闸管导通，却不能使它关闭，若要关断晶闸管，必须将阳极电压降低到一定程度才可以。

单向晶闸管的工作特点如下：

（1）单向晶闸管导通必须具备两个条件：一是晶闸管阳极与阴极之间接正向电压，二是控制极与阴极之间也要接正向电压。

（2）晶闸管一旦导通，去掉控制极电压时，晶闸管仍然导通。

（3）导通的晶闸管若要关断，必须将阳极电压降低到一定程度。

（4）晶闸管具有弱电控制强电的作用。大功率晶闸管阳极电流可达上千安，触发电流仅需几十毫安到几百毫安。

晶闸管的开关特性需要在一定的条件下转化，其转化的条件如表 5.6-1 所示。

表 5.6-1 晶闸管状态转化条件

状态	条件	说明
从关断到导通	①阳极电位高于阴极电位 ②控制极有足够的正向电压和电流	两者缺一不可
维持导通	①阳极电位高于阴极电位 ②阳极电流大于维持电流	两者缺一不可
从导通到关断	①阳极电位低于阴极电位 ②阳极电流小于维持电流	任一条件都可以

　　注意，给晶闸管所加的正向阳极电压和反向阳极电压要在一定的限度内，晶闸管才能处于正常工作状态。当正向阳极电压大到一定值时，虽未加触发电压，晶闸管也会导通，这种情况下的"硬导通"极易造成器件损坏；当所加反向电压大到一定值时，晶闸管同样会被反向"击穿导通"，也会致使器件永久性损坏。

3. 晶闸管的主要参数
　　单向晶闸管的主要参数如下：
　　（1）额定正向平均电流：在规定的环境温度和散热条件下，允许通过阳极和阴极之间的电流平均值。
　　（2）维持电流：在规定的环境温度、控制极断开的条件下，保持晶闸管处于导通状态所需要的最小正向电流。
　　（3）控制极触发电压和电流：在规定的环境温度及一定正向电压条件下，使晶闸管从关断到导通，控制极所需的最小电压和电流。
　　（4）正向阻断峰值电压：控制极断开不触发下晶闸管上加正向电压而处于晶闸管阻断的状态称为正向阻断，此时晶闸管上允许加的正向电压最大值，称为正向阻断峰值电压。使用时，正向电压若超过此值，晶闸管将被击穿导通。
　　（5）反向阻断峰值电压：控制极断开不触发下晶闸管上加反向电压而处于阻断的状态称为反向阻断，此时晶闸管上允许加的反向电压最大值，称为反向阻断峰值电压。通常正、反向峰值电压是相等的，统称峰值电压。一般晶闸管的额定电压就是指峰值电压。

4. 晶闸管的使用注意事项
　　（1）选用晶闸管的额定电压时，应参考实际工作条件下的峰值电压的大小，并留出一定的裕量。
　　（2）选用晶闸管的额定电流时，除了考虑通过元件的平均电流外，还应注意正常工作时导通角的大小、散热通风条件等因素。在工作中还应注意管壳温度不超过相应电流下的允许值。
　　（3）使用晶闸管之前，应该用万用表检查晶闸管是否良好。发现其有短路或断路现象时，应立即更换。
　　（4）严禁用兆欧表即摇表检查元件的绝缘情况。
　　（5）电流为 5 A 以上的晶闸管要装散热器，并且保证所规定的冷却条件。为保证散热器与晶闸管管芯接触良好，它们之间应涂上一薄层有机硅油或硅脂。
　　（6）按规定对主电路中的晶闸管采用过电压及过电流保护装置。
　　（7）要防止晶闸管控制极的正向过载和反向击穿。

5.6.2   特殊晶闸管

晶闸管是常用的开关器件，常用于大电流、高电压的功放电路中。除了普通晶闸管外，还有一些特殊晶闸管，如双向晶闸管、快速晶闸管、逆导晶闸管和可关断晶闸管等。

1. 双向晶闸管

双向晶闸管与普通晶闸管相比，除了控制极 G 的名称相同外，其余两个电极统称为主电极，用 T_1、T_2 表示。双向晶闸管的主要特性是，不论 T_1 与 T_2 的接法如何，都可以通过控制极脉冲触发导通，广泛用于调节交流电压、交流开关、温度控制、灯具调光、电机调速和换向等电路中。

2. 快速晶闸管

快速晶闸管在制造工艺和结构上采取了一些改进措施，能适应于高频应用。

3. 逆导晶闸管

逆导晶闸管是在普通晶闸管上反向并联一只二极管而制成，其特点是能反向导通大电流，用于城市电车和地铁机车的车速控制。

4. 可关断晶闸管

可关断晶闸管是一种利用在控制极加正控制脉冲可触发导通、在控制极加负控制脉冲可关断的晶闸管，用负控制极脉冲可关断阳极电流。可关断晶闸管可做成直流无触点开关或斩波器。

【思考题】

1. 分析下列说法是否正确，正确打"√"，错误打"×"。

（1）晶闸管加上大于 1 V 的正向阳极电压就能导通。（   ）

（2）晶闸管导通后，控制极就失去了控制作用。（   ）

（3）晶闸管导通时，其阳极电流的大小由控制极电流决定。（   ）

（4）只要阳极电流小于维持电流，晶闸管就从导通转为关断。（   ）

2. 当正向阳极电压大到正向转折电压时，晶闸管能够正常导通吗？为什么？

3. 何谓晶闸管的"硬开通"？晶闸管正常工作时允许"硬开通"吗？为什么？

4. 选择晶闸管时，主要选择哪两个技术参数？

5. 晶闸管的使用注意事项主要有哪些？

6. 特殊晶闸管都有哪些？

5.7   理论联系实际完成实践任务

5.7.1   任务一：常用仪器仪表的使用及半导体器件的识别与检测

1. 实践目的

（1）在熟悉万用表的基础上学习电子电路实验中常用的电子仪器——示波器、函数信

号发生器、直流稳压电源、交流毫伏表等的主要技术指标、性能及正确使用方法。

（2）初步掌握用双踪示波器观察正弦信号波形和读取波形参数的方法。

（3）掌握二极管、双极型晶体管等常用电子器件的识别、性能好坏的检测方法。

2. 用机内校正信号对示波器进行自检

（1）扫描基线调节。

（2）测试"校正信号"波形的幅度、频率，测量"校正信号"的上升时间和下降时间，并记录在表5.7-1中。

表5.7-1　标准值与实测值对比

	标准值	实测值
幅度 Upp/V		
频率 f/kHz		
上升沿时间/μs		
下降沿时间/μs		

注：不同型号示波器标准值有所不同，请按所使用示波器将标准值填入表格中。

（3）用示波器和交流毫伏表测量信号参数，并记录在表5.7-2中。

表5.7-2　示波器测量值

信号电压频率	示波器测量值		信号电压毫伏表读数/V		示波器测量值	
	周期/ms	频率/Hz			峰峰值/V	有效值/V
100 Hz						
1 kHz						
10 kHz						
100 kHz						

3. 电阻、电容、电感、二极管、三极管的识别和性能检测

（1）能够正确识别常用电子器件不同封装形式的极性及标称值大小。

（2）选择合适的仪表检测电阻、电容、电感的实际值、误差及性能的好坏。

（3）根据二极管的单向导电性，利用万用表来判定二极管的极性和检测二极管性能的好坏。

（4）能够利用万用表的二极管测试挡及其PN结的单向导电性来检测三极管的好坏，利用万用表的三极管hFE测试挡来测试三极管电流放大倍数的大小。

4. 实践任务的综合技能考核

实践任务综合技能得分表如表5.7-3所示。

表 5.7-3　实践任务综合技能得分表

仪器仪表的使用 (10分)	线路的连接 (20分)	常用器件的检测 (30分)	常见故障分析 (20分)	实践报告 (15分)	规范安全操作 (5分)	总分 (100分)

具体实践内容详见电工电子技术实训教材。

5.7.2　任务二：声光控电子开关综合实践

1. 实验目的

（1）掌握声光控电子开关电路的工作原理。

（2）熟悉与该实验相关的驻极话筒、光敏电阻、晶体管等常用半导体器件的外部特性及基本应用。

（3）强化学生理论和实践相结合的能力。

（4）提高学生实际电路的装配调试水平及分析问题、解决问题的实际能力。

2. 工作原理分析

声光控电子开关的原理电路如图 5.1-2 所示，主要由电源电路、声控电路、光控制电路及可控硅延时控制电路组成。涉及的电子器件主要有二极管、晶体管、单向可控硅和光敏电阻、驻极话筒等。

电源电路由 $D_1 \sim D_4$ 组成的桥式整流电路和 R_4、D_6、C_1 组成。本电路设计工作电压为 220 V 市电，用于控制 5~60 W 的白炽灯的亮灭。实际应用时，改变 R_4 的阻值，可以改变本电路的工作电压，220 V 时 R_4 的阻值约为 150 kΩ，22 V 时（控制汽车的钨丝灯泡）R_4 的阻值约为 15 kΩ。

220 V 交流电通过灯泡，经过 $D_1 \sim D_4$ 组成的整流桥整流，R_4 限流降压，LED 二极管 D_6 稳压，C_1 滤波后输出约 1.8 V 的直流电压给控制电路供电。

控制电路由 R_1、驻极话筒 MIC、C_2、R_2、R_3、Q_1、光敏电阻 R_5、R_6 及可控硅 D_5 组成。当白天有光亮照射时，光敏电阻的阻值约为 10 kΩ，此时，晶体管处于深度饱和状态，集电极输出低电平，不能触发可控硅 D_5 导通，此时不管有无声响，灯泡均不能被点亮，但发光二极管导通发光，将工作电压稳定在 1.8 V，并作为电源指示。

夜间无光亮时，光敏电阻的阻值约为 1 MΩ，此时，晶体管处于放大状态，但集电极电压较低，低于可控硅 0.8 V 的触发导通电压，在无声响的情况下，可控硅不能触发导通，灯泡不被点亮。当有声响时，晶体管将在放大、截止和饱和三种状态之间不断转换，在声波的负半周，晶体管将在某个瞬间工作在截止状态，此时集电极输出一个约 1.8 V 的电压，该电压作为可控硅的触发电压通过电阻 R_6 触发可控硅导通，灯泡被点亮。

灯泡点亮的延迟时间的长短，主要由 R_2C_2 的充放电时间常数决定，R_2C_2 的乘积值越大，充放电越慢，灯泡点亮后的延迟时间就越长；反之，延迟时间就越短。

3. 测试内容

（1）测量光敏电阻 R_5 在有光照和无光照情况下两端的电压值。

（2）测量可控硅导通前后的电压值。

（3）在无声情况下测量晶体管 9014 集电极的电压值。

（4）测试灯不亮和正常亮时电容 C_1 两端的电压，观察并记录晶体管基极电位从灯亮到灯灭的过程中电压变化的情况。

4. 实践任务的综合技能考核

实践任务综合技能得分表如表 5.7-4 所示。

表 5.7-4　实践任务综合技能得分表

器件的识别与检测（10 分）	焊接、装配与调试（20 分）	原理及数据测量（30 分）	常见故障分析（20 分）	装配调试报告（15 分）	规范安全操作（5 分）	总分（100 分）

具体实践内容详见电工电子技术实训教材。

第 5 章　习题

1. 填空题

1.1 N 型半导体是在本征半导体中掺入极微量的 _____ 价元素组成的。这种半导体内的多数载流子为 _____ ，少数载流子为 _____ ，不能移动的杂质离子带 _____ 电。P 型半导体是在本征半导体中掺入极微量的 _____ 价元素组成的。这种半导体内的多数载流子为 _____ ，少数载流子为 _____ ，不能移动的杂质离子带 _____ 电。

1.2 三极管的内部结构是由 _____ 区、 _____ 区、 _____ 区及 _____ 结和 _____ 结组成的。三极管对外引出电极分别是 _____ 极、 _____ 极和 _____ 极。

1.3 PN 结正向偏置时，外电场的方向与内电场的方向 _____ ，有利于 _____ 的 _____ 运动而不利于 _____ 的 _____ ；PN 结反向偏置时，外电场的方向与内电场的方向 _____ ，有利于 _____ 的 _____ 运动而不利于 _____ 的 _____ ，这种情况下的电流称为 _____ 电流。

1.4 PN 结形成的过程中，P 型半导体中的多数载流子 _____ 向 _____ 区进行扩散，N 型半导体中的多数载流子 _____ 向 _____ 区进行扩散。扩散的结果使它们的交界处建立起一个 _____ ，其方向由 _____ 区指向 _____ 区。 _____ 的建立，对多数载流子的 _____ 起削弱作用，对少子的 _____ 起增强作用，当这两种运动达到动态平衡时， _____ 形成。

1.5 单极型晶体管又称为 _____ 管。其导电沟道分为 _____ 沟道和 _____ 沟道。

1.6 稳压二极管是一种特殊物质制造的 _____ 接触型 _____ 二极管，正常工作应在特性曲线的 _____ 区。

2. 判断题

2.1 在 P 型半导体中不能移动的杂质离子带负电，说明 P 型半导体对外呈负电性。

（　　）

2.2 自由电子载流子填补空穴的"复合"运动产生空穴载流子。　　　（　　）

2.3 PN 结正向偏置时，其内外电场方向一致。　　　（　　）

2.4 在任何情况下，三极管都具有电流放大能力。　　　（　　）

2.5 双极型晶体管是电流控制器件，单极型晶体管是电压控制器件。　（　　）

2.6 二极管只要工作在反向击穿区，一定会被击穿损坏。　　　（　　）

2.7 当三极管的集电极电流大于它的最大允许电流 I_{CM} 时，该管必被击穿。（　　）

2.8 双极型三极管和单极型三极管的导电机理相同。　　　（　　）

2.9 双极型三极管的集电极和发射极类型相同，因此可以互换使用。　（　　）

3. 选择题

3.1 单极型半导体器件是（　　）。

A. 二极管　　　B. 双极型三极管　　　C. 场效应管　　　D. 稳压管

3.2 P 型半导体是在本征半导体中加入微量的（　　）元素构成的。

A. 三价　　　B. 四价　　　C. 五价　　　D. 六价

3.3 N 型半导体是在本征半导体中加入微量的（　　）元素构成的。

A. 三价　　　B. 四价　　　C. 五价　　　D. 六价

3.4 稳压二极管的正常工作状态是（　　）。

A. 导通状态　　B. 截止状态　　C. 反向击穿状态　D. 任意状态

3.5 PN 结两端加正向电压时，其正向电流是（　　）而成。

A. 多子扩散　　B. 少子扩散　　C. 少子漂移　　D. 多子漂移

3.6 测得 NPN 型三极管上各电极对地电位分别为 $V_E = 2.1$ V，$V_B = 2.8$ V，$V_C = 4.4$ V，说明此三极管处在（　　）。

A. 放大区　　　B. 饱和区　　　C. 截止区　　　D. 反向击穿区

3.7 绝缘栅型场效应管的输入电流（　　）。

A. 较大　　　B. 较小　　　C. 为零　　　D. 无法判断

3.8 正弦电流经过二极管整流后的波形为（　　）。

A. 矩形方波　　B. 等腰三角波　　C. 正弦半波　　D. 正弦波

3.9 三极管超过（　　）所示极限参数时，必定被损坏。

A. 集电极最大允许电流 I_{CM}　　　　B. 集—射极间反向击穿电压 $U_{(BR)CEO}$

C. 集电极最大允许耗散功率 P_{CM}　　D. 管子的电流放大倍数 β

3.10 若使三极管具有电流放大能力，必须满足的外部条件是（　　）。

A. 发射结正偏、集电结正偏　　　　B. 发射结反偏、集电结反偏

C. 发射结正偏、集电结反偏　　　　D. 发射结反偏、集电结正偏

4. 简述题

4.1 N 型半导体中的多子是带负电的自由电子载流子，P 型半导体中的多子是带正电的空穴载流子，因此说 N 型半导体带负电，P 型半导体带正电。上述说法对吗？为什么？

4.2 在题图 1 所示电路中，已知 $E = 5$ V，$u_i = 10\sin(\omega t)$ V，二极管为理想元件（即认为正向导通时电阻 $R = 0$，反向阻断时电阻 $R = \infty$），试画出 u_0 的波形。

4.3 题图 2 所示电路中，硅稳压管 D_{Z1} 的稳定电压为 8 V，D_{Z2} 的稳定电压为 6 V，正向压降均为 0.7 V，求各电路的输出电压 U_0。

题图 1　习题 4.2 图

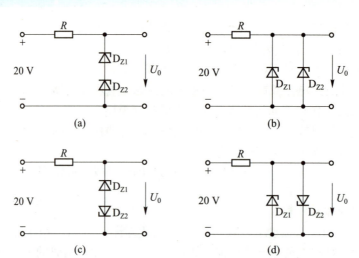

题图2　习题4.3图

(a) 电路一；(b) 电路二；(c) 电路三；(d) 电路四

4.4 某人用测电位的方法测出工作在放大状态的晶体管三个管脚的对地电位分别为管脚①12 V、管脚②3 V、管脚③3.7 V，试判断管子的类型以及各管脚所属电极。

4.5 半导体二极管由一个PN结构成，三极管则由两个PN结构成，那么，能否将两个二极管背靠背地连接在一起构成一个三极管？如不能，说说为什么。

4.6 如果把三极管的集电极和发射极对调使用，三极管会损坏吗？为什么？

5. 计算题

5.1 题图3为三极管的输出特性曲线，试指出各区域名称并根据所给出的参数进行分析计算。

(1) $U_{CE} = 3$ V，$I_B = 60$ μA，I_C 为多少？

(2) $I_C = 4$ mA，$U_{CE} = 4$ V，I_B 为多少？

(3) $U_{CE} = 3$ V，I_B 由 40~60 μA 时，β 为多少？

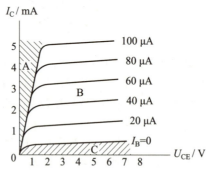

题图3　习题5.1图

5.2 已知NPN型三极管的输入-输出特性曲线如题图4所示，当：

(1) $U_{BE} = 0.7$ V，$U_{CE} = 6$ V，I_C 为多少？

(2) $I_B = 50$ μA，$U_{CE} = 5$ V，I_C 为多少？

(3) $U_{CE} = 6$ V，U_{BE} 从 0.7 变到 0.75 V 时，求 I_B 和 I_C 的变化量，此时的 β 为多少？

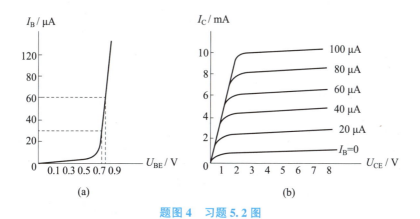

题图 4　习题 5.2 图

（a）输入特性曲线；（b）输出特性曲线

第6章 基本放大器

放大器在模拟电子线路中占有重要地位，它的主要功能是无失真地放大信号。例如，在雷达、电视、广播和通信等设备中，通常接收到的信号都十分微弱，必须经放大器将信号放大后才能作其他处理；自然界中许多待测、待控的非电物理量经传感器转换成电信号后也需要经放大器放大后才能作其他处理。因此可以说，放大器是电子设备中不可缺少的一种最常用、最基本的单元电路。

基本放大电路是构成各种复杂放大电路和线性集成电路的基本单元。本章所介绍的基本放大电路是进一步学习电子技术的重要基础，必须予以高度重视。本书中双极型三极管简称三极管，单极型三极管简称场效应管，它们统称为晶体管。

本章内容也是学习后续各章的基础。

6.1　实践任务

三极管构成放大器时有三种基本接法，也叫三种基本组态的放大器，分别是共发射极放大器、共基极放大器、共集电极放大器。其中，由于共发射极放大器既有比较大的电压放大倍数，又有比较大的电流放大倍数，常作主放大器使用。为了提升放大器的整体性能，又引入了带负反馈网络的负反馈放大器。因此，在技能方面，本章需要完成的实践任务主要有"共发射极放大器"和"负反馈放大器"。要求能够完成对共发射极放大器和负反馈放大器电路的连接、原理分析、调试及简单常见故障的排除。

6.1.1　任务一：共发射极放大器

1. 原理电路

共发射极单管放大器实验电路如图6.1-1所示，由晶体管、偏置电阻及输入/输出耦合电容、旁路电容等组成。

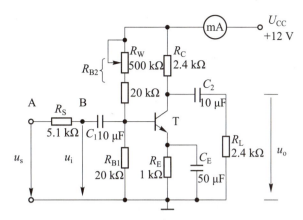

图 6.1-1　共发射极单管放大器实验电路

2. 实践任务内容

（1）能够利用所学放大器的知识正确分析共发射极放大电路的工作原理。

（2）学会放大器静态工作点的调试方法，分析静态工作点对放大器性能的影响。

（3）掌握放大器电压放大倍数、输入电阻、输出电阻及最大不失真输出电压的测试方法。

6.1.2　任务二：负反馈放大器

1. 原理电路

带有电压串联负反馈的两级阻容耦合放大器如图 6.1-2 所示，由晶体管、偏置电阻及输入/输出耦合电容、旁路电容、反馈支路等组成。

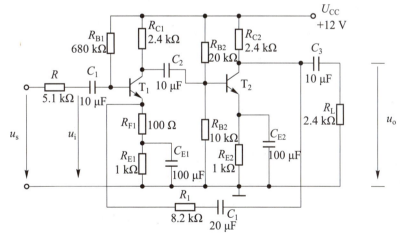

图 6.1-2　带有电压串联负反馈的两级阻容耦合放大器

2. 实践任务内容

（1）能够利用所学放大器的知识正确分析负反馈放大电路的工作原理。

（2）学会负反馈放大器静态工作点的测试方法，分析静态工作点对放大器性能的影响。

（3）学会测试负反馈放大器的各项性能指标，包括输入、输出电阻以及电压增益等。

6.2 放大器的概念和主要性能指标

分立元件构成的基本放大电路一般是指由三极管或场效应管组成的放大电路。所谓放大，表面看起来似乎就是把小信号变成大信号，保证输出功率大于输入功率，且实现无失真地放大，但是放大电路的实质是用较小的能量去控制较大能量的一种能量转换装置。所以放大器（Amplifiers）是一种能量控制装置，它利用三极管的放大和控制作用，在输入小信号作用下，将直流电源的能量部分地转化为按输入信号规律变化且有较大能量的输出信号。

6.2.1 放大器的组成

由上述可知，输入的微弱交流小信号通过放大电路，输出时幅度得到较大增强，并非来自晶体管的电流放大作用，其能量的提供来自放大电路中的直流电源。晶体管在放大电路中只是实现了对能量的控制，使之转换成信号能量，并传递给负载。因此，在放大电路组成的原则首先是必须有直流电源，而且电源的设置应保证晶体管工作在线性放大状态；其次，在放大电路中各元件的参数和安排上，要保证被传输信号能够不失真地放大；最后经放大电路输出端输出，并满足放大电路的性能指标要求。

综上所述，放大电路的组成必须满足以下条件：

（1）要具有能实现以小控大作用的核心放大器件晶体管。

（2）要具有能保证晶体管工作在放大状态，即要求在整个输入信号周期内都能保证晶体管发射结正向偏置，集电结反向偏置的电路，这个电路被称为偏置电路。

（3）偏置电路在输入回路的设置应当使输入信号能够耦合进入晶体管的输入电极，在输出回路的设置应当保证晶体管放大后的电流或电压信号能够正常输出到负载。

（4）在输入信号的整个周期内放大电路不允许出现失真。

6.2.2 放大器的基本组态

利用晶体管的以小控大作用，电子技术中以晶体管为核心元件可组成各种形式的放大电路。输入信号从晶体管的一个极输入，另一个极输出信号，剩下的一个极称为公共端，按照排列组合可能有6种放大器，但晶体管放大时要求集电极反偏就决定了集电极不可作输入端，发射极作输入端、基极作输出端时构成的电路既无电压放大能力也无电流放大能力，构不成放大器。因此，基本放大电路共有3种组态：共发射极放大电路（简称共射放大电路）、共集电极放大电路和共基极放大电路，如图6.2-1所示。

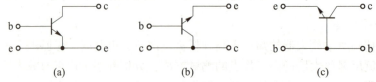

图 6.2-1 三种基本组态放大器

（a）共发射极放大电路；（b）共集电极放大电路；（c）共基极放大电路

如图 6.2-1（a）从基极 b 输入信号，从集电极 c 输出信号，发射极 e 作为输入信号和输出信号的公共端，即共发射极（简称共射极）放大电路；图 6.2-1（b）从基极 b 输入信号，从发射极 e 输出信号，集电极 c 作为输入信号和输出信号的公共端，即共集电极放大电路；图 6.2-1（c）从发射极 e 输入信号，从集电极 c 输出信号，基极 b 作为输入信号和输出信号的公共端，即共基极放大电路。

无论基本放大电路为何种组态，构成电路的主要目的是相同的：让输入的微弱小信号通过放大电路后，输出时其信号幅度显著增强。

6.2.3　放大器的主要性能指标

放大器有一个输入端口和一个输出端口，因此可把放大器看作如图 6.2-2 所示的有源双端口网络，放大器的特性可用该网络的端口特性来描述。

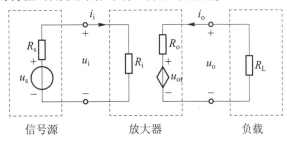

图 6.2-2　放大器的双端口网络等效

由放大器的双端口网络等效电路，可以看出放大器的主要特性指标有输入电阻、输出电阻、电压放大倍数、电流放大倍数、失真、通频带、噪声系数等。常常更加关注输入电阻、输出电阻、电压放大倍数。

1. 输入电阻和输出电阻

输入电阻（Input Resistance）和输出电阻（Output Resistance）的定义如图 6.2-3 所示。即：

$$\left.\begin{array}{l} R_i = u_i/i_i \\ R_o = u/i \end{array}\right\} \tag{6.2-1}$$

式中，电流 i 需要通过测量得到。一般来说，输入电阻 R_i 与负载 R_L 有关，输出电阻 R_o 与信号源内阻 R_s 有关，原因是放大器中的有源器件一般不是单向性的。如果构成放大器的有源器件是单向性的，那么 R_i 与 R_L 无关，R_o 与 R_s 无关。

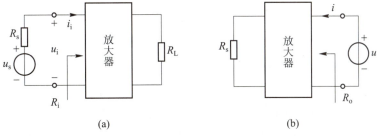

（a）　　　　　　　　　　　　　（b）

图 6.2-3　放大器的输入电阻和输出电阻定义

（a）输入电阻；（b）输出电阻

输入电阻和输出电阻表明了放大器与信号源、放大器与负载间的信号分配关系。输入电阻反映了放大器从信号源汲取信号能力的大小，输入电阻越大，放大器从信号源获得的电压就越大；输出电阻反映了放大器带负载能力的大小，输出电阻越小，负载得到的电压就越大，带负载能力越强。

2. 放大倍数（增益）

放大器的重要功能之一是能够提供增益（Gain）。如前所述，放大器必须具有功率增益，即输出功率一定要大于输入功率。但功率增益通常对大信号放大器（功率放大器）才有意义，对于小信号放大器而言，一般不计算功率增益，因此，这里定义电压（Voltage）、电流（Current）、互导（Transcouductance）和互阻（Transresistance）4种增益。即：

$$\left.\begin{array}{ll} \text{电压增益：} A_u = u_o/u_i & \text{电流增益：} A_i = i_o/i_i \\ \text{互阻增益：} A_z = u_o/i_i & \text{互导增益：} A_y = i_o/u_i \end{array}\right\} \quad (6.2\text{-}2)$$

但小信号放大器最关注的性能指标常常是电压增益，也就是放大器的电压放大倍数，其次是电流增益，也就是放大器的电流放大倍数。

3. 失真

放大器中的信号源电压或电流是信息的携带者。信号源电压或电流在时间域的波形，或在频率域的频谱包含了全部信息。如果在传递过程中波形或频谱变形，则表明信号产生了失真，会丢失部分信息。因此，要求放大器输出信号的波形和频谱与输入信号相同，否则就会失真。但没有失真的理想放大器是不存在的，实际运用中只能使放大器的失真尽量小一些，满足要求即可。放大器产生失真的原因有三个：电子器件的非线性、电路中的电抗性元件和放大器本身产生的噪声。

其他的性能指标可在需要时自行学习。

【思考题】

1. 电压放大倍数的概念是什么？电压放大倍数是如何定义的？

2. 放大电路的组成必须满足哪些条件？

3. 试述放大电路输入电阻的概念。为什么总是希望放大电路的输入电阻 R_i 尽量大一些？

4. 试述放大电路输出电阻的概念。为什么总是希望放大电路的输出电阻 R_o 尽量小一些？

5. 放大器产生失真的原因主要有哪些？

6. 什么叫放大器的组态？双极型晶体管有哪几种基本组态放大器？

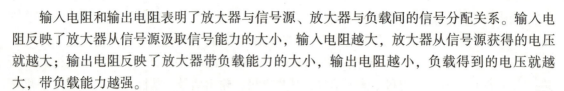

6.3 共发射极放大电路

在三种基本组态放大电路中，共发射极放大电路因其不仅有较大的电压放大能力，也有较大的电流放大能力，常用作主放大器，本节就以 NPN 型共发射极放大电路为例，重点讨论放大电路的组成以及性能指标分析方法。

6.3.1　共发射极放大电路组成

由放大电路组成必须满足的条件可知，除了要有能实现以小控大作用的核心放大器件晶体管外，还必须给晶体管加上合适的偏置电路。偏置电路的主要作用就是通过在输入回路和输出回路设置合适的直流电压 U_{BE}、U_{CE} 和电流 I_B、I_C，以确保在加入输入交流小信号后，在输入信号的整个周期内，晶体管都工作在放大状态。输入、输出回路直流的电压 U_{BE}、U_{CE} 和电流 I_B、I_C，被称为静态工作点，常用 Q 点表示。

以 NPN 型晶体管为例，如图 6.3-1（a）是晶体管的双电源偏置电路，电源 V_{BB} 和基极偏置电阻 R_B 确保晶体管发射结正偏，电源 V_{CC} 和集电极偏置电阻 R_C 确保晶体管集电结反偏；图 6.3-2（b）是简化的单电源偏置电路，也叫固定偏置电路，该名称的由来是由于晶体管基极电位等于晶体管发射结的导通电压，在工程估算时可以认为是固定不变的。

在偏置电路基础上加上输入信号、输入/输出耦合电容及负载即构成了共发射极放大电路，如图 6.3-2 所示。

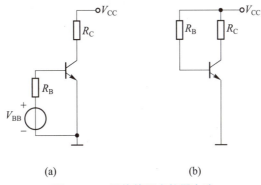

(a)　　　　　　　　　　　　　(b)

图 6.3-1　晶体管固定偏置电路

(a) 双电源偏量偏置；(b) 单电源偏量偏置

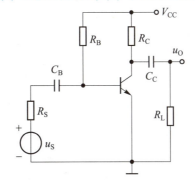

图 6.3-2　共发射极放大电路

上述电路中各元器件的作用如下：

（1）晶体管：放大电路的核心元件，通过对能量的控制和转换，使输入的微弱电信号获得直流电源提供的能量，得到一个较大的输出信号。

（2）直流电源 V_{CC}：常用电源对地的电位 V_{CC} 来表示。主要作用是为晶体管提供放大用的偏置电压以及为放大信号提供能源。

（3）基极偏置电阻 R_B：直流电源通过基极偏置电阻为晶体管提供发射结正向偏置电压，决定基极电流 I_B 的大小，使放大电路获得一个合适的晶体工作点。

（4）集电极电阻 R_C：将集电极电流的变化转化为电压的变化，以实现电压放大。

（5）输入、输出耦合电容 C_B、C_C：一方面是将放大器与信号源和负载之间的直流联系隔断，另一方面是保证其交流通道畅通，起"隔直通交"的作用。晶体管放大电路中，C_B、C_C 通常选用容量较大的电解电容器，需要注意电容器的极性。正确接法是正极接高电位，负极接低电位。如果接反，不仅漏电严重，还可能损坏电容器。

另外，u_S 是输入交流小信号，R_S 是输入信号源内阻，R_L 是负载。

6.3.2 共发射极放大电路分析

图解法和等效电路法是分析放大器的两种基本方法。图解法既能分析放大器的静态，也能分析放大器的动态，但图解法需要得到管子的特性曲线才能进行且在小信号分析时精度不够高，因而常用于大信号分析。但它比较直观，对于全面了解放大器的动态范围十分有用。等效电路法适用于小信号放大电路，可用来分析放大器的性能指标。等效电路法以放大器的静态分析和管子的小信号等效电路为基础。通过静态工作点计算等效电路参数，由小信号等效电路求解放大器的指标。

共发射极放大电路的直流偏置电路目的是给放大电路提供合适的静态工作点，以确保在交流输入信号整个周期内晶体管都处于放大状态。放大电路放大的是输入的交流小信号，各性能指标也是针对交流信号而言的。因此，在分析放大电路时，可以采用将交、直流信号分开的办法，单独对放大电路静态（直流通路）、动态（交流通路）进行分析讨论。

1. 共发射极放大电路静态分析

输入信号 $u_S=0$，此时电路中只有直流电压和直流电流存在，故放大电路的静态也称为直流状态，把放大电路中只有直流电流流过的电路称为直流通路。画直流通路的原则是把放大器中的电容开路、电感短路、保留直流电源后得到的电路。很容易看出共发射极放大电路的直流通路就是其偏置电路。对共发射极放大电路的静态分析就是要求出偏置电路的静态工作点，也就是输入、输出回路直流的电压 U_{BE}、U_{CE} 和电流 I_B、I_C 的值。

直流分析也就是求静态工作点的方法，通常有工程估算法和图解法两种，二者的区别在于对晶体管输入回路电压 U_{BE} 的处理上。在工程估算法中将 U_{BE} 当作定值处理，对于硅管 $U_{BE}=0.7$ V，对于锗管 $U_{BE}=0.2$ V；在图解法中，输入回路电压 U_{BE} 是一个变量，它决定了基极电流 I_B 的大小。下面我们分析这个电路。

1）工程估算法计算静态工作点

工程估算法是分析电子电路的一种常用方法。这种方法并不需要对电路进行精确计算，而是采取近似和估算的方法。例如，直接把晶体管的发射结导通电压 U_{BE} 取为 0.7 V（硅）或 0.2 V（锗），这在工程上是允许的。图 6.3-3（b）中假设晶体管为硅管，则 $U_{BE}=0.7$ V，所以，对于输入回路，$V_{CC}=I_B R_B + U_{BE}$，即有：

$$I_B = \frac{V_{CC}-U_{BE}}{R_B} = \frac{V_{CC}-0.7}{R_B} \tag{6.3-1}$$

则：

$$I_C = \beta I_B, \qquad U_{CE} = V_{CC} - I_C R_C \tag{6.3-2}$$

2）图解法计算静态工作点

利用晶体管的输入、输出特性曲线求解静态工作点的方法，称为图解法。

图解法是分析非线性电路的一种基本方法，它能直观地分析和了解静态值的变化对放大电路的影响。图解法求解静态工作点的一般步骤如下：

第一步，按题目中管子型号在手册中找出管子的输入、输出特性曲线。

第二步，画出输入回路的直流负载线，与管子输入特性曲线一起确定输入回路的电压、电流值。

第三步，画出输出回路的直流负载线，与管子输出特性曲线一起确定输出回路的电压、电流值，即可确定静态工作点 Q。

在输入回路，列回路方程 $V_{CC}=I_B R_B+U_{BE}$，因而满足方程组：

$$\left.\begin{aligned} V_{CC}&=I_B R_B+U_{BE} \\ I_B&=f(U_{BE})\big|_{U_{CE}} \end{aligned}\right\} \tag{6.3-3}$$

式中第一式为线性方程，表示输入回路中除管子以外电路的电压—电流关系。它代表一条直线，其斜率为 $-1/R_B$，称为直流负载线。第二式为非线性方程，是由管子决定的输入特性曲线。满足该方程组的解应是上述两个方程表示的图形交点对应的电压和电流值。为此，可将负载线画在输入特性曲线中，可分别令 $U_{BE}=0$ 和 $I_B=0$，得到两点 A（0，V_{CC}/R_B）和 B（V_{CC}，0）。连接 A、B 两点得到直流负载线 $\overline{AB}$，则 $\overline{AB}$ 与输入特性曲线的交点即静态工作点 Q（U_{BEQ}，I_{BQ}），如图 6.3-3（a）所示。

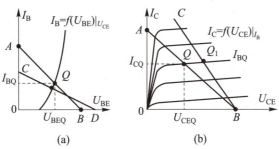

图 6.3-3　静态工作点的图解示意

（a）输入回路；（b）输出回路

在输出回路，I_C 和 U_{CE} 除了要满足管子的输出特性关系外，还要满足外电路的制约关系。即应满足方程组：

$$\left.\begin{aligned} I_C&\approx(V_{CC}-U_{CC})/R_C \\ I_B&=f(U_{CE})\big|_{I_B} \end{aligned}\right\} \tag{6.3-4}$$

式中第一式为线性方程，它代表直流负载线，其斜率为 $-1/R_C$。第二式为非线性方程，代表由管子决定的输出特性曲线。把负载线画到输出特性曲线中，即分别令 $U_{CE}=0$ 和 $I_C=0$，可得到两点 A（0，V_{CC}/R_C）和 B（V_{CC}，0）。连接 A、B 两点得到直流负载线 $\overline{AB}$，但 $\overline{AB}$ 与输出特性曲线有许多个交点，只有基极电流为 I_{BQ} 的那条曲线与 $\overline{AB}$ 的交点才是所求的静态工作点 Q（U_{CEQ}，I_{CQ}），如图 6.3-3（b）所示。

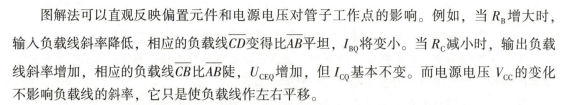

图解法可以直观反映偏置元件和电源电压对管子工作点的影响。例如，当 R_B 增大时，输入负载线斜率降低，相应的负载线 $\overline{CD}$ 变得比 $\overline{AB}$ 平坦，I_{BQ} 将变小。当 R_C 减小时，输出负载线斜率增加，相应的负载线 $\overline{CB}$ 比 $\overline{AB}$ 陡，U_{CEQ} 增加，但 I_{CQ} 基本不变。而电源电压 V_{CC} 的变化不影响负载线的斜率，它只是使负载线作左右平移。

3）静态工作点对信号放大的影响

在放大器中，交流信号叠加在直流工作点上，交流在直流的基础上变化，因此，工作点对信号放大有影响。下面来讨论这个问题。

图 6.3-4 所示为工作点对信号放大影响的示意图。图中，直线 $\overline{AB}$ 为直流负载线。$\overline{CD}$ 为交流负载线，它是一条经过静态工作点的直线，斜率等于 $-1/R_L'$，$R_L' = R_C//R_L$ 称为交流负载。

在图 6.3-4（a）中，静态工作点设为 Q，基极偏置电流为 I_{B6}，则在基极交流电流变化范围内，工作点沿交流负载线上下移动，最低点为 Q_1，最高点为 Q_2。但由于 Q_2 点已进入管子饱和区，尽管此时 i_b 还在增大，但 i_c 已不再增大，使 i_c 的正半周被限幅，从而出现 i_c 和 i_b 的波形不一致现象，称为"失真"。这种失真是由此时管子的工作进入饱和区造成的，所以称为"饱和失真"（Saturation Distortion）。

要消除饱和失真，一是可以减小输入信号幅度，二是降低静态工作点电流，常用的方法是降低工作点。这时，可通过增大偏置电阻 R_B 数值的方法实现。

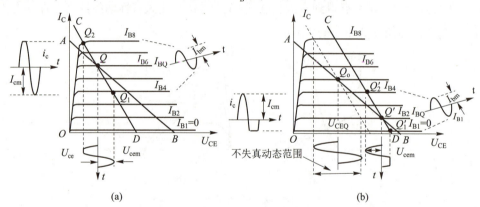

图 6.3-4　工作点对信号放大影响的示意图

(a) 饱和失真；(b) 截止失真

在图 6.3-4（b）中，静态工作点设为 Q'，基极偏置电流为 I_{B2}。最高工作点为 Q_2'，最低工作点为 Q_1'。但因 Q_1' 点已进入管子截止区，尽管此时 i_b 还在减小，但 i_c 不再跟着减小，使 i_c 的负半周被限幅。由于这种限幅是因管子工作进入截止区造成的，所以称为"截止失真"（Cutoff Distortion）。

要消除截止失真，一是减小输入信号幅度，二是提高静态工作点电流。常用的方法是减小偏置电阻 R_B 的数值以提高工作点电流。

由上述分析可见，工作点设置不当将导致输出信号产生失真。工作点过高时容易产生饱和失真，过低时容易产生截止失真。因此，放大器合适的工作点位置大致应在交流负载线中间（如图 6.3-4（b）中的 Q_0 所示），此时，放大器的不失真动态范围最大。

2. 共发射极放大电路动态分析

共发射极放大电路动态分析是针对放大器的交流通路而言的，它是交流信号电流经过的线路。画出交流通路的原则是将放大器中的直流电压源短路、电流源开路，大电容和小电感短路，小电容和大电感开路，保留不能忽略的电抗元件后得到的电路。图 6.3-5（a）就是共发射极放大电路交流通路，图 6.3-5（b）是交流小信号等效电路。通过对电路的静态分析已经求出放大电路的静态工作点，通过计算就可以求出小信号等效电路的参数 r_π，由小信号等效电路可求解放大器增益、输入/输出电阻等性能指标。

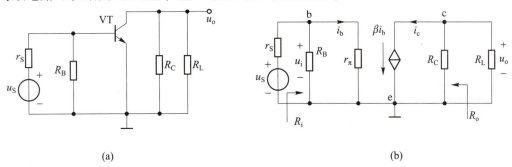

(a)　　　　　　　　　　　　　　　　(b)

图 6.3-5　共发射极放大电路交流通路及交流小信号等效电路

（a）共发射极放大电路交流通路；（b）交流小信号等效电路

输入电阻：

$$R_i = R_B // r_\pi \approx r_\pi \tag{6.3-5}$$

输出电阻：

$$R_o = R_C \tag{6.3-6}$$

电压增益：

$$A_v = \frac{u_o}{u_i} = -\frac{\beta R'_L}{r_\pi}, \qquad R'_L = R_C // R_L \tag{6.3-7}$$

6.3.3　稳定静态工作点的分压偏置共发射极放大电路

由图 6.3-4 工作点对信号放大的影响示意图可以看出，设置的静态工作点不合适，就会发生传输过程中的饱和失真和截止失真，这将直接影响信号的传输和放大质量。为防止这种失真，必须设置一个静态工作点，预先供给一个合适的静态基极电流。合适的静态工作点是放大电路保证传输质量的必要条件。设置原则是保证输入信号不失真地放大和输出。

除基极电流对静态工作点有影响外，影响静态工作点的因素还有电压波动、晶体管老化和温度变化等。其中温度变化对静态工作点的影响最大。当环境温度发生变化时，几乎所有的晶体管参数都要随之改变。这些改变会引起晶体管集电极电流 I_C 的变化，从而导致静态工作点位置沿直流负载线上下移动，极有可能造成放大电路产生饱和失真或截止失真。

上述分析的固定偏置电路虽然电路结构简单，但是它的静态工作点不稳定，受温度变化、电源电压出现波动，或电路元件参数变化等因素影响，其中温度变化的影响最大。为解决这个问题，在实际应用中，最常用的电路是分压偏置共发射极放大电路，它能够稳定静态工作点。其电路如图 6.3-6 所示。

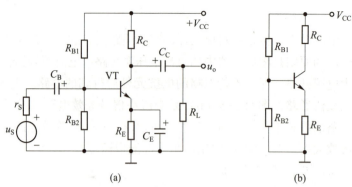

图 6.3-6　分压偏置共发射极放大电路

（a）改进的共发射极放大电路；（b）分压偏置电路

图 6.3-6（b）是分压偏置共发射极放大电路的直流通路，也是放大器的偏置电路。分压偏置的名称是由晶体管的基极电位，可看成是忽略掉基极电流时偏置电阻 R_{B1} 和 R_{B2} 串联分压所得。其稳定工作点的过程如下：

假设温度上升，则使 I_C 增大时，I_E 随之增大，发射极电阻上的压降 $R_E I_E$ 也增大；因基极电位 U_B 不受温度影响，保持定值，$R_E I_E$ 增大使 U_{BE} 减小，引起 I_B 减小，从而使 I_C 相应减小，这就抑制了因温度升高引起的 I_C 增量，即稳定了静态工作点。稳定静态工作点的过程表示如下：

$$T（℃）\uparrow \to I_C \uparrow \to I_E \uparrow \to R_E I_E \uparrow \to U_{BE} \downarrow \to I_B \downarrow \to I_C \downarrow$$

从上述稳定过程可见，适当加大发射极电阻 R_E 对稳定静态工作点是有利的。但是加大发射极电阻将会影响电路的交流放大倍数，因此在 R_E 两端并联了旁路电容 C_E，对于交流而言，通过旁路电容 C_E 消除发射极电阻 R_E 的影响。

1. 静态分析

对于分压偏置，在满足 $I_{B2} \gg I_B$ 的条件时，可求得静态工作点为：

$$V_B = \frac{R_{B2}}{R_{B1}+R_{B2}} V_{CC} \tag{6.3-8}$$

$$I_B = \frac{V_B - U_{BE}}{R_B + (1+\beta) R_E} \approx \frac{V_B - U_{BE}}{R_B + \beta R_E}, \qquad U_{BE} = 0.7 \text{ V 或 } U_{BE} = 0.3 \text{ V} \tag{6.3-9}$$

$$I_C = \beta I_B$$

$$U_{CE} = V_{CC} - I_C R_C - I_E R_E \approx V_{CC} - I_C (R_C + R_E) \tag{6.3-10}$$

式中，V_B、R_{B1}、R_{B2} 和 R_E 是可以根据电路修改和变化的参数。

2. 动态分析

图 6.3-7（a）为分压偏置共发射极放大电路交流通路，图 6.3-7（b）是交流小信号等效电路。通过对电路的静态分析已经求出放大电路的静态工作点，通过计算就可以求出小信号等效电路的参数 r_π，由小信号等效电路可求解放大器增益、输入/输出电阻等性能指标。

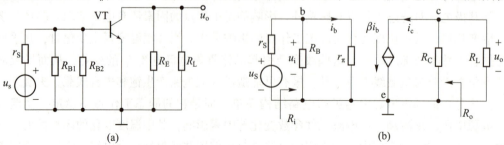

图 6.3-7　分压偏置共发射极放大电路交流通路及交流小信号等效电路

（a）共发射极放大电路交流通路；（b）交流小信号等效电路

输入电阻：

$$R_i = R_B // r_\pi \approx r_\pi \tag{6.3-11}$$

输出电阻：

$$R_o = R_C \tag{6.3-12}$$

电压增益：

$$A_u = \frac{u_o}{u_i} = -\frac{\beta R'_L}{r_\pi}, \quad R'_L = R_C // R_L \tag{6.3-13}$$

共发射极电压放大器电压增益（电压放大倍数）为负值，代表输入输出信号反向，是反向放大器。共发射极电压放大器的电流增益（电流放大倍数）也是负数，也可以做得比较大，这里不再详细计算。

共发射极电压放大器电路的输入电阻近似等于晶体管的动态等效电阻 r_π，数值比较小；输出电阻等于放大电路的集电极电阻 R_C，数值比较大；共发射极电压放大器电路具有较高的电压放大能力和电流放大倍数，通常多用于放大电路的中间级，用作主放大器。

【思考题】

1. 如何从物理概念上理解共发射极放大器中输出电压和输入电压的反相关系？

2. 如果共发射极电压放大器中没有集电极电阻 R_C，会得到电压放大吗？

3. 影响静态工作点稳定的因素有哪些？其中哪个因素影响最大？如何防范？

4. 放大电路中为什么要设置静态工作点？静态工作点不稳定对放大电路有何影响？

5. 静态时耦合电容 C_1、C_2 两端有无电压？若有，其电压极性和大小如何确定？

6. 放大电路的失真包括哪些？在失真情况下，集电极电流的波形和输出电压的波形有何不同？消除这些失真一般采取什么措施？

7. 试述 R_E 和 C_E 在放大电路中所起的作用。

8. 何谓放大电路的动态分析？动态分析的步骤如何？

6.4　共集电极放大电路

共集电极放大电路如图 6.4-1（a）所示，输入信号加在三极管的基极，而输出信号则取自三极管的发射极。对交流信号而言，直流电源 V_{CC} 置零，集电极相当于"接地"，所以共集电极放大电路又称为射极输出器。

它的交流通路如图 6.4-1（b）所示。把交流通路中的晶体管用上述小信号等效电路代替，可得到共集电极放大器的小信号等效电路，如图 6.4-2 所示。用这个电路可求出共集电极放大电路的各项性能指标。

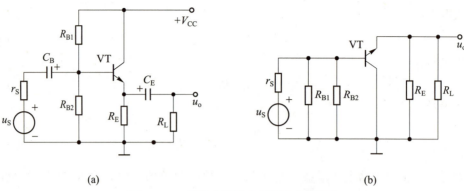

图 6.4-1　共集电极放大电路及交流通路
（a）共集电极放大电路；（b）交流通路

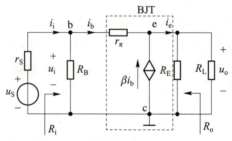

图 6.4-2　共集电极放大器的小信号等效电路

1. 输入电阻

由于：

$$u_i = i_b [r_\pi + (1+\beta) R'_L]$$

则：

$$u_i / i_b = r_\pi + (1+\beta) R'_L$$

式中，$R'_L = R_E // R_L$ 称为放大器的交流负载。按输入电阻定义得到：

$$R_i = R_B // [r_\pi + (1+\beta) R_E // R_L] \approx R_B // (r_\pi + \beta R_E // R_L) \tag{6.4-1}$$

式（6.4-1）中，$(1+\beta) R_E // R_L$ 实际上是将发射极回路上的电阻 $R_E // R_L$ 折算到基极回路后的等效值，$R_B = R_{B1} // R_{B2}$。比较式（6.3-11）和式（6.4-1）可知，共集电极放大器的输入电阻比共发射极放大器的输入电阻大得多，通常可高达几十千欧至几百千欧。

2. 输出电阻

根据输出电阻的定义，画出求输出电阻的等效电路，如图 6.4-3 所示。图中 $R_B = R_{B1} // R_{B2}$。由图可知，输出电阻应当为：

$$R_o = \frac{u}{i} = R_E // \frac{u}{\beta i_b} // [r_\pi + R_B // r_S]$$

因为：

$$\frac{u}{\beta i_b} = \frac{1}{\beta i_b} i_b [r_\pi + R_B // r_S] = \frac{1}{\beta} [r_\pi + R_B // r_S]$$

所以：

$$R_o = R_E // \frac{r_\pi + R_B // r_S}{\beta} // [r_\pi + R_B // r_S]$$

整理后得：

$$R_o = R_E // \frac{r_\pi + R_B // r_S}{1+\beta} = R_E // \left(r_e + \frac{R_B // r_S}{1+\beta} \right) \qquad (6.4\text{-}2)$$

通常满足 $R_E \gg \dfrac{r_\pi + R_B // r_S}{1+\beta}$ 和 $R_B \gg r_S$ 的条件，于是上式可以简化为：

$$R_o = R_E // \frac{r_\pi + R_B // r_S}{1+\beta} \approx \frac{r_\pi + r_S}{1+\beta} = r_e + \frac{r_S}{1+\beta} \qquad (6.4\text{-}3)$$

所以，共集电极放大器的输出电阻近似等于把基极回路上的电阻（$r_\pi + r_S$）折算到发射极回路后的值。

比较式（6.3-12）和式（6.4-3）可知，共集电极放大器的输出电阻比共发射极放大电路的输出电阻低得多，一般为几十到几百欧姆。

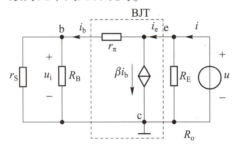

图 6.4-3　求输出电阻的等效电路

3. 电压增益

$$A_u = \frac{u_o}{u_i} = \frac{u_o}{u_{be} + u_o} = \frac{(1+\beta) i_b R'_L}{i_b r_\pi + (1+\beta) i_b R'_L} = \frac{(1+\beta) R'_L}{r_\pi + (1+\beta) R'_L} = \frac{R'_L}{r_e + R'_L} \qquad (6.4\text{-}4)$$

式（6.4-4）表明，共集电极放大器的电压增益小于 1，即它没有电压放大能力。但因 $r_e \ll R'_L$，故 A_u 十分接近于 1，输出电压与输入电压基本相等且相位相同，输出电压跟随输入变化，所以，共集电极放大器又称为电压跟随器（Voltage Follower）。共集电极放大电路虽然没有电压放大作用，但仍有电流放大和功率放大作用。

综上所述，共集电极放大电路的特点是输入电阻高、输出电阻低、电压放大倍数小于 1，且近似等于 1，即没有电压放大能力，但有电压跟随作用，以及一定的电流放大和功率放大能力。

由于共集电极放大电路的输入电阻很高，可将其用作多级放大电路的输入级，从而提高整个放大电路的输入电阻，因此，输入电流很小，减轻了信号源的负担。因其输出电阻很小，近似于一个恒压源，因此用作多级放大器的输出级时可以大大提高多级放大电路的带负载能力。另外，共集电极放大电路还可以用作阻抗变换器或作为隔离级使用。

【思考题】

1. 共集电极放大电路与共发射极放大电路相比，有何不同？电路有何特点？

2. 射极输出器的发射极电阻 R_E 能否像共发射极放大器一样并联一个旁路电容 C_E 来提高电路的电压放大倍数？为什么？

3. 共集电极放大器也称为电压跟随器，这里的"跟随"是什么含义？

4. 共集电极放大器为什么可以作隔离缓冲器使用？是否电压增益等于 1 的同相放大器就可以作隔离缓冲器使用？

6.5　共基极放大电路

共基极放大电路如图 6.5-1（a）所示，输入信号加在三极管的发射极，而输出信号则取自三极管的集电极。对交流信号而言，直流电源 V_{CC} 置零，基极相当于"接地"。

它的交流通路如图 6.5-1（b）所示。把交流通路中的晶体管用上述小信号等效电路代替，可得到共基极放大器小信号等效电路，如图 6.5-2 所示。用这个电路可求出共基极放大电路的各项性能指标。

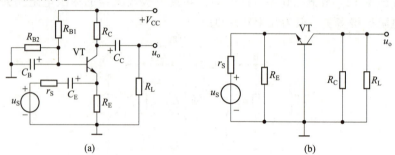

图 6.5-1　共基极放大电路及交流通路

（a）共基极放大电路；（b）交流通路

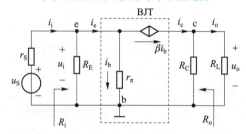

图 6.5-2　共基极放大器小信号等效电路

1. 输入电阻

$$R_i = \frac{u_i}{i_i} = R_E // \frac{u_{eb}}{i_e} = R_E // r_e \approx r_e \qquad (6.5\text{-}1)$$

式中，r_e 为发射结的动态电阻，通常只有几十欧姆。所以，在三种组态放大器中，共基极电路的输入电阻最小。

2. 输出电阻

按照输出电阻的定义，画出求输出电阻的等效电路，如图 6.5-3 所示。由图可知，放大器的输出电阻应为：

$$R_o = R_C // \frac{u}{i_c} \approx R_C \qquad (6.5\text{-}2)$$

3. 电压增益

$$A_u = \frac{u_o}{u_i} = \frac{\beta R_C // R_L}{r_\pi} \qquad (6.5\text{-}3)$$

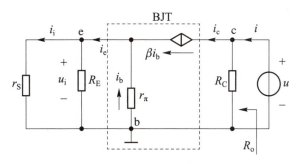

图 6.5-3　求输出电阻的等效电路

由以上可知，共基极电路的特点是电压增益大、输入电阻小、输出电阻大，输出电压和输入电压同相。因而常在组合放大器中使用。其中输入电阻在三种基本组态放大器中是最小的。三种组态放大器的性能比较如表 6. 5-1 所示。

表 6.5-1　BJT 三种组态放大器性能比较

组态	共发射极	共基极	共集电极
R_i	$R_B + // r_\pi$	r_e	$R_B // (r_\pi + \beta R_E // R_L)$
R_o	R_C	R_C	$(r_\pi + r_S) / (1+\beta)$
A_v	$-\dfrac{\beta R'_L}{r_\pi}$	$\dfrac{\beta R_C // R_L}{r_\pi}$	$R'_L / (r_e + R'_L)$
特点和应用场合	电压增益大、电流增益大，输入电阻大、输出电阻大，电压反相，主要作放大使用	电压增益大、电流增益小，输入电阻小、输出电阻大，电压同相，一般不作输入级使用	电压增益近似等于1、电流增益大，输入电阻大、输出电阻小，电压同相，主要作隔离缓冲使用

【思考题】

1. 共基极放大器的电流增益小于1，共集电极放大器的电压增益小于1，它们还能否称为放大器？

2. 三种组态放大器的特点和应用场合有何不同？

6.6　多级放大器

许多应用场合要求放大器具有足够高的电压放大倍数（例如要将 1 mV 信号放大到 5 V 需要达到 5 000 倍电压增益）和适当的输入、输出电阻，而单级放大器的电压放大倍数不可能做得很大（常在几倍至几十倍之间），这时就需要将几个基本单级放大器级连起来组成一个多级放大器。因三种基本组态放大器的性能各不相同，用它们来组成多级放大器时应充分利用它们的特点，在满足所需增益、输入和输出电阻的条件下尽可能减少级数。

在多级放大器中，主要考虑级间耦合方式、级间相互影响和通频带等问题。

6.6.1　级间耦合方式

多级放大器的级间耦合主要有阻容耦合、变压器耦合和直接耦合三种方式，如图 6.6-1 所示。

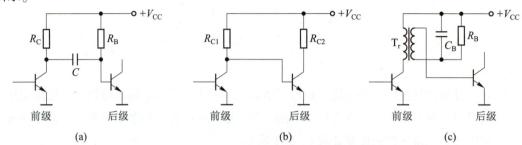

图 6.6-1　多级放大器的级间耦合形式
（a）阻容耦合；（b）直接耦合；（c）变压器耦合

图 6.6-1（a）是阻容耦合方式，它通过电容 C 将前后级连接起来。阻容耦合方式的优点是前后级工作点相互独立，设计和调试比较方便；缺点是电容器的数值较大（常在几十微法），无法实现集成，且在常规取值范围内，对较低频率的信号衰减较大，低频响应较差。

直接耦合方式如图 6.6-1（b）所示。它是将前级输出端和后级输入端直接连接（或通过恒压器件，如普通二极管、稳压二极管和恒压源等），从而构成直接耦合放大器（Direct Coupled Amplifier）。这种耦合方式的优点是可以对缓变信号进行放大（这也是采用直接耦合的原因），且便于集成，故它几乎成为模拟集成电路的唯一耦合形式。直接耦合放大器的缺点是前后级工作点相互影响不独立，静态电位逐级升高或逐级下降，而且前级工作点受环境的变化会传递到后级，最终产生"零漂"。所以在集成电路中常采用电平移动电路或采用不同性质的晶体管来解决静态电位逐级升高或降低的问题，采用高性能的差分放大器或其他特殊技术来解决"零漂"问题。

变压器耦合如图 6.6-1（c）所示。它也具有前后级之间工作点相互独立的优点，而且变压器具有的阻抗变换作用可以实现匹配传输，对干扰也具有一定的隔离作用。变压器耦合的缺点是低频应用时变压器体积较大、笨重，故在低频时很少采用。但在高频电路中，变压器耦合有着非常广泛的应用。

6.6.2　技术指标估算

1. 输入电阻和输出电阻

多级放大器的等效电路如图 6.6-2 所示（以两级放大器为例）。图中 R_{i1} 和 R_{o1} 是第 1 级放大器的输入电阻和输出电阻，R_{i2} 和 R_{o2} 是第 2 级放大器的输入电阻和输出电阻，A_{vt1} 和 A_{vt2} 分别是第 1 级放大器和第 2 级放大器的开路电压增益。显然，第 1 级放大器的输入电阻就是该多级放大器的输入电阻，第 2 级（最后 1 级）放大器的输出电阻就是该多级放大器的输出电阻。即：

$$R_i = R_{i1}, \qquad R_o = R_{o2}$$

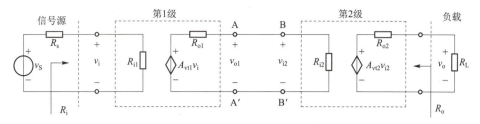

图 6.6-2　多级放大器的等效电路

2. 增益

多级放大器的总电压增益等于各单级放大器增益之积，其中，单级放大器的电压增益是考虑了下级输入电阻对前级的负载效应后的增益。因此，若把两个独立的单级放大器简单级联，级联后放大器的总增益并非等于两个独立放大器的增益之积，而还应考虑后级对前级的负载影响。且当第 2 级放大器的输入电阻发生变化时，将引起第 1 级放大器的增益发生变化，从而使总增益发生变化，即后级参数的变化会影响到前级的性能。为了防止这种现象发生，实践中常在多级放大器的级间插入隔离缓冲级（电压跟随器），此时总电压增益近似等于两个独立放大器电压增益之积。

【思考题】

1. 多级放大器的级间耦合方式主要有哪些？各自有什么优缺点？
2. 如何计算多级放大器的总电压增益？

6.7　放大器中的负反馈

反馈不仅是改善放大电路性能的重要手段，而且是电子技术和自动控制原理中的一个基本概念。通过反馈技术可以改善放大电路的工作性能，以达到预定的指标。凡在精度、稳定性等方面要求比较高的放大电路中，大多存在着某种形式的反馈。

在放大器中采用负反馈技术后可以提高放大器的许多质量指标，如稳定放大量、减小非线性失真和扩展通频带等。本节主要讨论负反馈放大器的有关概念和负反馈对放大器性能的影响。

6.7.1　反馈的基本概念

为了改善基本放大电路的性能，从基本放大电路的输出端到输入端引入一条反向的信号通路，构成这条通路的网络叫作反馈网络，这个反向传输的信号称为反馈信号。本章前面介绍的分压式偏置的共发射极放大电路如图 6.3-6 所示，其中的电阻 R_E 就是一个反馈元件，环境温度发生变化时，电路中的电压与电流产生如下变化：

$$T \ (\text{℃}) \ \uparrow \rightarrow I_C \uparrow \rightarrow I_E \uparrow \rightarrow R_E I_E \uparrow \rightarrow U_{BE} \downarrow \rightarrow I_B \downarrow \rightarrow I_C \downarrow$$

$$T \ (\text{℃}) \ \downarrow \rightarrow I_C \downarrow \rightarrow I_E \downarrow \rightarrow R_E I_E \downarrow \rightarrow U_{BE} \uparrow \rightarrow I_B \uparrow \rightarrow I_C \uparrow$$

综上所述，反馈网络能将输出回路的信息（输出电流 I_C 的变化使得 R_E 上的压降发生改变）送回输入回路，使输入电流 I_B 增大或减小，从而维持输出电流 I_C 基本稳定。

由此可知，所谓"反馈"，就是通过一定的电路形式，把放大电路输出信号的一部分或全部按一定的方式回送到放大电路的输入端，并影响放大电路的输入信号。分压式共发射极偏置电路中的反馈过程使输入信号的净输入量削弱，这种反馈形式称为负反馈。显然，负反馈提高了基本放大电路的工作稳定性。

如果放大电路输出信号的一部分或全部通过反馈网络回送到输入端后，造成净输入信号增强，则这种反馈称为正反馈。正反馈通常可以提高放大电路增益，但正反馈电路的性能不稳定，一般较少使用。放大电路中普遍采用的是负反馈，根据输出端取样信号（电压或电流）的不同和输入端连接方式（串联或者并联）的不同，负反馈具有电压串联负反馈、电压并联负反馈、电流串联负反馈和电流并联负反馈 4 种基本组态，如图 6.7-1 所示。

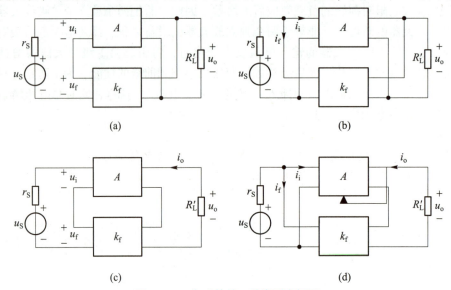

(a)　　　　　　　　　　　　　　　　(b)

(c)　　　　　　　　　　　　　　　　(d)

图 6.7-1　负反馈的 4 种类型方框图

（a）电压串联负反馈；（b）电压并联负反馈；（c）电流串联负反馈；（d）电流并联负反馈

如果负反馈放大器满足反馈深度 $1+Ak_f \gg 1$ 的条件，说明放大器工作在深度负反馈状态下，此时，负反馈放大器的增益只取决于反馈系数 k_f 而与基本放大器增益 A 无关。深度负反馈使反馈放大器的分析大大简化，在集成运算放大器的线性应用中，通常都满足深度负反馈的条件，这也是集成运算放大器线性应用时其增益只与外部器件有关的一个理论依据。

了解了负反馈的类型，通常还要学会对反馈类型进行判断。在实际中反馈类型的判断步骤如下：

1. 电路中是否存在反馈网络

反馈网络是从放大电路的输出端连接到输入端的支路。若是多级放大器，反馈网络是从放大器的最后一级的输出端连接到放大器第一级输入端的支路，属于级间反馈。多级放大器某一级自身的反馈不是放大器的反馈网络。

2. 是直流反馈还是交流反馈

如果反馈量只含有直流量，则称为直流反馈；如果反馈量只含有交流量，则称为交流反馈。直流负反馈主要用于稳定放大电路的静态工作点，交流负反馈主要用来改善放大电路的动态性能。多数电路属于交流反馈和直流负反馈并存。

3. 是电压反馈还是电流反馈

反馈量取自输出电压则为电压反馈，反馈量取自输出电流则为电流反馈。

判别方法：令反馈放大电路输出电压为零，若反馈量也随之消失，则为电压反馈；若反馈量依然存在，则为电流反馈。

电压反馈有稳定输出电压的作用，电流反馈有稳定输出电流的作用。

4. 是串联反馈还是并联反馈

若反馈信号与输入信号以电压方式相叠加，则称为串联反馈；若反馈信号与输入信号以电流方式相叠加，则称为并联反馈。

判别方法：反馈信号和输入信号加到放大元件的同一电极，则为并联反馈，反之为串联反馈。

5. 是正反馈还是负反馈

如果反馈能使输入信号的净输入量削弱的称为负反馈，负反馈提高了基本放大电路的工作稳定性。如果放大电路输出信号的一部分或全部，通过反馈网络回送到输入端后，造成净输入信号增强，则这种反馈称为正反馈。正反馈可以提高放大电路的增益，但正反馈电路的性能不稳定，一般在放大电路中较少使用。

对反馈极性的判别采用瞬时极性法。先假定输入信号某一时刻的瞬时极性，然后逐级判断出电路中各相关点电流的流向和各点极性，从而得出输出信号的极性，再通过反馈网络回到输入端，判断反馈信号的极性，并观察反馈信号是使净输入信号增大还是减小，若增大则引入正反馈，若减小则引入负反馈。

6.7.2　负反馈对放大器性能的影响

在放大器中引入负反馈的目的就是要改善放大器的性能，虽然负反馈使放大器的增益下降，但它换来了增益的稳定、通频带的扩展和增益灵敏度的降低等一系列优点。下面将逐一讨论负反馈对放大器性能的影响。

1. 提高放大电路的稳定性

当放大电路引入深度负反馈，即 $1+Ak_f \gg 1$ 时，放大电路以损失放大倍数为代价提高了放大电路的稳定性，稳定性提高到了原来的 $1+Ak_f$ 倍。

2. 扩展宽频带

当输入幅度相同而频率不同的信号时，高频段和低频段的输出信号比中频段的输出信号小，因此反馈信号也小，对净输入信号的削弱作用小，所以高、低频段的放大倍数减小程度比中频段的小，从而扩展了通频带，通频带是引入负反馈前的 $1+Ak_f$ 倍。

3. 减小非线性失真

引入负反馈后，信号的失真被引回到输入端，可以看作通过反馈使净输入信号产生预失真，这种预失真正好补偿了放大电路非线性引起的失真。

必须指出，负反馈可以减小非线性失真，但不能消除非线性失真。因为一旦输出没有失真，反馈信号也没有失真，净输入信号也不会预失真，也就不可能再对内部失真产生补偿。另外，负反馈减小的是反馈环内放大器产生的非线性失真，对外来信号就有的非线性失真，它将无能为力。

由于非线性失真是因输入信号幅度超出放大器线性范围引起的，因此，负反馈减小放大器的非线性失真就意味着它扩展了放大器的线性范围。

4. 改变输入、输出电阻

负反馈对输入电阻的影响取决于输入端是串联负反馈还是并联负反馈。当输入端为串联负反馈时，输入电阻增大为开环时输入电阻的 $1+Ak_f$ 倍；当输入端为并联负反馈时，输入电阻减小为开环时输入电阻的 $1/（1+Ak_f）$。

负反馈对输出电阻的影响取决于输出端是电压负反馈还是电流负反馈。当输出端为电压负反馈时，输出电阻减小为开环时输出电阻的 $1/（1+Ak_f）$；当输出端为电流负反馈时，输入电阻增大为开环时输出电阻的 $1+Ak_f$ 倍。

因此，由上述可知，负反馈虽然使得放大器的增益下降为原增益的 $1/（1+Ak_f）$，但是使放大器稳定性提高了 $1+Ak_f$ 倍、扩展通频带 $1+Ak_f$ 倍以及电路非线性失真等性能的改善，也对输入、输出电阻产生了不同的影响，在实际电路中要视目的不同选用不同类型的负反馈类型。

【思考题】

1. 什么叫反馈？正反馈和负反馈对电路的影响有何不同？

2. 放大电路一般采用的反馈形式是什么？

3. 放大电路引入负反馈后，对放大器的性能指标产生哪些影响？

4. 放大电路的输入信号本身就是一个已产生了失真的信号，引入负反馈后能否使失真消除？

5. 如何判断反馈放大器的取样信号、比较方式和反馈极性？

6.8 理论联系实际完成实践任务

6.8.1 任务一：共发射极放大器

1. 实践目的

（1）学会放大器静态工作点的调试方法，分析静态工作点对放大器性能的影响。

（2）掌握放大器电压放大倍数、输入电阻、输出电阻的测试方法。

（3）熟悉常用电子仪器及模拟电路实验设备的使用。

2. 放大器静态工作点的测量与调试

1）静态工作点的测量

实验电路如图 6.1–1 所示。测量放大器的静态工作点，应在输入信号 $u_i = 0$ 的情况下进行，即将放大器输入端与地端短接，然后选用量程合适的直流毫安表和直流电压表，分别测量晶体管的集电极电流 I_C 以及各电极对地的电位 U_B、U_C 和 U_E。一般实验中，为了避免断开集电极，所以采用测量电压 U_E 或 U_C，然后算出 I_C 的方法。为了减小误差，提高测量精度，应选用内阻较高的直流电压表。

2）静态工作点的调试

放大器静态工作点的调试是指对管子集电极电流 I_C（或 U_{CE}）的调整与测试。静态工作点是否合适，对放大器的性能和输出波形都有很大影响。如工作点偏高，放大器在加入交流信号后易产生饱和失真；如工作点偏低则易产生截止失真，所以在选定工作点后还必须进行动态调试，即在放大器的输入端加入一定的输入电压 u_i，检查输出电压 u_o 的大小和波形是否满足要求。如不满足，则应调节静态工作点的位置。

按照实验指导书进行调试，并将结果填入表 6.8-1 中。

表 6.8-1　实验数据（$I_C = 2$ mA）

测量值				计算值		
U_B/V	U_E/V	U_C/V	$R_{B2}/k\Omega$	U_{BE}/V	U_{CE}/V	I_C/mA

3. 放大器动态指标测试

放大器动态指标包括电压放大倍数、输入电阻、输出电阻等。

1）电压放大倍数 A_V 的测量

调整放大器到合适的静态工作点，然后加入输入电压 u_i，在输出电压 u_o 不失真的情况下，用示波器测出 u_i 和 u_o 的峰峰值 U_{ipp} 和 U_{opp}，输出电压有效值比上输入电压有效值则为电压放大倍数。

按照实验指导书进行测试，并将结果填入表 6.8-2 中。

表 6.8-2　实验数据（$I_C = 2.0$ mA，$u_i = 26$ mV）

$R_C/k\Omega$	$R_L/k\Omega$	U_{opp}/V	A_u	观察记录一组 u_o 和 u_i 波形
2.4	∞			
1.2	∞			
2.4	2.4			

2）输入电阻 R_i 和输出电阻 R_o 的测量

为了测量放大器的输入电阻，按图 6.8-1 在电路被测放大器的输入端与信号源之间串入一已知电阻 R，在放大器正常工作的情况下，用交流毫伏表测出 U_S 和 U_i，则根据输入电阻的定义可求出 R_i。

输出电阻 R_o 的测量，按图 6.8-1 电路，在放大器正常工作条件下，测出输出端不接负载 R_L 的输出电压 U_o 和接入负载后的输出电压 U_L，根据：

$$U_L = \frac{R_L}{R_o + R_L} U_o$$

即可求出：

$$R_o = \left(\frac{U_o}{U_L} - 1 \right) R_L$$

在测试中应注意，必须保持 R_L 接入前后输入信号的大小不变。

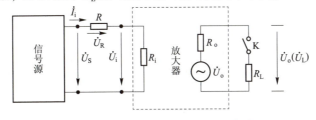

图 6.8-1　输入、输出电阻测量电路

按照实验指导书进行测试，并将结果填入表 6.8-3 中。

表 6.8-3　实验数据（$I_C = 2$ mA，$R_C = 2.4$ kΩ，$R_L = 2.4$ kΩ）

u_s/mV	u_i/mV	R_i/kΩ		u_L/V	u_o/V	R_o/kΩ	
		测量值	计算值			测量值	计算值
	26 mV						

4. 实验要求

（1）列表整理测量结果，并把实测的静态工作点、电压放大倍数、输入电阻、输出电阻与理论计算值比较（取一组数据进行比较），分析产生误差的原因。

（2）总结 R_C、R_L 及静态工作点对放大器电压放大倍数、输入电阻、输出电阻的影响。

（3）讨论静态工作点变化对放大器输出波形的影响。

（4）分析讨论在调试过程中出现的问题。

5. 实践任务的综合技能考核

实践任务综合技能得分表如表 6.8-4 所示。

表 6.8-4　实践任务综合技能得分表

器件的识别与检测（10分）	电路的连接与调试（20分）	原理及数据测量（30分）	常见故障分析（20分）	装配调试报告（15分）	规范安全操作（5分）	总分（100分）

6.8.2　任务二：负反馈放大器

1. 实践目的

（1）加深对差动放大器性能及特点的理解。

（2）学习差动放大器主要性能指标的测试方法。

2. 测量静态工作点

按图 6.1-2 连接实验电路，取 $U_{CC} = +12$ V，$u_i = 0$，用直流电压表分别测量第 1 级、第 2 级的静态工作点，记入表 6.8-5 中。

表 6.8-5　测量结果

	U_B/V	U_E/V	U_C/V	I_C/mA
第 1 级				
第 2 级				

3. 测试基本放大器的各项性能指标

将实验电路按图 6.8-2 改接，即把 R_f 断开后分别并联在 R_{F1} 和 R_L 上，其他连线不动。

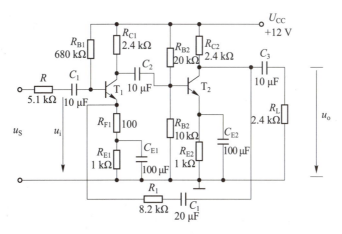

图 6.8-2　两级负反馈放大器

测量中频电压放大倍数 A_u，输入电阻 R_i 和输出电阻 R_o：

（1）以 $f=1$ kHz，u_S 约 5 mV 正弦信号输入放大器，用示波器监视输出波形 u_o，在 u_o 不失真的情况下，用交流毫伏表测量 u_S、u_i、u_L，记入表 6.8-6 中。

（2）保持 u_S 不变，断开负载电阻 R_L（注意 R_f 不要断开），测量空载时的输出电压 u_o，记入表 6.8-6 中。

表 6.8-6　实验数据

基本放大器	u_S/m V	u_i/mV	u_L/V	u_o/V	A_u	R_i/kΩ	R_o/kΩ
负反馈放大器	u_S/mV	u_i/mV	u_L/V	u_o/V	A_{uf}	R_{if}/kΩ	R_{of}/kΩ

4. 实验要求

（1）将基本放大器和负反馈放大器动态参数的实测值和理论估算值列表进行比较。

（2）根据实验结果，分析总结电压串联负反馈对放大器性能的影响。

5. 实践任务的综合技能考核

实践任务综合技能得分表如表 6.8-7 所示。

表 6.8-7　实践任务综合技能得分表

器件的识别与检测（10分）	电路的连接与调试（20分）	原理及数据测量（30分）	常见故障分析（20分）	实践报告完成（15分）	规范安全操作（5分）	总分（100分）

第 6 章 习题

1. 填空题

1.1 基本放大电路的三种组态分别是：_____放大电路、_____放大电路和_____放大电路。

1.2 放大电路应遵循的基本原则是：_____结正偏；_____结反偏。

1.3 将放大器_____的全部或部分通过某种方式回送到输入端，这部分信号叫作_____信号。使放大器净输入信号减小，放大倍数也减小的反馈，称为_____反馈；使放大器净输入信号增加，放大倍数也增加的反馈，称为____反馈。放大电路中常用的负反馈类型有_____负反馈、_____负反馈、_____负反馈和_____负反馈。

1.4 射极输出器具有_____恒小于1、接近于1，_____和_____同相，并具有_____高和_____低的特点。

1.5 共射放大电路静态工作点设置较低，造成截止失真，其输出波形为_____削顶。若采用分压式偏置电路，通过_____调节_____，可达到改善输出波形的目的。

1.6 对放大电路来说，人们总是希望电路的输入电阻_____越好，因为这可以减轻信号源的负荷。人们又希望放大电路的输出电阻_____越好，因为这可以增强放大电路的整个负载能力。

1.7 反馈电阻 R_E 的数值通常为_____，它不但能够对直流信号产生_____作用，同样可对交流信号产生_____作用，从而造成电压增益下降过多。为了不使交流信号削弱，一般在 R_E 的两端_____。

1.8 放大电路有两种工作状态，当 $u_i = 0$ 时电路的状态称为_____态，有交流信号 u_i 输入时，放大电路的工作状态称为_____态。在_____态情况下，晶体管各极电压、电流均包含_____分量和_____分量。放大器的输入电阻越__，就越能从前级信号源获得较大的电信号；输出电阻越__，放大器带负载能力就越强。

2. 判断题

2.1 放大电路中的输入信号和输出信号的波形总是反相关系。　　　　　　（　　）

2.2 放大电路中的所有电容器的作用均为通交隔直。　　　　　　　　　　（　　）

2.3 射极输出器的电压放大倍数等于1，因此它作用不大。　　　　　　　（　　）

2.4 分压式偏置共发射极放大电路是一种能够稳定静态工作点的放大器。　（　　）

2.5 设置静态工作点的目的是让交流信号叠加在直流量上全部通过放大器。（　　）

2.6 晶体管的电流放大倍数通常等于放大电路的电压放大倍数。　　　　　（　　）

2.7 微变等效电路不能进行静态分析，也不能用于功放电路分析。　　　　（　　）

2.8 共集电极放大电路的输入信号与输出信号，相位差为180°的反相关系。（　　）

2.9 微变等效电路中不但有交流量，也存在直流量。　　　　　　　　　　（　　）

2.10 输出端交流短路后仍有反馈信号存在，可断定为电流负反馈。　　　（　　）

2.11 共射放大电路输出波形出现上削波，说明电路出现了饱和失真。　　（　　）

2.12 放大电路的集电极电流超过极限值 I_{CM}，就会造成管子烧损。　　（　　）

2.13 射极输出器是典型的电压串联负反馈放大电路。　　　　　　　　　　　（　　　）

3. 选择题

3.1 基本放大电路中，经过晶体管的信号有（　　　）。

A. 直流成分　　　　　　　　B. 交流成分　　　　　　　　C. 交直流成分均有

3.2 基本放大电路中的主要放大对象是（　　　）。

A. 直流信号　　　　　　　　B. 交流信号　　　　　　　　C. 交直流信号均有

3.3 分压式偏置的共发射极放大电路中，若 V_B 点电位过高，电路易出现（　　　）。

A. 截止失真　　　　　　　　B. 饱和失真　　　　　　　　C. 晶体管被烧损

3.4 共发射极放大电路的反馈元件是（　　　）。

A. 电阻 R_B　　　　　　　　B. 电阻 R_E　　　　　　　　C. 电阻 R_C

3.5 电压放大电路首先需要考虑的技术指标是（　　　）。

A. 放大电路的电压增益　　　B. 不失真问题　　　　　　　C. 管子的工作效率

3.6 射极输出器的输出电阻小，说明该电路的（　　　）

A. 带负载能力强　　　　　　B. 带负载能力弱　　　　　　C. 减轻前级或信号源负荷

3.7 基极电流 i_B 的数值较大时，易引起静态工作点 Q 接近（　　　）。

A. 截止区　　　　　　　　　B. 饱和区　　　　　　　　　C. 死区

3.8 射极输出器是典型的（　　　）。

A. 电流串联负反馈　　　　　B. 电压并联负反馈　　　　　C. 电压串联负反馈

4. 简答题

4.1 共发射极放大器中集电极电阻 R_C 起的作用是什么？

4.2 放大电路中为何设立静态工作点？静态工作点的高、低对电路有何影响？

4.3 指出题图 1 所示各放大电路能否正常工作，如不能，请校正并加以说明。

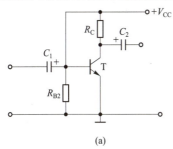
(a)

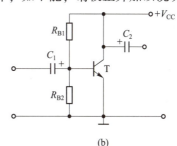
(b)

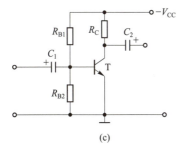
(c)

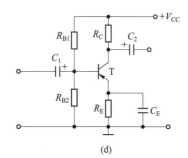
(d)

题图 1　习题 4.3 图

（a）电路一；（b）电路二；（c）电路三；（d）电路四

5. 计算题

5.1 如题图 2 所示分压式偏置放大电路中，已知 $R_C = 3.3$ kΩ，$R_{B1} = 40$ kΩ，$R_{B2} = 10$ kΩ，$R_E = 1.5$ kΩ，$\beta = 70$。求静态工作点 I_{BQ}、I_{CQ} 和 U_{CEQ}。（晶体管为硅管）

5.2 画出题图 2 所示电路的微变等效电路，并对电路进行动态分析。要求解出电路的电压放大倍数 A_u，电路的输入电阻 r_i 及输出电阻 r_o。

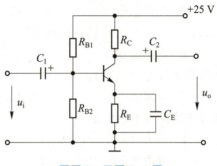

题图 2　习题 5.1 图

第7章　集成运算放大器

集成电路（Integrated Circuit，IC）是采用硅平面制造工艺，将二极管、三极管和电阻、电容等电子器件及其连线制作在一小块半导体基片上，构成具有特定功能的一种电子电路，它发展于 20 世纪 60 年代。集成电路与分立元件电路相比具有体积小、质量轻、元件参数一致性好和可靠性高等优点。

鉴于集成运算放大器在模拟信号处理中的重要地位，且要用好运算放大器，了解它的内部电路结构非常必要。本章主要介绍模拟集成电路中最重要、应用最广泛的集成运算放大器，以双极型集成运放为例介绍它的基本结构、基本部件、性能特点以及集成运放的线性和非线性应用等。

7.1　实践任务

三极管构成的分立元件放大器的设计、分析计算和调试都很烦琐，故目前在实际中使用的放大器大都是集成放大器。集成运算放大器是现实中应用非常广的一种电路。通过本章集成运算放大器相关理论知识的学习，在技能方面，要求能够完成对差动放大器和集成运算放大器线性应用电路的连接、原理分析、调试及简单常见故障的排除。本章需要完成的实践任务主要有"差动放大器""集成运算放大器线性应用电路"和"324 型液位控制器的装配调试综合实践"。

7.1.1　任务一：差动放大器

1. 原理电路

差动放大器实验电路如图 7.1-1 所示，由晶体管对管、偏置电阻及双电源等组成。

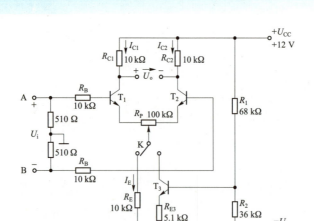

图 7.1-1　差动放大器实验电路

2. 实践任务内容

（1）能够利用所学放大器的知识正确分析差动放大电路的工作原理。

（2）掌握典型差动放大器性能测试方法，包括静态工作点的调零、测量和差模、共模电压放大倍数的测试。

（3）掌握具有恒流源的差动放大电路性能测试。

7.1.2　任务二：集成运算放大器线性应用电路

1. 原理电路

主要利用集成运算放大器构成加法运算电路、减法运算电路、积分运算电路。集成运算放大器线性应用电路如图 7.1-2 所示。

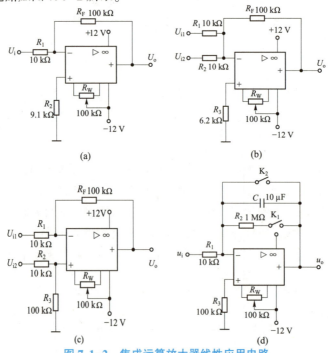

图 7.1-2　集成运算放大器线性应用电路

（a）反相比例运算电路；（b）反相加法运算电路；（c）减法运算电路图；（d）积分运算电路

2. 实践任务内容

（1）能够利用所学放大器的知识正确分析加法、减法、积分运算电路的工作原理。

（2）验证加法、减法、积分运算电路，观察实验输出结果和理论计算结果是否一致，并分析其原因。

7.1.3　任务三：324 型液位控制器的装配调试综合实践

1. 原理电路

324 型液位控制器原理电路如图 7.1-3 所示，其主要由振荡信号产生电路、比较器电路和继电器驱动电路等组成。

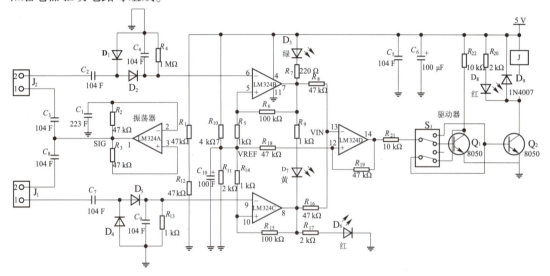

图 7.1-3　324 型液位控制器原理电路

2. 实践任务内容

（1）能够利用所学相关知识正确分析 324 型液位控制器的工作原理。

（2）对照原理图并按图中所示器件符号进行元器件焊接，焊接要求焊点要实，保证电路的可靠连接，高质量完成焊接是装配成功的首要保证。

（3）电路装配完成后，对照电路原理图仔细检查焊接电路，确认正确无误后，通电调试电路。

（4）如果电路装配完成后加电不能正常工作，说明电路存在问题、故障，要求掌握检修排查方法、步骤，能够排除故障，使电路正常工作。

7.2　集成运算放大器概述

集成运算放大器实质上是一个具有高电压放大倍数、高输入电阻、低输出电阻的多级直接耦合放大电路，简称集成运放。集成运算放大器最初应用于模拟计算机，是对计算机内部信息进行加、减、乘、除及微分、积分等数学运算的集成电路，并因此而得名。集成运算放大器各级之间采用直接耦合方式，电路简单，利于集成，而且能够正常放大变化很缓慢的低频信号和直流信号，高频响应也很好，实际应用无局限性。

7.2.1 集成电路种类及集成运放的主要技术指标

1. 集成电路的分类

集成电路按集成度，分为小规模集成电路（SSIC）、中规模集成电路（MSIC）、大规模集成电路（LSIC）、超大规模集成电路（VLSIC），目前的集成电路仍在高速发展，出现系统级芯片（SOC）后，逐步向集成系统（Integrated System）的方向发展。按照制造工艺可以分为单片集成电路和混合集成电路，按功能分为模拟集成电路和数字集成电路，分别用于放大变换模拟信号和处理离散的、断续的数字信号。集成运算放大器（Integrated Operation Amplifier）是模拟集成电路中应用最广泛的一种器件，用它几乎可以实现模拟信号处理的任何功能（如放大、滤波、信号变换等）。

2. 集成运算放大器的主要技术指标

1）开环电压放大倍数 A_u

开环电压放大倍数 A_u 是指运放在无外加反馈条件下，输出电压与输入电压的变化量之比。一般集成运放的开环电压放大倍数 A_u 很高，可达 $10^4 \sim 10^7$。

2）差模输入电阻 r_i

电路输入差模信号时，运放的输入电阻值很高，一般可达几十千欧至几十兆欧。

3）闭环输出电阻 r_o

大多数运放的输出电阻在几十欧至几百欧。由于运放总是工作在深度负反馈条件下，因此其闭环输出电阻更小。

4）共模抑制比 K_{CMR}

电路输入差模信号电压放大倍数与输入共模信号电压放大倍数之比，该值越大，表示电路放大差模信号、抑制共模信号的能力越强。

5）最大共模输入电压 U_{icmax}

最大共模输入电压 U_{icmax} 是指在保证运放正常工作条件下，运放所能承受的最大共模输入电压。共模电压若超过该值，输入差分对管子的工作点将进入非线性区，使放大器失去共模抑制能力，共模抑制比显著下降，甚至造成器件损坏。

3. 集成运算放大器理想化条件

为了简化分析过程，同时又满足工程的实际需要，通常把集成运放理想化。满足下列参数指标的运算放大器可以视为理想运算放大器。

（1）开环电压放大倍数 $A_u = \infty$，实际上 $A_u \geq 80$ dB 即可。

（2）差模输入电阻 $r_i = \infty$，实际上 r_i 比输入端外电路的电阻大 $2 \sim 3$ 个量级即可。

（3）输出电阻 $r_o = 0$，实际上 r_o 比输入端外电路的电阻小 $2 \sim 3$ 个量级即可。

（4）共模抑制比要求足够大，理想条件下视为 $K_{CMR} \to \infty$。

在进行集成运放的一般原理性分析时，只要实际应用条件不使集成运放的某个技术指标明显下降，均可把集成运算放大器产品视为理想的。这样，根据集成运放的上述理想特性，可以大大简化运放的分析过程。

4. 集成运算放大器线性应用时的特点

根据集成运放的理想化条件，可以在输入端导出两条重要结论，也是集成运放线性应用时的两大特点。

1）虚短

理想运放的开环电压放大倍数很高，因此，当运放工作在线性区时，相当于一个线性放大电路，输出电压不超出线性范围。这时，运放的同相输入端与反相输入端两电位十分接近。在运放供电电压为 ±（12～15）V 时，输出电压的最大值一般在 10～13 V。所以运放两输入端的电位差在 1 mV 以下，近似等电位。这一特性称为"虚短"。显然，"虚短"不是真正的短路，只是分析电路时在允许误差范围之内的合理近似。"虚短"也可直接由理想条件导出：理想情况下 $A_u = \infty$，则 $u_+ - u_- = 0$，即 $u_+ = u_-$，运放的两个输入端等电位，可将它们看作虚短。

2）虚断

差模输入电阻 $r_i = \infty$，因此可认为没有电流能流入理想运放，即 $i_+ = i_- = 0$。集成运放的输入电流恒为零，这种情况称为"虚断"。实际集成运放流入同相输入端和反相输入端中的电流十分微小，比外电路中的电流小几个数量级，因此流入运放的电流往往可以忽略不计，这一现象相当于运放的输入端开路，显然，运放的输入端并不是真正断开。

运用"虚短"和"虚断"这两个重要概念，对各种工作于线性区的应用电路进行分析，可以大大简化应用电路的分析过程。运算放大器构成的运算电路均要求输入与输出之间满足一定的函数关系，因此都可以应用这两条重要结论。如果运放不在线性区工作，而是工作在非线性区，则没有"虚短"而只有"虚断"的特性了。

7.2.2　集成运算放大器基本结构

1. 集成运算放大器电路结构

集成运放是模拟集成电路中应用最广泛的一种，其内部通常包括输入级、中间级、输出级和偏置电路 4 个基本部分，如图 7.2-1 所示。

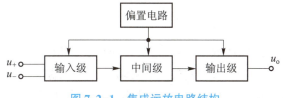

图 7.2-1　集成运放电路结构

输入级又称前置级，它通常是一个双端输入的高性能差分放大器。输入级是关键的一级放大器，运放的许多性能参数与输入级有关，因此，在几代产品的更新过程中，输入级的变化最大。

中间级是运放的主放大器，作用是提供足够高的增益，因此常采用共射（或共源）组态、有源负载和复合管等技术提高电压增益。

输出级应具有较大的线性动态范围、较大的输出电流和较小的输出电阻，故输出级一般采用互补推挽功率放大电路。

偏置电路用于设置集成运放中各级电路的静态工作点。与分立元件放大器不同的是，集成运放通常用电流源电路作偏置电路，以提供稳定的内部工作电流。

在集成电路中，制造大容量电容和电感十分困难，故集成运算放大器级间均采用直接耦合。另外，有些运放中还集成了电源稳压电路、温度补偿电路、过压或过流保护等辅助电路，目的是提高运放的工作稳定性和承受过载的能力。

2. 集成运放芯片 µA741

集成运放总是采用金属或塑料封装在一起，是一个不可拆分的整体，所以也常把集成运放称为器件。作为一个器件，人们首先关心的是它们的外部连接和使用，下面我们以最经典的集成运放 µA741 为例，来介绍集成运放的引脚用途、引脚连接方式。

通用型集成运放 µA741 虽然是 1966 年的产品，但它的电路比较典型，且在一些要求不高的场合仍有应用。它占用的芯片面积约为 38×50 密耳^2，电压增益 100 dB。图 7.2-2 所示为 µA741 集成运放的引脚排列图、外部接线图及图形符号。

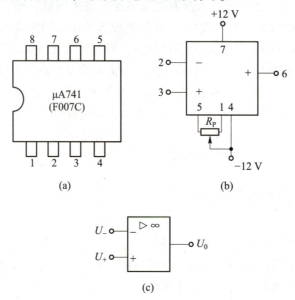

图 7.2-2 µA741 集成运放的引脚排列图、外部接线图及图形符号
(a) 引脚排列图；(b) 外部接线图；(c) 图形符号

由图形符号可看出，集成运放 µA741 除了有同相、反相两个输入端外，还有 ±12 V 两个电源端，一个输出端，另外还留出外接大电阻调零的两个端口，所以是多脚元器件。

引脚 2 为运放的反相输入端，引脚 3 为同相输入端，这两个输入端对于运放的应用极为重要，绝对不能接错。引脚 6 为集成运放输出级的输出端，与外接负载相连。

引脚 1 和引脚 5 是外接调零补偿电位器端，集成运放的电路参数和晶体管特性不可能完全对称，因此，在实际应用中，若输入信号为零而输出信号不为零，就需调节引脚 1 和引脚 5 之间电位器 R_P 的数值，直至输入信号为零时，输出信号也为零时为止。

引脚 4 为负电源端，接 −12 V 电位；引脚 7 为正电源端，接 +12 V 电位，这两个引脚是集成运放的外接直流电源引入端，使用时不能接错。

引脚 8 是空脚，使用时可悬空处理。

µA741 整个内部电路可以分为偏置电路、差动输入级、中间放大级、输出级和输出保护电路等几个部分，其原理电路如图 7.2-3 所示。

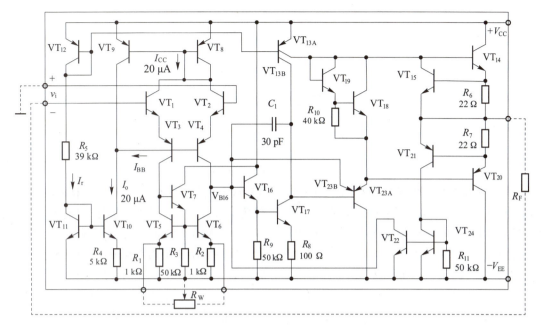

图 7.2-3　μA741 原理电路

μA741 的主要性能参数为：输入电阻 2 MΩ，电压增益 100 dB，共模抑制比 90 dB，输出电阻 75 Ω。

7.2.3　运算放大器的基本部件

1. 集成运算放大器输入级——差分放大电路

前面说了集成运算放大器各级之间采用的是直接耦合方式，直接耦合方式存在的最大问题是零点漂移。所谓零点漂移，就是指输入信号为零时输出电压却不为零，而且这个不为零的电压会随时间做缓慢的、无规则的持续变动，这种现象称为零点漂移，简称"零漂"。零漂现象是如何产生的呢？

直接耦合的多级放大电路，其静态工作点相互影响，当温度、电源电压、晶体管内部的杂散参数等变化时，虽然输入信号为零，但第 1 级的零漂经第 2 级放大，再传给第 3 级，依次传递的结果使外界参数的微小变化在输出级产生很大变化。其中温度的影响最大，所以有时也把零漂叫温漂。

由此可知，晶体管参数受温度的影响就是产生零漂的根本和直接原因。解决零漂最有效的措施是采用差分放大电路，也叫差分放大器。

差分放大器又称为差动放大器（Differential Amplifier），它是一种重要的基本放大器。就其功能来说，它能对两个输入端的电压差进行放大。由于它在电路性能方面有许多优点，因而不仅被广泛用作集成运算放大器的输入级，而且在模拟乘法器、模数与数模变换电路中也得到应用。那么，差分式放大电路有怎样的特殊结构？又是如何抑制零漂的呢？

图 7.2-4 所示为一种对零漂具有很强抑制能力的差分放大器基本电路。它是由两个对称的共发射极放大器通过发射极公共电阻 R_{EE} 耦合而成的。由于电阻 R_{EE} 也称为长尾电阻，因而这种电路也称为长尾式差放。

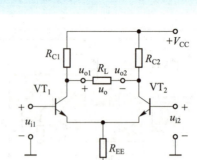

图 7.2-4　差分放大器基本电路

差分放大器有两个输入端和两个输出端，信号输入电压分别为 u_1 和 u_{i2}，输出电压分别为 u_{o1} 和 u_{o2}。当两个输入端都有信号输入时称为双端输入，当一个输入端接地另一个输入端有信号输入时称为单端输入。类似地，当输出信号取自两个输出端之间时称为双端输出、差分输出或浮动输出，取自其中一个输出端与地之间时称为单端输出。因为单端输出时静态电流会流入负载，且其性能也不如双端输出好，所以差分放大器大都采用双端输出形式（见图7.2-4）。

差分放大器在电路结构上通常应具有良好的对称性。两个晶体管 VT_1、VT_2 的特性应尽可能完全相同，为此专门在同一硅片上制作两个性能相同的晶体管，叫作"对管"。其他外围元件也相同，$R_{C1} = R_{C2} = R_C$。该电路一般采用正、负两个电源供电，且 $V_{CC} = V_{EE}$。

两个基极的输入电压信号 u_{i1}、u_{i2} 若是大小相等、相位相反的信号，则差动放大电路的这种双端输入方式称为差模输入方式，所加大小相等、相位相反的信号称为差模信号。差模信号是放大电路中需要传输和放大的有用信号，用 u_{id} 表示，数值上等于两管输入信号的差值：

$$u_{id} = u_{i1} - u_{i2}$$

温度变化、电源电压波动等引起的零点漂移折合到放大电路两个输入端的漂移电压是一样的，相当于在两个输入端加了"共模信号"。所谓"共模信号"，是指大小相等、相位相同的信号，也就是完全一样的信号。外界电磁干扰对放大电路的影响也相当于输入端加了"共模信号"。两个基极的输入电压信号 u_{i1}、u_{i2} 若是大小相等、相位相同的信号，则差动放大电路的这种双端输入方式称为共模输入方式。

在实际的差分放大器中，加到输入端的信号往往是任意的，它们既不是差模信号也不是共模信号，这种情况下如何谈差模或者共模输入方式呢？实际上，在这种情况下可以将信号进行分解。设 u_{i1} 和 u_{i2} 是加到差分放大器输入端的两个任意信号（哪怕其中一个为零也可以），此时令 $u_{id} = u_{i1} - u_{i2}$，$u_{ic} = (u_{i1} + u_{i2})/2$，则可将 u_{i1} 和 u_{i2} 分别表示为：

$$u_{i1} = \frac{u_{i1} + u_{i2}}{2} + \frac{u_{i1} - u_{i2}}{2} = u_{ic} + \frac{1}{2}u_{id}$$
$$u_{i2} = \frac{u_{i1} + u_{i2}}{2} - \frac{u_{i1} - u_{i2}}{2} = u_{ic} - \frac{1}{2}u_{id}$$

$$(7.2-1)$$

由式（7.2-1）可见，两个 u_{ic} 为一组共模信号分量，而 $u_{id}/2$ 和 $-u_{id}/2$ 为一组差模信号分量。因此，对于差分放大器任意输入的两个信号，都可以分解为一组差模信号和一组共模信号的叠加。若差分放大电路不仅可以实现对差模信号的有效放大，还能实现对共模信号的有效抑制，就可以解决零点漂移问题了。事实是否如此呢？我们可以定性分析一下。

按照式（7.2-1），可将图7.2-4所示的电路用图7.2-5来表示。

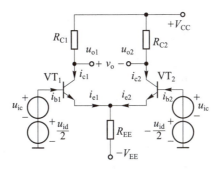

图 7.2-5　差分放大器等效电路

差分放大器对输入的差模信号和共模信号将呈现出完全不同的性能。通常将放大器只在差模信号作用下的电路称为差模等效电路，在共模信号作用下的电路称为共模等效电路。下面首先分析差模等效电路，再分析共模等效电路，看看能否实现放大差模信号抑制共模信号的目的。

差模等效电路是指在输入差模信号 $u_{id}/2$ 和 $-u_{id}/2$ 作用下的一种交流通路。由于电路的对称性和输入差模信号大小相等、相位相反的特点，使晶体管电流满足 $i_{b1} = -i_{b2}$，$i_{c1} = -i_{c2}$ 和 $i_{e1} = -i_{e2}$ 的关系。其中，大小相等、方向相反的两个发射极电流流过射极公共电阻 R_{EE} 时互相抵消，使总差模信号电流为零，R_{EE} 上的信号压降也为零，相当于短路。因此，R_{EE} 对差模信号传输不产生电压损耗。于是可得到图 7.2-6 所示的差模等效电路，此时电路的性能指标主要有差模输入电阻、差模输出电阻和差模电压放大倍数。

共模等效电路是指在输入共模信号 u_{ic} 作用下的一种交流通路。同样由于电路的对称性和输入共模信号大小相等、相位相同的特点，使管子产生的电流满足 $i_{b1} = i_{b2}$，$i_{c1} = i_{c2}$ 和 $i_{e1} = i_{e2}$。大小相等、方向相同的两个发射极电流流过射极电阻 R_{EE} 时进行叠加，使总共模信号电流为 $i_{e1} + i_{e2} = 2i_e$，R_{EE} 上的共模信号压降为 $2i_e R_{EE}$，使 R_{EE} 对共模信号传输产生较大的衰减。R_{EE} 上的共模信号压降对单个晶体管而言等效于是由 i_e 通过 $2R_{EE}$ 产生，于是可得到图 7.2-7 所示的共模等效电路。此时电路的性能指标主要有共模输入电阻、共模输出电阻和共模电压放大倍数。

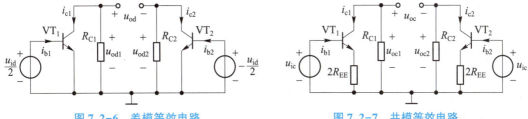

图 7.2-6　差模等效电路　　　　　　　图 7.2-7　共模等效电路

由上面两个等效电路可见，R_{EE} 对差模信号不产生衰减，且双端输出电压还可以比单端输出提高一倍，因此，放大器可以对差模信号进行有效放大，差模电压放大倍数大。而对于共模信号而言，R_{EE} 对它产生很强的衰减，加上双端输出时的共模抵消作用，使对称放大器没有共模电压输出，共模电压放大倍数为零。即使单端输出时没有抵消作用，也因 R_{EE} 对共模信号产生的强衰减而使放大器对共模信号具有良好的抑制作用，共模电压放大倍数也很小，且 R_{EE} 数值越大，抑制差模信号的能力越强。

所以，差分放大器对差模和共模两种信号呈现出完全不同的放大性能，实现了放大差模信号抑制共模信号的目的。差分放大器放大差模信号抑制共模信号的能力可以用共模抑制比

K_{CMR} 这个参数来表示，它等于电路差模电压放大倍数比上共模电压放大倍数。共模抑制比越大，电路放大差模信号抑制共模信号的能力越强。

因此，对于图 7.2-4 所示的差分放大器基本电路，当温度变化时，因两管电流变化规律相同，两管集电极电压漂移量也完全相同，从而使双端输出电压始终为零。也就是说，依靠电路的完全对称性，使两管的零点漂移在输出端相抵消，因此，零点漂移被抑制。

2. 集成运算放大器输出级——互补推挽功率放大电路

功率放大器是指能够向负载输出一定功率的一类放大器。它与电压放大器的不同点在于如何获得最大且失真合乎要求的输出功率和较高的效率，而不是得到最大功率增益。

1）功率放大器的特点

功率放大器（Power Amplifier）在工作原理上与其他放大电路一样，都是在输入信号的控制下，将直流电源的直流功率转换为输出信号功率。但是，功率放大器要求能够输出一定的不失真（或失真较小）信号功率，通常是在大信号下工作。故功率放大器与小信号放大器相比在性能要求和器件应用特性上有所不同，关心的问题也不同，主要体现在以下几个方面。

（1）输出功率尽可能大。为了获得较大的输出功率，要求功放管的电压和电流都有足够大的输出幅度，因此管子往往在接近极限运用状态下工作。

（2）效率要高。由于功率放大器是将直流电源提供的直流功率转换为输出信号功率，且输出功率越大，消耗的直流电源功率也越大，因此效率问题就显得尤为重要。效率越高，获得相同输出信号功率所需电源供给的直流功率就越小。由于功率损失的主要形式是以热能释放，所以效率越高，器件温升就越小，工作越稳定。

（3）非线性失真要小。功率放大电路是在大信号下工作，所以不可避免会产生非线性失真，而且对同一个功放管输出功率越大，非线性失真越严重，这就使输出功率和非线性失真成为一对矛盾。因此要求在实际应用中，既要使输出功率尽可能大，同时还要将非线性失真控制在允许范围之内。

（4）采用图解分析法。因为功率放大器工作在大信号状态，管子输出特性的非线性不可忽略，此时，小信号微变等效电路法不再适用，一般应采用图解分析法。

（5）要考虑功放管的散热和保护。功率放大器中有相当一部分功率消耗在管子的集电结上，致使结温升高，可能导致管子性能下降，严重时甚至失效，所以必须考虑功放管的散热问题。另外，为了获得较大的输出功率，管子承受的电压高、通过的电流大，功率管损坏的可能性就比较大。所以在设计功率放大电路时，必须考虑功放管的保护问题。

2）功率放大器的分类

功率放大电路的分类方法较多，例如按照频率高低分为低频功率放大器和高频功率放大器；按照信号频谱成分分为频带功放和宽带功放等。但常用的是按功放管在一个信号周期内的工作时间长短分为 A 类、B 类、AB 类和 C 类放大器，有时也把这 4 类工作状态分别称作甲类、乙类、丙类和甲乙类放大器。它们的电流波形如图 7.2-8 所示。A 类功率放大器中的管子在整个信号周期内都处于导通状态，导通角为 2π；B 类功率放大器中的管子只在半个周期内导通，导通角为 π；AB 类功率放大器中的功放管在大于半个周期、小于一个周期时间内导通，导通角大于 π 但小于 2π；C 类功率放大器中的功放管导通时间小于半个信号周期，导通角小于 π。这四种功率放大器的效率从低到高依次为 A 类、AB 类、B 类和 C 类。

此外，还有效率更高的开关型功率放大器（丁类）以及采用特殊技术的功率放大器，这里不再一一介绍。

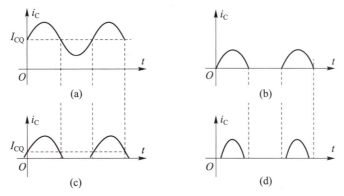

图 7.2-8　四类功率放大器集电极电流波形图

（a）A 类；（b）B 类；（c）AB 类；（d）C 类

在电源电压确定后，输出尽可能大的功率和提高转换效率始终是功率放大电路要研究的主要问题。因而围绕这两个性能指标的改善，可组成不同电路形式的功率放大电路。集成运算放大器的输出级多采用互补推挽功率放大电路。下面详细介绍该电路的组成和基本原理。

3）互补推挽功率放大电路

图 7.2-9 所示为一个双电源供电的乙类互补推挽功率放大电路。其中功放管 VT_1 和 VT_2 分别为 NPN 型晶体管和 PNP 型晶体管，它们的特性相同，两管的基极和发射极相互连接在一起，组成推挽电路。输入信号从基极输入，从发射极输出，R_L 为负载。

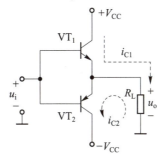

图 7.2-9　乙类互补推挽功率放大电路

在输入正弦信号作用下，当 $u_i > 0$ 时，VT_1 管导通，VT_2 管截止，电流 i_{C1} 经 VT_1 管流向负载。当 $u_i < 0$ 时，VT_2 管导通，VT_1 管截止，电流 i_{C2} 经 VT_2 管流向负载。从理论上来说，在信号一个周期内负载上得到完整的正弦电压波形。此过程中，VT_1 和 VT_2 管交错导通，故被称为互补推挽放大电路。

实际上，仔细观察电路，可看出此电路没有基极偏置，所以 $u_{be1} = u_{be2} = u_i$。当输入信号 u_i 的值介于两个管子导通电压之间时，VT_1、VT_2 均处于截止状态。显然，此时造成输出信号的波形不跟随输入信号的波形变化，产生了失真，这种在波形的正、负交界处产生的失真被称为交越失真。

为消除交越失真，通常采用的方法是：要求两个功放管的输入、输出特性完全一致，以达到工作特性完全对称的状态；另外，在两个功放管的发射结加上一个较小的正偏电压，使两管在输入信号为零时都工作在微导通状态，如图 7.2-10 所示。

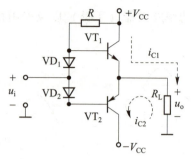

图 7.2-10　甲乙类互补推挽功率放大电路

此时，两个功放管，一个在正半周工作，另一个在负半周工作，互相弥补对方的不足，从而在负载上就能得到一个完整的输出波形。在这种状态下工作的电路就是甲乙类互补推挽功率放大电路，它解决了乙类互补推挽放大电路中产生的交越失真问题。

3. 集成运算放大器偏置电路——电流源电路

在集成运算放大器中常使用电流源（Current Source）作为偏置电路，为运放工作提供稳定的工作点电流。镜像电流源也称为电流镜（Current Mirror），当在它的输入端输入一个参考电流 I_r 时，输出端将输出一个大小和方向都等于参考电流的输出电流 I_o。图 7.2-11 是基本电流镜原理电路，图中，VT_1 接成二极管形式，因此，有时直接画成二极管，如图 7.2-11（b）所示。而从电流源的功能上看，起到了电流传输的作用，因此电流镜也可以用图 7.2-11（c）的简化电路表示。图中 a、b 和 c 三个端子可以根据使用情况分别连接不同的电路。

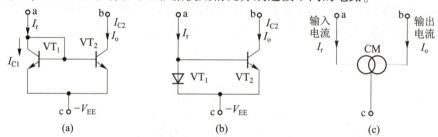

图 7.2-11　基本电流镜原理电路

（a）电路一；（b）电路二；（c）电路三

基本电流镜的性能往往不能满足高性能集成运算放大器的要求，比如精度和带负载能力等，常常还需要对基本电流镜电路进行改进，这里不再详述。

【思考题】

1. 集成运放由哪几部分组成，各部分的主要作用是什么？

2. 试述集成运放的理想化条件。

3. 工作在线性区的理想运放有哪两条重要结论？试说明其概念。

4. 集成运算放大器的主要技术指标都有哪些？

5. 什么是零点漂移？如何克服？

6. 什么是差模信号？什么是共模信号？

7. 功率放大器有哪些特点？常用低频功率放大器有哪几种？

8. 分别说明甲类、乙类、甲乙类放大器中放大管的导通角各为多少。它们中哪一类放大器效率最高？

9. 交越失真是如何产生的？怎样克服？

7.3　集成运放的线性应用

运算放大器的应用可以分为线性应用和非线性应用两类。线性应用包含信号运算电路、信号放大器、有源滤波器和各种控制调节器等。非线性应用包含各种比较器、某些变换器和非正弦波发生器等。本节先讲述线性应用中的基本运算电路，下节讲述非线性应用中的比较器电路，至于其他应用电路读者可根据需要自学。

7.3.1　集成运放线性应用的三种基本输入形式

运算放大器有同相端和反相端两个输入端子，应用时可分别给其中一个端子加信号或给两个端子都加信号，因此运放应用共有反相输入、同相输入和差动输入三种输入形式。

1. 反相输入运放

反相输入运放如图 7.3-1 所示。信号通过 R_1 接到运放反相端，称 R_1 为输入回路电阻，跨接在放大器输出端和反相输入端之间的电阻 R_F 称为反馈电阻，接于同相端与地之间的电阻 R_P 称为补偿电阻。因为同相端接地，根据虚短路概念可知，Σ 点电位为零，但它有别于真正的零电位，故称其为"虚地"点。

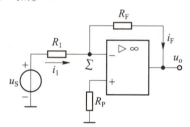

图 7.3-1　反相输入运放

由图可知，$u_s = i_1 R_1$，$u_o = -i_F R_F$，故反相输入运放的电压放大倍数为：

$$A_{uf} = \frac{u_o}{u_s} = -\frac{R_F}{R_1} \tag{7.3-1}$$

电压放大倍数的绝对值既可以大于 1 也可以小于 1，还可以等于 1，所以该电路既可以对信号加以放大，也可以对信号加以衰减，还可以对信号反相。电阻取值范围常在 1 kΩ～1 MΩ，放大倍数限定在 -0.1～-100 倍，其目的是保证增益稳定性。补偿电阻应满足 $R_P = R_1 // R_F$，以便使放大器两个输入端的电阻保持直流平衡，以减小电路失调带来的影响。

2. 同相输入运放

同相输入运放如图 7.3-2 所示。输入信号从同相端输入，此时 Σ 点并非虚地点。根据理想运算放大器的特性，下述关系成立。即：

$$u_o = i_1 R_1 + i_F R_F = i_F (R_1 + R_F)$$

$$u_\Sigma = u_s = i_1 R_1 = i_F R_1$$

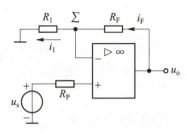

图 7.3-2　同相输入运放

所以，同相输入运放的电压放大倍数为：

$$A_{uf} = \frac{u_o}{u_s} = 1 + \frac{R_F}{R_1}　　　　　　　(7.3\text{-}2)$$

同相输入运放的电压放大倍数总是 ≥1，因此如果需要对信号采用有源衰减器衰减，不能采用同相放大器而应采用反相放大器。

同相输入运放的一种广泛应用是电压跟随器，它是在图 7.3-2 电路中令 R_1 开路、R_F 短路后得到的一种电路，如图 7.3-3 所示。显然这种电路的电压放大倍数为 1，且从信号源端向放大器方向看进去的电阻（输入电阻）为无穷大，输出端的输出电阻为零。因该电路的输出电压与输入电压幅度相等且相位相同，输出电压跟随输入电压变化，故称为电压跟随器。利用它的输入电阻高、输出电阻低的特点又常在级间起隔离缓冲作用，故它又被称为缓冲器。

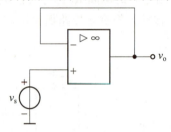

图 7.3-3　电压跟随器

3. 差动输入运放

反相放大器和同相放大器都只有一个输入信号，差动放大器则可以有两个输入信号。图 7.3-4 为差动放大器的基本电路，两个输入信号 u_{s1} 和 u_{s2} 分别经 R_1 和 R_2 加到运放的反相端和同相端。

因为放大器工作在线性状态，故对其分析时可以采用叠加原理。当 $u_{s2} = 0$，仅 u_{s1} 作用时的输出电压 u_{o1} 为：

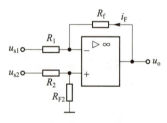

图 7.3-4　差动
放大器的基本电路

$$u_{o1} = -\frac{R_{F1}}{R_1} u_{s1}$$

当 $u_{s1} = 0$，仅 u_{s2} 作用吋的输出电压 u_{o2} 为：

$$u_{o2} = u_{s2} \frac{R_{F2}}{R_2 + R_{F2}} \left(1 + \frac{R_{F1}}{R_1}\right)$$

则总输出电压为：

$$u_o = u_{o1} + u_{o2} = -\frac{R_{F1}}{R_1} u_{s1} + \frac{R_{F2}}{R_2 + R_{F2}} \left(1 + \frac{R_{F1}}{R_1}\right) u_{s2}　　(7.3\text{-}3)$$

实际使用时，要求满足 $R_{F1}=R_{F2}$ 和 $R_1=R_2$ 的条件，于是式（7.3-3）可简化为：

$$v_o = -\frac{R_{F1}}{R_1}(v_{s1}-v_{s2}) \tag{7.3-4}$$

可见该电路的作用是对两个输入信号之差进行放大，放大倍数为$-R_{F1}/R_1$，故称为差动输入放大器。

7.3.2　基本运算电路

基本信号运算电路包括加法/减法器、微分/积分器、乘法/除法器和指数/对数器 8 种。因这些电路早期被应用于模拟计算机中而得名。在这 8 种基本运算电路中，加法/减法器和微分/积分器最有用，而乘法/除法器和指数/对数器则基本不用，这是因为要实现能够满足工程应用的乘法/除法器和指数/对数比较复杂，且如今也已有相应功能的集成芯片可以利用，因此这里只介绍加法/减法器和微分/积分器。

在数字计算机广泛使用的今天，信号运算电路已不再用于运算，更多的是用来进行信号放大、波形变换和电平变换，加法/减法器、微分/积分器在其中得到了广泛应用。

1. 加法器

加法器有反相加法器和同相加法器两种，如图 7.3-5 所示。

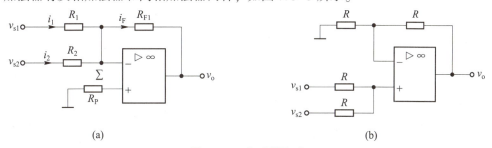

图 7.3-5　加法器电路

（a）反相加法器；（b）同相加法器

对于图 7.3-5（a）所示的反相加法器电路，由虚短和虚断原理可知，Σ 点为虚地点，故有：

$$i_1 = u_{s1}/R_1,\qquad i_2 = u_{s2}/R_2,\qquad i_F = i_1 + i_2$$

$$u_o = -i_F R_F = -R_F\left(\frac{u_{s1}}{R_1}+\frac{u_{s2}}{R_2}\right) \tag{7.3-5}$$

可见，该电路可以分别对每个输入信号实现加权相加。当取 $R_1=R_2$ 时，输出电压为：

$$u_o = -\frac{R_F}{R_1}(u_{s1}+u_{s2}) \tag{7.3-6}$$

电路可以实现反相比例加法。当取 $R_1=R_2=R_F$ 时，输出电压为：

$$u_o = -(u_{s1}+u_{s2}) \tag{7.3-7}$$

电路可以实现真正意义上的反相加法。因此该电路是一个反相比例加法器电路。

对于图 7.3-5（b）所示的同相加法器电路，同相端电压为（$u_{s1}+u_{s2}$）/2，同相电压放大倍数为 2 倍，故输出电压为：

$$u_o = u_{s1}+u_{s2} \tag{7.3-8}$$

它实现了真正意义上的加法。如果将运放接成一个跟随器，则该电路就成为计算两个输

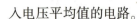

入电压平均值的电路。

2. 减法器

差动输入运算放大器就是一个加法器，由式（7.3-4）可知，只要满足 $R_{F1} = R_{F2} = R_1 = R_2$ 的条件，则图 7.3-4 即可实现真正意义上的减法 $u_{s2} - u_{s1}$。

减法器还可以利用反相信号求和实现，电路如图 7.3-6 所示。该电路的基本关系为：

$$u_o = -\frac{R_{F2}}{R_2}(u_{o1} + u_{s2}) = \frac{R_{F2}}{R_2}\left(\frac{R_{F1}}{R_1}u_{s1} - u_{s2}\right) \tag{7.3-9}$$

若使 $R_{F1} = R_1$，可实现差动放大，电压放大倍数为 R_{F2}/R_{F1}。若再使 $R_{F2} = R_2$，可实现真正意义上的减法 $u_{s2} - u_{s1}$。

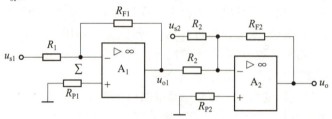

图 7.3-6　加法器构成的减法器电路

【例 7.1】某系统需要一个电平偏移电路，希望能将在 $-2 \sim 2$ V 范围内变化的模拟信号 u_s 转换为 $0.5 \sim 2.5$ V 单方向变化的模拟信号。试设计此电路。

解：输入模拟信号的动态范围是 4 V，而要求输出的模拟信号动态范围为 2 V，所以应先将输入信号衰减 2 倍，再偏移 1.5 V 电平，才能得到所需的输出信号。设计的电路如图 7.3-7 所示。

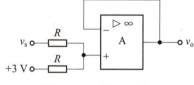

图 7.3-7　例 7.1 图

由图可见，同相端电位为 $1.5 \text{ V} + 0.5 u_s$，则在 u_s 的变化范围内该端相应电压变化范围为 $0.5 \sim 2.5$ V，该电压经跟随器后输出，符合设计要求。

3. 微分器

反相微分电路（Differentiator）的原理电路如图 7.3-8 所示。因为：

$$i_C = C \frac{\mathrm{d}u_s}{\mathrm{d}t} \tag{7.3-10}$$

且 $i_F = i_C$，故输出电压的时域表示式为：

$$u_o(t) = -i_C R_F = -R_F C \frac{\mathrm{d}u_s}{\mathrm{d}t} \tag{7.3-11}$$

从而实现对输入电压的微分。

4. 积分器

积分电路（Integrator）的原理电路如图 7.3-9 所示，它与微分器相比只是互换了电阻和电容的位置。根据"虚地"原理有 $i_1 = u_s/R_1$，电容 C_F 以电流 i_F 进行充电。假设电容 C_F 的初始电压为零，则：

$$u_o = -\frac{1}{C_F}\int i_F \mathrm{d}t = -\frac{1}{R_1 C_F}\int u_s \mathrm{d}t = -\frac{1}{\tau_F}\int u_s \mathrm{d}t \tag{7.3-12}$$

式中，$R_1 C_F$ 为积分时间常数，常用 τ_F 表示，于是积分电路的输出电压 u_o 可表示为：

$$u_o = -\frac{1}{R_1 C_F}\int u_s \mathrm{d}t = -\frac{1}{\tau_F}\int u_s \mathrm{d}t \tag{7.3-13}$$

可见输出电压 u_o 与输入电压 u_s 之间成反相积分关系。

图 7.3-8 反相微分电路   图 7.3-9 积分电路

微分电路和积分电路极少在实际中用于信号运算，这是因为采用一般的微积分电路和元件很难保证运算精度和稳定度，而且当前信号处理大多已采用数字化方法。但这两种电路可以用来进行波形变换，例如用微分电路把方波变换为锯齿波、用积分电路把矩形波变换为三角齿波等。

【例 7.2】若在图 7.3-8 和图 7.3-9 所示的电路中输入一个如图 7.3-10（a）所示的方波，试分别画出它们的输出波形示意图。

解：对于反相微分器，输出电压与输入电压的变化率有关，变化率为正时输出负电压，反之输出正电压，变化率为 0 时输出电压为 0。对于反相积分器，输出电压是输入电压的积分，因 C_F 为恒流充放电，故其上电压线性变化。其波形如图 7.3-10（b）、（c）所示。

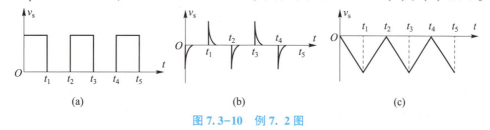

(a)   (b)   (c)

图 7.3-10 例 7.2 图

（a）输入波形；（b）反相微分器输出波形；（c）反相积分器输出波形

【思考题】

1. 集成运放的线性应用主要有哪些特点？

2. 集成运放有哪几种输入方式？"虚地"现象只存在于运放线性应用时的哪种输入方式电路中？

3. 工作在线性区的集成运放，为什么要引入深度电压负反馈？而且反馈电路为什么要接到反相输入端？

4. 基本运算电路主要有哪几种？

7.4 集成运放的非线性应用

上节说运算放大器的应用可以分为线性应用和非线性应用两大类。非线性应用主要包含各种比较器以及各类非正弦波发生器等。本节重点学习非线性应用中的比较器电路，其他非线性应用电路读者可根据需要自学。

7.4.1 集成运放非线性应用的特点

（1）集成运放非线性应用时，处于开环或正反馈状态下。非线性应用中的运放本身不带负反馈，这一点与运放的线性应用有着明显的不同。

（2）集成运放在非线性运用状态下，同相输入端和反相输入端上的信号电压大小不等，因此"虚短"的概念不再成立。当同相输入端信号电压 u_+ 大于反相输入端信号电压 u_- 时，输出端电压为高电平；当同相输入端信号电压 u_+ 小于反相输入端信号电压 u_- 时，输出端电压为低电平。

（3）集成运放非线性应用时虽然不满足"虚短路"的特性，但由于其输入电阻不变，仍然很大，所以输入端的信号电流仍可视为零值。因此，非线性应用下的集成运放仍然具有"虚断路"的特点。

（4）集成运放非线性应用时的输出电阻仍可以认为是零值。此时运放的输出量与输入量之间为非线性关系，输出端信号电压或为高电平（互补推挽功率放大电路正饱和值），或为低电平（互补推挽功率放大电路负饱和值）。

7.4.2 集成运放的非线性应用

集成运放工作在非线性区可构成各种电压比较器，电压比较器的功能主要是对送到运放输入端的两个信号（模拟输入信号和基准电压信号）进行比较，并在输出端以高低电平的形式给出比较结果。比较器主要应用于波形整形、时间测量电路、脉冲宽度调制器、非正弦信号产生、过压检测器、高速触发器、高速脉冲甄别器、开关驱动器等场合。比较器也是ADC 器件的基本部件，它被广泛应用于高速 ADC 器件中。

比较器至少有两个输入端和一个输出端。常用的接法是一个输入端接门限电压 V_{REF}（也称为基准电压），另一个输入端接被比较的信号 u_i，如图 7.4-1（a）所示。比较器的输出电压 u_o 只有高、低两个电平，即数字电路中逻辑电平"1"和"0"。当输入信号 u_i 高于或低于基准电压 V_{REF} 时，比较器的输出电压 u_o 就发生翻转。所以，电压比较器是一种模拟输入、数字输出的模拟接口电路。

1. 单门限比较器

单门限电压比较器只有一个门限电平（Threshold Voltage）V_{REF}，当输入电压 u_i 超过或低于 V_{REF} 时，比较器输出的逻辑电平发生转换。这是比较器中最简单的一种。

图 7.4-1 是这种比较器的电路和传输特性。电路中，输入信号 u_i 加于运放的同相端，参考电压（可以为正，也可以为负）V_{REF} 加在运放的反相端。由于运放处于开环工作状态，它具有很高的开环电压增益，只要输入端有很小的扰动电压即可使比较器输出级处于饱和状态。因此，当输入信号电压 u_i 略低于参考电压 V_{REF} 时，输出电压 u_o 处于负饱和状态，输出为低电平。当输入电压 u_i 升高到略高于参考电压 V_{REF} 时，输出电压 u_o 即翻转到正饱和状态，输出高电平。故有图 7.4-1（b）所示的传输特性。

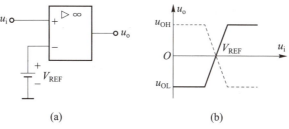

图 7.4-1　单门限电压比较器电路和传输特性
（a）电路；（b）传输特性

图 7.4-1（b）中的实线为参考电压 V_{REF} 接于反相端的情况。若把输入信号 u_i 和参考电压 V_{REF} 互换接入位置，则可得另一条传输特性，如图中虚线所示。

如果令上述电路中的参考电压 V_{REF} 为零，则输入信号每次经过零电平时，输出电压就要产生翻转，这种比较器称为过零比较器。

图 7.4-2 是用通用运算放大器实现的两种单门限比较器和传输特性。图中电阻 R 分别代表信号源和参考电源的内阻，应用中应设法使它们相等，以便减小输入偏置电流及其漂移的影响。图 7.4-2（a）中的二极管是为了防止运放因差动输入电压过大而损坏。

用通用集成运放组成的比较器与专用比较器相比，其差别主要在于输出电压不同。专用比较器输出的高、低电压在数值上不等，而对于通用运算放大器来说，其输出的正饱和电压和负饱和电压接近于正、负供电电源电压。为了与数字电路配合，输出高、低电平应不相等，因此，需增加输出箝位电路，如图 7.4-2（b）所示。

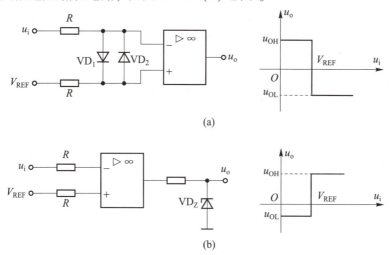

图 7.4-2　运算放大器组成的单门限比较器和传输特性
（a）单门限比较器和传输特性之一；（b）单门限比较器和传输特性之二

单门限比较器的优点是电路简单，但当输入信号中伴有干扰或噪声（如在门限电平附近）时，将使比较器输出干扰脉冲。为了克服干扰影响，实际工作中常使用迟滞比较器。

2. 迟滞比较器（滞回比较器）

迟滞比较器（Hysteresis Comparator）也叫滞回比较器，为双门限比较器，其传输特性如图 7.4-3 所示，它具有迟滞回线形状，故得此电路名。由图可知，迟滞比较器有两个门限电位，高数值的门限电平称为上门限电平，用 V_{OH} 表示，低数值的门限电平称为下门限电平，用 V_{OL} 表示，两者之差称为门限宽度（Threshold Width）或回差电压，用 V_H 表示。即：

$$V_H = V_{OH} - V_{OL} \qquad (7.4\text{-}1)$$

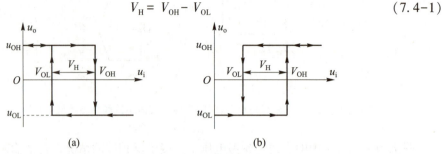

图 7.4-3　迟滞比较器的传输特性

（a）下行传输特性；（b）上行传输特性

图 7.4-3（a）为下行传输特性，它表示输入电压 u_i 从低值增大到上门限电平 V_{OH} 时，比较器输出电压 u_o 将从高输出电平 u_{OH} 翻转到低输出电平 u_{OL}。图 7.4-3（b）为上行传输特性，它表示输入电压 u_i 从低值增大到上门限电平 V_{OH} 时，比较器输出电压 u_o 将从低输出电平 u_{OL} 翻转到高输出电平 u_{OH}。

为了加速比较器的翻转过程和获得所需的迟滞特性，所有迟滞比较器都带有正反馈回路。图 7.4-4 所示为迟滞比较器的两种基本形式，对于下行迟滞比较器，电阻 R_F 和 R_P 构成所需的正反馈，输入信号 u_i 从反相端输入。对于上行迟滞比较器，它由电阻 R_F 和 R_P 构成正反馈，输入信号 u_i 从同相端加入，参考电压 V_{REF} 则从反相端加入。

由于电路引入了正反馈，一旦比较器输出端的逻辑电平发生变化，例如由高电平 u_{OH} 向低电平 u_{OL} 变化，则正反馈将迫使同相端电位随之下降，从而加速了输出电位的跳变。有时为了进一步提高转换速度，可在反馈电阻 R_F 上并接 $10 \sim 100$ pF 的电容，以加强这种正反馈作用。

影响迟滞比较器特性的参数主要是门限电平 V_{OL}、V_{OH} 和门限宽度 V_H。下面来讨论这几个参数。

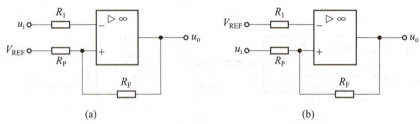

图 7.4-4　迟滞比较器的两种基本形式

（a）下行特性比较器；（b）上行特性比较器

对于图 7.4-4（a）所示的下行迟滞比较器电路，运放同相端的电位为：

$$V_+ = \frac{R_P}{R_P + R_F} u_o + \frac{R_F}{R_P + R_F} V_{REF} \qquad (7.4\text{-}2)$$

要使比较器从高电平 u_{OH} 翻转到低电平 u_{OL}（或从低电平 u_{OL} 翻转到高电平 u_{OH}），必须使运放反相端的电位高于同相端的电位（或反相端的电位低于同相端的电位），亦即使输出端发生翻转的临界点电平是 $u_i = V_- = V_+$。所以，当 $u_o = u_{OH}$ 时，要使比较器从高电平向低电平翻转的输入信号电平是：

$$u_i = V_{OH} = \frac{1}{R_P + R_F}(R_P u_{OH} + R_F V_{REF}) \tag{7.4-3}$$

V_{OH} 称为上门限电平。同理，当 $u_o = u_{OL}$ 时，要使比较器从低电平向高电平翻转的输入信号电平是：

$$u_i = V_{OL} = \frac{1}{R_P + R_F}(R_P u_{OL} + R_F V_{REF}) \tag{7.4-4}$$

V_{OL} 称为下门限电平。由式（7.4-3）和式（7.4-4）可得门限宽度为：

$$V_H = V_{OH} - V_{OL} = \frac{R_P}{R_P + R_F}(u_{OH} - u_{OL}) \tag{7.4-5}$$

由以上分析可知，对于下行迟滞比较器，当输入信号 u_i 从零增大到 V_{OH} 时，比较器输出电压 u_o 从 u_{OH} 翻转到 u_{OL}；当 u_i 从大于 V_{OH} 的值减小到 V_{OL} 时，比较器输出电压 u_o 从 u_{OL} 翻转到 u_{OH}，为下行迟滞特性。改变参考电压 V_{REF} 可以同时调节上、下门限电平，但不影响门限宽度。改变正反馈系数 $[R_P/(R_F + R_P)]$ 可调节门限宽度，同时引起上、下门限电平的改变。

依据上面同样的分析，可得图 7.4-4（b）所示的上行迟滞比较器电路的上、下门限电平和门限宽度三个参数分别为：

$$\left.\begin{aligned} V_{OH} &= \left(1 + \frac{R_P}{R_F}\right)V_{REF} - \frac{R_P}{R_F}u_{OL} \\ V_{OL} &= \left(1 + \frac{R_P}{R_F}\right)V_{REF} - \frac{R_P}{R_F}u_{OH} \\ V_H &= \frac{R_P}{R_F}(u_{OH} - u_{OL}) \end{aligned}\right\} \tag{7.4-6}$$

该电路具有上行迟滞特性，与下行迟滞特性电路一样，它的三个参数同样不能独立调节，改变参考电压 V_{REF} 只能调节上、下门限电平，但不能改变门限宽度。改变比值（R_P/R_F）可调节门限宽度，同时引起上、下限门限电平的改变。

上述迟滞比较器的缺点是三个参数不能独立调节，且用运算放大器组成的比较器其输出电压是不精确的，还易受温度和环境的影响，从而影响门限电位和门限宽度的精度。但由于其电路简单，所以在门限宽度固定、门限精度要求不高的场合应用也很广泛。

迟滞比较器的基本用途是波形整形，下面举例说明。

【例 7.3】比较器电路和参数如图 7.4-5（a）所示，输入信号的波形如图 7.4-5（b）所示。试画出传输特性和输出电压的波形。

解：这是一个下行特性的迟滞比较器。由于 $V_{REF} = 0$，则由式（7.4-4）和式（7.4-5）计算得到两个门限电平为：

$$V_{OL} = \frac{R_2 u_{OL}}{R_3 + R_2} = \frac{-20 \times 10}{20 + 20} = -5 \text{ (V)}, \quad V_{OH} = \frac{R_2 u_{OH}}{R_3 + R_2} = \frac{20 \times 10}{20 + 20} = 5 \text{ (V)}$$

因此可画出其传输特性如图 7.4-5（c）所示。门限电平对称于原点，输出高低电平对称于横轴。当 $u_i \leqslant -5$ V 时输出电平由低电平 -10 V 翻转到高电平 $+10$ V，$u_i \geqslant +5$ V 时输出电平由高电平 $+10$ V 翻转到低电平 -10 V。据此画出波形，如图 7.4-5（d）所示。

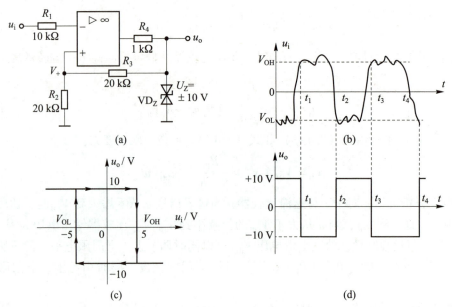

图 7.4-5　例 7.3 图

（a）比较器电路和参数；（b）输入信号的波形；（c）传输特性；（d）波形

【思考题】

1. 集成运放的非线性应用主要有哪些特点？

2. 什么是比较器？

3. 迟滞比较器与过零比较器相比有什么优点？

4. 迟滞比较器的门槛电压越大越好吗？为什么？

7.5　理论联系实际完成实践任务

7.5.1　任务一：差动放大器

1. 实践目的

（1）加深对差动放大器性能及特点的理解。

（2）学习差动放大器主要性能指标的测试方法。

2. 差动放大器静态工作点的测量

1）调节放大器零点

信号源不接入，按照图 7.1-1 差动放大器实验电路将放大器输入端 A、B 与地短接，接通 ±12 V 直流电源，用直流电压表测量输出电压 U_o，调节调零电位器 R_P，使 $U_o=0$。调节要仔细，力求准确。

2）测量静态工作点

零点调好以后，用直流电压表测量 T_1、T_2 管各电极电位及射极电阻 R_E 两端电压 U_{RE}，记入表 7.5-1 中。

表 7.5-1　测量值与计算值

测量值	U_{C1}/V	U_{B1}/V	U_{E1}/V	U_{C2}/V	U_{B2}/V	U_{E2}/V	U_{RE}/V
计算值	I_C/mA			I_B/mA		U_{CE}/V	

3.差模和共模电压放大倍数测量

1）差模电压放大倍数测量

断开直流电源,将函数信号发生器的输出端接放大器输入 A 端,地端接放大器输入 B 端构成单端输入方式,调节输入信号为频率 $f=1\ kHz$ 的正弦信号,并使输出旋钮旋至零,用示波器监视输出端(集电极 C_1 或 C_2 与地之间)。接通 $\pm12\ V$ 直流电源,逐渐增大输入电压 U_i(约 $100\ mV$),在输出波形无失真的情况下,用交流毫伏表测 U_i、U_{C1}、U_{C2},记入表 7.5-2 中,并观察 u_i、u_{C1}、u_{C2} 之间的相位关系及 U_{RE} 随 U_i 改变而变化的情况。

2）共模电压放大倍数测量

将放大器 A、B 短接,信号源接 A 端与地之间,构成共模输入方式,调节输入信号 $f=1\ kHz$,$U_i=1\ V$,在输出电压无失真的情况下,测量 U_{C1}、U_{C2} 之值记入表 7.5-2 中,并观察 u_i、u_{C1}、u_{C2} 之间的相位关系及 U_{RE} 随 U_i 改变而变化的情况。

4.具有恒流源的差动放大电路性能测试

将图 7.1-1 电路中开关 K 拨向右边,构成具有恒流源的差动放大电路。重复以上要求,记入表 7.5-2 中。

表 7.5-2　实验数据

	典型差动放大电路		具有恒流源差动放大电路	
	单端输入	共模输入	单端输入	共模输入
U_i	100 mV	1 V	100 mV	1 V
U_{C1}/V				
U_{C2}/V				
$A_{d1}=\dfrac{U_{C1}}{U_{id}}$		—		—
$A_d=\dfrac{U_o}{U_{id}}$		—		—
$A_{C1}=\dfrac{U_{C1}}{U_{ic}}$	—		—	
$A_c=\dfrac{U_o}{U_{ic}}$	—		—	
$CMRR=\left|\dfrac{A_{d1}}{A_{c1}}\right|$				

5.实验要求

(1)整理实验数据,列表比较实验结果和理论估算值,分析误差原因。

①静态工作点和差模电压放大倍数。

②典型差动放大电路单端输出时的 CMRR 实测值与理论值比较。

③典型差动放大电路单端输出时 CMRR 的实测值与具有恒流源的差动放大器 CMRR 实测值比较。

(2)比较 u_i、u_{C1} 和 u_{C2} 之间的相位关系。

(3)根据实验结果,总结电阻 R_E 和恒流源的作用。

7.5.2 任务二:集成运算放大器线性应用电路

1.实践目的

(1)熟悉运算放大器的性质、特点。

(2)研究由集成运算放大器组成的比例、加法、减法和积分等基本运算电路的功能。

(3)了解运算放大器在实际应用时应考虑的一些问题。

2.反相比例运算电路

(1)按图 7.1-2(a)连接实验电路,接通±12 V 电源,将输入端对地短路,调节调零电位器。

(2)调节 THM-3 实验箱上函数信号发生器,输出 $f = 100$ Hz,$U_i = 0.5$ V 的正弦交流信号输入置电路输入端,测量相应的 U_o,并用示波器观察 U_o 和 U_i 的相位关系,记入表 7.5-3 中。

表 7.5-3 实验数据($U_i = 0.5$ V,$f = 100$ Hz)

U_i/V	U_o/V	U_i波形	U_o波形	A_v	
				实测值	计算值

3.反相加法运算电路

按图 7.1-2(b)连接实验电路。输入信号采用直流信号。实验时要注意选择合适的直流信号幅度以确保集成运放工作在线性区。用直流电压表测量输入电压 U_{i1}、U_{i2} 及输出电压 U_o,记入表 7.5-4 中。

表 7.5-4 实验数据

U_{i1}/V				
U_{i2}/V				
U_o/V				

4.减法运算电路

按图 7.1-2(c)连接实验电路。采用直流输入信号,实验步骤同内容3,记入表 7.5-5 中。

表 7.5-5　实验数据

U_{i1}/V				
U_{i2}/V				
U_o/V				

5.积分运算电路

实验电路如图 7.1-2(d)所示。

(1) 打开 K_2,闭合 K_1,对运放输出进行调零。

(2) 调零完成后,再打开 K_1,闭合 K_2,使 $U_C(o)=0$。

(3) 预先调好直流输入电压 $U_i=0.5\text{ V}$,接入实验电路,再打开 K_2,然后用直流电压表测量输出电压 U_o,每隔 5 s 读一次 U_o,记入表 7.5-6 中,直到 U_o 不继续明显增大为止。

表 7.5-6　实验数据

t/s	0	5	10	15	20	25	30	…
U_o/V								

6.实验要求

(1) 整理实验数据,画出波形图(注意波形间的相位关系)。

(2) 将理论计算结果和实测数据相比较,分析产生误差的原因。

(3) 在实践报告中分析讨论实验中出现的现象和问题。

7. 实践任务的综合技能考核

实践任务综合技能得分表如表 7.5-7 所示。

表 7.5-7　实践任务综合技能得分表

器件的识别 与检测 (10 分)	电路的连接 与调试 (20 分)	原理及数 据测量 (30 分)	常见故障分析 (20 分)	实践报告 完成 (15 分)	规范安全操作 (5 分)	总分 (100 分)

7.5.3　任务三:324 型液位控制器的装配调试综合实践

1.实践目的

(1) 掌握 324 型液位控制器电路的工作原理。

(2) 熟悉与该实验相关的集成运放、晶体管、发光二极管和继电器等常用电子器件的外部特性及基本应用。

(3) 强化学生理论和实践相结合的能力。

(4) 使学生具有对一般常用电路部件的识别判断能力。

(5) 提高学生实际电路的装配调试水平及分析电路故障和排除故障的实际动手能力。

2. 工作原理

324 型液位控制器原理电路如图 7.1-3 所示，其主要由振荡信号产生电路、比较器电路和继电器驱动电路组成。原理图中的 J_1、J_2 是连接水位传感器的接插件，当 J_1、J_2 均开路时相当于低水位；当 J_1 短路，J_2 开路时相当于中水位；当 J_1、J_2 都短路时相当于高水位。该电路可实现两项功能：自动上水功能和自动排水功能。当功能开关 S_1 弹起时，可实现自动上水功能；当 S_1 按下时，可实现自动排水功能。

电路装配完成后，对照原理图仔细检查焊接电路，确认正确无误后，接通 5 V 电源。然后按照低水位、中水位和高水位 J_1、J_2 的开路和短路情况，分别用短路块将接插件 J_1、J_2 短路，如果电路能按工作原理描述那样控制指示灯点亮、熄灭，控制继电器吸合和断开，说明电路装配正确，工作正常。

3. 故障分析

如果电路装配完成后加电不能正常工作，说明电路存在问题、故障，按以下步骤检修排查，基本能排除故障，使电路正常工作。

（1）先检查 5 V 电源是否连接正确；如果正确再对照原理图仔细检查焊接电路，看是否有漏焊、错焊和虚焊的地方。如果正确无误，则进行第二步检查。

（2）首先检查 LM324A 组成的振荡器是否起振，是否有振荡方波。如果没有振荡波形，则检查该级电路是否存在错焊和虚焊的情况。

（3）如果 LM324A 组成的振荡器工作正常，在 J_1、J_2 短路的情况下，振荡信号经二极管、电容 D_1、D_2、C_4 和 D_4、D_5、C_9 组成的整流滤波电路整流滤波后，在 LM324B、LM324C 的 6、9 反相输入端应有一个高电平直流信号。若没有高电平信号，则可能整流滤电路存在问题，重点检查 D_1、D_2 和 D_4、D_5 是否有击穿和断开的现象。

（4）若有直流高电平信号，则根据比较器的电平关系检查 LM324B、LM324C 输出电位及 LM324D 的输入电位和输出电位是否正确，如果不正确，说明比较器电路存在问题，如果外围器件的焊接正确，则可能集成电路 LM324 损坏，通过更换 324 即可解决问题。

（5）如果电位正确，则检查后面控制继电器吸合和断开的三极管 Q_1、Q_2 工作状态是否正确，如果不正确，可能 Q_1、Q_2 损坏，通过更换 Q_1、Q_2 即可排除故障。

一般情况下，通过上面的逐级检查和更换器件即可排除故障，使电路工作正常。

4. 测试内容

电路装配调试成功后，用万用表和示波器分别测量并记录以下内容：

（1）用示波器测量运放 A 构成的多谐振荡器的振荡波形、频率及幅值。

（2）用万用表测量不同水位时，各比较器输入端的电平值大小。

（3）用万用表测量不同水位时，各比较器的上、下门限电平值大小，并求出各比较器门限宽度的大小。

（4）用万用表测量不同水位时，继电器控制电路晶体管 Q_1、Q_2 电位的大小，并判断晶体管 Q_1、Q_2 的工作状态。

5. 实验要求

（1）正确检查、测量各元器件性能的好坏，正确判断器件各引脚的功能。

（2）对照印制板电路和原理电路，正确焊接电路并确保焊点焊接质量。

（3）根据 324 型液位控制器的工作原理和电路调试说明，选择合理的测量和调试步骤。

（4）对整个调试过程中出现的故障和问题所采取的排除方法和解决思路，认真做好记录，并进行理论分析。

（5）写出 324 型液位控制器的装配调试实验报告，内容包括简要说明其工作原理、装配调试步骤、故障问题的解决方法和思路及做完该实验的心得体会。

6. 实践任务的综合技能考核

实践任务综合技能得分表如表 7.5-8 所示。

表 7.5-8　实践任务综合技能得分表

器件的检测 （10分）	线路板焊接 及装配 （20分）	调试与数据测量 （30分）	常见故障分析 （20分）	装配调试实践报告 （15分）	规范安全操作 （5分）	总分 （100分）

第 7 章　检测题

1. 填空题

1.1 若要集成运放工作在线性区，则必须在电路中引入_____反馈；若要集成运放工作在非线性区，则必须在电路中引入_____反馈或者在_____状态下。集成运放工作在线性区的特点是：_____等于零和_____等于零。工作在非线性区的特点是输出电压只具有_____状态和净输入电流等于_____；在运算放大器电路中，集成运放工作在_____区，电压比较器工作在_____区。

1.2 集成运算放大器具有_____和_____两个输入端，相应的输入方式有_____输入、_____输入和_____输入三种。

1.3 理想运算放大器工作在线性区时有两个重要特点：一是差模输入电压_____，称为_____；二是输入电流_____，称为_____。

1.4 理想集成运放的 $A_{u0} = $_____，$r_i = $____，$r_o = $____，$K_{CMR} = $_____。

1.5 _____比例运算电路中反相输入端为虚地，_____比例运算电路中的两个输入端电位等于输入电压。_____比例运算电路的输入电阻大，_____比例运算电路的输入电阻小。

1.6 _____比例运算电路的输入电流等于零，_____比例运算电路的输入电流等于流过反馈电阻中的电流。_____比例运算电路的比例系数大于 1，而_____比例运算电路的比例系数小于零。

1.7 _____运算电路可实现 $A_u > 1$ 的放大器，_____运算电路可实现 $A_u < 0$ 的放大器，_____运算电路可将三角波电压转换成方波电压。

1.8 _____电压比较器的基准电压 $U_R = 0$ 时，输入电压每经过一次零值，输出电压就要产生一次_____，这时的比较器称为_____比较器。

1.9 集成运放的非线性应用常见的有_____、_____。

1.10 电压放大器中的三极管通常工作在_____状态下，功率放大器中的三极管通常工作在_____参数情况下。功放电路不仅要求有足够大的_____，而且要求电路中还要有足够大的_____，以获取足够大的功率。

1.11 晶体管由于在长期工作过程中，受外界_____及电网电压不稳定的影响，即使输入信号为零时，放大电路输出端仍有缓慢的信号输出，这种现象叫作_____漂移。克服_____漂移的最有效常用电路是_____放大电路。

2. 判断题

2.1 电压比较器的输出电压只有两种数值。 （　　）

2.2 集成运放使用时不接负反馈，电路中的电压增益称为开环电压增益。 （　　）

2.3 "虚短"就是两点并不真正短接，但具有相等的电位。 （　　）

2.4 "虚地"是指该点与"地"点相接后，具有"地"点的电位。 （　　）

2.5 集成运放不但能处理交流信号，也能处理直流信号。 （　　）

2.6 集成运放在开环状态下，输入与输出之间存在线性关系。 （　　）

2.7 同相输入和反相输入的运放电路都存在"虚地"现象。 （　　）

2.8 理想运放构成的线性应用电路，电压增益与运放本身的参数无关。 （　　）

2.9 各种比较器的输出只有两种状态。 （　　）

2.10 微分运算电路中的电容器接在电路的反相输入端。 （　　）

2.11 基本放大电路通常存在零点漂移现象。 （　　）

2.12 普通放大电路中存在的失真均为交越失真。 （　　）

2.13 差动放大电路能够有效地抑制零漂，因此具有很高的共模抑制比。 （　　）

2.14 放大电路通常工作在小信号状态下，功放电路通常工作在极限状态下。 （　　）

2.15 共模信号和差模信号都是电路传输和放大的有用信号。 （　　）

2.16 采用适当的静态起始电压，可达到消除功放电路中交越失真的目的。 （　　）

3. 选择题

3.1 理想运放的开环放大倍数 A_{u0} 为（　　），输入电阻为（　　），输出电阻为（　　）。

A. ∞　　　　　　　　　B. 0　　　　　　　　　C. 不定

3.2 功放首先考虑的问题是（　　）。

A. 管子的工作效率　　　B. 不失真问题　　　C. 管子的极限参数

3.3 功放电路易出现的失真现象是（　　）。

A. 饱和失真　　　　　　B. 截止失真　　　　　C. 交越失真

3.4 由运放组成的电路中，工作在非线性状态的电路是（　　）。

A. 反相放大器　　　　　B. 差分放大器　　　　C. 电压比较器

3.5 理想运放的两个重要结论是（　　）。

A. 虚短与虚地　　　　　B. 虚断与虚短　　　　C. 断路与短路

3.6 集成运放一般分为两个工作区，它们分别是（　　）。

A. 正反馈与负反馈　　　B. 线性与非线性　　　C. 虚断和虚短

3.7（　　）输入比例运算电路的反相输入端为虚地点。

A. 同相　　　　　　　B. 反相　　　　　　　C. 双端

3.8 集成运放的线性应用存在（　　）现象，非线性应用存在（　　）现象。

A. 虚地　　　　　　　B. 虚断　　　　　　　C. 虚断和虚短

3.9 各种电压比较器的输出状态只有（　　）。

A. 一种　　　　　　　B. 两种　　　　　　　C. 三种

3.10 基本积分电路中的电容器接在电路的（　　）。

A. 反相输入端　　　　B. 同相输入端　　　　C. 反相端与输出端之间

3.11 分析集成运放的非线性应用电路时，不能使用的概念是（　　）。

A. 虚地　　　　　　　B. 虚短　　　　　　　C. 虚断

4. 问答题

4.1 集成运放一般由哪几部分组成？各部分的作用如何？

4.2 何谓"虚地"？何谓"虚短"？在什么输入方式下才有"虚地"？若把"虚地"真正接"地"，集成运放能否正常工作？

4.3 集成运放的理想化条件主要有哪些？

4.4 在输入电压从足够低逐渐增大到足够高的过程中，单门限电压比较器和滞回比较器的输出电压各变化几次？

4.5 集成运放的反相输入端为虚地时，同相端所接的电阻起什么作用？

4.6 应用集成运放芯片连成各种运算电路时，为什么首先要对电路进行调零？

4.7 零点漂移现象是如何形成的？哪一种电路能够有效地抑制零漂？

4.8 为消除交越失真，通常要给功放管加上适当的正向偏置电压，使基极存在微小的正向偏流，让功放管处于微导通状态，从而消除交越失真。那么，这一正向偏置电压是否越大越好呢？为什么？

5. 计算题

5.1 如题图 1 所示电路为应用集成运放组成的测量电阻的原理电路，试写出被测电阻 R_x 与电压表电压 U_o 的关系。

5.2 如题图 2 所示电路中，已知 $R_1 = 2\ \text{k}\Omega$，$R_f = 5\ \text{k}\Omega$，$R_2 = 2\ \text{k}\Omega$，$R_3 = 18\ \text{k}\Omega$，$U_i = 1\ \text{V}$，求输出电压 U_o。

5.3 如题图 3 所示电路中，已知电阻 $R_f = 5R_1$，输入电压 $U_i = 5\ \text{mV}$，求输出电压 U_o。

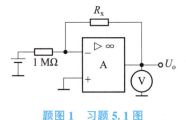

题图 1　习题 5.1 图

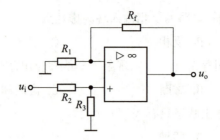

题图 2　习题 5. 2 图

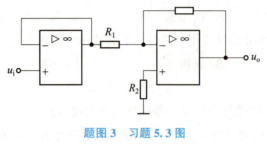

题图 3　习题 5. 3 图

第8章　直流稳压电源

电源是实现电能变换和功率传递的主要设备。所有的电子设备都必须有电源的支持才能正常工作。电源不仅关乎电子设备能否正常工作，而且在很大程度上决定了电子设备的性能，所以说电源电路是现代电子系统中非常重要、必不可少的组成部分。

电源的种类很多，而其中最为常见的则是直流稳压电源，它能够实现将交流电转换成稳定的直流电的功能。本章主要学习和讨论直流稳压电源的电路组成、工作原理和实际应用。着重从完成相应工程实践任务的角度，对当前直流稳压电源中应用最为常见的开关型稳压电源的电路组成和工作原理等问题进行深入阐述与学习，要求在掌握开关型稳压电源相关理论知识的基础上，能够运用所学知识分析解决相关实际电路问题。

8.1　实践任务

任务：单端反激式开关稳压电源组装调试

实际应用中电源的种类繁多，而开关电源以其体积小、质量轻、成本低、效率高、稳压范围宽等优点在电子设备及电子系统中得到广泛应用，其中又以 UC3843 为控制芯片的开关电源最为常见。电源是电子设备的心脏，关乎电子系统的性能，电子设备故障的 50% 是由电源问题引起的，故本章选择 UC3843 为控制芯片的 12 V 6 A 单端反激式开关电源作为实践任务，驱动学员对电源理论知识的学习，从而提高学员在原理指导下的设备维修技能。

1. 12 V 6 A 单端反激式开关稳压电源电路原理图

单端反激式开关电源电路原理图如图 8.1-1 所示。

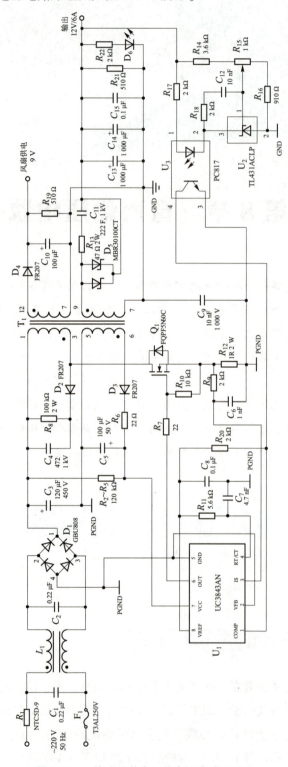

图 8.1-1　单端反激式开关电源电路原理图

2. 实践任务内容

通过本章的学习能够正确运用所学电路理论知识分析 12 V 6 A 单端反激式开关稳压电源电路的工作原理，并在理解工作原理的基础上完成开关型稳压电源电路的装配、检验、调试与故障维修。

8.2　直流稳压电源的基础知识

8.2.1　直流稳压电源的基本概念

所有电子系统中真正作用于电子器件的电源都是直流电源，所以直流稳压电源是电子系统中最为常见也是最为重要的一种电源电路，它能将电网提供的 50 Hz 交流电变换成稳定的直流电输出供电子设备使用。

虽然直流电源也可以由电池等简单电源提供，但由于这类直流电源容量小、成本高且易对环境造成污染，因此一般只在有特殊需要（如便携设备）时才采用，更多场合下电子设备都采用直流稳压电源供电。

8.2.2　直流稳压电源的分类

直流稳压电源的分类方法同样有很多种，但最常采用的是按照稳压电路中调整管的工作状态来将直流稳压电路分为线性稳压电源和开关稳压电源。线性稳压电源中的调整管工作在线性放大状态，而开关稳压电源中的调整管则工作在开关状态。

由于调整管工作在线性状态，线性稳压电源具有电路结构简单、输出直流电压稳定且纹波电压小的优点，但也存在着效率低（只有 40%～50%）、体积大、工作电压范围小等缺点。由于调整管工作在开关状态，开关型稳压电源具有效率高（通常可达 85% 以上）、体积小（可舍弃笨重的工频变压器）、稳压范围宽等优点，不过也存在着电路复杂、输出纹波电压大等缺点。伴随着信息化、个人化电子设备对便携性、续航能力越来越高的要求，以及全球对节能环保问题的关注，开关稳压电源近年来得到越来越广泛的应用。

本章所介绍的直流稳压电源为单相小功率（输出功率通常小于 200 W）稳压电源，以此为基础来展开对相关理论和实践的学习。

8.3　线性稳压电源

8.3.1　线性稳压电源的组成及各部分作用

　　线性稳压电源的组成如图 8.3-1 所示，它由电源变压器、整流电路、滤波电路和稳压电路 4 个部分组成。

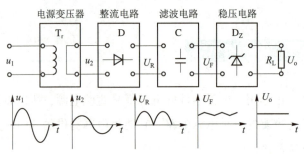

图 8.3-1　线性稳压电源的组成

　　直流稳压电源的输入通常为 220 V 的电网电压（市电），而一般电子设备所需要的直流电压大小与市电有效值相差较大，这就需要先使用电源变压器将市电降压后再进行处理。变压器的初次级匝数比，或者说次级电压有效值取决于后级电路的需要。也有一些电源不需要使用变压器来实现降压，如开关稳压电源。

　　变压器次级输出的交流电压需经过整流电路转换为直流电压，即将正弦交流电压转换为单一方向的脉动直流电压。"脉动"意味着整流电路输出的直流电压仍然含有较大的交流分量，如将其作为负载电路的供电电源将可能导致负载电路无法正常工作。

　　为了减小整流电路输出直流电压的脉动，还需通过由电抗元件组成的滤波电路来尽量滤除脉动直流电压中的交流分量，使得输出电压尽可能平滑稳定。在一些要求不高的场合，整流滤波后的直流电压已可作为供电电源使用。

　　虽然整流滤波后的直流电压中的交流分量已被大大削弱，但当电网电压或负载发生变化时，输出直流电压的大小仍将发生比较明显的变化。在一些对电源性能要求较高的场合，还需使用稳压电路来进一步提升输出电压的稳定性。

8.3.2　整流电路

　　将交流电变成直流电的过程称为整流。整流功能通常利用具有单向导电特性的二极管来实现。最为常见的整流电路有半波整流电路和桥式整流电路。

1. 半波整流电路

1）电路组成与工作原理

如图 8.3-2 所示的单相半波整流电路是一种最简单的整流电路。

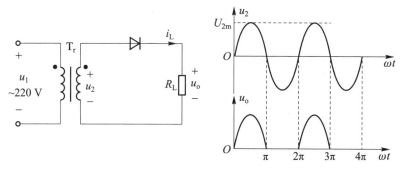

图 8.3-2　单相半波整流电路

设变压器次级电压的有效值为 U_2，则其幅值 $U_{2m} = \sqrt{2}\,U_2$。在 u_2 的正半周，二极管因外加正向电压而处于导通状态，电流从左至右流过二极管，在负载上产生输出电压 $u_o = U_{2m}\sin$ (ωt)（$\omega t = 0 \sim \pi$）。在 u_2 的负半周，二极管因外加反向电压而处于截止状态，二极管上无电流流过，$u_o = 0$（$\omega t = \pi \sim 2\pi$）。可以看出，负载上的电压和电流均具有单一方向的脉动特性。

2）主要参数

分析整流电路时，重点考察整流电路输出电压平均值（直流分量）和输出电流平均值这两项指标。

输出电压平均值即负载电阻上电压的平均值 $U_{o(AV)}$，根据相关理论分析可以得到：

$$U_{o(AV)} \approx 0.45U_2 \tag{8.3-1}$$

负载电流的平均值为：

$$I_{o(AV)} = \frac{U_{o(AV)}}{R_L} \approx \frac{0.45U_2}{R_L} \tag{8.3-2}$$

3）二极管的选择

整流电路中，整流二极管的选择十分重要。主要依据二极管所能承受的最大平均电流和最大反向电压这两项参数来进行选择。

在半波整流电路中，二极管的正向平均电流等于负载电流平均值，即：

$$I_{D(AV)} = I_{o(AV)} \approx \frac{0.45U_2}{R_L} \tag{8.3-3}$$

二极管承受的最大反向电压等于变压器次级电压峰值，即：

$$U_{Rmax} = \sqrt{2}\,U_2 \tag{8.3-4}$$

实际电路中选择整流二极管时，以上两项参数要在理论数值的基础上留有至少 10% 的余量以保证电路的正常工作。

由于只利用了交流电压的半个周期，所以半波整流电路输出电压低、交流分量大、效率低，只适用于整流电流较小且对脉动要求不高的场合。

2. 桥式整流电路

为了克服半波整流电路的缺点，在实际电路中多采用桥式整流电路。桥式整流电路如图 8.3-3 所示。

1）电路组成与工作原理

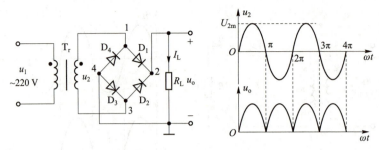

图 8.3-3　桥式整流电路

桥式整流电路由 4 只二极管构成，目的就是保证在变压器次级电压 u_2 的整个周期内，负载上的电压和电流方向均始终不变。

在 u_2 的正半周，二极管 D_1 和 D_3 导通，而 D_2 和 D_4 截止，负载 R_L 并接在变压器次级两端，输出电压 $u_o = u_2$。在 u_2 的负半周，二极管 D_2 和 D_4 导通，而 D_1 和 D_3 截止，输出电压 $u_o = -u_2$。所以在 u_2 的整个周期内，负载上的电压和电流均能保持相同不变的单一方向。

2）主要参数

在桥式整流电路中，交流电压的正负半周均得以利用，所以对比仅利用半个周期的半波整流电路，我们可以很容易得到如下结论：

桥式整流电路的输出电压平均值为：

$$U_{o(AV)} \approx 0.9 U_2 \qquad (8.3-5)$$

负载电流的平均值为：

$$I_{o(AV)} = \frac{U_{o(AV)}}{R_L} \approx \frac{0.9 U_2}{R_L} \qquad (8.3-6)$$

3）二极管的选择

在桥式整流电路中，由两组二极管轮流在输入交流电压的正负半周里为负载提供电流，所以二极管的正向平均电流等于负载电流平均值的一半，即：

$$I_{D(AV)} = \frac{1}{2} I_{o(AV)} \approx \frac{0.45 U_2}{R_L} \qquad (8.3-7)$$

从图 8.3-3 中可知，在二极管 D_1 和 D_3 导通时，截止的 D_2 和 D_4 并接在变压器次级两端；而 D_2 和 D_4 导通时，截止的 D_1 和 D_3 并接在变压器次级两端。因此整流二极管所承受的最大反向电压就是 U_2 的振幅值。即：

$$U_{Rmax} = \sqrt{2} U_2 \qquad (8.3-8)$$

桥式整流电路的优点是输出电压高，交流分量小，变压器次级在正负半周都有电流流过，变压器得到充分利用，效率较高。而且市场上有种类丰富、价格低廉的整流桥模组出售，故此桥式整流电路在实际中应用非常广泛。

8.3.3　滤波电路

经整流后输出的电压虽然是单向的，但交流成分大，不符合多数电子设备的工作需要。因此，在整流后往往还需用滤波电路来滤除脉动直流电压中的交流成分。常用的滤波电路有电容滤波、电感滤波和复式滤波电路。

1. 电容滤波电路

1）电路组成与工作原理

电容滤波电路如图 8.3-4 所示。它是在桥式整流电路的负载 R_L 两端并接上一个电容器 C 而成。一般来说，该电容器为有极性大容量电容器，常采用电解电容、钽电容等介质。

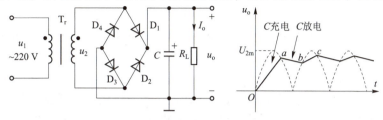

图 8.3-4　电容滤波电路

电路接通电源开始工作时，电容 C 初始电压（也即输出电压 u_o）为零，整流桥中两个二极管导通，另外两个截止，因二极管的正向导通电阻很小，所以电容 C 被快速地充电至 a 点；随后由于 u_2 的幅值小于电容两端电压 u_o，整流桥的 4 个二极管均截止，电容 C 放电至 b 点，由于负载 R_L 较大，所以放电较慢；之后由于 u_2 的幅值又将大于电容两端电压 u_o，电容 C 又被充电至 c 点，如此循环往复。达到平衡时电容释放的能量等于充入的能量，电容上的电压将维持在一个稳定的数值。可见，经电容滤波后输出电压不仅波动（图中实线）比无滤波电容时（图中虚线）大大减小，平均值也得到提高。

2）主要参数

由于当整流滤波电路接通电源时，滤波电容 C 上初始电压为零，可能会导致流过整流二极管的电流很大，这个电流称为"浪涌电流"。故在电容滤波电路中，有时需要在整流回路中接入一个电阻以减小浪涌电流，或者在选择整流元件参数时留出足够大的余量。

可以看出，当接入滤波电容后，输出电压的平均值将与二极管的导通时间相关，直接计算变得非常复杂，根据工程经验估算，桥式整流电容滤波电路的输出电压平均值为：

$$U_{o(AV)} \approx 1.2 U_2 \tag{8.3-9}$$

滤波电容 C 的选取除要考虑耐压外，容值一般应满足（T 为市电周期）：

$$C \geqslant (3 \sim 5) \frac{T}{2R_L} \tag{8.3-10}$$

电容滤波电路的优点是电路简单，负载直流电压较高；缺点是当负载变化较大时输出电压波动将明显加剧，故适用于高电压、小电流输出场合。

2. 电感滤波电路

在负载电阻较小，输出电流较大的情况下，应当采用电感滤波电路。在整流电路与负载 R_L 之间串接一个电感线圈 L，即构成桥式整流电感滤波电路。电感滤波电路如图 8.3-5 所示。

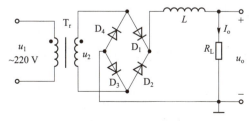

图 8.3-5　电感滤波电路

因为流过电感线圈的电流 i_L 不能突变，而流过负载的电流又等于电感中的电流，故此负载电流及电压的脉动将得到减小，波形变得平滑。而且负载电阻越小（电感 L 越大），输出电压的脉动也越小。

若电感线圈的直流电阻可忽略，桥式整流电感滤波电路的输出电压平均值可估算为：

$$U_{o(AV)} \approx 0.9U_2$$

电感滤波电路的优点是二极管冲击电流小；缺点是负载直流电压低，多适用于低电压、大电流输出场合。

3. 复式滤波电路

当电容滤波或电感滤波仍不能满足滤波要求时，可以采用复式滤波。复式滤波电路是将电容、电感等元件适当地组合起来构成的。常用的有倒 L 型滤波器、CLC π 型滤波器等形式，如图 8.3-6 所示。

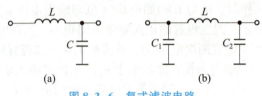

(a)　　　　　　　　　　　　　(b)

图 8.3-6　复式滤波电路

（a）倒 L 型滤波器；（b）CLCπ 型滤波器

8.3.4　稳压电路

虽然整流滤波电路能够将输入交流电压转换为较为稳定的直流电压，但经整流、滤波输出的电压是随电网电压波动和负载电阻的变化而变化的。为了获得稳定性好的直流电源，还必须采取稳压电路来减小外部因素变化对输出电压的影响。

线性稳压电源中常用的稳压电路有并联型（稳压管）稳压电路和串联型稳压电路两类。

1. 稳压电路的性能指标

衡量稳压电路稳压性能好坏的指标通常有电压调整率 S_V、电流调整率 S_I 和纹波抑制比 S_R 等。我们着重了解以下两个性能指标：

1）电压调整率 S_V

电压调整率是指在负载和温度不变的条件下，输出电压的相对变化量与输入电压变化量的百分比，即：

$$S_V = \frac{\Delta U_0 / U_0}{\Delta U_I} \times 100\% \qquad (8.3\text{--}11)$$

电压调整率表示输入电压变化时能够维持输出电压基本不变的能力，直接反映了稳压电路的稳压特性，是一个非常重要的技术指标。

2）电流调整率 S_I

电流调整率是指在输入电压不变和规定的负载电流变化条件下，输出电压的相对变化量，即：

$$S_I = \frac{\Delta U_0}{U_0} \times 100\% \qquad (8.3\text{--}12)$$

式中，U_0 为负载电流为一定数值时的输出电压，ΔU_0 为负载电流变化规定大小时输出电压的变化量。该指标反映了负载变化对稳压电路输出电压的影响。

2. 稳压管稳压电路

稳压管稳压电路是一种简单的并联型稳压电路，因其输出电流小，输出电压不可调，一般不做主电源使用，多做辅助电源或基准电压源使用。

1）电路组成与工作原理

稳压管稳压电路由稳压二极管 D_z 和限流电阻 R 组成，电路如图 8.3-7（a）所示。由于稳压二极管 D_z 和负载 R_L 并联，故其属于并联型结构。其输入电压 U_I 为整流滤波后的电压，输出电压 U_O 就是稳压二极管的稳压值 U_z。

稳压管稳压电路能够稳压的原理在于，当稳压管处于反向击穿状态时具有如图 8.3-7（b）所示的非常陡峭的伏安特性。例如当输入电压 U_I 因电网电压波动而增大时，U_O 也将具有增大的趋势，此时稳压管电流 I_z 将迅速增大，从而引起 I_R 的增大，I_R 的增大又使得 U_R 迅速增大，又因为 $U_O = U_I - U_R$，所以最终会使得 U_O 产生较大的下降趋势，从而抵消了因电网电压波动而带来的增大趋势，使得 U_O 基本保持稳定。

以上过程说明，稳压管稳压电路是利用稳压管很强的电流调控能力，通过限流电阻 R 转换成补偿电压来实现稳压的。限流电阻 R 是必不可少的元件，一方面为稳压管提供合适的工作电流，另一方面与稳压管相配合以实现稳压功能。

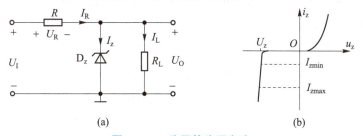

图 8.3-7　稳压管稳压电路
（a）电路；（b）稳压管的伏安特性

2）电路参数的选择

由于限流电阻的存在，稳压管稳压电路的输出电压 U_O 必定小于输入电压 U_I，为保证稳压管能够处于良好的反向击穿状态，通常要求 U_I 为 U_O 的 2 倍左右。

对于稳压管参数的选取，显然其稳压值 $U_z = U_O$，而其反向击穿时最大稳定电流 I_{zmax} 通常选取为负载最大电流 I_{Lmax} 的 2~3 倍。

限流电阻 R 的选取需满足稳压管稳定工作电流范围的要求，可依据下式来得到阻值选取范围：

$$\frac{U_{Imax} - U_O}{I_{zmax} + I_{Lmin}} \le R \le \frac{U_{Imin} - U_O}{I_{zmin} + I_{Lmax}} \qquad (8.3-13)$$

式中，U_{Imax}、U_{Imin} 为输入电压的最大和最小值；I_{zmax}、I_{zmin} 为稳压管稳定工作电流的最大和最小值；I_{Lmax}、I_{Lmin} 为负载电阻最大和最小时负载所能得到的电流大小。稳压管的稳定工作电流范围越大，限流电阻的选取就越容易。

3. 串联型稳压电路

相比稳压管稳压电路，串联型稳压电路是一种性能优良的稳压电路形式，在电子设备中得到广泛应用，同时也是集成稳压器普遍采用的电路形式。

1）电路组成

串联型稳压电路由调整、取样、比较放大和基准电压4个部分组成，如图8.3-8所示。

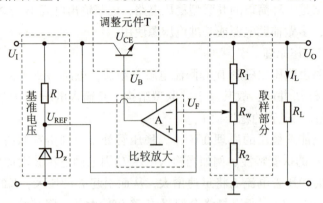

图 8.3-8　串联型稳压电路

图8.3-8中，U_I为整流滤波电路输出电压；晶体管 T 为调整元件；R_1、R_W、R_2组成取样电路，改变电位器R_W的大小可以调节输出电压U_O大小；运放 A 组成比较放大器，用来放大基准电压U_{REF}与取样电压U_F之差；R、D_z为稳压管稳压电路，作为基准电压源电路为比较放大器提供基准电压U_{REF}；R_L为负载电阻。因为在电路中调整管 T 和负载R_L是串联连接的，故称为串联型稳压电路。

在串联型稳压电路中，调整管 T 和运放 A 均工作在线性状态，即调整管工作于放大区，运放处于闭环负反馈状态。为保证调整管处于良好的放大状态，要求输入电压U_I至少比输出电压U_O高 2~3 V。

2）工作原理

假如某种原因导致输出电压U_O减小，经电位器R_W分压后得到的取样电压U_F也相应减小，它与基准电压U_{REF}比较后得到的误差电压增加，该电压经比较放大器放大后使调整管基极电位U_B升高，使得调整管基极电流增大，管压降U_{CE}减小，因$U_O = U_I - U_{CE}$，从而使得U_O升高，最终保持输出电压稳定。

可以看出，串联型稳压电源是通过取样输出电压的变化，控制调整管的管压降来实现稳压功能的，这个稳定过程是一个负反馈过程。因此不管什么原因引起输出电压改变，负反馈的存在都将使得输出电压保持基本不变。

4. 集成稳压器电路

分立元件构成的稳压电路元件多、连线复杂、成本高、使用不方便，而集成稳压器非常好地克服了这些缺点，使稳压电路的实现变得很容易。而在实际电路中使用最为广泛的集成稳压器则是三端固定式集成稳压器。

1）电路组成与类型

三端固定式集成稳压器的内部电路组成与前述串联型稳压电路并无大的差别，主要增加了诸如过流、过压保护等辅助电路。从外观上看，三端固定式集成稳压器有三个引脚，如图

8.3-9 所示，分别为输入端 U_I、输出端 U_O 和公共端 COM，使用时 COM 端通常接地。

三端固定式集成稳压器有很多种类。按输出电压极性分为 78 系列（正电压输出）和 79 系列（负电压输出）；按输出电流大小分为 100 mA、500 mA 和 1.5A 三类；按输出电压大小有 5 V/6 V/8 V/10 V/12 V/15 V 等标称系列，而输出电压值常用型号的后两位数字表明，如集成稳压器 7805 和 7912 的输出电压分别为 +5 V 和 −12 V。

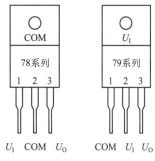

图 8.3-9　三端稳压器

2）应用电路

三端固定式集成稳压器的基本应用电路如图 8.3-10（a）所示。电路中 C_1 的作用是减小纹波和抑制高频干扰，可采用 0.1~0.47 μF 的陶瓷电容或钽电容；C_2 的作用是改善负载瞬态响应，可采用与 C_1 同样的电容。稳压器可以依靠自身封装散热，也可加适当的散热片散热。加散热片的好处除了可防止稳压器过热损坏外，还能提高稳压器的额定输出电流。

图 8.3-10（b）为提高输出电压 U_O 的应用电路。若忽略流过公共端 COM 的电流 I_W（通常较小，为 μA 级），U_O 近似等于：

$$U_O = U_{32}\left(1 + \frac{R_2}{R_1}\right) \tag{8.3-14}$$

式中，U_{32} 为稳压器的标称电压，如稳压器为 7805 时，$U_{32} = 5$ V。可见当适当选取 R_1、R_2 的数值就可以提高输出电压 U_O。

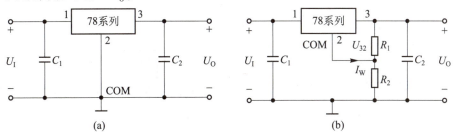

图 8.3-10　三端固定式集成稳压器应用电路

（a）基本应用电路；（b）提高输出电压 U_O 的应用电路

实际应用中，还可以使用三端集成稳压器方便地构成恒流源电路，具体电路与图 8.3-10（b）相似，区别在于 R_2 两端电压为电路输出电压。通过改变 R_1 的大小就可以在负载 R_2 上得到大小不同的恒定电流。

【思考题】

1. 如何对如图 8.3-2 所示的半波整流电路进行修改，才能使电路的输出电压平均值为负值？

2. 若桥式整流电路中某个整流二极管发生开路故障，则该桥式整流电路的输出波形以及输出电压平均值将发生何种变化？

3. 电容滤波电路在负载电阻较小的情况下性能将发生何种变化？原因是什么？

4. 对于电感滤波电路，滤波电感是否越大越好？

5. 对于串联型稳压电路，要求输入电压 U_I 至少比输出电压 U_O 大 2~3 V 的原因是什么？

6. 三端固定式稳压器在使用中通常需要加散热片的原因是什么？

8.4 开关型稳压电源

线性稳压电源虽然具有结构简单、工作可靠、调节方便和纹波电压小等优点，但也存在着效率低、体积大、质量重等缺点。其中效率低是因为调整管始终工作在放大状态，自身功耗大，调整管有可能会因为过热而无法正常工作，甚至危及电路安全。

出于提高效率的目的，可以设想使调整管工作于开关状态，当其截止时，因极电流近似为零而管功耗很小；当其饱和时，因管压降很小（为 U_{CES}）而管功耗也将很小，由此将大大提高稳压电源的效率。开关型稳压电源中的调整管即工作在开关状态，因此效率得到很大提高，可达 $80\% \sim 90\%$。

另一方面，由于调整管开关工作，必然使得输出直流电压中的纹波电压增大，这也是在一些对纹波电压要求高的场合仍然使用线性稳压电源的原因。

8.4.1 开关型稳压电源的基本原理

开关型稳压电源采用功率半导体器件作为开关元件，通过周期性通断开关将输入的直流电压转换为矩形脉冲电压，该脉冲电压经滤波电路进行平滑滤波后就可得到稳定的直流输出电压。开关型稳压电源基本原理如图 8.4-1 所示。

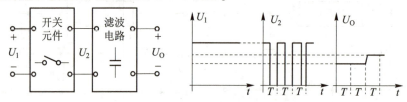

图 8.4-1　开关型稳压电源基本原理

图中开关元件的通断由开关脉冲信号控制，可以看出，如果该脉冲信号的周期 T 保持不变，则可以通过控制该脉冲信号的占空比来达到调整输出电压大小的目的。这种保持控制脉冲信号周期不变，仅通过改变导通时间来改变占空比的稳压方式称为脉冲宽度调制（PWM），这种稳压方式由于开关频率不变，滤波电路易于设计实现而应用最为广泛。

8.4.2 开关型稳压电源的发展与分类

开关型稳压电源面世之初就是为了解决线性稳压电源效率低下的问题。随着半导体器件技术的发展，高频、高耐压、高功率开关管的出现使得开关型稳压电源可以舍弃笨重的工频电源变压器而直接从电网电压整流供电，这就使得开关型稳压电源的体积大大减小，质量变轻，效率进一步提高，而且具有了更宽的工作电压范围。具有诸多优点的开关型稳压电源逐渐占据了电源产品的主流地位。

开关型稳压电源的分类方法有很多，按照开关管与负载的连接方式分为串联型和并联型；按开关管激励信号来源可分为自激式和他激式；按开关管类型有 BJT、MOSFET 等；按开关管个数和连接方式可分为单端式、推挽式、半桥式和全桥式；按能量传递方式则可分为正激式和反激式；按稳压的控制方式分为脉冲宽度调制型（PWM）、脉冲频率调制型（PFM）和脉宽脉频调制型（PWFM）等。

　　本章实践任务中要完成组装调试的 12 V 6 A 开关型稳压电源，按照上述分类方法来讲，属于串联型、他激式、MOSFET、单端式、反激式、PWM 型。下面的学习、讨论均以该电路为例。

8.4.3　开关型稳压电源的组成

　　12 V 6 A 开关型稳压电源简要组成框图如图 8.4-2 所示，它主要由一次整流滤波电路、功率开关管、高频变压器、二次整流滤波电路、取样比较电路、基准电压电路、隔离比较放大电路和 PWM 控制电路等部分组成。

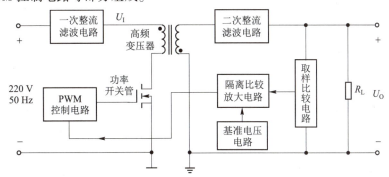

图 8.4-2　12 V 6 A 开关型稳压电源简要组成框图

　　交流电网电压（220 V/50 Hz）经一次整流滤波后被转换为脉动直流高压；功率开关管在 PWM 电路输出的控制脉冲作用下工作在开关状态，当开关管导通时，高频变压器初级线圈存储能量而次级线圈开路；当开关管断开时，存储的能量通过次级线圈向负载释放，次级线圈产生的脉冲电压经二次整流滤波后得到负载需要的直流电压。

　　可以看出，负载上得到的直流电压大小与开关管的导通截止时间，即 PWM 电路输出控制脉冲的占空比有关。开关管的导通时间越长，变压器初级线圈存储的能量就越多，当开关管截止时，次级线圈释放的能量就越多，从而经整流滤波后负载得到的直流电压也就越大。所以通过改变开关管控制脉冲的占空比就可以调节最终输出直流电压的大小。

　　为了减小电网电压波动或负载变化对输出电压的影响，通过取样和比较放大电路将输出电压的变化反馈到 PWM 电路，由 PWM 电路根据输出电压的变化来调整开关管控制脉冲的占空比，从而实现自动稳定输出电压的功能。

　　由于开关管开关工作频率较高（几十到几百 kHz），所以电路中可以使用高频变压器来实现调节电压大小和前后级相互隔离的目的。由于工作频率高，高频变压器相比工频电源变压器来说体积和质量都小得多。

　　由开关管、高频变压器、二次整流滤波电路组成的直流电压变换电路是开关型稳压电源的核心，同时 PWM 控制电路和取样比较电路也在开关型稳压电源中起着举足轻重的重要作用。

1. 直流电压（DC-DC）变换电路

1）电路组成

12 V 6 A 开关型稳压电源中的 DC-DC 变换电路如图 8.4-3 所示。其主要组成部分包括

高频变压器 T_{r1}、功率开关管 Q_1 和由肖特基整流二极管 D_5 及滤波电容 C_{13}、C_{14}、C_{15} 组成的二次整流滤波电路。

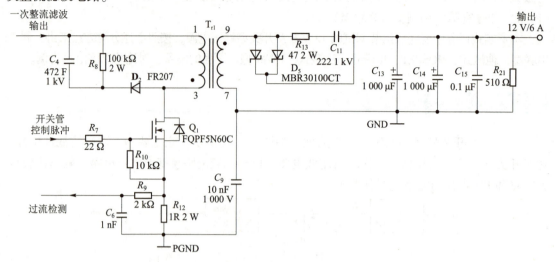

图 8.4-3　12 V 6 A 开关型稳压电源中的 DC-DC 变换电路

由于电路中只使用了一只功率开关管 Q_1，且控制其通断的脉冲信号来自外部电路（PWM 控制器），所以在分类上称这种形式的开关型稳压电源为单端他激式。

2）工作原理

高频变压器 T_{r1} 的初级一端接一次整流滤波电路的输出（近 300 V 的脉动高压直流），而另一端接功率开关管 Q_1 的漏极。

当开关管 Q_1 在控制脉冲作用下导通时，将有电流流过变压器 T_{r1} 的初级线圈（1、3端），初级线圈两端电压极性为上+下−，此时次级线圈两端电压极性为上−下+，整流管 D_5 截止，次级线圈中无电流，能量将全部存储在初级线圈中。接着当开关管在控制脉冲作用下关断时，次级线圈感生电动势极性变为上+下−，D_5 导通，初级线圈中存储的能量传递给次级线圈，然后经 D_5、C_{13}、C_{14}、C_{15} 整流滤波后供给负载。由于开关管处于关断状态时，变压器次级才得到能量，所以这种工作方式的开关型稳压电源称为反激式。

在控制脉冲周期一定的情况下，其占空比越大，开关管的导通时间越长，T_{r1} 初级线圈中存储的能量越多，负载上得到直流电压也就越大。所以要想得到不同大小的输出直流电压，只需改变控制脉冲的占空比即可。

快恢复二极管 D_2、电阻 R_8 和电容 C_4 组成了 RCD 缓冲电路。当开关管关断瞬间，变压器初级线圈将产生很高的感生电动势，必须通过 RCD 缓冲电路泄放，避免造成开关管被击穿。同样由 C_{11} 和 R_{13} 组成了功能类似的 RC 吸收电路，用于吸收整流二极管 D_5 关断瞬间的反向过冲电压。

R_9、R_{12} 和 C_6 组成了过流检测电路。当开关管电流过大时，PWM 电路一旦检测到 R_{12} 上压降增大，将关闭控制脉冲输出，从而使开关管始终处于关断状态以保护开关管。

反激式 DC-DC 变换器不能在空载下工作，否则将导致输出滤波电容高压，损坏整流二极管，所以反激式电路都要在输出端并联一个电阻作为假负载，即图中电阻 R_{21}。

在二次整流滤波电路中，使用肖特基二极管对其进行整流，相比普通整流二极管，它具有开关频率高、输出电流大、正向压降小的优点；滤波电容中大电容用来稳定输出电压，小电容则用来吸收开关工作造成的高次谐波。

还可以看到，电路中前、后级（强、弱电侧）是通过变压器 T_{r1} 和电容 C_9 来实现相互隔离的，目的是提高电路安全性和减小前后级间的噪声干扰。

2. 取样比较电路

1）电路组成

12 V 6 A 开关型稳压电源中的取样比较电路如图 8.4-4 所示。它的主要组成部分包括由 R_{14}、R_{15} 和 R_{16} 组成的电阻分压网络，三端可调基准电压源 TL431（U_2）和光电耦合器 PC817（U_3）。基准电压源 TL431 正常工作时，其 1 脚与 2 脚间的电压为一稳定的 2.5 V 基准电压。

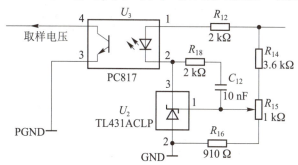

图 8.4-4　12 V 6 A 开关型稳压电源中的取样比较电路

2）工作原理

由于电阻分压支路中电位器 R_{15} 的可调端与 TL431 的 1 脚相连，所以电源的输出电压 U_0 与该基准电压大小有关。电路正常工作时，通过微调 R_{15} 使得输出电压 $U_0 = 12$ V。

假设某种原因导致输出电压增大，TL431 的 1 脚电压将高于 2.5 V，在 TL431 内部电路的作用下将从 3 脚流入电流，从而导致光电耦合器 PC817 内部发光二极管因有电流流过而被点亮，光敏三极管导通，使得送往开关管控制脉冲产生电路的输出信号为一低电平，开关管控制脉冲产生电路将关断控制脉冲输出，使得输出电压下降。

同样若因某种原因导致输出电压减小，TL431 的 1 脚电压将低于 2.5 V，TL431 的 3 脚将无电流流入，PC817 内部发光二极管无法点亮，光敏三极管截止，输出信号为一高电平，控制脉冲产生电路打开控制脉冲输出，使得输出电压升高。

3. PWM 控制电路

PMW 控制电路通常由控制信号发生器、取样信号与基准电压比较放大器和 PWM 比较器等部分组成。在实际电源电路中使用的 PWM 控制电路通常都基于集成芯片，如 MC3520、UC2842/43 和 UC3842/43 等组成。使用集成控制器构成开关电源具有电路简单、外围元件少、容易调整等优点。

在 12 V 6 A 开关型稳压电源中，采用集成 PWM 控制芯片 UC3843 来实现开关控制脉冲产生以及脉冲宽度调整等功能。

1）集成 PWM 控制芯片 UC3843

UC3843 是美国 Unitrode 公司生产的一种高性能单端输出式电流控制型脉宽调制器芯片。内部电路主要由基准电压源、占空比可调的振荡器、电流取样比较器、PWM 锁存器、误差放大器和适用于驱动功率开关管的输出电路等构成。

UC3843 通常是 8 脚双列直插封装形式（DIP8），其内部框图及引脚如图 8.4-5 所示。

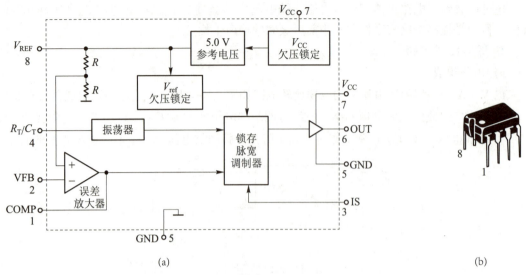

(a)　　　　　　　　　　　　　　　　　　　　　　　(b)

图 8.4-5　PWM 控制芯片 UC3843 内部框图及引脚

(a) 内部框图；(b) 引脚

其中：

1 脚（COMP）为内部误差放大器输出端，外接阻容元件可改善误差放大器的增益和频率特性；

2 脚（VFB）为取样电压输入端，此脚输入电压与内部基准电压进行比较产生误差电压，从而控制开关管控制脉冲宽度；

3 脚（IS）为过流检测输入端，开关管电流过大时，将停止控制脉冲输出，从而使开关管处于关断状态；

4 脚（R_T/C_T）外接定时元件，开关管控制脉冲频率由该脚外接的电阻和电容大小决定：$f = 1.8 / (R_T \times C_T)$；

5 脚（GND）为接地端；

6 脚（OUT）为开关管控制脉冲输出端，驱动能力为 1 A；

7 脚（V_{CC}）为芯片的启动/工作电压输入端，工作电压 8~36 V，具有欠、过压锁定功能；

8 脚（V_{REF}）为内部基准电压（5 V）输出端，可提供最大 50 mA 的输出电流。

2）电路组成

12 V 6 A 开关型稳压电源的 PWM 控制电路由 PWM 控制芯片 UC3843 辅以少量外围电路组成，具体电路如图 8.4-6 所示。

图中，$R_2 \sim R_5$ 和 D_3、R_4、C_5 组成 UC3843 的供电电路，为芯片在启动和正常工作阶段提供工作电压。

定时电路由 R_{11} 和 C_7 组成，两元件的取值决定了 UC3843 输出控制脉冲信号的频率和最大占空比。

开关管的漏极电流流经电流取样电阻 R_{12} 后形成过流检测电压，该电压经 R_9 和 C_6 构成的低通滤波环节后送入 UC3843 的 3 脚（见图 8.4-3）。

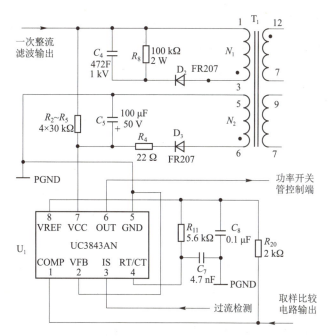

图 8.4-6　由 UC3843 构成的 PWM 控制电路

取样比较电路的输出信号（PC817 的 4 脚）经电阻 R_{20} 上拉后接入 UC3843 的 1 脚（COMP）。

3）工作原理

刚启动开关电源时，UC3843 所需要的+15 V 工作电压暂由一次整流滤波电路提供，一次整流滤波输出的近 300 V 直流高压经 $R_2 \sim R_5$ 降压后加至 UC3843 的 7 脚（V_{CC}），利用一次整流滤波电路中电容 C_3 的充电过程使 V_{CC} 逐渐升至+15 V 以上，以实现软启动。一旦开关管进入正常工作状态，反馈线圈 N_2 上的高频电压经 D_3、C_5 整流滤波后作为芯片的工作电压。UC3843 正常工作时的工作电流约为 10 mA。

在 12 V 6 A 开关型稳压电源中，将 UC3843 的 2 脚（VFB）接地，而将取样比较电路的输出接至 UC3843 的 1 脚（COMP），即内部误差放大器的输出端，通过该信号电平的高低来控制 UC3843 是否输出控制脉冲，从而达到控制输出电压大小的目的。

在定时电路中，UC3843 内部基准源（+5 V）通过定时电阻 R_{11} 向定时电容 C_7 充电，当 C_7 两端电压上升到一定大小时又将开始放电，放电到一定程度时电容将再次开始充电。这个充电–放电的过程确定了芯片内部振荡器的振荡频率。振荡频率越高，开关电源的体积可以做得更小，但电路的损耗和对元器件的要求也越高。MOS 开关管的开关频率通常要高于双极性开关管。经计算可知，12 V 6 A 开关型稳压电源电路的控制脉冲信号频率约为 65 kHz。

在 12 V 6 A 开关型稳压电源中，通过图 8.4-3 中开关管漏极电流采样电阻 R_{12}，将流过开关管（变压器初级）的电流转换为电压，送入 UC3843 的 3 脚（IS）。当此电压大小超过限定值时，芯片将关闭控制脉冲输出，从而使开关管关断。

【思考题】

1. 开关型稳压电源中使用的变压器与线性稳压电源中的变压器有何区别？

2. 开关型稳压电源与线性稳压电源的稳压原理有什么不同？

3. 总结并给出开关型稳压电源相比线性稳压电源所具有的优缺点。

8.5 理论联系实际完成实践任务

任务：单端反激式开关稳压电源组装调试

1. 实践目的

12 V 6 A 单端反激式开关稳压电源是一种常见的中小功率直流稳压电源电路。利用集成 PWM 控制芯片 UC3843 和一个开关元件与磁元件便可满足相互隔离的多路直流电压输出要求，具有电路简单、性能优良的显著优点。

本节通过 12 V 6 A 单端反激式开关稳压电源套件的装配调试，在强化对所学电路理论知识理解、掌握的基础上，拓展理论知识内容，提高学员运用理论知识解决实际问题的综合实践技能。

2. 实践任务

12 V 6 A 单端反激式开关稳压电源电路如图 8.5-1 所示。

12 V 6 A 单端反激式开关稳压电源主要由一次整流滤波电路、直流电压变换（DC-DC）电路、二次整流滤波电路、取样比较电路和 PWM 控制电路等部分组成。需要完成的实践任务如下：

（1）元器件清点：根据开关稳压电源套件元器件清单，检查元器件型号、数量是否正确，并根据所学理论知识使用万用表等仪器仪表检测元器件的好坏。

（2）电路装配：对照 12 V 6 A 单端反激式开关稳压电源电路原理图及 PCB 版图，将所用元器件焊接到 PCB 电路板的正确位置上，避免虚焊、漏焊和错焊。

（3）电路调试：首先利用直流电源、示波器和万用表等仪器仪表对开关稳压电源电路的各组成部分进行检测，确保各组成部分电路功能正常。然后方可将 220 V 交流电接入电路，利用示波器、万用表等仪器仪表进行测量调试，直至达到 12 V 6 A 单端反激式开关稳压电源的技术指标要求。

（4）分析总结：分析开关电源各组成部分的工作原理，计算电路相应关键参数的理论值并与实测值比较，对比较结果进行相应的理论分析。

下面着重对 12 V 6 A 单端反激式开关稳压电源的电路调试过程进行介绍。

3. 电路调试

任何电路的调试都应遵循从部分到整体的原则。首先应利用测试信号和仪器仪表对电路各组成部分进行检测，在确保各组成部分功能正常的基础上再进行整体测量调试。12 V 6 A 单端反激式开关稳压电源的电路调试主要分成以下几个步骤来进行：

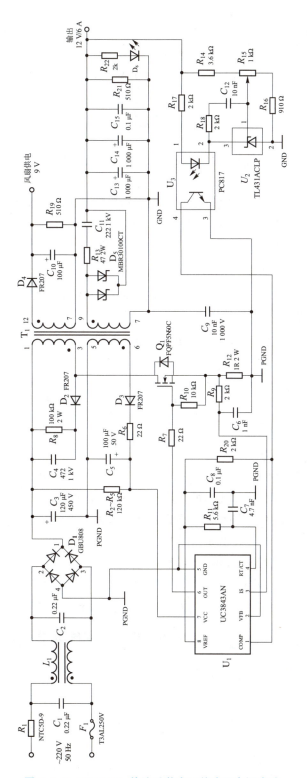

图 8.5-1　12 V 6 A 单端反激式开关稳压电源电路

1）一次整流滤波电路的检测

在电路的 220 V 交流电输入端接入一个幅度为 12 V 的交流电压，用万用表（直流电压挡）测量电容 C_3 两端电压，正常电压大小应为 10 V 左右。此时输入端电流应很小，若输入电流较大，说明电路中可能存在焊接错误。

将电容 C_3 两端电压大小的理论计算值与实测值填入表 8.5-1 中。

表 8.5-1　电容 C_3 两端电压大小

	理论值/V	实测值/V
电容 C_3 两端电压大小		

2）PWM 控制电路的检测

在电容 C_5 两端接入 12 V 的直流电压（注意正负极性），用示波器观察开关管 Q_1 的栅极电压波形。正常情况下应观测到一个频率约为 65 kHz（60~70 kHz 均可视为正常），占空比大于 90%，幅度接近 12 V 的矩形波。

画出开关管 Q_1 栅极对地电压波形。

将光电耦合器 PC817（U_3）的 3 脚和 4 脚短接，即 UC3843 的 1 脚（COMP）接地。此时用万用表测量开关管 Q_1 的栅极电压，应约为 0。

将此时测得的开关管 Q_1 栅极电压大小填入表 8.5-2 中。

表 8.5-2　开关管 Q_1 栅极电压大小

	实测值/V
开关管 Q_1 栅极电压大小	

3）取样比较电路的检测

在电源电路的 12 V 输出端口接入一个小于 12 V 的直流电压，如 5 V（注意正负极性）。用万用表测量光电耦合器 PC817（U_3）的 3 脚和 4 脚之间的电压，此时两脚间电压应不为 0，且输入电流应小于 100 mA，否则高频变压器 T_{r1} 次级所接电路可能存在短路故障。

将输出端口所接直流电压大小提高到 13 V（大于 12 V）。再次用万用表测量 PC817（U_3）3 脚和 4 脚之间的电压，此时两脚间电压应接近于 0。

将 PC817 的 3 脚和 4 脚间电压大小的实测值填入表 8.5-3 中。

表 8.5-3　PC817 的 3、4 脚间电压大小

接入直流电压大小	PC817 的 3、4 脚间电压大小实测值/V
5 V	
13 V	

4）上电测试

经过上述检测步骤，说明 12 V 6 A 单端反激式开关电源电路板焊装基本正常，可接入 220 V 交流电进行整体测试。

在确保安全用电的前提下，将 220 V 交流电接入电路，此时发光二极管 D_6 应点亮。若发现发光二极管 D_6 闪烁，则微调电位器 R_{15} 直至 D_6 不再闪烁。

此时用万用表测量开关稳压电源输出电压的大小，微调电位器 R_{15} 使输出电压为 12 V。仔细观察输出电压大小有无变化，并用示波器测量输出直流电压的纹波大小。

将观测得到的输出电压大小的变化和纹波大小实测值填入表 8.5-4 中。

表 8.5-4   输出电压大小变化和纹波大小

输出直流电压大小/V		输出电压纹波大小/mV
最小值		
最大值		

5）带负载能力测试

在电源电路的 12 V 输出端口接入大小为 10 Ω 左右的负载电阻（注意对所接负载电阻的功率要求），测量输出直流电压和纹波大小；再将负载电阻的大小改为 2 kΩ，再次测量输出直流电压和纹波大小。

将观测得到的输出电压和纹波大小实测值填入表 8.5-5 中。

表 8.5-5   不同负载条件下输出电压和纹波大小

	输出电压大小/V	输出电压纹波大小/mV
负载为 10 Ω		
负载为 2 kΩ		

6）效率测试（选做）

使 12 V 6 A 开关稳压电源处于空载状态，使用万用表测量电路中"假"负载 R_{21} 两端电压和流过该电阻的电流大小，计算得到负载功率。同时使用交流功率计在开关电源电路输入端测量电路输入功率，从而可计算出开关电源电路的效率。

将观测的负载功率、输入功率和计算得到的效率数值填入表 8.5-6 中。

表 8.5-6   负载功率、输入功率和电源效率数值

负载功率/W	输入功率/W	电源效率

4. 常见故障

由于 12 V 6 A 开关稳压电源电路高压侧带有强电，因此在电路装配调试过程中如果发生故障，应根据故障现象结合电路组成结构及测量原理，来确定故障分析、查找的正确方法，切忌盲目操作，以免造成人身危险和电路更大损坏。

开关稳压电源出现故障多由高压、大电流以及功率器件的失效所引起，所以在故障排查中应重点检查熔断器、整流桥、整流二极管、功率开关管、滤波电容和大功率电阻等器件是否正常。

下面就 12 V 6 A 开关稳压电源装配调试中常出现的故障现象，请学员写出具体的故障分析、排除的程序步骤。

（1）电路装配完成后，进行一次整流滤波电路检测时发现电容 C_5 两端电压仅为几十到一百伏。

（2）电路装配完成后，进行取样比较电路检测时发现，无论输出端接入 5 V 还是 13 V 直流电压，PC817 的 3 脚和 4 脚间电压始终为一较高数值。

(3)电路装配完成后,进行 PWM 控制电路检测时发现,电容 C_5 两端接入 12 V 直流电压后,在开关管 Q_1 栅极处观察不到控制脉冲波形。

(4)电路装配完成后,接入 220 V 交流电,整流桥 2、3 脚间无输入电压。

(5)电路装配完成后,进行上电测试时发现,变压器 T_{r1} 的 9、12 脚电压有电压输出,但 12 V 输出端无电压输出。

(6)电路装配完成后,进行上电测试时发现,开关管 Q_1 栅极控制脉冲信号波形正常,但变压器 T_{r1} 的 9、12 脚电压均近似为 0。

5. 装配调试实践报告

12 V 6 A 单端反激式开关稳压电源装配调试完成后,应根据要求写出装配调试实践报告,装配调试实践报告应包含以下几部分内容:

(1)12 V 6 A 单端反激式开关稳压电源的组成结构及工作原理的分析。

(2)开关型稳压电源关键性能参数的计算及测量。

(3)电路装配调试过程中,遇到不同实际问题的分析方法及解决思路。

(4)12 V 6 A 单端反激式开关稳压电源常见故障分析查找方法与理论根据。

(5)通过完成该实践任务的收获、体会与感悟。

(6)对提高该实践任务教学效果的具体建议及改进措施。

6. 实践任务的综合技能考核

实践任务综合技能得分表如表 8.5-7 所示。

表 8.5-7 实践任务综合技能得分表

器件检测 (10 分)	电路焊装 (20 分)	电路调试 (30 分)	故障分析 (20 分)	实践报告 (15 分)	规范操作 (5 分)	总分 (100 分)

第 8 章 习题

1. 填空题

1.1 线性稳压电源通常由_____、_____、_____和_____4 部分组成。

1.2 整流电路是利用整流管的_____特性,将_____电压转换为_____电压。

1.3 电容滤波电路适用于_____场合,而电感滤波则适用于_____场合。

1.4 在串联型线性稳压电源中,调整管工作在_____状态;而在开关型稳压电源中,调整管工作在_____状态。

2. 判断题

2.1 直流电源是一种能量转换电路,它将交流能量转换为直流能量。 ( )

2.2 电容滤波电路中,滤波电容的容值越大,滤波效果越好。 ( )

2.3 当输入电压或负载变化时,稳压电路的输出电压是绝对不变的。 ( )

2.4 线性稳压电源相比开关型稳压电源,具有输出纹波小的优点。 ( )

3. 选择题

3.1 若电源变压器次级输出电压有效值为 16 V，则经桥式整流和电容滤波后得到的直流电压大小约为（   ）。

A. 7 V   B. 8 V   C. 14 V   D. 19 V

3.2 稳压管稳压电路中的稳压二极管应工作在（   ）状态。

A. 零偏压   B. 反向击穿   C. 正向导通   D. 反向截止

3.3 若某三端集成稳压器的型号为 7912，则其额定输出电压为（   ）。

A. 5 V   B. −5 V   C. 12 V   D. −12 V

3.4 下列选项中不属于开关型稳压电源优点的是（   ）。

A. 纹波小   B. 效率高   C. 体积小   D. 输入电压范围宽

4. 简述题

4.1 简述线性稳压电源各组成部分所实现的功能以及原理。

4.2 简述开关型稳压电源的稳压原理以及各组成部分所实现的功能。

5. 计算分析题

5.1 桥式整流电容滤波电路如题图 1 所示。已知 u_2 的有效值为 20 V，现用万用表测得下列 4 组数据，试分析哪一组数据是合理的，并分别说明不合理数据是在电路出现什么故障情况下产生的。

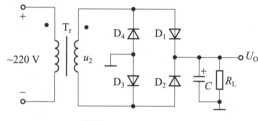

题图 1   习题 5.1 图

（1） $U_0 = 28$ V；（2） $U_0 = 18$ V；（3） $U_0 = 24$ V；（4） $U_0 = 9$ V。

5.2 固定输出的三端稳压器 7805 组成如题图 2 所示。若 7805 的 2 脚（COM 端）上电流可忽略，试求输出电压 U_0 的大小。

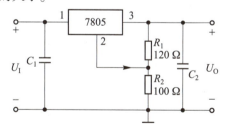

题图 2   习题 5.2 图

第9章 组合逻辑电路

数字电子电路抗干扰能力强，工作准确可靠，易于制成集成电路，迄今为止，大多数大规模和超大规模集成电路多为数字集成电路。为充分发挥数字电路在信号处理方面的强大优势，可以先将模拟信号转换为数字信号，然后经数字电路处理，最后再将处理结果转换成模拟信号输出。自20世纪70年代以来，这种用数字电路处理模拟信号的"数字化"浪潮已经席卷几乎所有的电子技术应用领域。如今，数字电路已广泛应用于数字通信、自动控制、计算机、智能仪器仪表等各个领域，在人们的日常生活中发挥着重要作用。

从整体上看，数字电路可分为组合逻辑电路和时序逻辑电路两大类，本章主要介绍它们的基本概念、基本原理、基本分析方法和设计方法，同时也介绍一些典型应用电路。本章的内容有：数制和编码、逻辑代数的运算和化简、逻辑门电路、组合逻辑电路的分析和设计方法以及常用的组合逻辑电路器件。

9.1 实践任务

任务：三人多数表决器的设计与实现

使用集成门电路可以构成各种组合逻辑电路，在实际中有着广泛的应用，本章选择2输入四与非门芯片74HC00和3输入三与非门芯片74HC10的应用作为实践任务，练习组合逻辑电路的设计与实现，提高实际动手能力。

1. 实践任务内容

设计实现三人多数表决器，其输入为3个评委的投票情况，"同意"或"不同意"，输出为3个评委的投票结果，"通过"或"不通过"，当3个评委中"同意"人数大于或等于2人时，输出为"通过"，否则为"不通过"。

2. 实践任务要求

通过本章的学习能够正确运用所学电路理论知识，分析三人多数表决器的功能要求，在理解工作原理的基础上完成三人多数表决电路的设计方案，并在此基础上进行电路的装配、检验、调试与故障维修。

9.2　数字逻辑基础

9.2.1　数字信号与数字电路

1. 模拟信号与数字信号

当我们仔细观察自然界中存在的各种物理量的变化规律时，可以发现其中一类物理量的变化在时间上或数值上是连续的，我们称之为模拟量，如加热炉里的温度、水库水位的高度；另一类物理量的变化在时间上和数值上都是离散的，即它们的变化在时间上不连续，总是发生在一系列离散的瞬间，而且它们数值的大小和每次的增减变化都是某一个最小数量单位的整数倍，我们称之为数字量，如统计每天从装配线上输出的汽车数量。

当我们把模拟量和数字量转换成电压（或电流）信号时，得到的电压（或电流）信号可称为模拟信号和数字信号。模拟信号在时间和数值上的取值都是连续变化的，如正弦信号；数字信号在时间和数值上的取值都是离散的，如脉冲信号。图 9.2-1 所示为典型的模拟信号波形和数字信号波形。在实际应用中，计算机键盘输入的信号就是典型的数字信号。

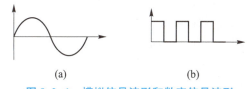

(a)　　　　　　　　　　(b)

图 9.2-1　模拟信号波形和数字信号波形

（a）模拟信号波形；　　（b）数字信号波形

2. 模拟电路与数字电路

处理模拟信号的电子电路称为模拟电子电路，简称模拟电路，能够实现模拟信号的产生、放大、处理、控制等功能；而处理数字信号的电子电路称为数字电子电路，简称数字电路，能够实现数字信号的产生、变换、运算、控制等功能。

由于数字电路具有逻辑运算和逻辑处理功能，所以又称为数字逻辑电路。现代数字电路是由半导体工艺制成的若干数字集成器件构造而成。逻辑门是数字逻辑电路的基本单元。存储器是用来存储二值数据的数字电路。从整体上看，数字电路可以分为组合逻辑电路和时序逻辑电路两大类。此外，在传递和处理信息的过程中，模拟信号和数字信号可以转换，一般情况下也将处理模拟信号和数字信号相互转换的电路归属在数字电路领域中。

3. 数字电路的特点

相对于前面章节所介绍的模拟电路而言，数字电路中三极管工作在开关状态，处理的是逻辑电平信号，从信号处理的角度讲，数字电路具有更高的信号抗干扰能力，对电路中元件要求较低，便于实现。除此之外，数字电路还具有通用性强、功耗较低、便于长期保存信息和保密性好等特点。因此，近些年来数字电路得到长足的发展，成为信息技术中不可或缺的重要一环。原来使用模拟系统的无线通信设备、调频收音机、有线电话系统均已被数字系统替代。

尽管目前数字电子技术的发展推动了很多领域的技术进步和革新，但是并不能说数字信号就优于模拟信号，只是数字信号的处理技术发展较快，在某些方面具有优势，数字信号和模拟信号本身并无优劣之分，它们都反映了自然界中物理量的变化。为了利用数字电路处理信号的优点，在实际中通常要将自然界产生的模拟信号转化为数字信号，经过处理后再转换回模拟信号，在这一过程中是有信息丢失的，而且在一些高速信号处理方面，目前还无法使用数字电路。

9.2.2 数制与编码

在现实世界中，信号的种类繁杂，其形式和数量各不相同，要想快速高效地处理、传递这些信号，必须将这些信号统一表达在同一个基础上，即用数表示信号的数量，用编码来表示信号的类型、来源等信息。在实际中，不同地区的人们发明和使用了不同的计数方式，使用不同的符号、文字、语言来处理和传递信号，可以说数制和编码一直随着人类文明的发展而发展。

1. 数制

数制是进位计数制的简称，是人们用来记录描述一个数大小的方法。数字信号通常都是用数码形式给出的。不同的数码可以用来表示数量的不同大小。用数码表示数量大小时，仅一位数码往往不够用，因此经常需要用进位计数制的方法组成多位数码使用。我们把多位数码中每一位的构成方法以及从低位到高位的进位规则称为数制。

在数字电路中经常使用的计数制除了人们熟悉的十进制以外，更多的是使用二进制和十六进制，有时也会用到八进制。当两个数码分别表示两个数量大小时，它们可以进行数量间的加、减、乘、除等运算。这种运算称为算数运算。目前数字电路中的算数运算最终都是以二进制运算进行的。下面介绍数字电路中常用的几种数制和各数制间的转化。

1）十进制

十进制是日常生活和工作中最常使用的进位计数制。在十进制数中，每一位有 0~9 十个数码，所以计数的基数是 10。超过 9 的数必须用多位数表示，其中低位和相邻高位之间的关系是"逢十进一"，故称为十进制。例如：

$$123.45 = 1 \times 10^2 + 2 \times 10^1 + 3 \times 10^0 + 4 \times 10^{-1} + 5 \times 10^{-2}$$

所以任意一个十进制数 D 均可展开为：

$$D = \sum k_i \times 10^i \qquad (9.2-1)$$

式中，k_i 是第 i 位的系数，它可以是 0~9 这十个数码中的任何一个。若整数部分的位数是 n，小数部分的位数为 m，则 i 包含从 n~1 到 0 的所有正整数和从 −1 到 −m 的所有负整数。

若以 N 取代式（9.2-1）中的 10，即可得到任意进制（N 进制）数按十进制展开式的普遍形式：

$$D = \sum k_i \times N^i \qquad (9.2-2)$$

式中，i 的取值与式（9.2-1）的规定相同。N 称为计数的基数，k_i 是第 i 位的系数，N^i 称为第 i 位的权。

2）二进制

目前在数字电路中应用最广泛的是二进制。在二进制数中，每一位仅有 0 和 1 两个可能的数码，所以计数基数为 2。低位和相邻高位间的进位关系是"逢二进一"，故称为二进制。

根据式（9.2-2），任何一个二进制数均可展开为：

$$D = \sum k_i \times 2^i \tag{9.2-3}$$

并计算出它所表示的十进制数的大小。例如：

$$(111.111)_2 = 1\times2^2 + 1\times2^1 + 1\times2^0 + 1\times2^{-1} + 1\times2^{-2} + 1\times2^{-3} = (7.875)_{10}$$

式中分别使用脚注 2 和 10 表示括号里的数是二进制数和十进制数。

3）八进制

在某些场合有时也使用八进制。八进制数的每一位有 0~7 八个不同的数码，计数的基数为 8。低位和相邻的高位之间的进位关系是"逢八进一"。任意一个八进制数可以按十进制数展开为：

$$D = \sum k_i \times 8^i \tag{9.2-4}$$

并利用式（9.2-4）计算出与之等效的十进制数。例如：

$$(123.45)_8 = 1\times8^2 + 2\times8^1 + 3\times8^0 + 4\times8^{-1} + 5\times8^{-2} = (83.578125)_{10}$$

脚注 8 表示八进制数。

4）十六进制

十六进制数的每一位有 16 个不同的数码，分别用 0~9、A（10）、B（11）、C（12）、D（13）、E（14）、F（15）表示。因此，任意一个十六进制数均可展开为：

$$D = \sum k_i \times 16^i \tag{9.2-5}$$

并利用上式计算出与之等效的十进制数。例如：

$$(9A.B)_{16} = 9\times16^1 + A\times16^0 + B\times16^{-1} = (154.6875)_{10}$$

式中的下脚注 16 表示括号里的数是十六进制数。

由于目前在计算机中普遍采用 8 位、16 位和 32 位二进制并行运算，而 8 位、16 位和 32 位的二进制数可以用 2 位、4 位和 8 位的十六进制数表示，因而十六进制在计算机领域应用广泛。表 9.2-1 是十进制数与二进制、八进制、十六进制数的对照表。

表 9.2-1　十进制数与二进制、八进制、十六进制数的对照表

十进制（Decimal）	二进制（Binary）	八进制（Octal）	十六进制（Hexadecimal）
00	0000	00	0
01	0001	01	1
02	0010	02	2
03	0011	03	3
04	0100	04	4
05	0101	05	5
06	0110	06	6

续表

十进制（Decimal）	二进制（Binary）	八进制（Octal）	十六进制（Hexadecimal）
07	0111	07	7
08	1000	10	8
09	1001	11	9
10	1010	12	A
11	1011	13	B
12	1100	14	C
13	1101	15	D
14	1110	16	E
15	1111	17	F

2. 不同数制间的转换

1）二-十转换

将二进制数转换为等值的十进制数称为二-十转换。转换时只要将二进制数按式(9.2-3)展开，然后将所有各项的数值按十进制数相加，就可以得到等值的十进制数了。例如：

$$(111.111)_2 = 1 \times 2^2 + 1 \times 2^1 + 1 \times 2^0 + 1 \times 2^{-1} + 1 \times 2^{-2} + 1 \times 2^{-3} = (7.875)_{10}$$

2）十-二转换

十进制数转换为二进制数时，整数部分和小数部分的方法不同。

首先介绍整数部分的转换。假设十进制整数为 $(S)_{10}$，等值二进制数为 $(k_n k_{n-1} \cdots k_1 k_0)_2$，则有：

$$(S)_{10} = k_n \times 2^n + k_{n-1} \times 2^{n-1} + \cdots + k_1 \times 2^1 + k_0 \times 2^0$$
$$= 2(k_n \times 2^{n-1} + k_{n-1} \times 2^{n-2} + \cdots + k_1) + k_0$$

可以看出，若将 $(S)_{10}$ 除以2，则得到的商为 $k_n \times 2^{n-1} + k_{n-1} \times 2^{n-2} + \cdots + k_1$，而余数为 k_0。若将 $k_n \times 2^{n-1} + k_{n-1} \times 2^{n-2} + \cdots + k_1$，则所得余数为 k_1。以此类推，即可得到二进制数的每一位。

例如，将 $(25)_{10}$ 转化为二进制数的过程如下：

$$
\begin{array}{ll}
2\underline{|25} & \cdots\cdots\cdots\cdots \text{余数}=1=k_0 \\
\quad 2\underline{|12} & \cdots\cdots\cdots\cdots \text{余数}=0=k_1 \\
\quad\quad 2\underline{|6} & \cdots\cdots\cdots\cdots \text{余数}=0=k_2 \\
\quad\quad\quad 2\underline{|3} & \cdots\cdots\cdots\cdots \text{余数}=1=k_3 \\
\quad\quad\quad\quad 2\underline{|1} & \cdots\cdots\cdots\cdots \text{余数}=1=k_4 \\
\quad\quad\quad\quad\quad 0 &
\end{array}
$$

因此，$(25)_{10} = (10011)_2$。

下面介绍小数部分的转换。假设十进制小数为 $(S)_{10}$，等值二进制数为 $(0.k_{-1}k_{-2}\cdots k_{-m})_2$，则有

$$(S)_{10} = k_{-1} \times 2^{-1} + k_{-2} \times 2^{-2} + \cdots + k_{-m} \times 2^{-m}$$

若将 $(S)_{10}$ 乘以2，得到：

$$2(S)_{10} = k_{-1} + (k_{-2} \times 2^{-1} + k_{-3} \times 2^{-2} + \cdots + k_{-m} \times 2^{-m+1})$$

上式说明，将小数 $(S)_{10}$ 乘以2所得乘积的整数部分即 k_{-1}。之后将乘积的小数部分再乘以2又可得到：

$$2(k_{-2} \times 2^{-1} + k_{-3} \times 2^{-2} + \cdots + k_{-m} \times 2^{-m+1}) = k_{-2} + (k_{-3} \times 2^{-1} + \cdots + k_{-m} \times 2^{-m+2})$$

k_{-1} 即乘积的整数部分。以此类推，将每次乘以 2 后所得乘积的小数部分再乘以 2，便可求出二进制小数的每一位。

$$
\begin{array}{r}
0.3875 \\
\times\qquad 2 \\
\hline
0.7750 \\
\end{array}
\quad\cdots\cdots\cdots\cdots\cdots\cdots \text{取整} 0 = k_{-1}
$$

$$
\begin{array}{r}
0.7750 \\
\times\qquad 2 \\
\hline
1.5500 \\
\end{array}
\quad\cdots\cdots\cdots\cdots\cdots\cdots \text{取整} 1 = k_{-2}
$$

$$
\begin{array}{r}
0.5500 \\
\times\qquad 2 \\
\hline
1.1000 \\
\end{array}
\quad\cdots\cdots\cdots\cdots\cdots\cdots \text{取整} 1 = k_{-3}
$$

$$
\begin{array}{r}
0.1000 \\
\times\qquad 2 \\
\hline
0.2000 \\
\end{array}
\quad\cdots\cdots\cdots\cdots\cdots\cdots \text{取整} 0 = k_{-4}
$$

因此，$(0.3875)_{10} = (0.0110)_2$。

3）二–十六转换

将二进制数转换为等值的十六进制数称为二–十六转换。由于 4 位二进制数恰好有 16 个状态，而将 4 位二进制数看作一个整体，它的进位输出是逢十六进一，所以只要从低位到高位将整数部分每 4 位二进制数分为一组，并用等值的十六进制数代替，同时从高位到低位将小数部分的每 4 位数分为一组并代之以等值的十六进制数，即可得到对应的十六进制数。

例如，将 $(10010101.11011111)_2$ 转换为十六进制数时可得：

$$
\begin{array}{cccc}
(1001 & 0101. & 1101 & 1111)_2 \\
\downarrow & \downarrow & \downarrow & \downarrow \\
= (9 & 5. & D & F)_{16}
\end{array}
$$

4）十六–二转换

十六–二转换是指将十六进制数转换为等值的二进制数，转换时只需将十六进制数的每一位用等值的 4 位二进制数代替。

例如，将 $(95.DF)_{16}$ 化为二进制数可得：

$$
\begin{array}{cccc}
(9 & 5. & D & F)_{16} \\
\downarrow & \downarrow & \downarrow & \downarrow \\
= (1001 & 0101. & 1101 & 1111)_2
\end{array}
$$

5）八进制数与二进制数的转换

将二进制数转换为八进制数和将八进制数转换为二进制数，在方法上与二–十六转换和十六–二转换的方法一致。在将二进制数转换为八进制数时，只需将二进制数的整数部分从低位到高位每 3 位一组，并以等值的八进制数代替，同时将小数部分从高位到低位每 3 位分为一组，并以等值的八进制数代替，不足 3 位时，用 0 补足。

例如，将 $(001010.011100)_2$ 转换为八进制数，可得：

$$
\begin{array}{cccc}
(001 & 010. & 011 & 100)_2 \\
\downarrow & \downarrow & \downarrow & \downarrow \\
= (1 & 2. & 3 & 4)_8
\end{array}
$$

若将八进制数转换为二进制数，则只要将八进制数的每一位代之以等值的二进制数即可。例如，将 $(52.43)_8$ 转换为二进制数时，得到：

$$(5 \quad 2. \quad 4 \quad 3)_8$$
$$\downarrow \quad \downarrow \quad \downarrow \quad \downarrow$$
$$= (101 \quad 010. \quad 100 \quad 011)_2$$

6）十六进制数与十进制数的转换

在将十六进制数转换为十进制数时，可根据式（9.2-5）将各位按权展开后相加求得。在将十进制数转换为十六进制数时，可以先转换为二进制数，然后再将得到的二进制数转换为等值的十六进制数。

3. 码制

数字系统可用于处理数字信号，这些数字信号可能是十进制数、字符或其他特定信息，但数字系统只能识别和处理二进制数，因此，所有信息都要用"0"和"1"组成的二进制数来表示，这些表示特定信息的二进制数被称为代码。

为了用二进制代码表示十进制数的 0~9 这 10 个状态，二进制代码至少应当有 4 位。4 位二进制代码一共有 16 个（0000~1111），如何与 0~9 相对应，有多种方案，常见的如表 9.2-2 所示。

表 9.2-2　常见二–十进制代码

编码种类 十进制数	8421 码（BCD 码）	余三码	2421 码
0	0000	0011	0000
1	0001	0100	0001
2	0010	0101	0010
3	0011	0110	0011
4	0100	0111	0100
5	0101	1000	1011
6	0110	1001	1100
7	0111	1010	1101
8	1000	1011	1110
9	1001	1100	1111
权	8421		2421

8421 码又称 BCD（Binary Coded Decimal）码，它的位权从高位到低位分别为 8、4、2、1，故称为 8421BCD 码，它是一种恒权码，是有权码中最常用的一种。

余三码是一种无权码，每一个余三码所表示的二进制数比对应的 8421BCD 码所表示的二进制数多 3，故而称为余三码。

2421 码也是一种恒权代码，它的位权从高位到低位分别为 2、4、2、1，故称为 2421BCD 码。

9.2.3　逻辑代数及其运算

逻辑代数是描述和研究客观世界中事物间逻辑关系的数学，它把事物间的逻辑关系简化为符号间的数学运算，1849 年由英国数学家乔治·布尔创立，起初只是一种数学游戏，直到 1938 年，香农将逻辑代数用于开关电路，人们才意识到逻辑代数的重要性，随后成为数字系统设计的基础，被广泛应用于数字电路设计。

1. 逻辑变量

逻辑代数中的变量称为逻辑变量，在二值逻辑中，它的取值只有逻辑 0 和逻辑 1 两种。逻辑 0 和逻辑 1 并不表示具体的数值，而是表示相互对立的两种逻辑状态，因此逻辑 0 和逻辑 1 之间不存在大小关系，没有数值意义。在数字电路中，逻辑 0 和逻辑 1 可以表示电平的高低、脉冲的有无、晶体管的饱和截止等。

2. 三种基本逻辑运算

逻辑代数中对逻辑变量的运算称为逻辑运算。虽然在二值逻辑中，每个变量的取值只有 0 和 1 两种可能，只能表示两种不同的逻辑状态，但可以用多变量的不同状态组合表示事物的多种逻辑状态，处理复杂的逻辑问题。图 9.2-2 所示为三种基本逻辑控制电路，如果将开关闭合作为条件，而指示灯亮作为结果，那么图中三个电路则分别表示与逻辑、或逻辑、非逻辑三种基本逻辑运算。

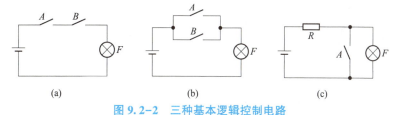

图 9.2-2　三种基本逻辑控制电路

（a）与逻辑电路；（b）或逻辑电路；（c）非逻辑电路

图 9.2-2（a）电路表示只有决定事物结果的全部条件同时具备时，结果才发生，这种因果关系称为逻辑与，也称逻辑乘。

图 9.2-2（b）电路表示在决定事物结果的多个条件中只要有一个满足，结果就会发生，这种因果关系称为逻辑或，也称逻辑加。

图 9.2-2（c）电路表示只要条件具备了，结果便不会发生，而条件不具备时，结果一定发生，这种因果关系称为逻辑非，也称逻辑求反。

若以 A、B 表示开关状态，1 为开关闭合，0 为开关断开，F 表示指示灯状态，1 为灯亮，0 为灯不亮，则可得到表格形式的逻辑关系，称为真值表。与逻辑、或逻辑、非逻辑运算真值表分别如表 9.2-3～表 9.2-5 所示。

表 9.2-3　与逻辑运算真值表

A　B	F
0　0	0
0　1	0
1　0	0
1　1	1

表 9.2-4　或逻辑运算真值表

A　B	F
0　0	0
0　1	1
1　0	1
1　1	1

表 9.2-5　非逻辑运算真值表

A	F
0	1
1	0

逻辑运算除了用真值表表示外，还可以用"·"表示与运算，用"+"表示或运算，用变量上方的"-"表示非运算，则与逻辑运算的逻辑函数式可表示为：

$$F = A \cdot B \qquad\qquad (9.2-6)$$

或逻辑运算的逻辑函数式可表示为：

$$F = A + B \qquad\qquad (9.2-7)$$

非逻辑运算的逻辑函数式可表示为：

$$F = \overline{A} \qquad\qquad (9.2-8)$$

3. 逻辑代数的基本公式、基本定律和常用公式

1）基本公式

$$\left.\begin{array}{l} A \cdot 0 = 0 \quad A \cdot 1 = A \quad A \cdot \overline{A} = 0 \quad A \cdot A = A \\[2mm] A + 0 = A \quad A + 1 = 1 \quad A + \overline{A} = 1 \quad A + A = A \end{array}\right\} \qquad (9.2-9)$$

2）基本定律

交换律：$A + B = B + A$， $AB = BA$ $\qquad\qquad (9.2-10)$

结合律：$(A+B) + C = A + (B+C)$， $(AB) C = A (BC)$ $\qquad (9.2-11)$

分配律：$(A+B) C = AC + BC$ $\qquad\qquad (9.2-12)$

反演律：$\overline{AB} = \overline{A} + \overline{B}$ $\overline{A+B} = \overline{A}\,\overline{B}$ $\qquad\qquad (9.2-13)$

非非律：$\overline{\overline{A}} = A$ $\qquad\qquad (9.2-14)$

3）常用公式

$$A + AB = A, \quad A (A+B) = A, \quad A + \overline{A}B = A + B \qquad (9.2-15)$$

$$A (\overline{A}+B) = AB, \quad AB + A\overline{B} = A, \quad (A+B)(A+\overline{B}) = A \qquad (9.2-16)$$

9.2.4　逻辑函数的化简

同一个逻辑函数可以表示成不同的逻辑式，且繁简程度也不相同，越简单的逻辑式，逻辑关系越明显，也越有利于用最少的电子器件实现，因此，通常需要通过逻辑函数的化简得到其最简形式，一般有代数化简和卡诺图化简两种方法。

1. 代数化简法

代数化简法是应用逻辑代数的公式、定律和规则对已有逻辑表达式进行化简的方法。在化简过程中，逻辑表达式通常化简为最简与或式，即表达式中的"与"项最少，每个"与"项中的变量个数最少。代数化简法最常用的方法有以下几种。

1）并项法

利用公式 $AB + A\overline{B} = A$，将两项合并为一项，消去一个变量。

【例 9.1】化简逻辑函数 $F = AB + AC + A\overline{B}\,\overline{C}$。

解：$F = AB + AC + A\overline{B}\,\overline{C} = A (B+C) + A\overline{B+C} = A$

2）吸收法

利用公式 $A+AB=A$，将多余项 AB 吸收掉。

【例 9.2】化简逻辑函数 $F=AB+A\bar{C}+A\bar{B}C$。

解：$F=AB+A\bar{C}+A\bar{B}C=AB+A\bar{C}（1+\bar{B}）=AB+A\bar{C}$

3）消去法

利用公式 $A+\bar{A}B=A+B$，消去与项 $\bar{A}B$ 中的多余因子 $\bar{A}$。

【例 9.3】化简逻辑函数 $F=AB+\bar{A}C+\bar{B}C$。

解：$F=AB+\bar{A}C+\bar{B}C=AB+\overline{AB}C=AB+C$

4）配项法

利用公式 $A+\bar{A}=1$，将某一项配因子 $A+\bar{A}$ 后拆为两项，再与其他项合并化简。

【例 9.4】化简逻辑函数 $F=AB+\bar{A}C+BC$。

解：
$$F=AB+\bar{A}C+BC=AB+\bar{A}C+ABC+\bar{A}BC$$
$$=AB（1+C）+\bar{A}C（1+B）=AB+\bar{A}C$$

采用代数化简法化简逻辑函数时，所用方法不唯一，最终的表达式也可能稍有不同，但各种最简式中的与或式乘积项数相同，乘积项中变量的个数对应相等。

2. 卡诺图化简法

通常对于不多于 4 个逻辑变量的逻辑函数，可用卡诺图化简法化简，直观简单，容易掌握。

1）最小项

在 n 变量逻辑函数中，若 m 为包含 n 个因子的乘积项，而且这 n 个变量均以原变量或反变量的形式在 m 中出现一次，则称 m 为该组变量的最小项，共有 2^n 个。

2）卡诺图

将 n 变量的全部最小项各用一个小方块表示，并使具有逻辑相邻性的最小项在几何位置上也相邻地排列起来，所得到的图形称为 n 变量最小项的卡诺图。

图 9.2-3 中画出了二、三、四变量的卡诺图，图中 1 表示对应逻辑变量的原变量，0 表示对应逻辑变量的反变量。

为保证卡诺图中相邻行（列）之间的变量组合中仅有一个变量不同，同一行（列）两端的方格中也仅有一个变量不同，即同一行（列）两端的小方格具有几何位置相邻的特点。

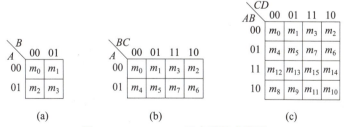

图 9.2-3　二、三、四变量的卡诺图

（a）二变量的卡诺图；（b）三变量的卡诺图；（c）四变量的卡诺图

3）用卡诺图表示逻辑函数

任何一个逻辑函数都能表示为若干最小项之和，因此可用卡诺图来表示任意一个逻辑函数。首先将逻辑函数化为最小项之和，然后在卡诺图上与这些最小项对应的位置上填入 1，其余位置填入 0，就得到了该逻辑函数的卡诺图。

【例 9.5】用卡诺图表示逻辑函数 $F=AB+A\bar{C}+BC$。

解：首先将逻辑函数化为最小项之和的形式：

$$F=ABC+AB\bar{C}+AB\bar{C}+A\bar{B}C+ABC+\bar{A}BC$$

$$=ABC+AB\bar{C}+A\bar{B}C+\bar{A}BC=m_7+m_6+m_4+m_3$$

画出卡诺图（见图 9.2-4），在对应于函数式中各最小项位置填入 1，其余位置填入 0。

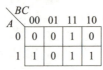

图 9.2-4　例 9.5 的卡诺图

4）用卡诺图化简逻辑函数

由于卡诺图的画法满足几何相邻原则，相邻方格中的最小项仅有一个变量不同，可将两项合并消去一个互非的变量。因此利用卡诺图化简逻辑函数可遵循合并最小项的原则，即处于同一行（列）中相邻或两端的方格，同时为 1 则可合并为一项，同时消去一个互非变量；4 个方格组成一个大方块，或一行（列），或位于相邻两行（列）两端，或位于四角时，可合并为一项，同时消去两个互非的变量；8 个方格组成一个长方形，或位于相邻行（列）两端，可合并为一项，同时消去三个互非的变量。至此，可以归纳出合并最小项的一般规则，这就是：如果有 2^n 个最小项相邻（$n=1,2,\cdots$）并排列成一个矩形组，则它们可以合并为一项，并消去 n 个互非变量。

用卡诺图化简逻辑函数步骤如下：

（1）将函数化为最小项之和。

（2）画出该逻辑函数的卡诺图。

（3）找出可以合并的最小项。

（4）选取化简后的乘积项。

【例 9.6】用卡诺图化简逻辑函数 $F=A\bar{B}CD+AB\bar{C}D+A\bar{B}+A\bar{D}+A\bar{B}C$。

解：首先画出逻辑函数的卡诺图，在对应于函数式中各最小项位置填入 1，其余位置可填入 0，也可不填，如图 9.2-5 所示。

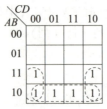

图 9.2-5　例 9.6 的卡诺图

其后找出可以合并的最小项，将需要合并的最小项用线圈出，再写出化简式。

$$F=A\bar{B}+A\bar{D}$$

需要注意的是，有时最小项的合并结果不唯一，因此逻辑函数的化简结果也不唯一。

5）带有约束项的逻辑函数的化简

假设一个有 n 个变量的逻辑函数，最小项个数为 2^n 个，但在实际应用中可能仅使用一部分，另外一部分禁止出现或出现后对电路逻辑状态无影响，称之为无关最小项，也叫约束项，通常用 d 表示。由于约束项对最终逻辑结果无影响，因此在化简过程中可根据需要将其看作 1 或者 0，通常在卡诺图中用×表示。

【例9.7】用卡诺图化简逻辑函数 $F = \sum m(1，3，5，7，9) + \sum d(10，11，12，13，14，15)$，其中 d 表示约束项。

解：首先画出逻辑函数的卡诺图，如图 9.2-6 所示。

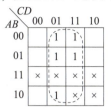

图 9.2-6　例 9.7 的卡诺图

利用约束项化简时，根据需要将最小项 m_{11}、m_{13}、m_{15} 看作 1，m_{10}、m_{12}、m_{14} 看作 0，从而得到最简函数 $F = D$。

9.3　组合逻辑电路

数字电路分为组合逻辑电路和时序逻辑电路，组合逻辑电路是指电路中任一时刻的稳定输出仅取决于该时刻的输入，而与电路原来的状态无关，是实现时序逻辑电路的基础，而最基本的组合逻辑电路就是门电路。

9.3.1　逻辑门电路

用以实现基本逻辑关系的电子电路称为门电路，主要类型有与门、或门、非门、与非门、或非门、异或门、同或门等，可用具有开关特性的元件来实现，如二极管、三极管和继电器。

1. 与门

与门可以用二极管电路实现。图 9.3-1 所示为与门原理电路及其逻辑符号，A、B 为输入变量，F 为输出变量。

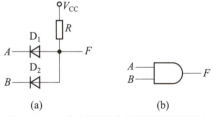

(a)　　　　　　　　　　　　(b)

图 9.3-1　与门原理电路及其逻辑符号

（a）原理电路；（b）逻辑符号

设 $V_{CC} = 5\,V$，A、B 输入端的高、低电平分别为 $V_H = 3\,V$，$V_L = 0$，二极管正向导通压降为 0.7 V，由图可知，A、B 中一个为低电平时，则必有相应的二极管导通，使 F 为 0.7 V，即输出低电平；只有 A、B 同时为低电平时，F 才为 3.7 V，即输出高电平，从而实现有 0 出 0，全 1 出 1 的与逻辑。

2. 或门

或门也可以用二极管电路实现。图 9.3-2 所示为或门原理电路及其逻辑符号，A、B 为输入变量，F 为输出变量。

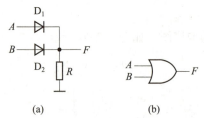

图 9.3-2　或门原理电路及其逻辑符号

（a）原理电路；（b）逻辑符号

设输入的高、低电平分别为 $V_H = 3\ V$，$V_L = 0$，二极管正向导通压降为 $0.7\ V$，由图可知，只要 A、B 中一个为高电平，则必有相应的二极管导通，使 F 为 $2.3\ V$，即输出高电平；只有 A、B 同时为低电平，输出 F 才为 0，即输出低电平，从而实现有 1 出 1，全 0 出 0 的或逻辑。

3. 非门

非门可以用三极管电路实现。图 9.3-3 所示的反相放大电路实际上就是一个非门，A、B 为输入变量，F 为输出变量。

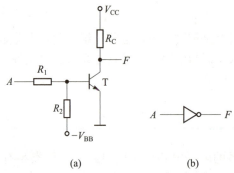

图 9.3-3　非门原理电路及其逻辑符号

（a）原理电路；（b）逻辑符号

设输入的高、低电平分别为 $V_H = 3\ V$，$V_L = 0$。当输入端为高电平时，三极管饱和导通，输出端 F 的电位约为 0，即输出低电平；当输入端为低电平时，三极管截止，输出端 F 的电位约等于 V_{CC}，即输出高电平，从而实现有 0 出 1，有 1 出 0 的非逻辑。

4. 复合门电路

为扩大二极管和三极管的应用范围，一般常在二极管门电路后接入三极管非门电路，从而组成各种形式的复合门电路。几种复合门电路及其逻辑符号如图 9.3-4 所示。

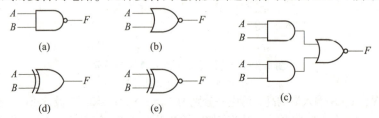

图 9.3-4　几种复合门电路及其逻辑符号

（a）与非门逻辑符号；（b）或非门逻辑符号；（c）与或非门逻辑符号；（d）异或门逻辑符号；（e）同或门逻辑符号

1）与非门

与门的输出端与非门的输入端相接，就构成一个与非门，其逻辑功能可描述为：当输入端中有一个或一个以上为低电平时，输出端为高电平；当输入端全部为高电平时，输出端为低电平，即有 0 出 1，全 1 出 0，对应的逻辑函数表达式为：

$$F = \overline{AB}$$

2）或非门

或门的输出端与非门的输入端相接，就构成一个或非门，其逻辑功能可描述为：当输入端中有一个或一个以上为高电平时，输出端为低电平；当输入端全部为低电平时，输出端为高电平，即有 1 出 0，全 0 出 1，对应的逻辑函数表达式为：

$$F = \overline{A+B}$$

3）与或非门

两个或两个以上与门输出端分别和一个或门的输入端相连，或门的输出端再连接一个非门。其逻辑功能可描述为：当各与门输入端中有一个或一个以上为低电平时，输出端为高电平；当至少一个与门的输入端全部为高电平时，输出端为低电平，对应的逻辑函数表达式为：

$$F = \overline{AB+CD}$$

4）异或门

其逻辑功能可描述为：当两个输入端的电平相同时，输出端为低电平；当两个输入端的电平相异时，输出端为高电平，即相同出 0，相异出 1，对应的逻辑函数表达式为：

$$F = \overline{A}B + A\overline{B} = A \oplus B$$

5）同或门

其逻辑功能可描述为：当两个输入端的电平相同时，输出端为高电平；当两个输入端的电平相异时，输出端为低电平，即相同出 1，相异出 0，对应的逻辑函数表达式为：

$$F = \overline{A}\,\overline{B} + AB = \overline{A \oplus B}$$

5. 集成逻辑门电路

如果用分立元件构成门电路，电路体积大，连接线和焊点较多，可靠性差。随着电子技术和集成工艺的飞速发展，集成电路得到广泛应用，相比于分立元件电路，集成电路具有体积小、可靠性高、成本低和便于安装调试等优点，因此目前使用的门电路均为集成逻辑门电路。集成逻辑门电路按元件类型的不同可分为双极型（TTL）逻辑门电路和单极型（CMOS）逻辑门电路两大类。

TTL 逻辑门电路是应用最早，技术比较成熟的集成电路，曾被广泛使用。最早的 TTL 门电路是 74 系列，后来出现了改进型的 74H 系列，其工作速度提高了，但功耗增加了。而 74L 系列的功耗降低了很多，但工作速度也降低了。为了解决功耗和速度之间的矛盾，推出了低功耗和高速的 74S 系列，它使用肖特基晶体三极管，使电路的工作速度和功耗均得到改善。之后又生产出 74LS 系列，速度高、功耗低，广泛应用于中、小规模集成电路。随着集成电路的发展，又出现了 74AS、74ALS、74F 等系列，应用于速度要求较高的 TTL 逻辑电路。

大规模集成电路的发展要求每个逻辑单元电路的结构简单，并且功耗低，因为 TTL 电路不能满足这个条件，所以逐渐被 CMOS 电路取代，退出其主导地位。由于 TTL 技术在整个数字集成电路设计领域中的历史地位和影响，很多数字系统设计技术仍采用 TTL 技术，特别是从小规模到中规模数字系统的集成。

CMOS 逻辑门电路是在 TTL 电路之后出现的一种广泛应用的数字集成器件，由于制造工艺的不断改进，CMOS 电路已成为占主导地位的逻辑器件，其工作速度已经赶上甚至超过

TTL 电路，它的功耗和抗干扰能力远优于 TTL 电路，且费用较低，因此几乎所有的超大规模存储器以及 PLD 器件都采用 CMOS 工艺制造。

早期生产的 CMOS 门电路为 4000 系列，后来发展为 4000B 系列，其工作速度较慢，与 TTL 不兼容，但它具有功耗低、工作电压范围宽、抗干扰能力强的特点。随后出现了高速 CMOS 器件 74HC、74HCT、74VHC、74VHCT、74LVC 以及 74AUC 等系列，此外还有用于军品的 54 系列，适用的温度范围更宽，测试和筛选标准更严格。

9.3.2　组合逻辑电路的分析

分析组合逻辑电路的目的是对于一个给定的组合逻辑电路，确定其逻辑功能，分析步骤如下：

（1）根据逻辑电路图的输入量与输出量之间的关系，用逐级递推法写出逻辑函数表达式。

（2）用公式法或卡诺图法对逻辑函数表达式进行化简，得到最简逻辑表达式。

（3）根据最简逻辑表达式，列出逻辑电路的真值表。

（4）根据真值表对逻辑电路进行分析，确定逻辑功能。

【例 9.8】分析图 9.3-5 所示逻辑电路的功能。

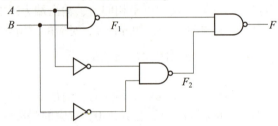

图 9.3-5　例 9.8 图

解：（1）根据逻辑电路图，用逐级递推法写出 F 逻辑表达式：

$$F_1 = \overline{AB}, \qquad F_2 = \overline{\overline{A}\,\overline{B}}$$

$$F = \overline{F_1 F_2} = \overline{\overline{AB}\,\overline{\overline{A}\,\overline{B}}}$$

（2）用公式法进行化简，得到最简逻辑表达式：

$$F = AB + \overline{A}\,\overline{B}$$

（3）根据最简逻辑表达式，列出真值表（见表 9.3-1）。

表 9.3-1　真值表

A　B	F
0　0	1
0　1	0
1　0	0
1　1	1

（4）根据真值表确定逻辑功能：当两个输入端的电平相同时，输出端为高电平；当两个输入端的电平相异时，输出端为低电平，即实现同或功能。

9.3.3 组合逻辑电路的设计

组合逻辑电路的设计是指根据给定的逻辑功能，写出最简的逻辑函数式，并根据逻辑函数式构成相应组合逻辑电路的过程，一般步骤如下：

（1）根据给出的条件和功能，首先确定逻辑变量和逻辑函数，由 0 和 1 各表示一种状态。

（2）根据逻辑变量和逻辑函数之间的关系，列出真值表，进而写出逻辑表达式。

（3）化简，得到最简逻辑表达式。

（4）根据最简逻辑表达式，画出逻辑电路。

9.3.4 常用组合逻辑电路器件

除集成门电路外，常用的组合逻辑电路器件还有编码器、译码器、数据选择器和数据比较器等，本节主要介绍编码器和译码器的逻辑功能与使用方法。

1. 编码器

编码是为区分一系列不同事物，将其中的每个事物用一个二值代码表示。在二值逻辑电路中，信号以高、低电平的形式给出，因此编码器的逻辑功能就是将输入的高、低电平转换为相应的二进制代码。

目前经常使用的编码器有普通编码器和优先编码器两类。在普通编码器电路中，任何时刻只允许输入一个编码信号，否则输出将发生混乱。而在优先编码器电路中，允许同时输入两个以上的编码信号，不过在设计优先编码器时已经将所有的输入信号按优先顺序排了队，当多个输入信号同时出现时，只对其中优先权最高的一个进行编码。例如 74LS147 就是一个 10 线-4 线优先编码器，其管脚排列图和符号图如图 9.3-6 所示。

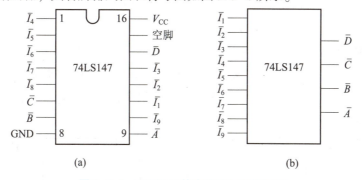

图 9.3-6 74LS147 管脚排列图和符号图

（a）管脚排列图；（b）符号图

74LS147 是一个 16 脚集成优先编码器芯片，其中 $\overline{I}_1 \sim \overline{I}_9$ 为输入信号端，$\overline{A} \sim \overline{D}$ 为输出端，15 脚为空脚，输入和输出均为低电平有效，其真值表如表 9.3-2 所示。

表 9.3-2 74LS147 真值表

输　入									输　出			
$\overline{I}_1$	$\overline{I}_2$	$\overline{I}_3$	$\overline{I}_4$	$\overline{I}_5$	$\overline{I}_6$	$\overline{I}_7$	$\overline{I}_8$	$\overline{I}_9$	$\overline{D}$	$\overline{C}$	$\overline{B}$	$\overline{A}$
×	×	×	×	×	×	×	×	×	1	1	1	1

续表

输　　入	输　　出
×　×　×　×　×　×　×　×　0	0　1　1　0
×　×　×　×　×　×　×　0　1	0　1　1　1
×　×　×　×　×　×　0　1　1	1　0　0　0
×　×　×　×　×　0　1　1　1	1　0　0　1
×　×　×　×　0　1　1　1　1	1　0　1　0
×　×　×　0　1　1　1　1　1	1　0　1　1
×　×　0　1　1　1　1　1　1	1　1　0　0
×　0　1　1　1　1　1　1　1	1　1　0　1
0　1　1　1　1　1　1　1　1	1　1　1　0

从真值表可以看出，当无输入信号时，输出端全部为高电平"1"，$\overline{I_9}$的优先级最高，$\overline{I_1}$的优先级最低。例如当$\overline{I_9}$输入为低电平"0"时，无论其他输入端是否有输入信号，输出均为0110，即1001的反码。

除74LS147外，实际应用中还有很多其他的优先编码器，如8线-3线优先编码器74LS148等。

2. 译码器

译码是编码的逆过程，译码器的作用是把给定的二进制代码转换成对应的特定信息或十进制数码。译码器可分为变量译码器、显示译码器和代码译码器，本节主要介绍变量译码器和显示译码器。

1）变量译码器

74LS138是一个有16管脚的3线-8线变量译码器，其管脚排列图和符号图如图9.3-7所示，A_0、A_1、A_2为3个输入端，$\overline{Y_7} \sim \overline{Y_0}$为8个输出端，$G_1$、$\overline{G_{2A}}$、$\overline{G_{2B}}$为3个使能端，其真值表如表9.3-3所示。

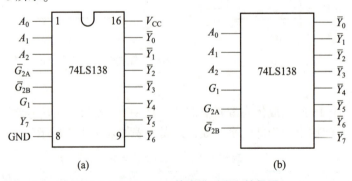

图9.3-7　74LS138管脚排列图和符号图

（a）管脚排列图；（b）符号图

表 9.3-3　74LS138 真值表

输入						输出							
$\overline{G_1}$	$\overline{G_{2A}}$	$\overline{G_{2B}}$	$\overline{A_2}$	$\overline{A_1}$	$\overline{A_0}$	$\overline{Y_0}$	$\overline{Y_1}$	$\overline{Y_2}$	$\overline{Y_3}$	$\overline{Y_4}$	$\overline{Y_5}$	$\overline{Y_6}$	$\overline{Y_7}$
0	×		×	×	×	1	1	1	1	1	1	1	1
×	1		×	×	×	1	1	1	1	1	1	1	1
1	0		0	0	0	0	1	1	1	1	1	1	1
1	0		0	0	1	1	0	1	1	1	1	1	1
1	0		0	1	0	1	1	0	1	1	1	1	1
1	0		0	1	1	1	1	1	0	1	1	1	1
1	0		1	0	0	1	1	1	1	0	1	1	1
1	0		1	0	1	1	1	1	1	1	0	1	1
1	0		1	1	0	1	1	1	1	1	1	0	1
1	0		1	1	1	1	1	1	1	1	1	1	0

从真值表可以看出，当输入使能端 G_1 为低电平"0"时，无论其他输入端为何值，输出全部为高电平"1"。当输入使能端 $\overline{G_{2A}}$、$\overline{G_{2B}}$ 中至少有一个为高电平"1"时，无论其他输入端为何值，输出全部为高电平"1"。当 G_1 为高电平"1"，$\overline{G_{2A}}$、$\overline{G_2}$ 中全部为低电平"0"时，由输入 A_2、A_1、A_0 决定输出端中的某一个输出低电平"0"，例如当输入 A_2、A_1、A_0 为"101"时，输出 $\overline{Y_5}$ 为低电平"0"，其他为高电平"1"。

74LS138 还可以用于扩展，例如使用两片可构成 4 线-16 线译码器，连接方法如图 9.3-8 所示。

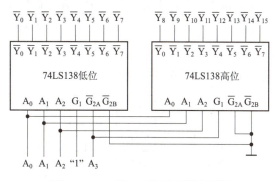

图 9.3-8　4 线-16 线译码器连线图

A_0、A_1、A_2、A_3 为扩展后的 4 个输入端，$\overline{Y_{15}} \sim \overline{Y_0}$ 为 16 个输出端。当 $A_3 = 0$ 时，高位芯片被禁止，$\overline{Y_{15}} \sim \overline{Y_8}$ 输出全部为"1"，低位芯片工作，输出由 A_0、A_1、A_2 决定；当 $A_3 = 1$ 时，低位芯片被禁止，$\overline{Y_7} \sim \overline{Y_0}$ 输出全部为"1"，高位芯片工作，输出由 A_0、A_1、A_2 决定。

此外，74LS138 还可以实现二变量或三变量的逻辑函数，此时译码器的每一个输出端都与输入逻辑变量的一个最小项相对应，所以将逻辑函数变换为最小项表达式时，只要从相应的输出端取出信号，送入与非门输入端，与非门输出端即所求逻辑函数。

【例9.9】已知函数 $F=\bar{A}B+\bar{B}C+A\bar{C}$，试用译码器74LS138实现电路。

解：F 的最小项表达式为：

$$F=\bar{A}BC+\bar{A}B\bar{C}+A\bar{B}C+\bar{A}\bar{B}C+\bar{A}B\bar{C}+A\bar{B}\bar{C}$$

$$=\sum m\,(1,\,2,\,3,\,4,\,5,\,6)$$

电路图如图9.3-9所示。

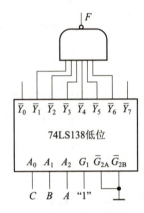

图9.3-9　例9.9电路图

2）显示译码器

在数字测量仪表和各种数字系统中，都需要将数字量直观地显示出来，数字显示电路通常由显示译码器和显示器等部分组成。

数码显示器就是用来显示文字或符号的器件。其中七段式数字显示器是目前常用的显示方式，有半导体发光二极管型和液晶型，本节主要介绍发光二极管型。发光二极管构成的七段数码显示器用7段（或8段，含小数点）显示0～9这10个数码，如图9.3-10所示。七段数码显示器在结构上有共阴极和共阳极两种，共阴极结构的显示器需要高电平驱动，共阳极结构的显示器需要低电平驱动，如图9.3-11所示。

图9.3-10　七段数码显示器

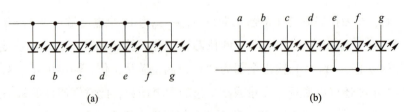

(a)　　　　　　　　　(b)

图9.3-11　七段数码显示器等效电路

（a）共阳极；（b）共阴极

与七段数码显示器配合使用的是七段显示译码器，能够将二进制 BCD 码表示的数字转换为数码管所需的输入信号，常用的有集成芯片 74LS48，其管脚排列图和符号图如图 9.3-12 所示，A_0、A_1、A_2、A_3 为 4 个输入端，$a\sim g$ 为 8 个输出端，$\overline{LT}$、$\overline{BI/RBO}$、$\overline{RBI}$ 为 3 个使能端，其真值表如表 9.3-4 所示。

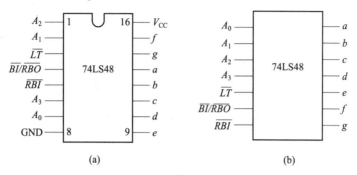

图 9.3-12　74LS48 管脚排列图和符号图

（a）管脚排列图；（b）符号图

表 9.3-4　74LS48 真值表

$\overline{LT}$	$\overline{RBI}$	$\overline{BI/RBO}$	$A_3\ A_2\ A_1\ A_0$	$a\ b\ c\ d\ e\ f\ g$	显示
0	×	1	× × × ×	1 1 1 1 1 1 1	8
×	×	0	× × × ×	0 0 0 0 0 0 0	无
1	0	0	0 0 0 0	0 0 0 0 0 0 0	无
1	1	1	0 0 0 0	1 1 1 1 1 1 0	0
1	×	1	0 0 0 1	0 1 1 0 0 0 0	1
1	×	1	0 0 1 0	1 1 0 1 1 0 1	2
1	×	1	0 0 1 1	1 1 1 1 0 0 1	3
1	×	1	0 1 0 0	0 1 1 0 0 1 1	4
1	×	1	0 1 0 1	1 0 1 1 0 1 1	5
1	×	1	0 1 1 0	1 0 1 1 1 1 1	6
1	×	1	0 1 1 1	1 1 1 0 0 0 0	7
1	×	1	1 0 0 0	1 1 1 1 1 1 1	8
1	×	1	1 0 0 1	1 1 1 1 0 1 1	9
1	×	1	1 0 1 0	0 0 0 1 1 0 1	⊐
1	×	1	1 0 1 1	0 0 1 1 0 0 1	⌐
1	×	1	1 1 0 0	0 1 0 0 0 1 1	⊔
1	×	1	1 1 0 1	1 0 0 1 0 1 1	⊑

续表

$\overline{LT}$	$\overline{RBI}$	$\overline{BI}/\overline{RBO}$	A_3 A_2 A_1 A_0	a b c d e f g	显示
1	×	1	1 1 1 0	0 0 0 1 1 1 1	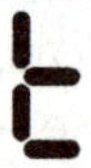
1	×	1	1 1 1 1	0 0 0 0 0 0 0	无显示

从真值表可以看出 74LS48 的逻辑功能。

灯测试端$\overline{LT}$：当$\overline{LT}$为 0，$\overline{BI}/\overline{RBO}$为 1 时，无论其他输入端为何种电平，所有输出端均为高电平“1”，显示数字 8，此功能可用来检测显示器是否发生故障，正常使用时，$\overline{LT}$应为高电平或悬空。

灭灯输入端$\overline{BI}/\overline{RBO}$：作为输入端使用，当$\overline{BI}/\overline{RBO}$为 0 时，无论其他输入端为何种电平，所有输出端均为低电平“0”，无显示。

动态灭零端$\overline{RBI}$：当$\overline{RBI}$为 0，$\overline{LT}$和$\overline{BI}/\overline{RBO}$为 1，$A_3A_2A_1A_0=0000$ 时，所有输出端均为低电平“0”，无显示；$A_3A_2A_1A_0$不为 0000 时，正常输出。

灭零输出端$\overline{BI}/\overline{RBO}$：作为输出端使用，当$\overline{RBI}$为 0，$A_3A_2A_1A_0=0000$ 时，$\overline{BI}/\overline{RBO}$输出低电平“0”，表明译码器本该显示 0，但被动态灭零了。

正常工作时，$\overline{LT}$、$\overline{BI}/\overline{RBO}$、$\overline{RBI}$均为高电平或悬空，在 A_3、A_2、A_1、A_0端输入 8421BCD 码，输出端即可得到一组 7 位二进制代码，连接显示器，则可显示与输入对应的十进制数。

利用多片 74LS48，还可以实现多位数的显示，如图 9.3-13 所示的两位显示电路，在该连接状态下，当十位数为 0 时不显示，当个位数为 0 时显示 0。

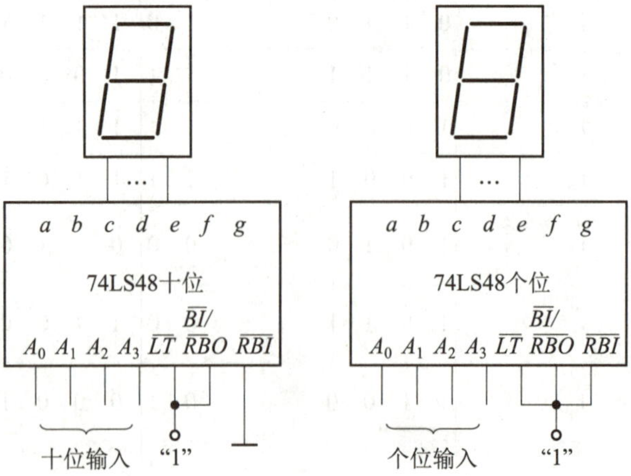

图 9.3-13 两位显示电路

9.4　理论联系实际完成实践任务

任务：三人多数表决器的设计与实现

1. 实践目的

集成门电路是在实际中有着广泛应用的集成芯片，本节通过使用集成门电路芯片 74HC00 和 74HC10 实现三人多数表决器电路，强化对所学电路理论知识的理解，提高实际工作能力。

2. 实践任务内容

设计实现三人多数表决器，设计要求如下：

（1）其输入为三个评委的投票情况，"同意"或"不同意"；

（2）其输出为三个评委的投票结果，"通过"或"不通过"；

（3）当三个评委中"同意"人数大于或等于 2 人时，输出为"通过"，否则为"不通过"。

3. 原理分析

（1）根据实践任务内容，三个评委投票情况用输入逻辑变量 A、B、C 表示，表决结果对应输出逻辑函数，用 F 表示，输入为 1 表示"同意"，为 0 表示"不同意"，输出为 1 表示"通过"，为 0 表示"不通过"。

（2）列写真值表（见表 9.4-1），得到逻辑表达式。

表 9.4-1　真值表

A　B　C	F
0　0　0	0
0　0　1	0
0　1　0	0
0　1　1	1
1　0　0	0
1　0　1	1
1　1　0	1
1　1　1	1

$$F = \bar{A}BC + A\bar{B}C + AB\bar{C} + ABC$$

（3）用卡诺图化简如图 9.4-1 所示，得到最简逻辑表达式。

$$F = AB + AC + BC$$

（4）根据最简逻辑表达式，画出逻辑电路。因为实际电路中使用与非门较多，因此可利用反演律，得到与非-与非式。

这样即可得到由 4 个与非门构成的三人多数表决电路，如图 9.4-2 所示。

$$F = \overline{AB + AC + BC} = \overline{\overline{AB}\ \overline{AC}\ \overline{BC}}$$

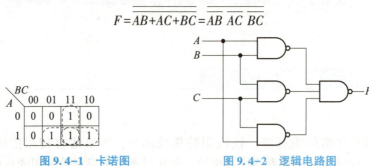

图 9.4-1　卡诺图　　　　　　　　图 9.4-2　逻辑电路图

（5）在实际应用中，可用集成芯片 74HC00 和 74HC10 来实现此电路。74HC00 是 TTL 2 输入四与非门，74HC10 是 TTL 3 输入三与非门，经常用来实现组合逻辑运算，管脚排列图如图 9.4-3 所示。由 74HC00 和 74HC10 实现的三人多数表决电路如图 9.4-4 所示。

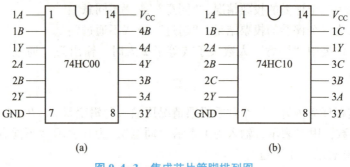

(a)　　　　　　　　　　　　　(b)

图 9.4-3　集成芯片管脚排列图

(a) 74HC00；(b) 74HC10

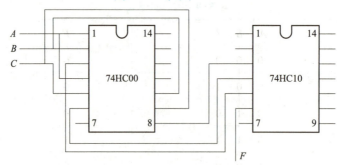

图 9.4-4　三人多数表决电路

4. 实践步骤

三人多数表决器装配调试完成后，应根据要求写出装配调试实践报告，装配调试实践报告应包含以下几部分内容：

（1）三人多数表决器的组成结构及工作原理的分析。

（2）在电路装配调试过程中，遇到不同实际问题的分析方法及解决思路。

（3）完成该实践任务的收获、体会与感悟。

（4）对提高该实践任务教学效果的具体建议及改进措施。

5. 实践任务的综合技能考核

实践任务综合技能得分表如表 9.4-2 所示。

表 9.4-2　实践任务综合技能得分表

器件检测 （10 分）	电路焊装 （20 分）	电路调试 （30 分）	故障分析 （20 分）	实践报告 （15 分）	规范操作 （5 分）	总分 （100 分）

第 9 章　习题

1. 填空题

1.1 在时间上和数值上均作连续变化的电信号称为_____信号；在时间上和数值上离散的信号叫作_____信号。

1.2 在正逻辑的约定下，"1"表示_____电平，"0"表示_____电平。

1.3 用来表示各种计数制数码个数的数称为_____，同一数码在不同数位所代表的_____不同。十进制计数各位的_____是 10，_____是 10 的幂。

1.4 _____BCD 码和_____码是有权码；_____码是无权码。

1.5 在数字电路中，输入信号和输出信号之间的关系是_____关系，所以数字电路也称为_____电路。在逻辑关系中，最基本的关系是_____、_____和_____关系，对应的电路称为_____门、_____门和_____门。

1.6 功能为有 1 出 1、全 0 出 0 门电路称为_____门；_____功能的门电路是异或门；实际中_____门应用得最为普遍。

1.7 最简与或表达式是指在表达式中_____最少，且_____也最少。

1.8 在化简的过程中，约束项可以根据需要看作_____或_____。

1.9 卡诺图是将代表_____的小方格按_____原则排列而构成的方块图。

1.10 74HC00 是 TTL_____电路，74HC10 是 TTL_____电路，经常用来实现组合逻辑运算。

2. 判断题

2.1 组合逻辑电路的输出只取决于输入信号的现态。　　　　　　　　（　　）

2.2 无关最小项对最终的逻辑结果无影响，因此可任意视为 0 或 1。　　（　　）

2.3 已知逻辑功能，求解逻辑表达式的过程称为逻辑电路的设计。　　（　　）

2.4 编码电路的输入量一定是人们熟悉的十进制数。　　　　　　　　（　　）

2.5 74LS147 集成芯片输入端和输出端都是高电平有效。　　　　　　（　　）

2.6 3 线–8 线译码器电路是三八进制译码器。　　　　　　　　　　（　　）

3. 选择题

3.1 逻辑函数中的逻辑"与"和它对应的逻辑代数运算关系为（　　）。

A. 逻辑加　　　　　　B. 逻辑乘　　　　　　C. 逻辑非

3.2 十进制数 100 对应的二进制数为（　　）。

A. 1011110　　　　　B. 1100010　　　　　C. 1100100　　　　　D. 11000100

3.3 和逻辑式 AB 表示不同逻辑关系的逻辑式是（　　）。

A. $A+B$　　　　　B. $A \cdot B$　　　　　C. $A \cdot B + B$　　　　　D. $\overline{AB} + \overline{A}$

3.4 八输入端的编码器按二进制数编码时，输出端的个数是（　　）。

A. 2 个　　　　　B. 3 个　　　　　C. 4 个　　　　　D. 8 个

3.5 十输入端的编码器按二进制数编码时，输出端的个数是（　　）。

A. 2 个　　　　　B. 3 个　　　　　C. 4 个　　　　　D. 8 个

3.6 四输入的译码器，其输出端最多为（　　）。

A. 4 个　　　　　B. 8 个　　　　　C. 10 个　　　　　D. 16 个

3.7 当 74LS148 的输入端 $\overline{I}_0 \sim \overline{I}_7$ 按顺序输入 11011101 时，输出 $\overline{Y}_2 \sim \overline{Y}_0$ 为（　　）。

A. 101　　　　　B. 010　　　　　C. 001　　　　　D. 110

3.8 一个两输入端的门电路，当输入为 1 和 0 时，输出不是 1 的门是（　　）。

A. 与非门　　　　　B. 或门　　　　　C. 或非门　　　　　D. 异或门

3.9 数字电路中机器识别和常用的数制是（　　）。

A. 二进制　　　　　B. 八进制　　　　　C. 十进制　　　　　D. 十六进制

3.10 能驱动七段数码管显示的译码器是（　　）。

A. 74LS48　　　　　B. 74LS138　　　　　C. 74LS148　　　　　D. TS547

4. 简述题

4.1 组合逻辑电路有何特点？分析组合逻辑电路的目的是什么？简述分析步骤。

4.2 何谓编码？何谓译码？二进制编码和十进制编码有何不同？

5. 分析题

5.1 题图 1 所示是 u_A、u_B 两输入端门的输入波形，试画出对应与门、与非门、或非门、异或门的输出波形。

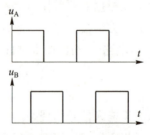

题图 1　习题 5.1 门电路输入波形图

5.2 写出题图 2 所示逻辑电路的逻辑函数表达式。

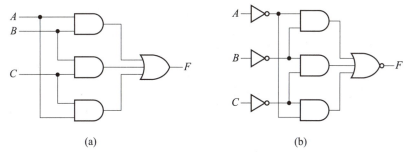

(a)　　　　　　　　　　　　(b)

题图2　习题5.2 逻辑电路图
（a）电路一；（b）电路二

6. 计算画图题

6.1 化简下列逻辑函数。

（1）$F=(A+\bar{B})C+\bar{A}B$；

（2）$F=A\bar{C}+\bar{A}B+BC$；

（3）$F=\bar{A}BC+AB\bar{C}+AB\bar{C}+A\bar{B}C+ABC$；

（4）$F=\overline{A+\overline{\overline{BC}}}+AB+\bar{B}CD$

（5）$F=(A+B)C+\bar{A}C+\overline{AB+\bar{B}C}$；

（6）$F=\bar{A}B+B\bar{C}+\bar{B}\bar{C}$。

6.2 $(254)_{10}=(\qquad)_2=(\qquad)_8=(\qquad)_{16}$。

6.3 $(101011.01)_2=(\qquad)_{10}=(\qquad)_8=(\qquad)_{16}$。

7. 设计题

画出实现逻辑函数 $F=AB+\bar{A}BC+\bar{A}C$ 的逻辑电路。

第10章　时序逻辑电路

时序逻辑电路与组合逻辑电路一样，都是数字电路的两大重要组成部分之一，时序逻辑电路的显著特点是电路中任一时刻的输出状态不仅取决于该时刻的输入，而且与电路原来的状态有关，因此，时序逻辑电路必须含有具有记忆能力的存储器件。

触发器具有记忆功能，常用来保存二进制信息，是构成时序逻辑电路的基本单元。时序逻辑电路通常由触发器和组合逻辑电路构成，本章将主要介绍触发器的工作原理和逻辑功能，时序逻辑电路的分析方法，寄存器、计数器和定时器的概念和逻辑功能。

10.1　实践任务

任务：LED 循环流水灯的设计与实现

计数器和定时器都是时序逻辑电路中的重要器件，在实际中有着广泛的应用，本章选择集成十进制计数器 CD4017 和定时器 NE555 的应用作为实践任务，练习时序逻辑电路的设计与实现，提高实际的动手能力。

1. 实践任务内容

实现 LED 循环流水灯，电路启动后，各 LED 灯从左到右依次点亮，呈现流水状态，且可以通过调整电路中的电位器改变流水速度。

2. 实践任务要求

通过本章的学习能够正确运用所学电路理论知识，分析 LED 循环流水灯的功能要求，在理解工作原理的基础上完成 LED 循环流水灯电路的装配、检验、调试与故障维修。

10.2　时序逻辑电路器件

10.2.1　触发器电路

在各种复杂的数字电路中，不但需要对二值信号进行算术运算和逻辑运算，通常还需要将这些信号和运算结果保存起来，因此需要使用具有记忆功能的基本逻辑单元。这种能够存储1位二值信号的基本单元电路统称为触发器，其具备以下两个基本特点：一是具有两个能自行保持的稳定状态，用来表示逻辑状态的0和1，或二进制数的0和1；二是在触发信号的操作下，根据不同的输入信号可以置成1或0状态。

根据逻辑功能的不同，触发器可分为RS触发器、JK触发器、D触发器、T触发器等几种类型。

1. 基本RS触发器

基本RS触发器是后面将要介绍的各种结构复杂的触发器电路的基本构成单元，有两个能够自行保持的稳定状态，并且可以根据输入信号置1或0状态，其电路可以由两个与非门交叉连接构成，如图10.2-1所示。

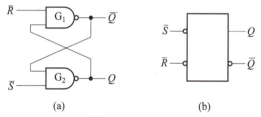

图 10.2-1　与非门构成的基本 RS 触发器
（a）电路图；（b）符号图

如图10.2-1所示，基本RS触发器有$\bar{R}$和$\bar{S}$两个输入端，Q和$\bar{Q}$两个输出端。正常工作条件下，两个输出端互非，当$Q=1$，$\bar{Q}=0$时，称触发器为"1"态，当$Q=0$，$\bar{Q}=1$时，称触发器为"0"态。

1）基本RS触发器工作原理

当输入端$\bar{R}=0$，$\bar{S}=1$时，与非门G_1有0出1，则$Q=1$；Q反馈至与非门G_2，且$\bar{S}=1$，与非门G_2全1出0，则$\bar{Q}=0$。因此，无论触发器原来状态如何，只要$\bar{R}=0$，$\bar{S}=1$，触发器均实现置0功能，所以也称$\bar{R}$为清零端。

当输入端$\bar{R}=1$，$\bar{S}=0$时，与非门G_2有0出1，则$\bar{Q}=1$；Q反馈至与非门G_1，且$\bar{R}=1$，与非门G_1全1出0，则$\bar{Q}=0$。因此，无论触发器原来状态如何，只要$\bar{R}=1$，$\bar{S}=0$，触发器均实现置1功能，所以也称$\bar{S}$为置1端。

当输入端 $\bar{R}=1$，$\bar{S}=1$ 时，若触发器原来的状态为 $Q=0$，$\bar{Q}=1$，输出依然为 $Q=0$，$\bar{Q}=1$；若触发器原来的状态为 $Q=1$，$\bar{Q}=0$，输出依然为 $Q=1$，$\bar{Q}=0$。即无论触发器原来状态如何，均实现保持功能。

当输入端 $\bar{R}=0$，$\bar{S}=0$ 时，两个与非门均有 0 出 1，从而使得 $Q=1$，$\bar{Q}=1$，违反了两输出端互非的原则，造成逻辑混乱，使触发器不能正常工作，触发器的这种输入状态称为不定态，在电路中禁止发生。

2）基本 RS 触发器逻辑功能描述

基本 RS 触发器的逻辑功能可以用特征方程、功能真值表、状态图和时序波形图等方式进行描述。

（1）特征方程。用 Q^n 表示触发器现态，用 Q^{n+1} 表示触发器次态，特征方程表示了输入、现态和次态之间的逻辑关系，是时序逻辑电路分析和设计中的常用工具。基本 RS 触发器的特征方程如下：

$$Q^{n+1} = \bar{\bar{S}} + \bar{R}Q^n$$

$$\bar{R} + \bar{S} = 1$$

$$(10.2\text{-}1)$$

由于基本 RS 触发器不允许输入同时为低电平，所以加了约束条件 $\bar{R}+\bar{S}=1$。

（2）功能真值表。功能真值表以表格形式反映了触发器从现态向次态的转移规律，适合在时序逻辑电路的分析中使用。基本 RS 触发器的功能真值表如表 10.2-1 所示。

表 10.2-1　基本 RS 触发器功能真值表

$\bar{S}$	$\bar{R}$	Q^n	Q^{n+1}	功能
1	0	0 或 1	0	置 0
0	1	0 或 1	1	置 1
1	1	0 或 1	0 或 1	保持
0	0	0 或 1	不定	禁止

（3）状态图。描述触发器状态转换关系和转换条件的图形称为状态图，它是一种有向图，用圆圈表示时序逻辑电路的状态，用箭头表示状态转换方向，箭头旁边标注状态转换的条件，是时序逻辑电路分析和设计的重要工具。基本 RS 触发器的状态图如图 10.2-2 所示。

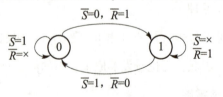

图 10.2-2　基本 RS 触发器的状态图

（4）时序波形图。描述触发器输入信号和状态对应关系的图形称为时序图，它是一种以波形图的形式直观表示触发器特性和工作状态的方法，经常在时序逻辑电路分析中使用，基本 RS 触发器的时序波形图如图 10.2-3 所示。

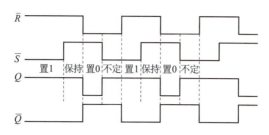

图 10.2-3　基本 RS 触发器的时序波形图

常用的集成 RS 触发器芯片有 74LS279 和 CC4044 等。

2. 钟控 RS 触发器

为了使各触发器的输出状态只在规定的时刻发生变化，可引入时钟脉冲信号 CP 作为触发器的触发控制信号。

具有时钟脉冲控制端的 RS 触发器称为钟控 RS 触发器，也称同步 RS 触发器。钟控 RS 触发器的状态变化不仅取决于输入信号的变化，还受时钟脉冲 CP 的控制，其电路和符号如图 10.2-4 所示。

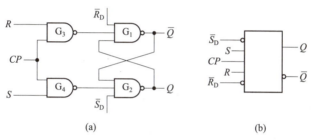

(a)　　　　　　　　　　　　　(b)

图 10.2-4　钟控 RS 触发器

(a) 电路图；(b) 符号图

钟控 RS 触发器由 4 个与非门组成，门 1、门 2 组成基本 RS 触发器，$\bar{R}_D$ 称为直接清 0 端，$\bar{S}_D$ 称为直接置 1 端；门 3、门 4 组成引导触发门，R、S 为输入端，CP 为时钟脉冲，作为同步触发器的控制输入端。

钟控 RS 触发器与基本 RS 触发器的区别是电路输出状态的变化只在 $CP=1$ 期间发生，因此只要 $CP=0$，不论 R、S 为何种电平，电路均保持原来的状态不变。当 $CP=1$ 时，钟控 RS 触发器的输出状态取决于 R 和 S 的输入状态，可用如下特征方程表示：

$$Q^{n+1}=S+\bar{R}Q^n$$
$$SR=0$$

$(10.2-2)$

钟控 RS 触发器的功能真值表如表 10.2-2 所示。

表 10.2-2　$CP=1$ 时，钟控 RS 触发器功能真值表

S	R	Q^n	Q^{n+1}	功能
0	1	0 或 1	0	置 0
1	0	0 或 1	1	置 1
0	0	0 或 1	0 或 1	保持
1	1	0 或 1	不定	禁止

从钟控 RS 触发器功能真值表可以看出，在 $CP=1$ 时，若 $S=0$，$R=1$，不论原来状态如何，均实现置 0 功能，R 称为清 0 端，高电平有效；若 $S=1$，$R=0$，不论原来状态如何，均实现置 1 功能，S 称为置 1 端，高电平有效；若 $S=0$，$R=0$，不论原来状态如何，均实现保持功能；若 $S=1$，$R=1$，会破坏两个输出端互非的状态，引起触发器输出状态不定，因此，这种情况在电路中是禁止出现的。

钟控 RS 触发器的功能也可以用状态图来表示，如图 10.2-5 所示。

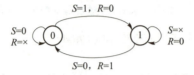

图 10.2-5　钟控 RS 触发器的状态图

钟控 RS 触发器是受时钟脉冲 CP 控制的触发器，其时序波形图如图 10.2-6 所示。

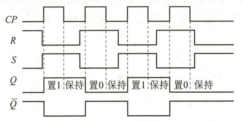

图 10.2-6　钟控 RS 触发器的时序波形图

钟控 RS 触发器采用的是电平触发方式，此类触发器存在的主要问题是在时钟脉冲 $CP=1$ 期间，如果输入端 R 或 S 发生多次变化，输出将随着输入的变化而产生多次翻转，这种情况被称为空翻。此时，无法确切判断触发器的状态，造成触发器工作不可靠。为确保数字系统的可靠性，要求触发器在一个 CP 脉冲期间不允许出现空翻的情况，为此，研制出了边沿触发方式的触发器，如 JK 触发器和 D 触发器，它们只在时钟脉冲边沿到来时发生翻转，因此，能够有效抑制空翻现象。

3. JK 触发器

JK 触发器是一种能够抑制空翻现象的边沿触发器，功能完善、使用灵活，通用性较强，常用的集成 JK 触发器有 74LS112，它是一款下降边沿触发的双 JK 触发器，其管脚排列如图 10.2-7 所示。图中字符前的数字相同时，表示为同一个 JK 触发器的端子，一个 JK 触发器可用图 10.2-8 所示的逻辑符号表示。符号图中 CP 管脚上方的"∧"表示边沿触发，而 RS 触发器的 CP 管脚上无"∧"，表示电平触发；CP 管脚上的"○"表示下降沿触发，即在时钟脉冲下降沿到来时触发器状态发生变化，只有"∧"而没有"○"时，表示上升沿触发，即在时钟脉冲上升沿到来时触发器状态发生变化。

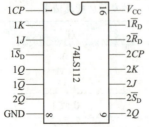

图 10.2-7　74LS112 管脚排列图

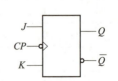

图 10.2-8　JK 触发器符号图

在时钟脉冲 CP 下降沿到来时，其输出端、输入端之间的对应关系为：当 $J=0$，$K=0$ 时，触发器实现保持功能；当 $J=1$，$K=0$ 时，触发器实现置 1 功能；当 $J=0$，$K=1$ 时，触发器实现置 0 功能；当 $J=1$，$K=1$ 时，触发器实现翻转功能。可用如下特征方程表示：

$$Q^{n+1} = J\,\overline{Q^n} + \overline{K}Q^n \tag{10.2-3}$$

JK 触发器的功能真值表如表 10.2-3 所示。

表 10.2-3　JK 触发器功能真值表

CP	J	K	Q^n	Q^{n+1}	功能
↓	0	0	0 或 1	0 或 1	保持
↓	0	1	0 或 1	0	置0
↓	1	0	0 或 1	1	置1
↓	1	1	0 或 1	1 或 0	翻转

JK 触发器的功能也可以用状态图来表示，如图 10.2-9 所示。

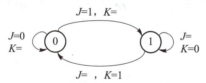

图 10.2-9　JK 触发器的状态图

JK 触发器时序波形图如图 10.2-10 所示。

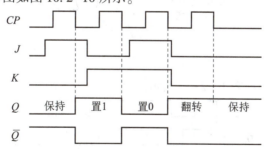

图 10.2-10　JK 触发器时序波形图

JK 触发器的特点如下：

（1）属于边沿触发器，在 CP 边沿到来时，状态发生转换。

（2）具有置 0、置 1、保持、翻转 4 种功能，无空翻现象。

4. D 触发器

D 触发器是一种只有一个输入端的边沿触发器，分为上升沿触发和下降沿触发两种类型。D 触发器的次态只取决于时钟脉冲 CP 触发边沿到来前控制信号端 D 的状态。常用的集成触发器有 74LS74 双 D 触发器、74LS75 四 D 触发器和 74LS76 六 D 触发器等。图 10.2-11 为常用的 74LS74 的管脚排列图。

图 10.2-11 中字符前的数字相同时，表示为同一个 D 触发器的端子，一个 D 触发器可

用图 10.2-12 所示的逻辑符号表示。符号图中 CP 管脚上方的"∧"表示边沿触发，即在时钟脉冲上升沿到来时触发器状态发生变化。

在时钟脉冲 CP 上升沿到来时，其输出端、输入端之间的对应关系为：当 $D=1$ 时，触发器实现置 1 功能；当 $D=0$ 时，触发器实现置 0 功能。可用如下特征方程表示：

$$Q^{n+1}=D \tag{10.2-4}$$

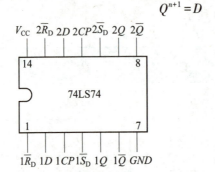

图 10.2-11　74LS74 管脚排列图　　　　图 10.2-12　D 触发器符号图

D 触发器的功能真值表如表 10.2-4 所示。

表 10.2-4　D 触发器功能真值表

CP	D	Q^n	Q^{n+1}	功能
↑	0	0 或 1	0	置 0
↑	1	0 或 1	1	置 1

D 触发器的功能也可以用状态图来表示，如图 10.2-13 所示。

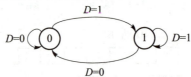

图 10.2-13　D 触发器的状态图

D 触发器时序波形图如图 10.2-14 所示。

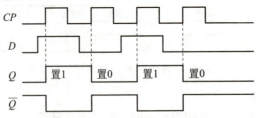

图 10.2-14　D 触发器的时序波形图

D 触发器的特点如下：

（1）属于边沿触发器，在 CP 边沿到来时，状态发生转换。

（2）具有置 0 和置 1 两种功能，无空翻现象。

5. T 触发器

T 触发器是一种只有一个输入端的边沿触发器，它在时钟脉冲 CP 触发边沿到来时状态发生转换。

T 触发器实质上就是将 JK 触发器的控制端 J 和 K 连接在一起，在时钟脉冲 CP 触发边沿到来时，其输出端、输入端之间的对应关系为：当 $T=0$ 时，触发器实现保持功能，$T=1$ 时，触发器实现翻转功能。可用如下特征方程表示：

$$Q^{n+1} = TQ^n + \overline{T}Q^n = T \oplus Q \qquad (10.2-5)$$

T 触发器的功能真值表如表 10.2-5 所示。

表 10.2-5　T 触发器功能真值表

CP	T	Q^n	Q^{n+1}	功能
↓	0	0 或 1	0 或 1	保持
↓	1	0 或 1	1 或 0	翻转

T 触发器的功能也可以用状态图来表示，如图 10.2-15 所示。

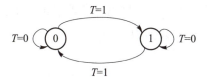

图 10.2-15　T 触发器的状态图

T 触发器时序波形图如图 10.2-16 所示。

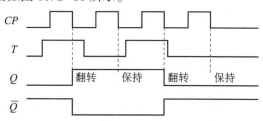

图 10.2-16　T 触发器的时序波形图

T 触发器的特点如下：

（1）属于边沿触发器，在 CP 边沿到来时，状态发生转换。

（2）具有保持、翻转两种功能，无空翻现象。

10.2.2　常用时序逻辑电路器件

1. 寄存器

寄存器主要用于暂时存放各种输入、输出的二进制数据或代码，按其有无移位功能可分为数码寄存器和移位寄存器两种。

1）数码寄存器

数码寄存器由具有记忆功能的触发器组成，具有接收、存放、清除数码的功能。由于一个触发器有"0""1"两种稳定状态，只能存放一位二进制数，如果需要存放 n 位二进制数码，必须由 n 个触发器适当连接，组成一个 n 位数码寄存器。由 D 触发器组成的四位数码寄存器如图 10.2-17 所示。

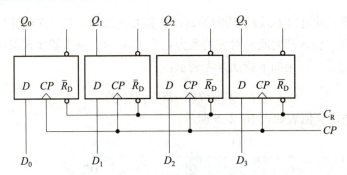

图 10.2-17　D 触发器组成的数码寄存器

该数码寄存器的工作过程如下：

当复位端 $\bar{C}_R$ 加入负脉冲时，数码寄存器清零，输出 $Q_3 Q_2 Q_1 Q_0 = 0000$；当 $\bar{C}_R$ 为高电平时，时钟脉冲控制信号 CP 无上升沿时，数码寄存器输出端保持原来的状态，而 CP 上升沿到来时，数码寄存器将需要寄存的数据 D_3、D_2、D_1、D_0 并行送入寄存器中寄存，此时对应的输出 $Q_3 Q_2 Q_1 Q_0 = D_3 D_2 D_1 D_0$。

2）移位寄存器

移位寄存器是计算机和各种数字系统中的重要部件，应用十分广泛。例如，在串行运算器中，需要用移位寄存器将 n 位二进制数依次送入全加器中进行运算，运算结果又需要一位存入移位寄存器。在有些数字系统中，还经常需要用移位寄存器进行串行数据和并行数据之间的相互转换、传送。

常用的移位寄存器有左移移位寄存器、右移移位寄存器和双向移位寄存器。由 D 触发器组成的四位单向右移移位寄存器如图 10.2-18 所示。

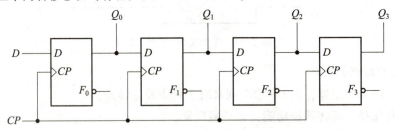

图 10.2-18　四位单向右移移位寄存器

如图所示，后一位触发器的输入总是与前一位触发器的输出相连，四个触发器共用同一个时钟脉冲，构成同步时序逻辑电路。设移位寄存器的现态为 $Q_3^n Q_2^n Q_1^n Q_0^n = 1010$，输入数据 $D=1$，当第 1 个 CP 脉冲上升沿到达后，输入数据 D 被送入触发器 F_0，即 $Q_0^{n+1} = D = 1$，同理 $Q_1^{n+1} = Q_0^n = 0$，$Q_2^{n+1} = Q_1^n = 1$，$Q_3^{n+1} = Q_2^n = 0$，而 Q_3^n 被移出，或称溢出。经历 4 个时钟周期后，寄存器中存储的数据被全部移出。从工作原理可知，D 为串行输入端，$Q_3 Q_2 Q_1 Q_0$ 为并行输出端，Q_3 为串行输出端。

在实际应用中，通常需要将寄存器中的二进制信息向左或向右移动，因此通常选用双向移位寄存器。74LS194 是一种典型的四位 TTL 型集成双向移位寄存器，具有双向移位、并行输入、保持数据和清除数据等功能，其管脚排列图如图 10.2-19 所示。

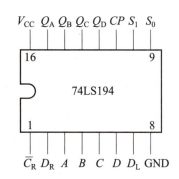

图 10.2-19 74LS194 管脚排列图

其中，$\overline{C_R}$ 为异步清零端，优先级别最高，S_1、S_0 为控制端，D_L 为左移数据输入端，D_R 为右移数据输入端，A、B、C、D 为并行数据输入端，Q_A、Q_B、Q_C、Q_D 为并行数据输出端，CP 为移位时钟脉冲。其功能真值表如表 10.2-6 所示。

表 10.2-6 74LS194 功能真值表

$\overline{C_R}$	S_1	S_0	CP	功能
0	×	×	×	清零
1	0	0	×	静态保持
1	0	0	↑	动态保持
1	0	1	↑	右移移位
1	1	0	↑	左移移位
1	1	1	↑	并行输入

2. 计数器

计数器是时序逻辑电路的具体应用之一，用来累计并寄存输入脉冲个数，其基本组成单元是各类触发器。计数器的种类很多，按工作方式可分为同步计数器和异步计数器，按进位制可分为二进制计数器、十进制计数器和任意进制计数器，按功能可分为加计数器、减计数器和加/减可逆计数器等。

1）二进制计数器

当时序逻辑电路的触发器位数为 n，电路状态按二进制数的自然态序循环，经历 2^n 个独立状态时，此电路称为二进制计数器，按工作方式，可分为同步二进制计数器和异步二进制计数器。

如图 10.2-20 所示，为一个由 D 触发器构成的二进制计数器，该电路除 CP 时钟脉冲外，无其他输入信号，且各触发器的时钟脉冲不同，因此称为异步二进制计数器。

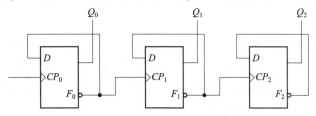

图 10.2-20 四位单向右移移位寄存器

假设电路初始状态为 000，此时触发器 F_0 的输入 $\bar{Q}_0$，即输入为 1，当第 1 个 CP_0 脉冲上升沿到来时，Q_0 翻转为 1，而 $\bar{Q}_0$ 翻转为 0，从而使 F_1 的时钟脉冲 CP_1 出现下降沿，状态保持不变，F_2 的时钟脉冲 CP_2 无变化，此时计数器的状态变为 001。

当第 2 个 CP_0 脉冲上升沿到来时，Q_0 翻转为 0，而 $\bar{Q}_0$ 翻转为 1，从而使 F_1 的时钟脉冲 CP_1 出现上升沿，Q_1 翻转为 1，而 $\bar{Q}_1$ 翻转为 1，从而使 F_2 的时钟脉冲 CP_2 出现下降沿，状态保持不变，此时计数器的状态变为 010。

当第 3 个 CP_0 脉冲上升沿到来时，Q_0 翻转为 1，而 $\bar{Q}_0$ 翻转为 0，从而使 F_1 的时钟脉冲 CP_1 出现下降沿，状态保持不变，F_2 的时钟脉冲 CP_2 无变化，此时计数器的状态变为 011。

当第 4 个 CP_0 脉冲上升沿到来时，Q_0 翻转为 0，而 $\bar{Q}_0$ 翻转为 1，从而使 F_1 的时钟脉冲 CP_1 出现上升沿，Q_1 翻转为 0，而 $\bar{Q}_1$ 翻转为 1，从而使 F_2 的时钟脉冲 CP_2 出现上升沿，Q_2 翻转为 1，而 $\bar{Q}_2$ 翻转为 0，此时计数器的状态变为 100。

以此类推，当第 8 个 CP_0 脉冲上升沿到来时，计数器的状态变为 000，从而完成一个计数周期，其过程可用状态转换真值表表示，如表 10.2-7 所示。

表 10.2-7　状态转换真值表

CP_0	CP_1	CP_2	$Q_2^n Q_1^n Q_0^n$	$Q_2^{n+1} Q_1^{n+1} Q_0^{n+1}$
1↑	1↓		000	001
2↑	2↑	1↓	001	010
3↑	3↓		010	011
4↑	4↑	2↑	011	100
5↑	5↓		100	101
6↑	6↑	3↓	101	110
7↑	7↓		110	111
8↑	8↑	4↑	111	000

由状态转换真值表可以看出：每一个 CP_0 脉冲上升沿到来时，触发器 F_0 状态翻转一次，Q_0 出现下降沿时，触发器 F_1 状态翻转一次，Q_1 出现下降沿时，触发器 F_2 状态翻转一次。同时，计数器状态转换是周期性的，在有限个状态中循环，通常将一次循环所包含的状态总个数称为计数器的"模"，因此该计数器是一个异步三位二进制模 8 加计数器。其状态转换还可用状态转换图来表示，如图 10.2-21 所示。

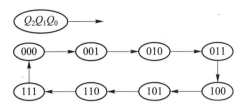

图 10.2-21　计数器状态转换图

2）十进制计数器

日常生活中人们习惯于十进制的计数规则，此时，需要使用十进制计数器，它是在二进制计数器的基础上得到的，也称为二-十进制计数器。因而每位十进制数需要用 4 位二进制代码来表示，因此至少需要用 4 个触发器来实现。最常用的二进制代码 8421BCD 码，其前 10 个代码 0000~1001 可用来表示十进制 0~9 这十个数码，后面 6 个代码 1010~1111 为无效码。采用 8421BCD 码计数至第 10 个时钟脉冲时，十进制计数器的输出从 1001 跳变回 0000，完成一次计数循环。该功能可由图 10.2-22 所示电路实现。

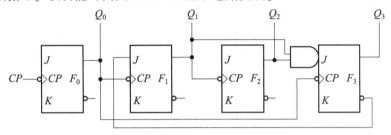

图 10.2-22　异步十进制计数器

计数器在控制、分频、测量等电路中应用广泛，因此具有计数功能的集成电路型号也很多，常用的集成芯片有 74LS161、74LS90、CD4017 等。以 CD4017 为例，它是 5 位 Johnson 计算器，管脚排列图如图 10.2-23 所示。

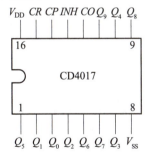

图 10.2-23　CD4017 管脚排列图

其中 V_{DD} 为电源正极，V_{SS} 为电源负极，CP 为时钟输入端，CR 为清零端，INH 为输入脉冲选通端，$Q_0 \sim Q_9$ 为计数脉冲输出端，CO 为进位脉冲输出。CP 时钟输入端的斯密特触发器具有脉冲整形功能，对输入时钟脉冲上升和下降时间无限制。CR 为高电平时，计数器清零。INH 为低电平时，计数器在时钟上升沿计数，反之，计数功能无效。译码输出一般为低电平，只有在对应时钟周期内保持高电平。在每 10 个时钟输入周期 CO 信号完成一次进位，并用作多级计数链的下级脉动时钟。

3. 555 定时器

用 555 定时器可以组成产生脉冲和对信号整形的各种单元电路，如施密特触发器、单稳态触发器和多谐振荡器等。常用的集成芯片有 NE555，其管脚排列图如图 10.2-24 所示。

NE555 是 8 脚封装双列直插型集成芯片，1 管脚是接地端；8 管脚是电源端；2 管脚为触发端，是下比较器的输入；6 管脚为阈值端，是上比较器的输入；3 管脚是输出端，有 0 和 1 两种状态，由输入端所加的电平决定；7 脚是放电端，是内部放电管的输出，有悬空和接地两种状态，也是由输入端的状态决定；4 管脚是复位端，加低电平时可使输出为低电平；5 管脚是控制电压端，可用来改变上下触发电平值。

利用 NE555 可构成多谐振荡电路，在状态变换时，触发信号不需要由外部输入，而是由电路中的 RC 电路提供，状态持续时间也由 RC 电路决定，如图 10.2-25 所示。

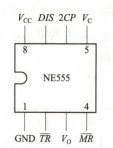

图 10.2-24　NE555 管脚排列图　　　图 10.2-25　多谐振荡电路

10.3　理论联系实际完成实践任务

任务：LED 循环流水灯的设计与实现

1. 实践目的

集成计数器和定时器是在实际中有着广泛应用的集成芯片，本节通过使用集成十进制计数器 CD4017 和定时器 NE555 实现 LED 循环流水灯，强化对所学电路理论知识的理解，提高原理指导下的工程实践能力。

2. 实践任务内容

实现基于 LED 循环流水灯，任务要求如下：

（1）根据 LED 循环流水灯的电路原理图，分析理解电路工作原理。

（2）在理解电路工作原理的基础上，完成 LED 循环流水灯电路的装配、检验、调试与故障维修。

3. 原理分析

LED 循环流水灯电路图如图 10.3-1 所示。

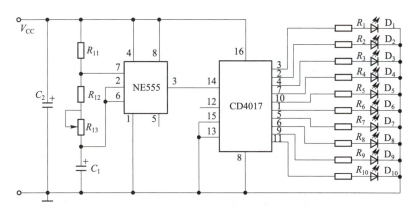

图 10.3-1　LED 循环流水灯电路图

根据给出的电路图，分析 LED 循环流水灯的工作原理。

（1）该电路包括两部分：由 NE555 构成的时钟发生电路和由 CD4017 构成的十进制计数器电路。

（2）NE555 作为多谐振荡电路的核心器件，由电源通过 R_{11}、R_{12}、R_{13} 向电容 C_1 充电。C_1 刚开始充电时，NE555 的 2 脚为低电平，故输出端 3 脚为高电平。

（3）当 C_1 充电到 2/3 电源电压时，输出端 3 脚电平由高变低，NE555 内部放电管导通，电容 C_1 经 R_{12}、R_{13} 通过 7 脚放电，直到 C_1 两端的电压低于 1/3 电源电压时，NE555 的 3 脚又由低电平变为高电平，C_1 又再次充电，如此循环形成振荡，调节电位器 R_{13} 可以控制振荡器的输出频率。

（4）NE555 的时钟振荡信号不断地加在 CD4017 的 14 脚，在 CD4017 的 10 个输出端上接有 10 只 LED 灯，当 CD4017 的 10 个输出端在时钟信号作用下轮流产生高电平时，LED 灯依次被点亮，从而形成流水灯效果。

（5）调节 R_{13} 即可调节 LED 灯的流动速度。

4. 实践步骤

LED 循环流水灯装配调试完成后，应根据要求写出装配调试实践报告，装配调试实践报告应包含以下几部分内容：

（1）LED 循环流水灯的组成结构及工作原理的分析。

（2）在电路装配调试过程中，遇到不同实际问题的分析方法及解决思路。

（3）完成该实践任务的收获、体会与感悟。

（4）对提高该实践任务教学效果的具体建议及改进措施。

5. 实践任务的综合技能考核

实践任务综合技能得分表如表 10.3-1 所示。

表 10.3-1　实践任务综合技能得分表

器件检测 （10 分）	电路焊装 （20 分）	电路调试 （30 分）	故障分析 （20 分）	实践报告 （15 分）	规范操作 （5 分）	总分 （100 分）

第 10 章　习题

1. 填空题

1.1 两个与非门构成的基本 RS 触发器的功能有_____、_____和_____。电路中不允许两个输入端同时为_____，否则将出现逻辑混乱。

1.2 _____触发器具有"空翻"现象，且属于_____触发方式的触发器；为抑制"空翻"，人们研制出了_____触发方式的 JK 触发器和 D 触发器。

1.3 JK 触发器具有_____、_____、_____和_____四种功能。

1.4 D 触发器的输入端子有_____个，具有_____和_____的功能。

1.5 时序逻辑电路的输出不仅取决于_____的状态，还与电路_____的现态有关。

1.6 组合逻辑电路的基本单元是_____，时序逻辑电路的基本单元是_____。

1.7 触发器的逻辑功能通常可用_____、_____、_____和_____四种方法来描述。

1.8 寄存器可分为_____寄存器和_____寄存器。用四位移位寄存器构成环行计数器时，有效状态共有_____个。

1.9 CD4017 是一个_____个管脚的集成计数器。

2. 判断题

2.1 仅具有保持和翻转功能的触发器是 RS 触发器。　　　　　　　　　　（　　）

2.2 使用 3 个触发器构成的计数器最多有 8 个有效状态。　　　　　　　（　　）

2.3 同步时序逻辑电路中各触发器的时钟脉冲 CP 不一定相同。　　　　（　　）

2.4 用移位寄存器可以构成 8421BCD 码计数器。　　　　　　　　　　　（　　）

2.5 十进制计数器是用十进制数码 "0~9" 进行计数的。　　　　　　　　（　　）

3. 选择题

3.1 描述时序逻辑电路功能的两个必不可少的重要方程式是（　　）。

A. 次态方程和输出方程　　　　　B. 次态方程和驱动方程

C. 驱动方程和特性方程　　　　　D. 驱动方程和输出方程

3.2 由与非门组成的基本 RS 触发器不允许输入的变量组合为（　　）。

A. 00　　　　　B. 01　　　　　C. 10　　　　　D. 11

3.3 按各触发器的状态转换与时钟输入 CP 的关系分类，计数器可为（　　）计数器。

A. 同步和异步　　　B. 加计数和减计数　　　C. 二进制和十进制

3.4 按计数器的进位制或循环模数分类，计数器可为（　　）计数器。

A. 同步和异步　　　B. 加计数和减计数　　　C. 二进制、十进制或任意进制

3.5 存在空翻问题的触发器是（　　）。

A. D 触发器　　　　　　　　　　　B. 钟控 RS 触发器

C. 主从 JK 触发器　　　　　　　　　D. 维持阻塞 D 触发器

4. 简述题

4.1 时序逻辑电路和组合逻辑电路的区别有哪些？

4.2 何谓"空翻"现象？为抑制"空翻"可采取什么措施？

参 考 文 献

[1] 李钊年. 电工电子学 [M]. 北京：国防工业出版社，2014.

[2] 曾令琴，薛冰. 电工电子技术 [M]. 5 版. 北京：人民邮电出版社，2021.

[3] 史芸，翟明戈. 电工电子技术 [M]. 北京：北京理工大学出版社，2017.

[4] 黄锦安，蔡小玲，徐行健. 电工技术基础 [M]. 3 版. 北京：电子工业出版社，2017.

[5] 秦曾煌. 电工学简明教程 [M]. 2 版. 北京：高等教育出版社，2007.

[6] 沈翃. 电工与电子技术：项目化教材 [M]. 3 版. 北京：化学工业出版社，2015.

[7] Paul Scher，Simon Monk. 实用电子器件与电路基础 [M]. 北京：电子工业出版社，2014.

[8] 陆利忠，王志刚. 现代电子线路基础 [M]. 北京：国防工业出版社，2011.